叩き出して、
引き出して、
修正して

生涯車屋 NATS

NIHON AUTOMOBILE COLLEGE

PRACTICAL MANUAL FOR SHEET METAL AND PAINTING

鈑金・塗装

高張力鋼板対応最新マニュアル

盛って、
削って、
塗って

JN212166

STUDIO TAC CREATIVE

CONTENTS

鈑金の実践知識

～基礎編～

第１章：クルマに使われている鉄板の原子構造を知る
第２章：パネルの損傷によってチリが合わなくなってしまったら
第３章：パテ盛りはしっかり足付けして重ね盛りをする

21′20″～53′47″
生涯車屋

◀各章のタイトル内に左の QR コードの表示がありましたら、その章での内容を YouTube でご覧いただけます。

QR コード読み取りアプリをダウンロードしてアプリから QR コードを読み込んで YouTube 動画をご覧ください。

◀各章の内容にあった動画の始まりと終わりを示す時間を表示。視聴時間の目安としてください。
（こちらは第３章の動画となります）

高張力鋼板、いわゆるハイテンションスチールが乗用車に使われるようになって久しい。一口にハイテンションスチールといっても、その使用部位は広い。プラットホームの上に載ってモノコック構造を成立させるボディシェルの骨格部には、1500MPa という高硬度のハイテンションスチールが使われているし、プラットホームの捩り / 曲げの両剛性を向上させるサブフレームや各種メンバーには 980MPa のハイテンションスチールが組み込まれている。ボンネットやトランクフードには 440MPa のそれが使われている。修理鈑金する頻度がもっとも高いと思われるドアパネルに使われているハイテンションスチールは 340MPa。引っ張り強度がそれほど高くない鋼板に " 張りをもたせる " ようにピンと張る工法で取付けられている。ちなみに、1Pa（パスカル）は 1㎡（平方メートル）の面積につき 1 N（ニュートン）の力が作用する圧力または応力と定義されている。どうも Pa という単位に馴染めないという読者は多いと思うので、いまや国際規格から外れてしまった kg/㎠でいうと、1MPa=10.2kg/㎠となる。ハイテンションスチールの出現は修理鈑金の現場を大きく変えた。従来の " 叩き出し至上主義 " から " 叩き出し + パテ処理 " という修理法がベターとなったことで、鈑金で平面を出すことより、パテワークで最終的な面を出す技術が要求されるようになった。この章では、ハイテンションスチールの分子構造を知ることからはじまり、その鈑金修理方法を解説している。ちなみに、この動画は " 車屋 BOLD チャンネル " で限定公開（5,000 円の有料動画）されているものだが、その講座に QR コードでアクセスできる。

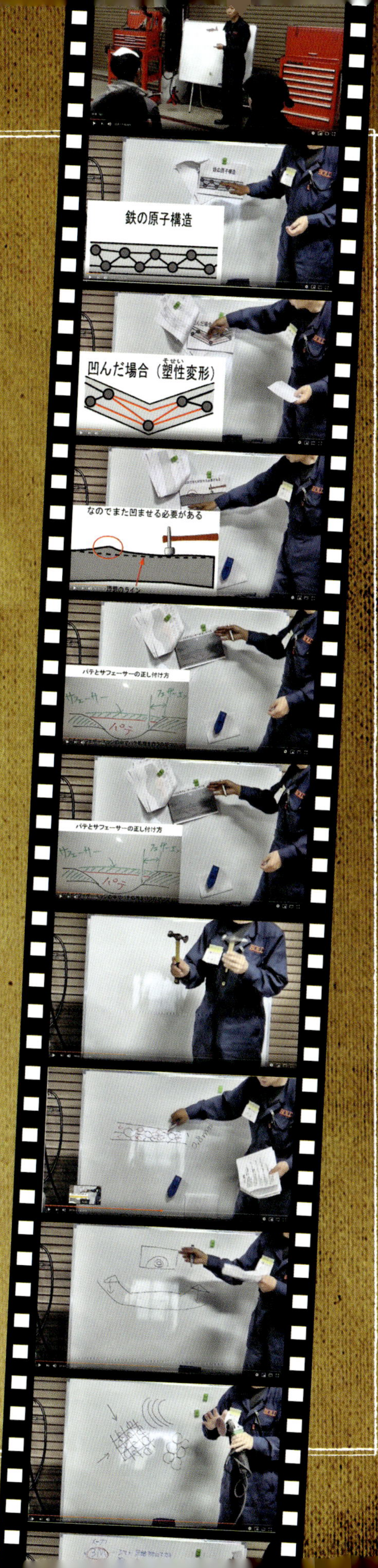

第１章：クルマに使われている鉄板の原子構造を知る

鈑金作業がうまくいくかいかないかは、“鉄”の構造を分かっているかいないかで、だいぶ変わってきます。一般的に使われている鉄とそうでない鉄、それにはいろいろあるわけですが、クルマに使われている鉄は基本的にシンプルな構造をしています。

00′00″~13′53″
生涯鈑屋

図①
鉄の原子結合の構造

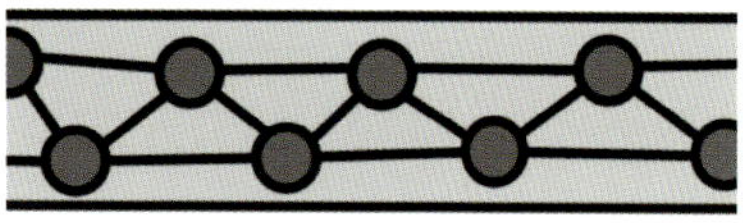

図②
弾性変形した際の原子結合の状況

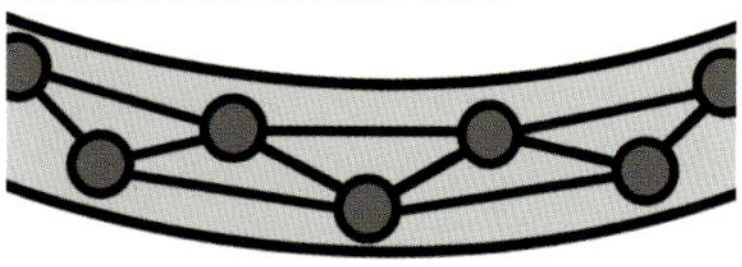

図③
塑性変形した際の原子結合の状況

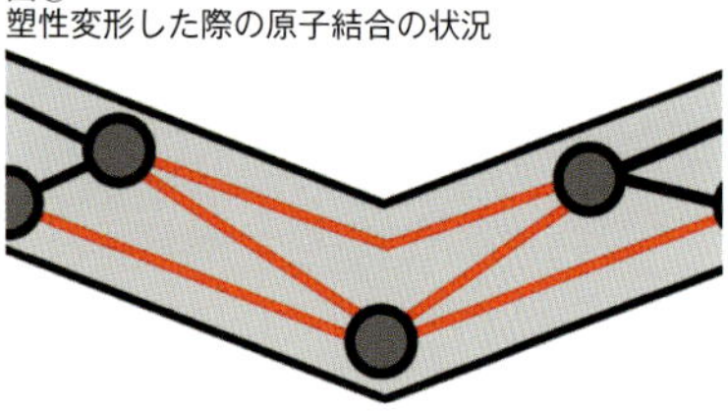

図④　塑性変形した鉄を元に戻そうとした場合の原子の結合状態

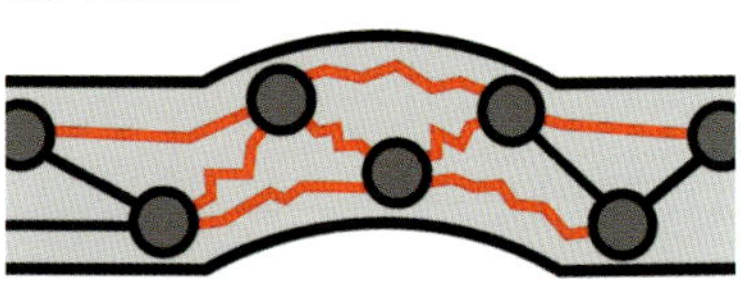

図⑤
くぼみ部位の変形状況２形態

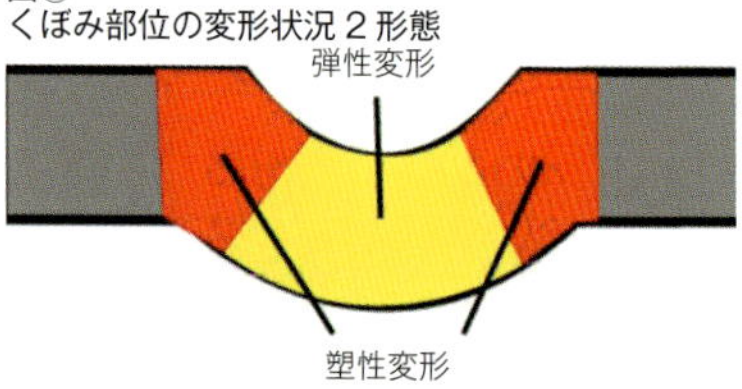

図①は鉄の原子結合の構造を示したもの。丸印で描かれているものが原子と考えてください。鉄の原子は、このようにお互いに手を取り合うように結合されている状態です。この状態がすごく安定しています。原子が結合していない状態は“溶けている”状態になります。真っ赤に溶けた鉄が冷えて固まると、このように原子同士が結合するわけです。

図②は鉄板が損傷を受けてへこんだ場合ですが、このように緩やかにへこむ場合は“弾性変形”といいます。これを紙に例えていうと､折り曲げても元の形状に戻る状態です。戻った状態で皺(しわ）はできていません。弾性変形状態での“へこみ傷”は直しやすいです。裏から軽く叩けばまず元に戻ります。デントリペアーは、鉄板のこの特性を利用した修理方法といっていいでしょう。

図③に示したような完全に折れた状態。これを“塑性変形”といいます。弾性変形とどこが違うのかというと､原子の結合部分が､伸びてしまっている点です。この状態は、紙でいえば折り曲げてしまった状態。元に戻したときに“折り跡”が残ってしまいます。この部分は完全に元に戻ることはありません。
その折れた部分を戻していったときにどうなるのか。塑性変形を無理やり戻した場合は、原子間の整列が乱れ、結合状態が規則正しくなっていないので“皺（しわ）や膨らみ（ふくらみ）”ができたりして、そこに“出っ張りやへこみ”ができます。

図④はあくまでイメージですが、塑性変形した鉄を元に戻そうとした場合の原子結合の状態を示したものです。

図⑤は、そのへこんだ鉄板内の弾性変形と塑性変形の境界域を示したもの。実際の“へこみ部位”は、このように、真中の部分は弾性変形の状態に留まっており、複合的に折れている“エッジ部分”に塑性変形が起きます。実際の鈑金作業では、内張りなどを剥がして裏から叩いて戻そうとするわけですが、そういった作業をしても、弾性変形状態の外側にできた塑性変形の部分は元に戻らないわけです。それは､さきほど説明した紙にできた“折り跡”

の部分だからです。その戻らない部分に対して、なんの対策もせず叩いてしまった場合のイメージが図④なのです。叩かれたことによって、鉄板は塑性変形の部分が浮き上がってしまうのですが、その“へこんだ部分”にパテをつけて修正していくのが、最近の鈑金修理です。

図⑥は、その“へこんだ部位”の鉄板表面に現れた現象を説明したものです。注目してほしいのは、塑性変形した外側の“エッジ部分”は出っ張ってしまっていることです。実際の作業の現場でも、こういった現象は多いのですが、ここを平らにしようとしても、原子の結合が狂ってしまっているわけですから、その“折り跡”は平らにはならず、そのまま鈑金すると、塑性変形部分が出っ張ってしまいます。

図⑦は、へこんだ部位を下側から叩いて平らにしようとした場合に起きる、現象を再度説明したもの。このように出っ張りができてしまうのは、この部位の鉄板が塑性変形しているからなのです。

図⑧は、出っ張った部分を再度へこませる作業に専心するより、逆に理想とするラインを仮想的に設けて、その目指す鈑金ラインは破線なわけですが、全体のラインをそこにもっていくことが塑性変形部を修正する方法としては正解、という考え方を示したものです。表裏の両方面から“叩く”という修正作業を繰り返しても、理想とする面出しには到達しないことのほうが多いです。それは鉄板の原子結合形態からいっても無理なことなのですが、現実的に、それをどう処理するか、と考えたときに、なすべきことは塑性変形の部分を低くしてあげるということです。

図⑨のように、元の状態の鉄板位置よりわずかでも低くできれば、それで成功。これがパテ処理するための絶対条件になります。高いぶんには“へこませれば”パテ処理できます。パテをつけるということは厚みが増すということ、イコール高くなるということなので、元の鉄板よりわずかでも低くする必要があるわけです。

ここまでの説明をまとめてみましょう。
まずは、無理して鉄板の状態を平らにするよりは、鈑金作業を施す部位をほかに比べて低くすることのほうが、実は大事。昔は、鉄板を叩いて仕上げることが腕の見せ所的な面があったわけですが、それはパテの性能が低かったからです。いまでは1㎝くらいの厚みでパテ処理ができます。叩くことが正統派だった時代は㎜単位でしかパテ処理ができませんでしたから。確かに、その時代のイメージを引きずって、いまでも叩いて直すのが一番良い鈑金修理方法という誤解が、幅をきかせている部分はありますが、最

図⑥
塑性変形部位を詳細に観察

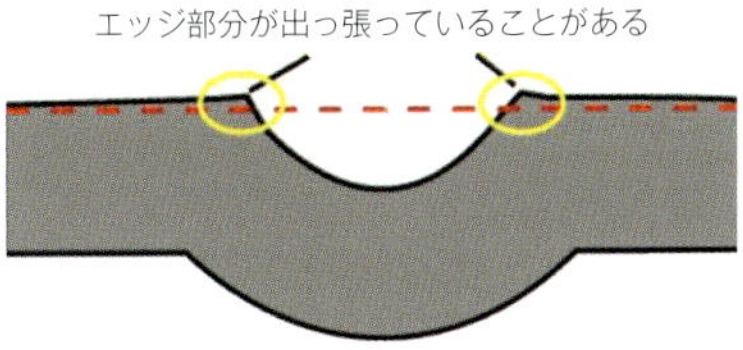
エッジ部分が出っ張っていることがある

図⑦
内側から叩いて平面を出そうとすると
塑性変形部位が出っ張ってしまう

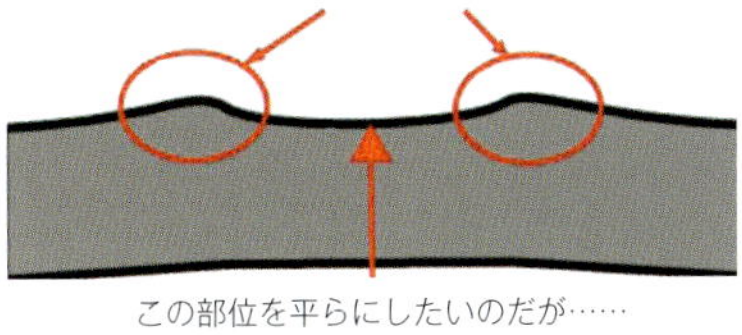
この部位を平らにしたいのだが……

図⑧
理想のラインに近づけるためには
“尖がった”部位をへこませる必要がある

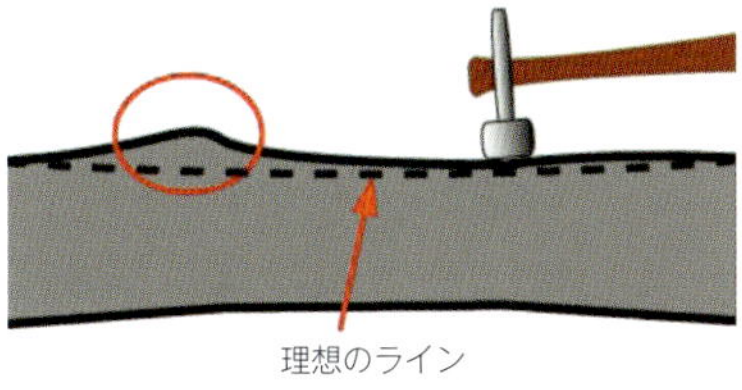
理想のライン

図⑨
パテを効率よく盛るための絶対条件

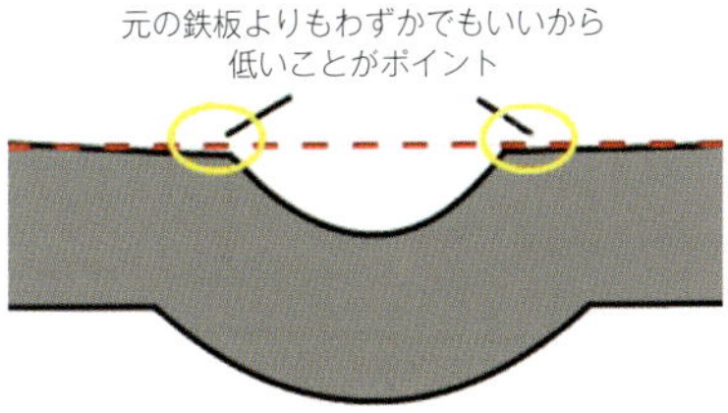
元の鉄板よりもわずかでもいいから
低いことがポイント

図⑩
無理して鉄板を平らにするより
低くすることのほうが実は大事

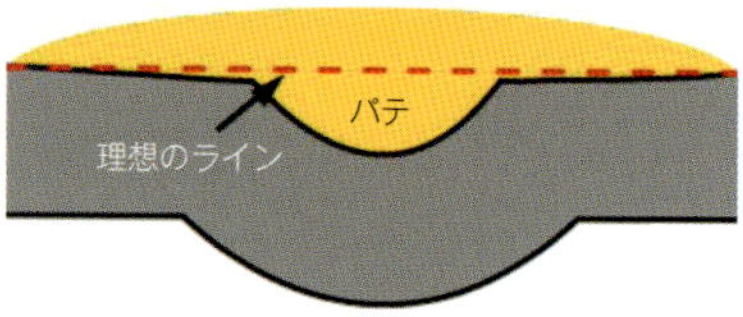

図⑪
パテとサフェーサーの理想的な盛り方

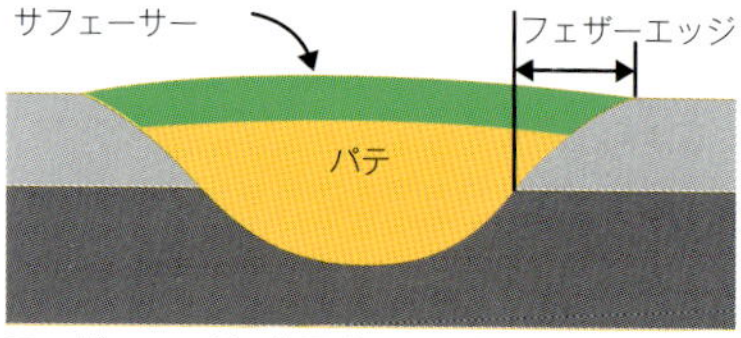

フェザーエッジの範囲内でパテとサフェーサーを
盛るように処理するのが理想的なスタイル

図⑫
パテとフェザーエッジとサフェーサーの概念

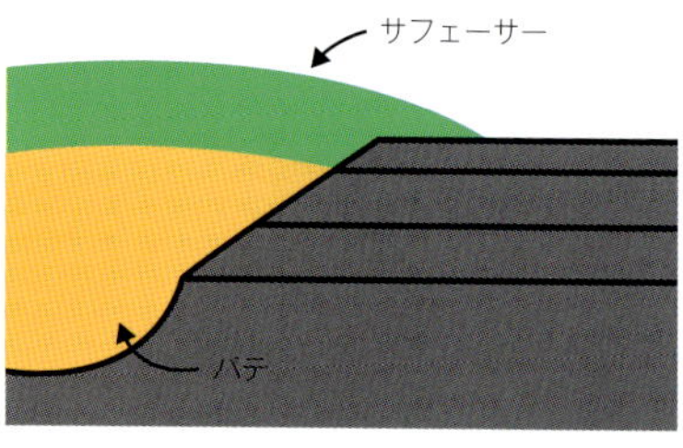

近はパテの性能が本当に向上していて、“肉痩”はまずしません。そういった鈑金修理が一般的になったのには、鉄板が進化したこともあります。だいたい2010年以降、その傾向が高級車だけでなく一般的なクルマにも普及しました。その鉄板は“ハイテンションスチール”というものですが、これが実用化され広まったことで、ボディを形成している素材が変わった、ということを認識しなければなりません。
2010年以降のクルマのボディはほぼすべて0.8㎜厚が当たり前、軽自動車などには0.6㎜という薄い鉄板が使われています。その薄い鉄板を“張る”ように使うことで強度を確保しているのですが、この工法は車両重量が軽くなるうえに使う鉄の量も少なくてすむわけですから、自動車メーカーがどんどん“ハイテンションスチール”、日本語でいえば“高張力鋼板”といいますが、それを採用しているのも頷けるところです。イメージとしては、障子を張り替えた後に霧を吹き付けると、“パン”と張りますよね、あんなイメージです。ちょっとたとえが古いかもしれませんが……まぁ、そんなイメージで最近のクルマのボディ外板パネルはできているのです。

図⑩に示したようにパテを盛って鈑金処理するのが現在のトレンド。理想のラインを見極め、そこまで塑性変形したへこみのエッジ部位を叩いて平らにする。無理して、鉄板表面を平らにするより、むしろ低くすることのほうが実は実践的なのです。

図⑪を見てください。谷状にへこんでいる部分が鉄板表面です。その両側、斜線の部分が塗装面になります。また、その塗装部の傾斜している部分は“フェザーエッジ”といいますが、生産工場の塗装工程で処理された“塗装の地層”を、このような形状に削り出すことが重要。理由は、そのフェザーエッジ内でパテ処理作業をすることになるからです。ただ、実際にパテを盛ってみると、フェザーエッジからパテが塗装面に載ってしまうことが多いのも事実です。理想通りにはいかないものです。けれど、その状態で“良し”、とします。理由は、パテには気泡穴などがありますから、どのみち削ることになるからです。パテ表面をサンドペーパーで研いでフェザーエッジ内に納まったら、その上にサフェーサーを塗ります。鈑金処理とは、パテとサフェーサーのセットで行なうもの、と理解してください。

図⑫はフェザーエッジを埋めるイメージを示したものです。ポイントはフェザーエッジの段差はパテではなくサフェーサーで埋めるという点。だから、パテの表面は完璧に平らに仕上げる必要はありません。

interview のっけからだがラッカー塗装の缶スプレーに物申す

自動車用の塗料は、当初“漆”の上塗りとほぼ同じようなものだった。これが、いっきに進化したのは1922年のこと。アメリカのデュポンという塗料メーカーが開発したニトロセルロースラッカー(硝化綿ラッカー)が、GMの大量生産車に採用された。フォードはエナメル塗装の改良版で対抗したが、ラッカー塗装のほうが耐久性/作業性ともに優れていたため、いっきにラッカー塗装が普及したという経緯がある。また、ラッカー系塗料はシンナー(溶剤)蒸発で乾燥するため当時から補修用塗装にも使われた。この時代は生産工場でも修理の現場でも同じラッカー塗装が使われていたという。
時は過ぎ、1950年代後半からは、新車には熱硬化型のアミノアルキド系塗料が使われるようになる。開発当初、アミノ樹脂は“硬度”が高いということで使用されていたのだが、“割れ”の発生率が高いという欠点があった。このため、アルキド樹脂を混合した現在のアミノアルキド樹脂塗料が出来上がっていく。このアミノアルキド樹脂塗料を使った塗装は、強靭な塗膜硬化の需要が高く、金属塗装では焼付けが採用されている。
自然乾燥から焼付けへ、塗装方法の進化にともない、生産工場で施される塗装と修理の現場で用いられる塗装が、それぞれ別の方向で進化していく。修理の現場でラッカー塗装からウレタン塗装への進化/普及が顕著になったのは1960年代のこと。1950年には、日本ペイントからメラミンアルキド樹脂を混入した“オルガ100”という塗料が発売されている。こうして修理の現場からラッカー塗装は消えたが、どっこいDIY市場では、ラッカー塗料の缶スプレーが販売され支持されている。BOLD氏は、この“缶スプレー”に異議ありなのだという。
「缶スプレーに仕込まれているのはラッカー塗料です。ベース塗料をシンナーで希釈している1液性なので、粒子の“結合”が脆弱という弱点があります。プロが使う塗料、ウレタン塗装を上からのっけると、パテ修理の際に研ぎ出したフェザーエッジの部分が、乾燥する前に近い状態に戻って“ふやけて”しまう可能性があります。なので、応急処置的に缶スプレーで塗った部位を、予算が工面できたからきれいに塗って欲しいと、もってこられても、それはできませんっていう話になります。パテ処理部分からすべて剥離しなければならないので、その費用を考えると止めたほうがいい、っていう話になるわけです。新品部品を買ったほうが安いくらいの値段になります」。
「製品として流通しているので否定はしませんが、缶スプレーが出てきた背景にはDIYブームがあります。コンプレッサーとスプレーガンの出費はそれなりに大きな金額になります。その点、缶スプレーは手軽ですよね。素人がコストをかけずに塗装できる、という要求にうまく応えた商品だと思います。でも、それはラッカー塗装になるわけだから、その処理部分にウレタン塗装はできない、っていう話になります。ウレタン塗装ができる缶スプレーもあります。ロックペイントから出ている“プロタッチ”という缶スプレーです。でも、1本3,000円もする缶スプレーを買いますか? プロタッチで塗ったら、1液性の缶スプレーでクリアーも塗らなければ意味がないです。普通の缶スプレーのクリアーを塗ったのでは意味がありません」。
「プロが使うパテは硬化剤をほんのちょっと加えて捏ねるのですが、配分量がちょっとでも多いと、パテを盛付けるのに夏だと1～2分で固まってしまいます。ホームセンターで売っているパテはそう簡単には固まりません。塗りやすくないとクレームがくるからです。いってしまえば、ポリパテと同じです。塗りやすくて固まらないけれど、パテとしては後から役に立たない。パテ痩せが起きます」。
パテが痩せるという指摘が気になったので、どれくらい痩せますか?と聞いてみた。BOLD氏の答えはこうだった。
「見た目では分からないけれど、触るとへこんでいる、といった程度です。0.1㎜くらい。ちょっとたとえは昭和のようですが、テレホンカードくらいはへこみます。すかして見ると歪んでいるように思える。で、触ってみるとへこんでいる、という程度です。ただ、ホームセンターで売っている応急処置的な缶スプレーで塗装しても、5年くらいは当初の塗装コンディションは保つようですが……」。
「缶スプレーで塗った塗装面がきれいじゃないのは、塗り始めから塗り終わりまで圧力が一定じゃないからです。ボンベのガス圧を最後まで一定に保つのは構造的に無理です。メタル斑(むら)っていうどころじゃないくらいのものが、プロの目で見ると出きています」。
一般的にウレタン塗料は硬化剤を使う2液タイプ。硬化剤を混ぜるとすぐに化学反応が起こり、硬化が始まり、三次元の網目構造が形成されて綿密な塗膜を作り出す。硬化剤の割合を増やすことで網目構造がより綿密になり塗膜の硬度性能はさらに向上する。そのため、密着度や弾力性を高めたい場合には硬化剤の分量を多くすることで、傷つきにくい丈夫な塗膜を形成することが可能になる。逆に、硬化剤の量を少なくすると速乾性が高くなる。この特性は小さな部分補修には有効で、適切な下地処理との組み合わせをした速乾ウレタン塗装は細部の補修に適している。
ラッカー塗装は揮発性の高いシンナー(有機溶剤)に、ニトロセルロースや樹脂を溶かした塗料を用いる塗装方法。塗料が乾く過程で化学反応は起こらず、有機溶剤が揮発することで硬化する。乾燥が早いのが最大の特徴だったが、塗装の“硬度”という点ではウレタン塗装に及ばなかったことで塗装の表舞台から消えていった。そのラッカー塗装にふたたび活躍の場を提供したのが“簡単/便利/安価”が売りの缶スプレーなのだが、それで処置してしまえば、その部位はふたたびウレタン塗装の原状戻しをしたくても、作業的/費用的に難しい、とBOLD氏は言っているのだった。
現代の塗料はアクリル樹脂を使用するものや水性タイプなど、各社様々に進化している。ちなみに、デュポンの塗料の特徴は、どのような種類の塗料にも混ざる“中間的な樹脂”が含まれていて、これはいまでも特許で守られているという。

第２章：パネルの損傷によってチリが合わなくなってしまったら

一般的に、ドアとドアの間には5㎜くらいの隙間があり、その隙間を“チリ”といいます。ドアの、そのチリ付近で損傷があった場合には鈑金が必要になることがあります。

13'54"~21'19"
生涯車屋

図①
ドアパネルの底面部にへこみ部位ができてチリが広がった状態

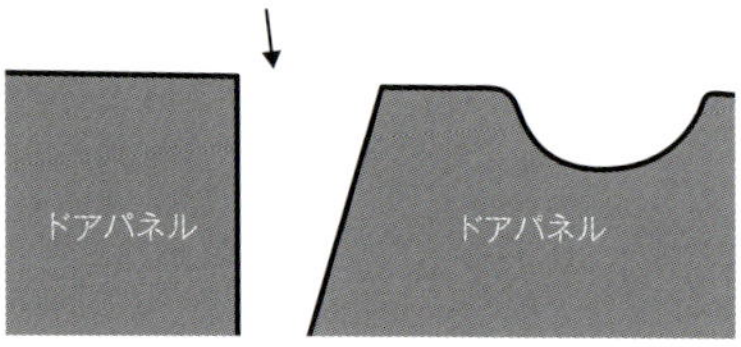

へこみにパネルエッジ部が引っ張られてチリの隙間が広がった

図①は、鈑金が必要なケースです。イメージ的なものですが、この場合、ドアにへこみができたため、その辻褄合わせのためにドアサイドが引っ張られ、本来のチリが確保されていない状態になっています。このような場合には、引っ張られたぶんを補って本来のチリを取り戻すためにパテを盛るという方法もありますが、パテはその特性上からエッジ部には使いたくないわけです。エッジ部は強度が確保しにくいからです。なにかが当たっただけでパテが“ポロッ”と取れてしまうことも危惧されるので、アール部にパテ盛りするのは避けたいのです。
こういった場合、まずはへこんだ部分を戻すという作業が必要になります。最後の微調整はパテで処理して、本来のチリを確保するという作業になります。
このケースはドアノブですが、部位によっては“手が入らない”ことがあります。最近のクルマは開閉部分の支持部位にはほとんど手が入らないので、結局、チリを合わせるためにはパテ処理が必要になってくるのですが、それは、どうしても裏から叩き出せない場合の最終手段としてであって、基本的には“エッジ部にパテ盛りはしない”と覚えてください。
ただ、強度がすごく高いパテもあります。アルミパテとかカーボンパテといったものです。これらのパテならばエッジ部に盛っても大丈夫です。ただし、値段は高いです。それに、これらのパテは削るのに時間がかかります。硬度が高いからです。グラインダーで削るくらい硬度が高いので作業性が悪いです。
趣味で鈑金 / 塗装をするならば問題ないですが、プロは“責任がもてる仕事”をしながら利益を追求するわけですから、どういった鈑金作業をし、どういったパテを盛るか、というトータルな判断が必要になります。

図②
へこみ方向の圧力によってドアパネルが押しつぶされて変形したケース

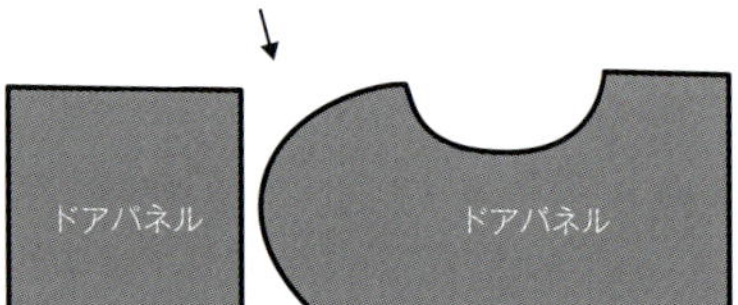

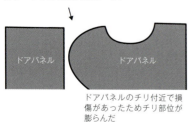

ドアパネルのチリ付近で損傷があったためチリ部位が膨らんだ

図②のケースではドアエッジ部位が押し出され、チリがきれいにそろっていませんが、これはドアの上部が押しつぶされる損傷を受けた影響で、チリ側が膨らんでしまったケースです。現実的に多いのは、このケースです。このようなケースでは、まず膨らんだ部位を直し、そのあとでへこんだ部位を直すという作業手順になります。逆の手順で行なうと、へこみを直した部位が、膨らんだ部位の修正作業をする際に、ふたたび膨らんでしまうという事態が起きる可能性が高いです。
こういった作業には"鈑金ハンマー"が必要になります。鈑金ハンマーの特徴は尖ったほうの反対側の平面の形状にあります。いま平面といいましたが、実は、この表面は"精度の高いアール形状"によって構成されています。そのアールを使って"出っ張って"しまった面を修正します。重量が軽いのも特徴です。叩く鉄板は薄いので軽くても問題はないのです。

写真3は鈑金ハンマーが入らない場合に使う工具で、"パテベラ"といいます。お見せしているのは、軽トラックのリーフスプリングを使って自作したものです。リーフスプリングは"ばね鋼"という素材でできていますから、硬度が高く強度的にも耐久性にも優れています。ほかにはドライブシャフトなども、ご自身で特殊工具を作る場合には素材として適しています。

写真4はDIYショップで売っている鈑金ハンマーを試しに買ったものです。1個200円。中国製です。私が愛用しているものも、基本的には同じ鈑金ハンマーです。尖がった部分で、鉄板の出っ張った部分をピンポイントで修正することができますが、中国製ハンマーは重すぎます。

写真5で私が指で示している鈑金ハンマーの平面部は自分でアール面を仕上げていくものだと思ってください。エッジ部のアールは円周に渡って均等になるように購入後に仕上げます。買ったばかりの新品は、意外と表面がデコボコなのでエッジが尖っていたりすると鈑金する表面を叩いていったとき、微妙に"いびつ"なヘコミをつくってしまう原因になります。
重量が重いなぁ、と感じたら、裏面を削って軽量化してください。軽量化する部位は尖った側に施すこともできます。私の場合は、ハンマー本体部分に丸穴を開けています。鈑金ハンマーは自分で作業しやすいように"作り込んで"いくものです。もちろん私も、大きめな鈑金ハンマーも使います。こちらは、当然重いのですが、修正分の表面積が広い場合、あるいは大きなヘコミ部位の修正には、その重さが有益なものになります。
鈑金作業が上手くいかないのは、ハンマーに原因がある場合もあります。ただ、ハンマーで平面をきれいに出すということにあまり拘らず、最後はパテで仕上げることにして、割り切った方が作業効率がいいし、最終的な仕上げもきれいになります。仕上げのメイン作業はパテ、と思ってください。きれいな仕上げ面を打ち出すのは、確かに素晴らしいことですが、それでも最後はパテに頼るわけですから、昔の職人技を妄信することはない、と私は考えています。

3

4
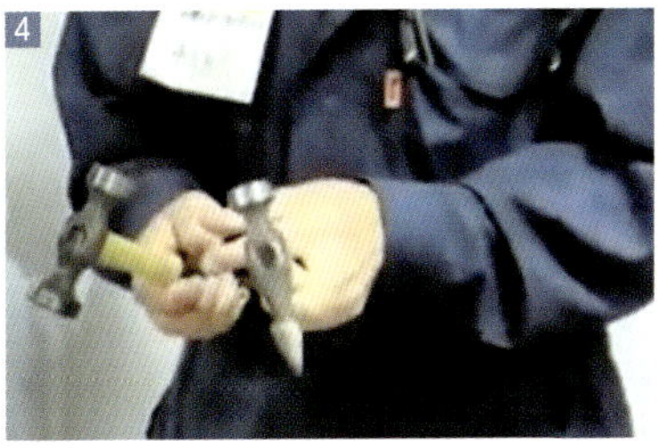

5

第3章：パテ盛りはしっかり足付けして重ね盛りをする

近年の鈑金の仕上がりを左右するパテという“修正素材”について説明しましょう。へこみの範囲が広い場合はパテを多く使います。これは当然です。パテはいっぺんに盛ったほうが作業効率はいいのですが、それをやってしまうと、最終的により多くのリカバリー作業が必要になり、結局“しっぺ返し”を喰らいます。

21'20"～53'47"
生涯車屋

図①
パテを一度に多く盛ると内部に気泡が内包されやすい状態になる。

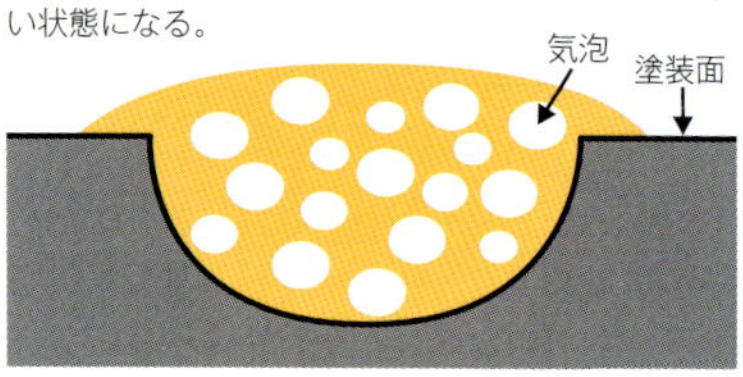

作業の迅速性では勝るが、鉄板面とパテが剥がれやすくトラブル発生の確率が高まる。

図②
内部に気泡が多くあるパテを研ぐと、へこみやピンホールといった“穴ぼこ”だらけの表面となり、結局パテを盛り足して対応するから作業効率は良くない。

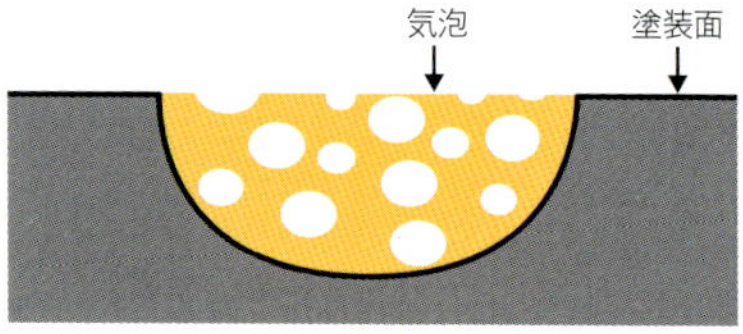

この気泡過密状態のまま熱が加わると、膨張した空気によって、塗装表面が浮き上がることもある。

図③

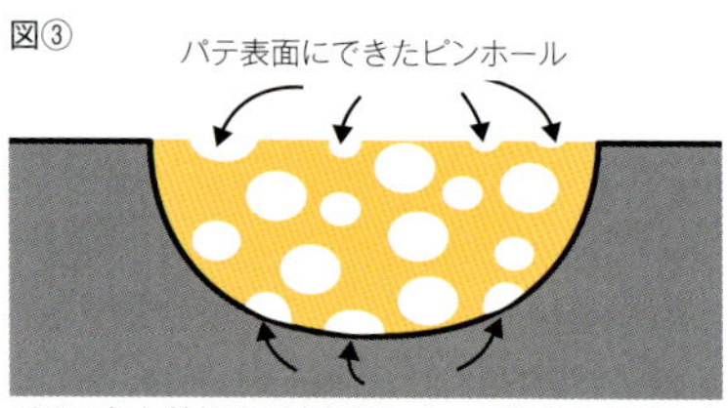

パテ下部と鉄板面が空気層によって密着度が低下すると、接合面が剥がれやすくなるからトラブルの原因となる。

図④
パテは一度に多く盛るより、何回かに分けて盛ったほうが密着度 / 強度ともに増す。

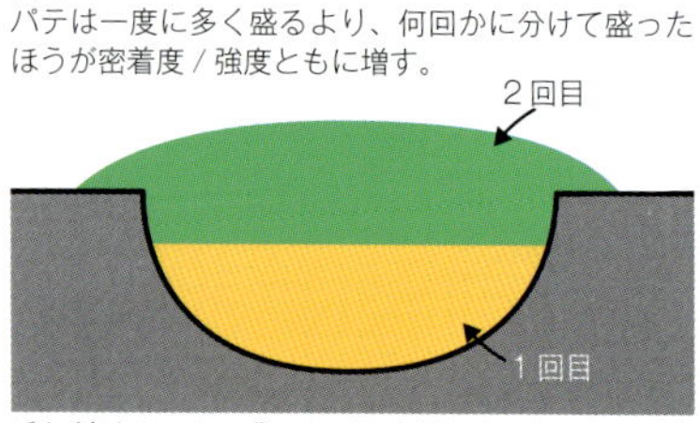

重ね付けのコツ：盛ったパテ表面に“べたつき”があるうちは、そのまま重ね付けが可能。乾燥してしまうと80番前後のペーパーで足付けする必要がある。

図①のようになかにいっきにパテを盛ると内部に空気が大量に入り込みます。白い○印は空気を現しています。その状態で熱を加えたりすると、なかに封じ込まれた空気が膨張します。これが表に出てこようとして、トラブルの原因になります。空気が表に出ていくような、その状態で表面をペーパーで削るとどうなるかというと、気泡の痕跡がいっぱいできてしまいます。

図②のへこみ部位は“気泡痕”です。まるでクレーターのような状態になってしまいます。この状態では表面を平らにする修正作業をしないといけないので、作業効率としては、結果として悪くなります。いっきにパテを盛ると、気泡がより多く発生し、そのパテを磨くと、表面はへこみやピンホールといった穴だらけになり、結局またパテを足す必要に迫られることになります。パテのなかに空気がいっぱいあると、もうひとつ弊害があります。

図③で示した矢印の下の部分。鉄板と接している部分に空気が入ってしまっていると、パテが鉄板ときちんと接していないことになってしまいます。これは“ブリスター”といわれる現象で、塗装面から浮き上がる原因になります。空気が膨張してパテ全体を剥がしてしまうのです。ブリスター状態になると、修正した部分のパテが簡単に取れてしまいます。そういったことのないようにするためには、パテを重ねて盛っていくことが必要です。

図④を見てください。パテはいちどに多く盛るより、何回かに分けて盛ったほうが密度 / 強度ともに確保できます。また、1回目を盛ったときに2回目をすぐに盛っても問題ありません。というよりも、乾燥させてはいけないので、“べたつき”のあるうちに重ね付けをすることが求められます。乾いてしまったら80番前後のサンドペーパーで足付け処理を施してから、再度、盛り付け作業を行なう必要があります。
パテは少ない量を作っておき、足りなければ足すという方法がいいです。そういう作業をしたほうが密度の高いパテになります。密度が高い、ということは気泡が少なく強度も高いわけですから、あとからトラブルも起こりにくい、ということになります。

図⑤は理想のパテ付けの方法を示したものです。下の黒い“ギザギザのライン”部分が傷、足付けした部位を示しています。一回目のパテ盛りは、この足付け部にパテを擦り込むようにします。これは密着性を高めるためです。この作業はとても重要で初心者の多くは、この第1回目の作業に問題がある場合がほとんどです。足付けのためにつけた傷にパテが充分に入り込んでいないのです。この作業をしっかりやれば、あとになって問題が起きても全工程の作業をやり直すという事態には陥りません。こうして、まずは大事な足付け作業をしっかりこなして、そのあと2回目〜3回目とパテ盛り作業をしていくわけですが、図で示すように3回目のパテはフェザーエッジまでかかっても大丈夫です。
塗料メーカーさんは、なるべくパテは塗装に載らないほうがいい、といいますが、私の経験では最近のパテは載ってしまっても大丈夫です。ただ、水性塗料で塗られているクルマが最近は多くなりました。クリアーはウレタンなのですが、内部の塗料は水性です。そういう場合は、水性塗料用のパテを使って処理する必要があります。これの材料をそろえるのにコストがかかります。水性塗装のクルマを修理する場合は、コスト的に覚悟してとりかかる必要があります。

図⑥のような状況になることは現実的によくあることです。へこみ部分にパテを盛って、表面を磨いていったら鉄板面が出てきてしまったという事例です。グリーンの矢印で示した個所です。そういう時には、先ほど紹介した尖ったハンマーを使って、鉄板が出てきた部分をへこませればいいです。と、こういったことまでを含めて考えると、一生懸命に頑張って平面を出す必要はない、ということが分かっていただけると思います。ただ、塑性変形が起きている場合には、磨いただけでパテを盛って処理すると、全体が浮き上がってしまうとこがありますから、図⑤で示したように鉄板面との足付けを確実にしてから、パテを盛る、これを確実に行なうことが必要です。昨今の鈑金はパテだけで仕上げてしまうくらいでいい、と私は思っています。

図⑤
1回目に足付けした“傷”にしっかりパテを摺り込むのが、パテ付けのもっとも重要なポイント。

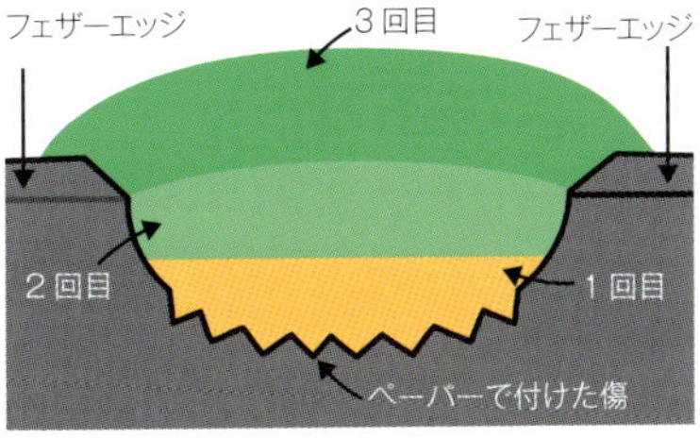

パテ盛りを1回で済ませると、作業の迅速性では勝るが、鉄板面とパテが剥がれやすくトラブル発生の確率が高まる。

図⑥
パテを研いだ時に表面に現れた鉄板は、先端が鋭利な形状の鈑金ハンマーでいったんへこませ、その後に新たにパテを盛る。

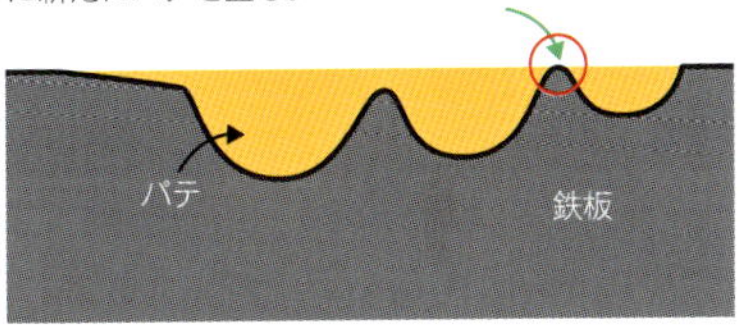

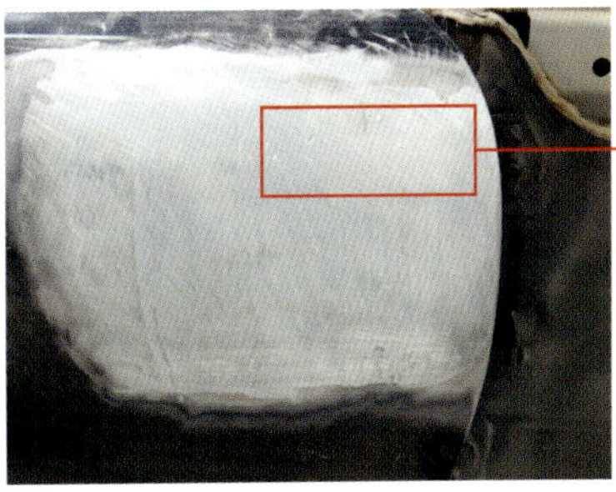

鈑金パテを研いでいったら“ピンホール”が表出してきた。この穴は2回目のパテでリカバリーできる。だから重ね塗りは結局、急がば回れ、なのだ。

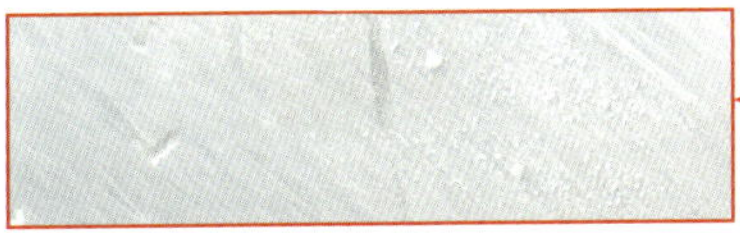

1回目のパテを塗って時間が経過して硬化したので、2回目のパテは足付けして盛ることになった。

column ｜ 近年のボディパネル事情について

①クルマの鉄板は軽量化と強度、さらにコスト削減を目的とした素材が採用されている。いわゆるハイテン（ハイテンションスチール＝高張力鋼板）といわれる鉄板だが、この鉄板は、従来の叩いて修正する“鈑金”という方法では対応できなくなってきた。
②従来、クルマの鉄板の厚さは0.8㎜が一般的だった。これが、0.6㎜の板厚になったにも拘わらずボディ強度はあがっている。よって、トラブルが発生した場合、弾性変形ですむようなことはあまりなく塑性変形にいっきになってしまうケースがほとんど。
③ハイテン製のパネルを鈑金しようとすると、塑性変形しているので“歪”が広がってしまったり、“ぺコぺコ”と鉄板が出入りする状態になる。
④ハイテン製のパネルに、従来のような硬化時に収縮する特性をもつパテを使うと、よけい歪が広がってしまう可能性も出てきた。
⑤ハイテン製のパネルを鈑金する際の対策としては、パテが盛れる状態にまでヘコミが修正できたら、鈑金作業は終了。平面出しに精を出すようなことは徒労と考える。パテは低収縮あるいは無収縮性のものを使うようにする。
⑥エアーや電動工具の作業は必要最低限度に抑え、ボディパネルに“熱”をもたせないような作業法を心掛ける。

大きなパネル面がハイテンションスチールで構成されているので、損傷があった場合はパネルごと交換されるケースが多いが、鈑金修理する場合はパテ盛りのみで対応するのがベター。

図⑦

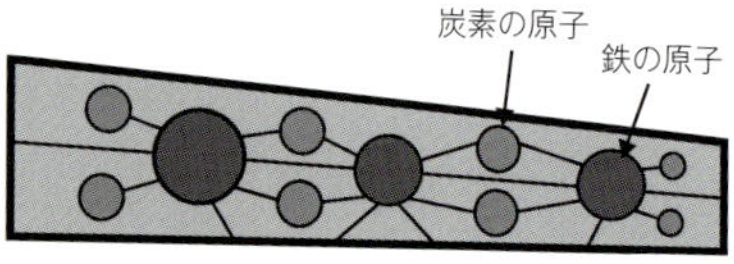

鉄と炭素の原子を混ぜて統合してできているのが、ハイテンションスチール。弾性変形領域が狭く、すぐに塑性変形へと移行する。

図⑧

鈑金ハンマーで叩いて底面を上げると、その影響でエッジ部が"盛り上がって"しまう。

エッジを叩いて局部的にへこまそうとすると、鉄板面全体がへこんでしまう。

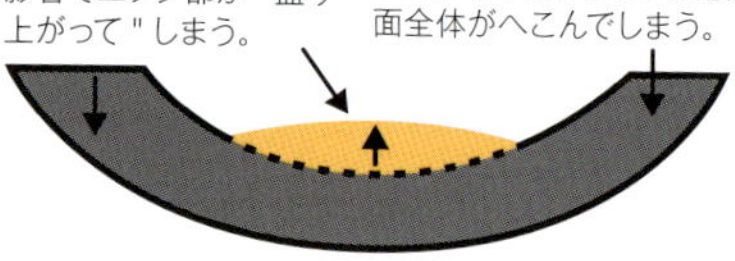

図⑦はハイテンションスチールの構造と特性を説明したものになります。従来の鉄の原子結合に加えて、炭素原子（小さい丸がそれ）とも結合させて硬度と強度を確保しているのですが、その炭素原子の結合特性として“伸びない”ことが挙げられます。これが鈑金をする際には困ったことになります。へこんだ場合は弾性変形することなく、いきなり塑性変形してしまうのです。見た目ではどんなに緩やかにへこんでいる場合でも、それはほぼ塑性変形と思ったほうがいいです。困ったことですが､鈑金屋さんが“手出しできる鉄板”ではなくなってきた、ということです。
ハイテンを叩ける職人がまったくいない、ということはないのですが､それはすごい“技”をもった限られた人たちです。それでも、最後にはパテで仕上げをするわけですから、ある意味、“虚しさ”を感じます。最近のクルマは“なるべく叩くな”といわれています。むしろへこませる、そういう傾向が強くなってきています。

図⑧はハイテン製のパネルの鈑金を説明したものですが、へこんだパネルの底面（破線部分）を少しでも上げようと叩くと、エッジ部分が“盛り上がって”しまいます。その盛り上がった部分をへこませようと叩くと、今度はその出っ張った左右の部位を起点に全体がへこんでしまいます。悪循環です。原子の結合が非常に硬いので、鉄板が自由に“動いて（変形して）”くれないのです。
例えば、ドアパネルにちょっとしたへこみができてしまったとしましょう。そのドアパネルを裏から叩き出すと、ハイテンなら、そのへこんでいる部位はよけい広がってしまいます。ドアパネルがへこんでいる状態というのは、その部分が“伸びて”いるわけです。
従来の弾性変形するパネルだったら、裏から叩き出すことができたのですが、ハイテンの場合は塑性変形しているわけです。伸びたパネルは元には戻りません。

図⑨はその解決法を示したものです。底部に尖った方の鈑金ハンマーで故意に凹凸を作り、距離を稼ぐわけです。細かいへこみをいっぱい作るか、あるいは、細かく引っ張るか、このどちらかの作業を底部に施せば、トータルの距離はへこんだパネルと同じものになります。そうすると、左右の出っ張りが内側に引っ張られることになりますから、パネル面を低くすることができます。これで、やっと底面にパテを盛る鈑金作業が可能になるわけです。

気をつけて観察すれば、ハイテン製ドアパネルはドアを閉める時にわずかですが衝撃で表面が“揺れている”のが分かります。そういう状況下にあるわけですから、パテにも“ひびが入る”わけです。それを防ぐためにもパテの強力な足付けになる“波”を作るのは効果的です。パネルに強度が出て、さらにパネルとパテとの接合面積が広くなるからです。
もっと“やっかい”なのは、最近のクルマはフェンダーがプラスチック製になっていることです。時代なのでしかたないですが、これはもう鈑金ではなくなって交換です。バンパーと同じですね。

昔は鉄板をきれいに打ち出す技術を身につけていったものですが、これからは、パテできれいに修復する技を磨いたほうがいいです。平均して 2010 年くらいから、クルマの外板パネルにはハイテンションスチールが使われています。ハイテンションスチールの欠点として“熱に弱い”という特性があります。ほぼ 2010 年以前のパネルは溶接することができたのですが、ハイテン製パネルを溶接すると、熱の影響でまったく関係ない部位に“歪”ができてしまいます。

たとえば、ドアパネルのヒンジ部分に傷ができてしまったとしましょう。その傷を溶接で埋めると、ドアノブあたりに歪が現れてしまったりします。原因は熱が冷えていくときに、パネルは収縮しますが、そのときにどこかが“引っ張られる”わけです。この現象は、平面を強調したデザインのクルマに多く見られます。そういうパネル面をもつクルマの鈑金修理は、もうパテ処理以外なにもしないのが、仕上がり後のトラブル発生率も少なくする唯一の方法です。

写真10は鈑金用のハンマーとセットで使うことが多い“ドリー”といわれる工具、“当て盤”です。ハイテン以前のクルマのへこ

図⑨

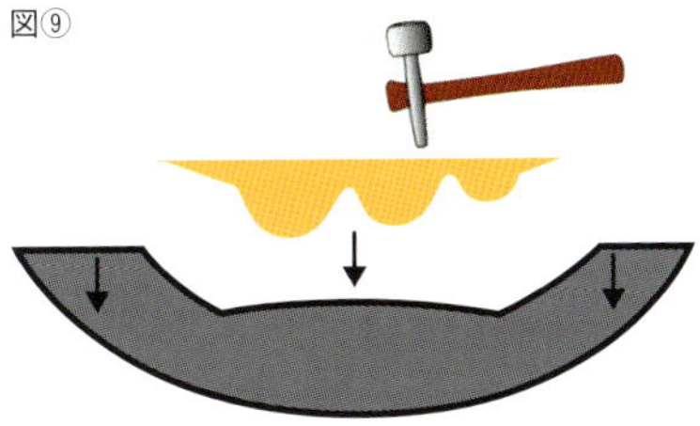

へこんだ底部を盛り上げて平らにする鈑金作業をするのではなく、むしろ底部を"波形状"にして、全体としての表面積の"辻褄"を合わせることで、歪み発生のリスクを抑える。

10

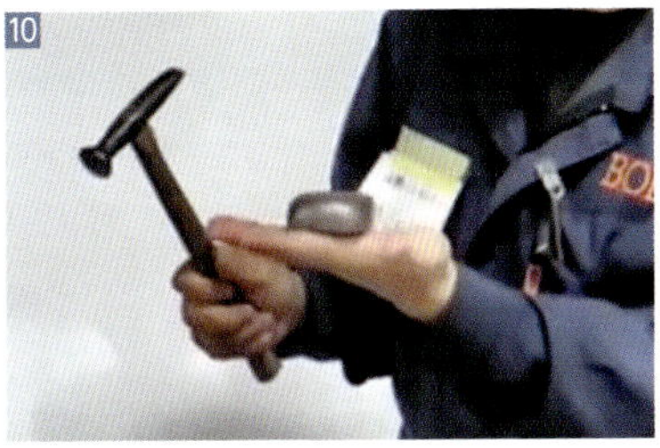

オンドリーとオフドリー。どこに当て盤するにしても、この組み合わせは鈑金修理の王道だった。が、近年のクルマのデザインとボディパネル形状を視るにつけ、この時代も転機を迎えているように思われる。へこみは修正せずパテ処理のみ。あるいはパネルごとの交換だ。

図⑪
ドリーをへこみ部位にあてがい、エッジ部に鈑金ハンマー平面部を当てて叩くと互いに"反発"しあって、面の移動が起きる。

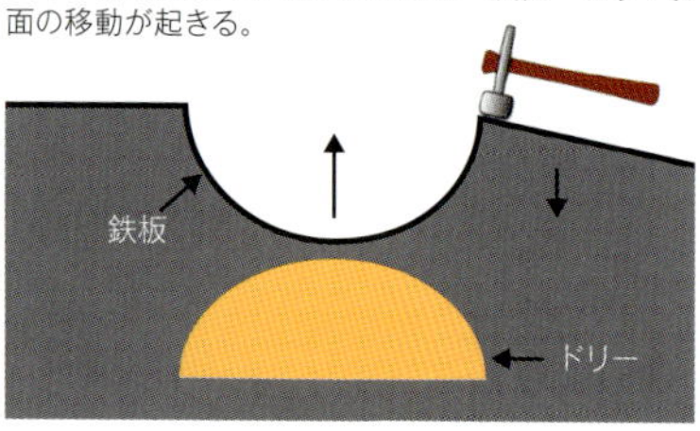

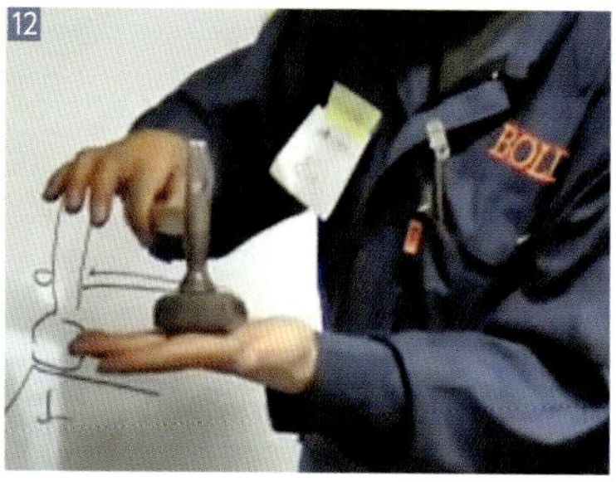

みを、叩いて直す際に使う道具としては揃えたいもののひとつです。使い方は、へこみ部分を裏から押さえておいて、その周辺を叩くとドリーが上がってきます。へこんでいる部分が上がってくるわけです。

図⑪はその作業を示したイメージです。ハンマーとドリーを使っての作業では"平らにしたい"という気持ちが起きますが、目的はあくまでエッジ部をなるべく"下げる"ことにあります。
ドリーは市販のものがありますが、購入したら表面を滑らかにする作業をしてください。それで仕上がり具合がまったく違ってきますし、作業時間も短縮できます。このドリーですが、仕方なくハイテンのクルマで"叩き出す"作業をする場合は、本当に軽いドリーでかまいません。重いドリーは必要ありません。

写真12は鈑金用のハンマーですが握り方から違います。一般整備で使うハンマーは"グー"で握りますが、鈑金用ハンマーは親指と人差し指でホールドするイメージです。この2本の指を支点にしてほかの指を添えるようにしますが、この時"握らない"ことがポイントです。鉄板に当たったときに"跳ね返る"くらいでないと、かえってダメージを大きくしてしまいます。ハイテンは本当に薄いので、ハンマーの重さとその慣性力で伸びてしまう危険性があります。ハイテンでも少しは弾性変形の範囲をもっていますから、それを叩くことによって塑性変形にしてしまわないために、軽く"当てる"イメージで作業します。

パテ処理にかかせないものにサンドペーパーがあります。これについて説明しましょう。60～80番、これは鉄板面の足付けで使うものですが,私はほとんどの仕上げをこの番手で行ないます。60～80番のサンドペーパーで磨くと、すごく粗い表面ができてしまいます。なので、それが塗装面に浮き出てしまう危険性がありますが、粗いペーパーで研いだ方が作業は早いです。
私が粗い番手のサンドペーパーを使うのにはもうひとつ理由があります。パテ表面を研ぐときは"当て盤"という道具を使います。"ファイル"といわれるものです。そのファイルに設けられた"溝"にペーパーを差し込み巻き付けて使うわけですが、ファイルは2面構成になっていて、実際に鉄板にあたる面にはクッションが設けられています。180番くらいのペーパーをファイルに巻付けてパテ処理した表面を磨けば、確かに傷は少ないのですが、長時間の作業になるので、徐々に中央部付近がへこんでしまいます。そうなると、平らにパテ表面を研いでいるつもりでも、実際には、ファイルの中心部にどうしても力が入ってしまうので、平らに研げていないという事態が起きてしまいます。なので、平面状態を保てる粗いペーパーでなるべく長く作業をする、という一見荒っぽい方法が、結果として好結果を生みます。

粗いペーパーで満足いく面が出せたら、パテ表面の傷を消すため再度パテを盛ります。これは、傷だけを消すためのパテです。その表面を 120 ～ 180 番のペーパーで研ぎます。この作業は表面が狙った状態になるまで続けます。その上に塗るのはサフェーサーになるのですが、これは 180 ～ 240 番くらいのサンドペーパーでできた傷を消すことができます。この番手ですが、新品の 180 番のペーパーでできた傷は思ったよりも深いものです。なので、サフェーサーで消せるのは最低 180 番以上の傷が、その範囲と思っていてください。

サフェーサーには 2 種類あります。1 液と 2 液タイプです。2 液タイプは硬化剤を入れるので、パテの代わりになるくらい厚く盛れます。ただ、サフェーサーはパテと違ってペーパーにからみやすいので、ペーパーの“山”を埋めてしまいがちです。なので、研ぐのに時間が掛かります。効率計算に長けている方は、だったら 120 番のペーパーで全部の作業を済ませればいいんじゃないの、と思うかもしれませんが、それでは最後の仕上げ磨きで苦労することになります。

ここからは塗装の説明にもなります。塗装面はだいたい 600 ～ 800 番のサンドペーパーで足付けしますが、塗料メーカーによって異なります。800 番を指定している塗料もあれば、400 番でも OK としている塗料メーカーもあります。が、私は最近の塗料は 400 番だとちょっと“傷”が残ってしまうように思います。塗装に関しては、次の章で詳しく扱います。

鈑金で使用頻度が高いサンドペーパーの番手は 80/120/180。この三つの番手を中心に揃えておけばまず大丈夫だと思います。サンドペーパーは粗いほうがいいです。私は 30 番のペーパーをよく使いますが、その 30 番でできた傷は鈑金パテじゃないと消せないのですが、一般的に、30 ～ 80 番くらいのペーパーで作った足付けが効率よく喰い付くといわれています。ただ、注意しなければならないのは、30 番はさすがに目が粗いので、鉄板に穴を開けてしまうくらい削ってしまうこともあります。30 番というと、グラインダーに貼付けているのが、ちょうどそれくらいの番手になりますが、これで作った足付けは素晴らしい“喰い付き性能”を発揮します。ただ、30 番のペーパー、それをグラインダーに貼付けて使う場合は、要注意です。油断して研磨範囲を外してしまうとボディ表面に深い傷をつけてしまうからです。なので、最初は 80 番くらいから始めるのがいいでしょう。

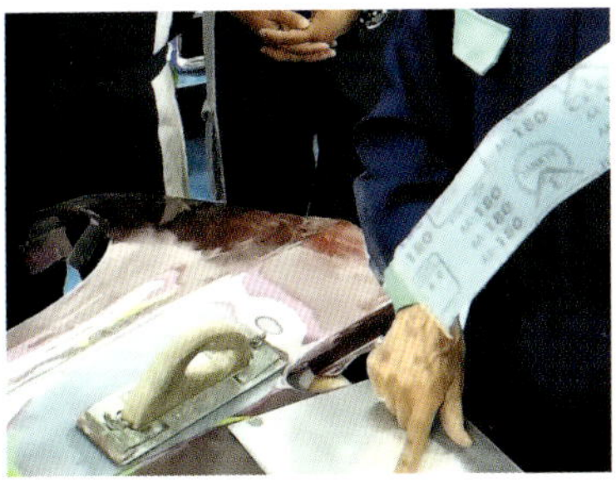

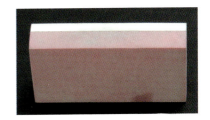

13

写真13は足付けについて説明したものです。すべらかな面にパテを盛っても、すぐに剥がれてしまいます。なので、表面に傷を付けるのですが、一般的にはシングルサンダー、いわゆるグラインダーですが、このシングルサンダーで付けた傷は図⑭の右上のような円弧を描いたものになります。ペーパーで付けた傷は基本的に直線です。このふたつの傷の共通項は一方向のものという点です。そのため、90度の対角になる方向からパテを剥がそうとしても剥がれないわけですが、その傷に沿った方向からパテを剥がせば簡単に剥がれてしまいます。パテにつける傷は縦横さらには斜めからと、いろいろな方向からがいいのですが、場所によっては、一方向からしか傷を付けられない部位があります。その場合は深く傷を付けるようにします。

図⑭

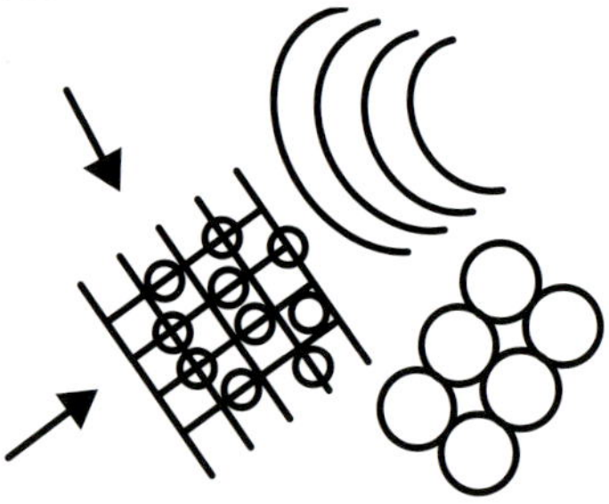

図⑭をもう一回見てください。電動工具には“ダブルアクション”というものもあります。これは、図⑭右下のような円状の傷を付けることができるので、傷の方向性に関しては素晴らしい工具なのですが、その代わり深い傷をつけるのは苦手です。なので、私はパテの足付けには、両方の電動工具を使っています。

シングルアクションは、ほぼグラインダーですから一般的によく使われますが、最大の欠点は、鉄板に対して“熱を加えて”しまうことです。先ほども説明したように、ハイテンは熱に弱いので、その熱でハイテンが延びて思いもかけない部位に歪が発生するという事態が生じたりします。
グラインダーには低回転で高トルクを発生するタイプもあります。約600回転くらいなのですが、これくらいの回転ならば熱の発生も抑えられます。その低回転タイプのグラインダーに新品のペーパーを貼付けたもの、というのが使用条件です。

シングルサンダー＝グラインダーは非常に熱を発します。装着しているペーパーのエッジ部が擦り減っていると削るパワーが落ちるので、作業者は押付ける力を強くします。すると、熱が鉄板面に発生してしまうことになります。なので、ペーパーはエッジ部を触って、中心部とその接触感が違ってきたら要交換です。

15

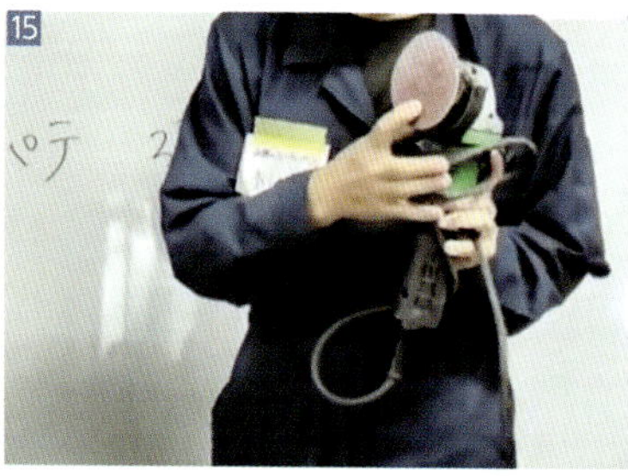

写真15で手にしているのはシングルサンダーです。これに貼付けているのは3Mのクイックロックという製品ですが、このタイプは回転させることでペーパーが外れます。確かに便利ですが、アタッチメント部が特殊な形状をしているので、円盤がもっと小径なサンダーには使えませんが、マジックタイプならば円周面をハサミで切って使い回しができます。

最後に、私が使っているものの範囲ですが、サンドペーパーについて説明しましょう。なにしろ、サンドペーパーは種類が多いので……。先ほどの3M製のサンドペーパーですが、“石”が接触面に混ざっているので強い研磨力を発揮してくれます。また、表面が縞状になっているので、これが目詰まり防止に効果を発揮してくれます。セラミックを混ぜ込んだコバックス製のサンドペーパーは、長持ちするというのがアピールポイントですが、そのわりには“もたない”、というのが私の印象です。
一般的には、剥離用はボンド砥石タイプ、足付け用はメッシュタイプ、塗装前研磨にはフィルムタイプがいいでしょう。いずれにしても、3Mとコバックス製を買えば間違いないと思います。鈑金パテをきれいに研ぐ秘訣は、“切れるペーパー”で研ぐということです。擦り減ったペーパーでいくら研いでもきれいにならないばかりでなく、表面が熱をもってしまいます。

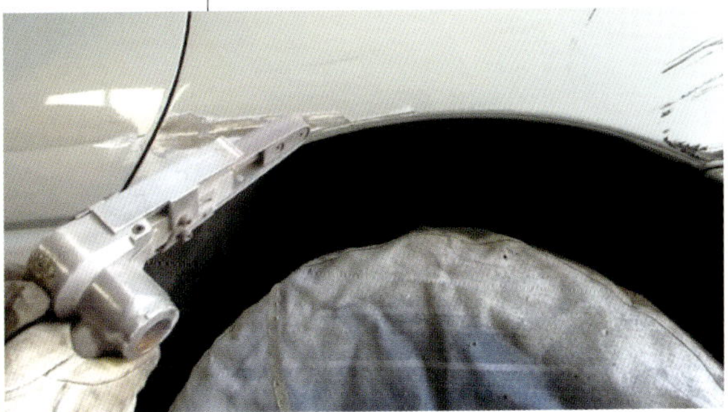

塗装の実践知識

～基礎編～

第１章：塗装面に対するスプレーガンの位置関係が仕上りを左右する
第２章：ブロック塗装とぼかし塗装をきれいに仕上げる方法
第３章：色合わせチェックと塗装後トラブルの傾向と対策

18'46"~38'42"

生涯車屋

◀各章のタイトル内に左の QR コードの表示がありましたら、その章での内容を YouTube でご覧いただけます。

QR コード読み取りアプリをダウンロードしてアプリから QR コードを読み込んで YouTube 動画をご覧ください。

◀各章の内容にあった動画の始まりと終わりを示す時間を表示。視聴時間の目安としてください。
(こちらのタイムコードは第３章の動画となります)

この約 40 分の動画の最後に出る字幕スーパーに次のような文言がある。「塗装はとくに科学的、物理的な要素が非常に仕上がりに左右されます」。そう、塗料は化学反応式を駆使して使いやすい物質に変化というか進化した“物質”。だから、硬化剤や希釈剤（シンナー）を混ぜ合わせることで、スプレーガンで吹きやすく、かつ塗り斑（むら）もできないようなクリアー塗料やサフェーサーを作業者が作るわけだが、そういったことにはあまり、というかほとんど触れていない。動画で行なっている講習は基本的なスプレーガンワークとブロック塗装とぼかし塗装の実践方法だ。
途中、“塗装の色の見方”について解説するコーナーが入る。ここで説明しているのは“比色角度”と呼ばれるもの。目視によって見分ける“色の見え具合”について言及している。見る位置によって調色して塗った色が異なることに関して、BOLD 氏独特の“実践論”が展開されている。
一般的に、太陽がパネル面に対して 45 度の位置にあったとき、正面位置、その正面位置の線対称位置、これを正反射（45 度）位置というが、さらに 20 度ほど“横すかし”した 15 ～ 20 度の左右位置の 4 ポジションで、比色する。が、その 4 ポジションで色味が同じになるのは無理なこと、と BOLD 氏は言い、切り捨てる比色位置を説明する。これはユーザー目線でいえば、中古車の塗装を比色角度でチェックすることに転化できる。補修鈑金塗装のレベルを知る目安になるからだ。BOLD 氏の説明は上手にくだいたものだが、“見て読む”ことで、その理解が深まることを実感していただければ嬉しい。この動画も“車屋 BOLD チャンネル”で限定公開されているものだが、QR コードでアクセスすることで視聴できる。

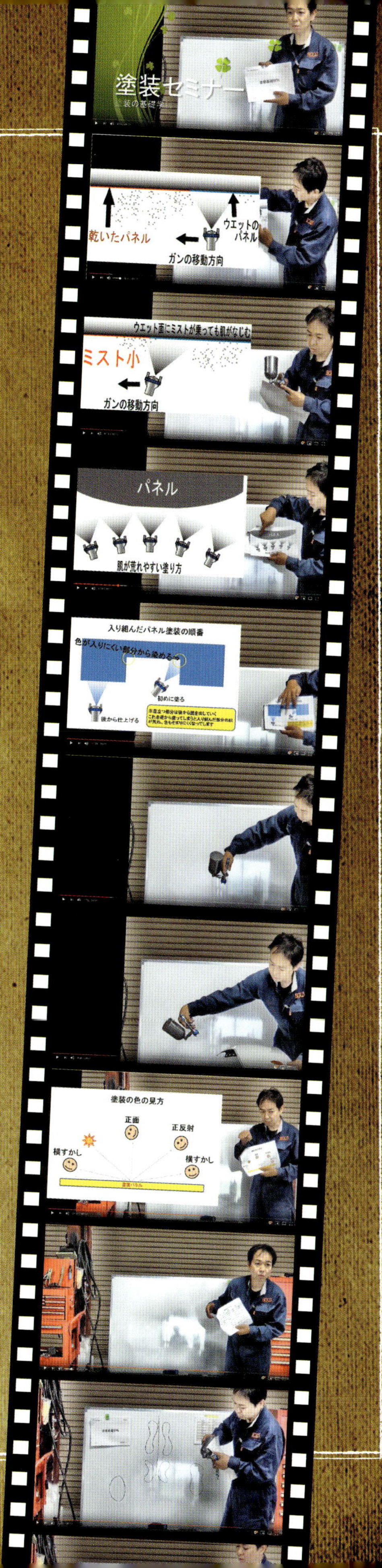

第１章：塗装面に対するスプレーガンの位置関係が仕上りを左右する

スプレーガンをはじめて使う時の一般的なイメージは、塗装するパネルに対して直角というものでしょう。スプレーガンの右側は塗料を吹き終えているから、パネル状態としては“ウエット”です。対して、スプレーガンの左側のパネルは塗料をまだ吹いていないので、パネルの状態は“ドライ”です。このウエットとドライのパネル状態に、どうしても発生してしまうミストをどう“付着”させるか。これが、艶のあるきれいな塗装に仕上げるための“ポイント”となります。

0′00″~12′05″
生涯車屋

図①
塗装面とスプレーガンとの基本的な位置関係

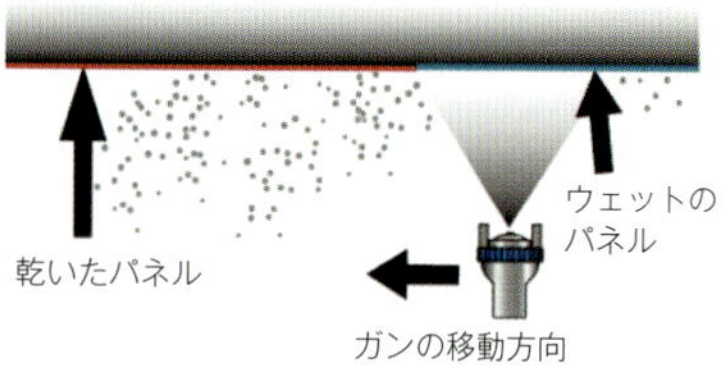

図②
乾いた面に乾いたミストが載って肌が荒れる

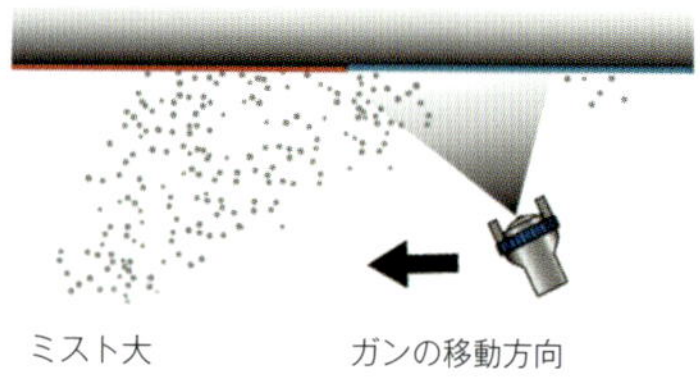

図③
ウエット面にミストが載っても肌が馴染む

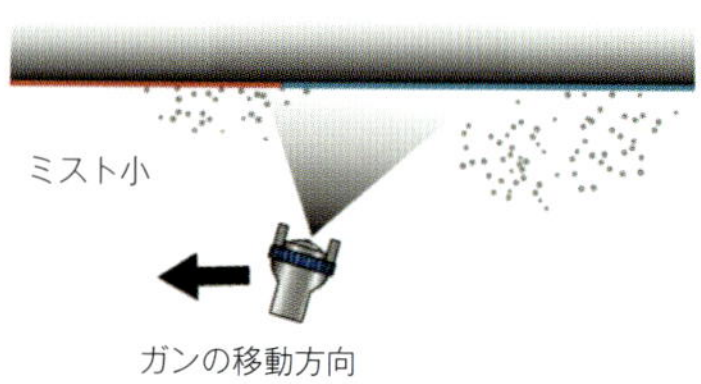

図①で注目すべきはミストの発生状態です。スプレーガンは塗装面に向かって左方向に進んでいます。右側はウエット状態で、塗装し終えた上にミストが少量ですが付着する状況です。できれば、載って欲しくないミストですが、それは物理的に避けられません。いっぽう左側ですが、塗料が噴霧される前にミストが塗装パネル面に付着します。ミストはスプレーガンの両側に発生するのですが、進んでいく方向に発生しやすい傾向にあります。乾いたパネル上にミストが先行して載るので、パネル表面は“ザラザラ状態”の荒れた表面になってしまいます。この上に塗料を吹いても、最初の表面が粗い状態なので、艶のあるきれいな仕上がりは望めません。

図②はスプレーガンと塗装面との関係を示したものです。初心者の多くは、スプレーガンの噴射方向が進行方向を向いてしまいます。これから塗る方向へスプレーガンを向けてしまうのは、心理的によく分かるのですが、そうすると、当然ミストが多く発生してしまいます。その多くのミストが発生している赤い線の領域はドライの状態ですので、先ほど説明したように粗い表面に塗料を吹き付けても、さらに“肌が荒れた”状態になってしまうということです。このミストはマスキングを飛び越えてしまう危険性もあります。作業効率として、マスキングは必要最低限の範囲内で抑えたいわけですから、それはリスキーなものといえます。

図③は私が実践している塗料の吹付け方法です。スプレーガンの噴射口が逆に向いています。進む方向と反対側に向けて塗料を吹いているのです。こうすることによって、ミストの発生方向がすでに塗装し終えた後方になります。ウエット面にミストが載っても“肌が馴染む”ことになります。ウエット状態というのはシンナーがまだ乾いていない状態なので、そのシンナーに塗料が溶け込みます。この噴射方向は実際にやってみると違和感がありますが、これがミストを乾いたパネル面に載せないための有効な方法です。機種によっては、このように逆を向けなくても進行方向のミスト発生を抑える機能をもつものもありますが、一般的なスプレーガンは進行方向に多くのミストを発生させます。

写真4で示したように、スプレーガンは一定のアングルを維持しているわけではありません。状況によっては傾けなければならないこともあります。だから、スプレーガンの“向き”を常に意識する癖をつけることが必要です。ホールド位置は塗装面に対して正対しているにも拘わらず、スプレーガンの噴射角度が左右 / 上下で変形していることも現実的にはあって、そうなると、進行方向のミストがさらに多く発生してしまうという状況になります。

図⑤は一般的によく見られる塗り方です。先ほどまでパネルは直線で描かれていました。けれど、実際のクルマの塗装面にまず直線部はありません。たとえばフェンダーですが、いくつかのアール面で構成されています。そのアール面を塗装するということになった時には、スプレーガンを横移動しながら作業することになるわけです。自分の立ち位置では塗装面のパネルに対してスプレーガンを正対させているのですが、その位置で左右にスプレーガンを“振る”ように扱うので、スプレーガンの噴き出し口は外側に向かってしまいます。腕を左右に振り、それにともなった手首の返しだけでスプレーガンを扱っているケースです。ミストを両端に飛ばしている、ということは、先ほどから何度も言っているように、両端の肌が“ザラザラ”に荒れる状態を進んで作り出しているようなものです。これでは、真中だけが艶があって両端は艶がない状況になってしまいます。

写真6で言いたいことは、塗装パネル面とスプレーガンとの距離を一定に保つということです。アール曲面に合わせて移動しつつスプレーガンが正対する位置を保ち、さらにその噴射距離も一定に保つことが、きれいで艶のある塗装面に塗り上げるためには大切なアクションとなります。

図⑦は“肌が馴染む”塗り方を示したものです。パネルに対してスプレーガンが正対し、同じ距離を保っています。このようなスプレーガン操作をするためには、全身を使ってスプレーガンを移動させていくことが求められます。パネルはアール面の連続なので、“中心”にスプレーガンがあるようにすることが大切なのです。手首の返しだけで、その態勢を作り出すのではなく、あくまで身体全体を使って態勢を保持することが大切、ということです。とくにメタリックを塗装する時には、この方法を実践してください。白いメタリック系の塗色は“メタルムラ”といって、黒い影のようなものができてしまうことがあります。その原因はほとん

図⑤
肌が荒れやすい塗り方

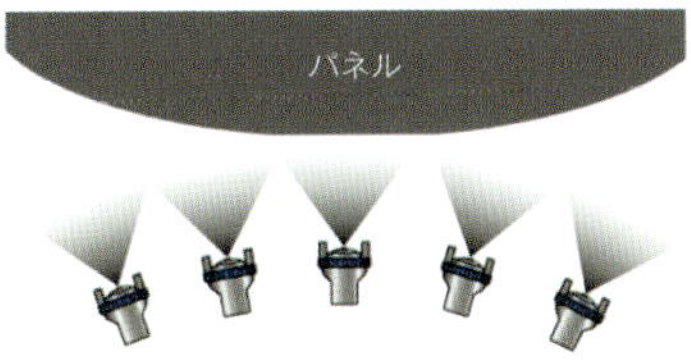

図⑦
肌がなじむ塗り方

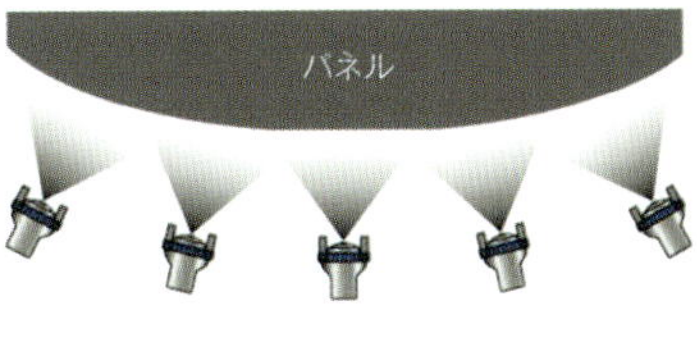

図⑧
入り組んだパネル塗装の順番

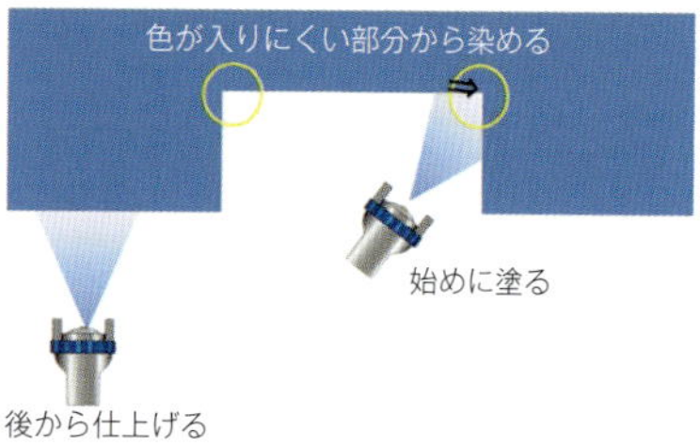

※目立つ部分は後から艶を出していく。これを逆から塗ってしまうと入り組んだ部分の肌が荒れ、色も染まりにくくなってしまいます。

どがミストです。
図⑧はバンパーをイメージしたものです。バンパーにはダクトがあり、その部分はへこんでいるわけですが、こういった入り組んだパネルの塗装は奥からしていく。これがきれいに塗るポイントです。へこんだ部分を塗装する場合は、その周辺をミストが舞っている状況になります。入り組んだ部分に"粉"は溜まっていきます。なので、このへこんだ部分を先にウエット状態にしておくわけです。外部を塗っている時に、へこんだ部分にミストが入ってきても、そこがウエットならば、ミストが載っても"馴染んで"くれるからです。へこみ部位はシンナーが乾いていない状態にあることが必要です。重要なのはバンパーの表面部分なわけです。入り組んだ部位を塗る場合はスプレーガンの吹付け圧力調整も必要になってきます。

足の開きが足りていないため、体重移動と吹付け作業位置の関係が横移動しにくいフィックスされた立ち位置になっています。これでは、両端面部への塗装がきれいに塗れません。スプレーガンのトリガーはまだ絞られているので塗料は吹付けられていますが、ガンの向きは外側を向いており、ミストが多量に発生しやすい態勢といえます。また、この態勢でガンを左右に振ると、中心部と左右端部で、塗装面とガンとの距離を一定に保つという基本が実践できません。これも"塗り斑"が多く発生する原因となり、ミストの堆積が馴染まないことから肌が荒れた仕上がりになる負の要素です。

腰を落とした横移動しやすい開脚態勢は、塗装面とスプレーガンとの関係を理想に近いものにできています。これはリアバンパー左端面部を塗っている瞬間を捉えたものですが、ガン位置が若干ですが外に向いているように見えます。が、ただこの状態では塗料の噴射はなく、ガンからはエアーが出ているだけ。ミスト発生防止とガン孔のクリーニングを兼ねた行為です。この態勢ならば、中央部から両端部へと塗装範囲が移動しても、塗装面とガンとの位置関係は理想に近い態勢を維持できます。こういう態勢で塗れば、ミストの発生も少ないので、艶のあるきれいな塗装面に仕上がること間違いなしといえます。

第２章：ブロック塗装とぼかし塗装をきれいに仕上げる方法

きれいで艶のある塗装に仕上げるための具体的な方法として、ブロック塗装とぼかし塗装があります。損傷部分が発生した場合、時間と予算に余裕があればブロック塗装でパネルごと塗装するのがベターですが、現実にはそうもいきません。そこで、損傷部位を修正し、目立たない範囲で塗装して周囲となじませる“ぼかし塗装”で仕上げることになります。ここでは、このふたつの塗装に関して、きれいで艶のある仕上げ方を解説します。

12'06"~18'45"

図⑨はブロック塗装という“技”を説明したものです。“ぼかし”という技を使わないで一枚のパネル全体を塗る場合には、この塗り方を実践してください。１回目の塗装はスプレーガンの噴射幅で塗られています。問題は２回目の塗装です。この時、1/3 以上の幅で重ね塗りをすることが艶のあるきれいな塗装面に仕上げるポイントです。この部分が狭いと“トラ刈り模様”になってしまいます。塗って戻る時に、その重なり具合を確認しながら作業するようにします。ただ､この時の作業者の姿勢に注意が必要です。スプレーガンに対して正対する位置に立つと目視で塗装具合の確認ができません。どこに吹付けているのか見えません。そこで横から覗いて、スプレーガンから噴射されている塗料の先がどこに当たっているか、どこがウエットかを全工程で確認しながら作業する方法をお勧めします。これは、それほど難しいことではないはずです。この重ね塗り作業は、失敗したと思ったら戻って平気なのですが､重ね過ぎてしまうと当然､塗料が流れてしまいます。そういう事態にならないように吹いていくわけですが、もし流れてしまったら、その部分にエアーを吹き付けると、そこだけ乾いてきます。で､３回目ですが､図解では“重なりが少ない”となっています。これは NG なケースです。この方法で塗ると、先ほどいった“トラ刈り模様”になってしまいます。ブロック塗装で大事なのはスプレーガンの扱いと“重なり具合”、このふたつを意識して作業していただきたいと思います。また、図の説明にもありますが、重ね塗装をした場合、“折り返し”部分は塗料がとくに流れやすいので注意してください。

写真10は“ぼかし塗装”の必要性について解説したものです。パネルを補修する場合は、そのパーツ全体を塗るのではなく、損傷箇所の周辺部までを含めてなるべく狭い範囲に留めるのが一般的です。けれど、塗装範囲を狭めようとすると、端の部分は“肌が荒れる”傾向が強くなります。そういったところを“ぼかす”ための技術もあります。これに関しては後で説明しますが、難易度でいえば、パネル一枚を塗ってしまったほうが楽です。ただ、

図⑨
塗装のコツ（ブロック塗装）

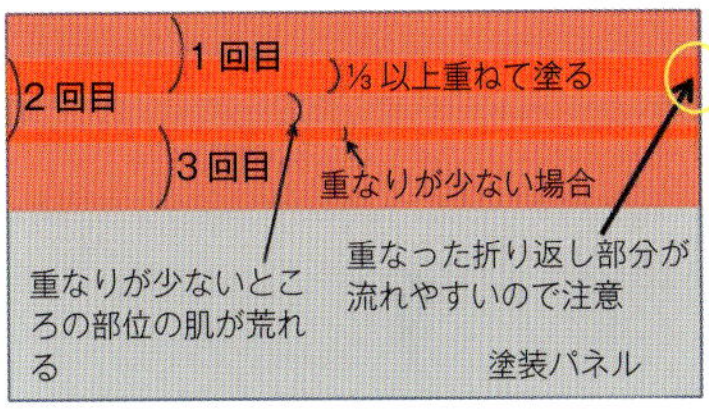

10

これもスプレーガンを自分の思った方向に“振れる”ことをマスターしてからのこと、と思ってください。スプレーガンを自在に“操る”技をマスターする。これがきれいな艶のある塗装に仕上げるためのポイントです。

図⑪
塗装のコツ（ぼかし塗装）

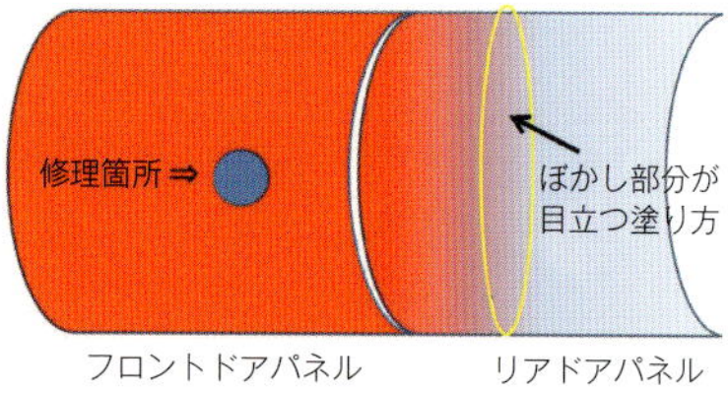

図⑪はぼかし塗装の基本的な考え方を説明しています。そのぼかし塗装ですが、左の赤い部分がドアパネルで、後方のドアエッジに近い部分に損傷ができたとします。フロントドアパネルは全面塗装するのですが、リアドアパネルとの色の差ができてしまいます。丁寧な“調色”をしても、この差はどうしてもできてしまうので、ぼかし塗装をするわけですが、その際に直線的な位置で“ぼかして”いくと、“メタルムラ”ができてしまいます。また、色が完璧に合っていない場合には光線の具合で、それがいっそう“目立って”しまいます。

図⑫
塗装のコツ（ぼかし塗装）

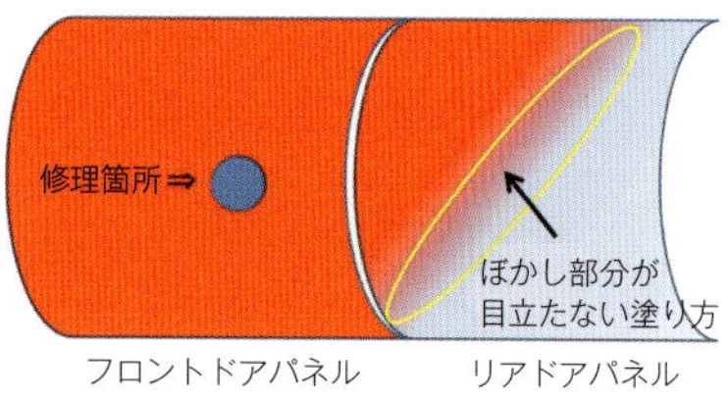

図⑫は“ぼかし塗装”を目立たせないようにするポイントを説明したものです。斜めにぼかし塗装を施している点に注目してください。色合わせ作業に費やす時間は膨大なものです。一日やっても色が合わないこともあります。基本的に合わない色を合わせる努力をするよりは、“ぼかす技術”をマスターしたほうが実践的だと私は思います。そのポイントですが、いま損傷している部分は中心より上です。このような場合は、上からドアパネル前方に向かって斜め下方に塗っていくのが、ぼかし塗装のオーソドックスな手法です。

図⑬
塗装のコツ（ぼかし塗装）

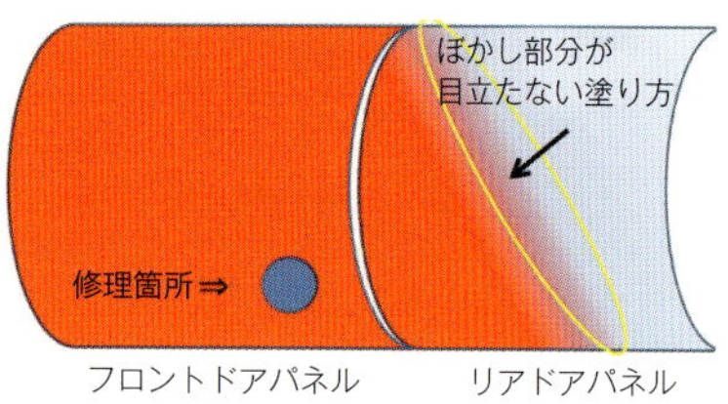

図⑬は損傷個所がパネルの中心より下方にありますが、こういった場合は逆に、下からドアパネル前方に向かって斜め上方に塗っていきます。これで塗色の違いが驚くほど目立たなくなります。かなり色が違っても、それは目の錯覚かなというくらいきれいに仕上がります。ぼかし塗装というのは、どこかに目の錯覚を起こす起点を作るということです。

図⑭
塗装のコツ（ぼかし塗装）

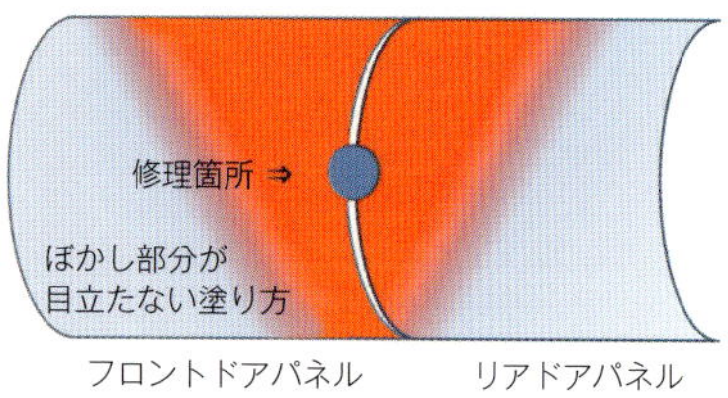

図⑭は修理箇所がフロントドアとリアドアにまたがっているような場合です。こういったケースの場合は“V字型”になるようにぼかし塗装の境界線を設けて塗ります。当然、修理箇所がセンターより下であれば、このVは逆になります。

第３章：色合わせチェックと塗装後トラブルの傾向と対策

損傷箇所を基本に忠実に鈑金処理してパテを盛り、サフェーサーを吹いても、塗装後にトラブルが発生することがあります。それはすぐには表出しないのが一般的です。よって、経年変化を見据えた慎重な作業が要求されるのが、この鈑金塗装というジャンルです。また、色の違いは最終的には人間の目で見極めるものですが、その見極め方法も解説します。

18'46"~38'42"
生涯車屋

図①は塗装のトラブル要因の“チェックシート”です。私もまだ駆け出しの頃、このチェックシートを壁に貼っておき、ここにトラブルの原因を“書き加えていった”ことを覚えています。塗装のトラブルの具体的なものは、“肌が荒れる”、あるいは“塗装が垂れる”か、このどちらかです。どちらにも偏らない“真中の状態”で作業を終えることができれば、艶のあるきれいな塗装ができます。そうならない時の判断材料が６項目に渡って列記されています。
気温が高い場合は乾燥が速いので、肌が荒れやすいです。逆に気温が低い場合は乾きにくいので、塗料が流れやすい、ということになります。
次にシンナーの量ですが、塗料はシンナーで薄めてからスプレーガンで吹きます。この時、配合を間違えてシンナーの量が少なすぎれば、シンナーというのは固まる特性をもっているので、肌が荒れやすくなります。反対にシンナーの量が多すぎれば塗料が“シャバシャバ”状態になってしまうので、水のような感じで流れてしまいます。
シンナーの種類という項目もあります。夏用のシンナーは乾燥が遅いので、塗料が垂れる原因になります。冬用は気温が低いことを前提に作られているのですが、当然乾きにくくなります。肌が荒れないためにはシンナーの種類にも気を配る必要があります。
スプレーガンは近づければ、その分塗料を大量にいっきに吹付けてくれるのですが、その分流れやすいです。じゃ、離せばいいかというと、噴射口から噴き出された塗料が届く前に、最適値を超えて乾いてしまうので肌が荒れる原因になります。
スプレーガンの移動速度ですが、塗装面に対してゆっくり移動すれば当然、塗料が垂れる原因になります。逆に移動速度が速いと塗料が最適値から外れて乾いた状態になるので、肌が荒れた仕上がりになってしまいます。
エアー圧ですが、これが低いとミストが“ボヨボヨ”と塗装面に届くイメージなのですが、最適値での塗料噴射とはならず肌が荒れる原因になります。逆に、エアー圧が高いといっきに吹付けるような感じになり、塗料が垂れる原因になります。エアー圧の最

図①
塗装のトラブル要因

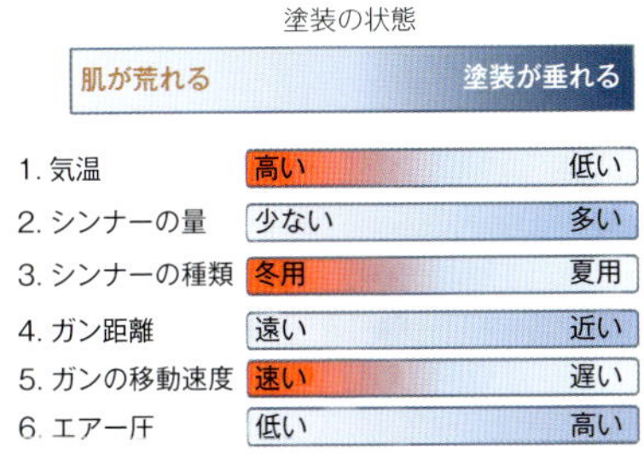

図②
塗装の色の見方

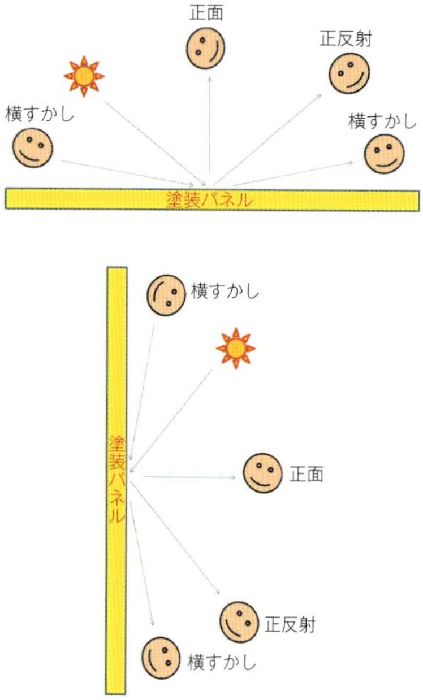

適値は、機械の“音”で覚えていくしかありません。スプレーガンの距離をベースにして、その時のエアー圧を覚えていくわけです。これは失敗を繰り返しながら覚えていくことです。トリガーを引いた時のストロークと、それが発する“シュシュ”という音でベターなエアー圧を覚えてください。
スプレーガンの距離、スプレーガンの移動速度、エアー圧。この3項目は経験を重ねると、自分のなかにデータが蓄積されてきます。その点、気温、シンナーの量、シンナーの種類。これは実際に“吹いてみないと分からない”ことが、実は多いです。基本的に慣れと経験値が物をいいます。シンナーの量に関しては、メーカーが示す適正値があるのですが、その指示通りのパーセントにしても上手くいかないことが多々あります。パネルの大小に対して、シンナー混入量の最適値は異なるのです。上手くいった時の量や気温などの諸条件をメモしていくといいと思います。気温何度の時に、何ccのシンナーを入れた、といった項目をメモしていくといいと思います。

どうしても上手くいかない時には最後にスプレーガンの噴射口を疑ってみましょう。詰まっていることが原因だったりします。

図②は色合わせのポイントを説明したもの。塗装色の調合はメーカーのマニュアルに書かれています。それに則って調色していくので、ここでは色が合っているかどうかの目視確認の方法を説明します。

太陽の向きは一定だとして、自分が“4方向”に移動して視認確認します。この位置関係のなかで、色合いが合っている、合っていないと感じる位置が出てきますが、心配しないでください。この4方向からの色合いがすべて合うというのはほぼ不可能です。たとえば、100ccの塗料を作ったとします。その塗料で1日目にはフロントドアを塗り、2日目にリアドアを塗ったとします。まったく同じ塗料で塗ったにも拘わらず、この4方向から塗色具合の目視確認をすると、合っていないのが通例です。別々の日に塗ると、その時に塗ったスプレーガンの速度とか、動かし方、距離で色合いが変わってくることは多いです。

色合いをチェックするパネルがどの位置にあるかによって、その手段と方法が異なります。この図ではパネルは下面にある状態になっていますが、実際のクルマはパネルが横に立っている状態です。バンパー、フェンダー、フロントドア、リアドア、クオーター、バックパネル……全部が側方にパネルがある位置関係になります。こういった位置関係になった時、人間がどの位置に目がいくかを考えてみてください。半分から下はほとんど見ないです。

クルマの塗装を見る時に、ドアを下から覗き込むように見る人はまずいないです。色が違うと、しゃがんで見入る人もまずいないはずです。正対してしゃがんだ目線といっても、ドアパネルの中心くらいです。となると、正面から上の塗装の出来上がり具合が大事です。クルマは人間の目線よりずっと低い位置関係にあります。色合わせで重要なアングルは“斜め上方”です。ドアを塗るのであれば、色合わせは、その斜め上方からの位置で行なうことがポイントとなります。

次に、パネルに正対してチェックする方法について説明すると、2方向から色合わせしてOKなら、あとのアングルは捨てていいです。また、パネルが目線の下方向になる部位といえば、ルーフとボンネットになりますが、この部位は色合わせの確認は難しいです。正面からの色合いの確認は、アングル的には真上からとなります。現実的ではないそのアングルからの確認は、無視していいと思います。ボンネットを真上から見るというと、無理な態勢でのチェックとなります。現実的には、そういうことはまずありません。

極論すると、3方向の色合い確認で、どれか一方向が合っていれば、あとは色を“ぼかせば”いい、ということになります。ただ、ボンネット1枚塗るだけで済んだのに、左右のフェンダーも塗ることもあります。そうなれば、塗装する範囲は広がりますが、仕上がりはきれいになります。この方法で、知り合いのクルマを眺めていくと面白い発見があったりします。どんな方法で塗られているとか、どういう方向でぼかし塗装されている……とか、教えてあげられることは多いはずです。

最後に、蛍光灯と太陽光ではまったく色が違って見えるということをご存知ですか。蛍光灯の下で合わせた色は、太陽光の下ではまったく違う色になってしまいます。注意が必要です。

写真3はスプレーガンの吹出し口について説明したものです。スプレーガンは左右対称に吹き出すように設計されています。中心線に対して線対称にならなければ本来の性能が確保されていないわけです。それでいえば、解説図の上に描いた噴射形状は噴射穴が“詰まっている”あるいは“塗料が付着している”状態といえます。その下に描かれている噴射形状は三日月形で、これも同様の理由によって、正常な噴射口ではありません。
本来、正常な噴射口から噴き出された塗料は、薄い黒色で描かれた“縦方向に長い楕円状”になります。塗料の吹き付け作業をしていて、どこかおかしいと思ったら噴射口をチェックしてみてください。詰まっていれば専用の治具で掃除すると、見違えるくら

3
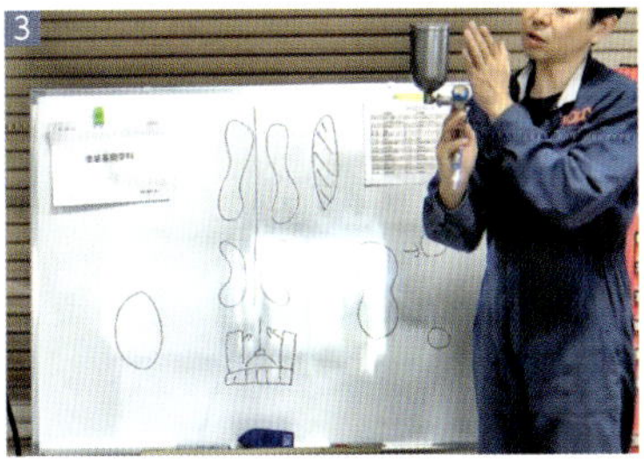
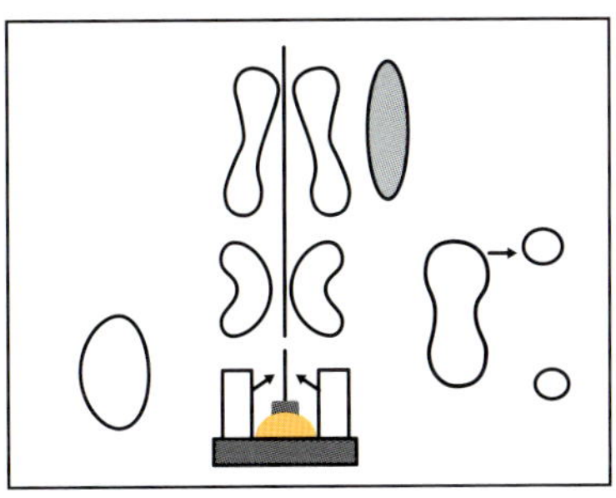
スプレーガンの噴射ノズルから噴き出された噴霧形状は、ガンの調子のサインだ。

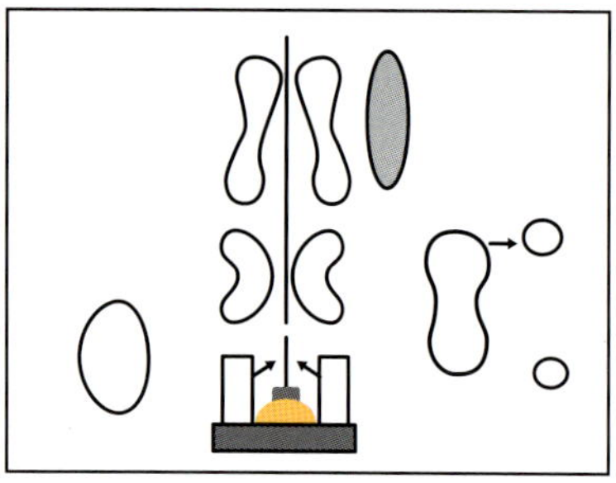

前ページと同じ図版説明だが、スプレーガンの噴射ノズルから噴き出された噴霧形状は、ガンの調子のサインだ。

いにきれいに塗れます。
左下の丸みを帯びた若干楕円のような噴射形状になる場合は、エアー圧が低すぎることが原因です。これはスプレーガンの故障が考えられます。
スプレーガンの噴射形状が右下のような“ひょうたん”のような形状になってしまう場合は、塗料の突出に関しては問題ないのですが、その塗料に左右からエアーを吹きだして扇状の噴霧にしているわけですから、左右のエアーの吹き出しに関してバランスが狂っている、というトラブルが考えられます。エアーブラシとスプレーガンとの差は、このエアーを左右から噴き出す点が異なります。

塗装面への噴射形状が正常な楕円ではなくなったら、要メンテナンスと考えてください。放置して使い続けるとスプレーガンが壊れることにもなりかねません。
スプレーガンには噴霧形状を調整するスクリュー、塗料の突出量を調整するスクリュー、エアー圧を調整するスクリュー。3 種類のスクリューが取付けられています。それらをコンディションによって調整してベストな塗料の噴霧を作り出していくわけですが、それを可能にするには、毎日のメンテナンスが大切になります。面倒がらずに使用前 / 使用後のノズル洗浄は必ず実行してください。

塗装後（乾燥）に起こるトラブル要因

名　称	状　態	要　因	対　策
ブリスター	ポツポツと"じんましん"のように膨れ上がる	下地の脱脂不足、材料内の水分混入、母材のラッカー塗料	下地処理を適切に行なう。特にラッカー系の塗料除去やワックスの除去を行なう。サフェーサー後にあまり時間をおかない
ブリスター大	カエルの皮膚のような水ぶくれ状態	密着不足、母材の不純物混入、母材のラッカー塗装	下地処理を適切に行なう。特にラッカー系の塗料除去やワックスの除去を行なう。サフェーサー後にあまり時間をおかない
クラック	クリアーに細かいヒビが入る	クリアーと硬化剤の配合不良	計測機を使って塗料と硬化剤の配合を行なう
ピンホール	塗装表面に小さい穴がポツポツできる	パテやサフェーサー内の気泡	下地の時点でピンホールができないように充分にチェックする
垂れ	塗装の流れ	乾燥前の塗装条件	シンナーの選択や配合、塗装条件を合わせて塗り方を変える
クリアーの剥がれ	クリアーだけが剥がれる	クリアーと塗料の不適合、硬化剤の不良	硬化剤を計測機で測って配合する
色の剥がれ	色の部分から剥がれる	塗料の厚塗り、シンナー乾燥不良	厚塗りしない。またはベース塗料を充分に乾燥させる
ちぢれ	クリアー表面にシワができる	母材に塗られたラッカー系塗料	下地のラッカー塗料やタッチアップをきれいに除去する
ウォータースポット	白いシミ	塗装内または乾燥前に混入した水分	湿度が多い時期は母材を温めて気温を上げて塗装する。塗装後に雨や水はねに注意
艶引け	艶がなくなったり肌がザラザラになる	乾燥速度やシンナーの不適合など	塗装条件を事前に把握し、材料を選択し、温度を合わせる
ペーパー目	サンドペーパーで研いだ跡が浮き出る	下地のペーパーの目消し不良	下地に使ったペーパーの範囲を把握する。ペーパーの目消しを適切に行ない、心配な箇所にはサフェーサーを多めに吹く

塗装のトラブル要因チェックシート

肌が荒れる	塗装が垂れる

1. 気温 　高い ― 低い

MEMO

2. シンナーの量 　少ない ― 多い

MEMO

3. シンナーの種類 　冬用 ― 夏用

MEMO

4. ガン距離 　遠い ― 近い

MEMO

5. ガンの移動速度 　速い ― 遅い

MEMO

6. エアー圧 　低い ― 高い

MEMO

鈑金塗装の実践知識

～応用編～

生涯車屋

◀各章のタイトル内に左の QR コードの表示がありましたら、その章での内容を YouTube でご覧いただけます。

QR コード読み取りアプリをダウンロードしてアプリから QR コードを読み込んで YouTube 動画をご覧ください。

◀各章の内容にあった動画をその章単位でまとめてあります。（こちらは第 3 章の動画となります）

このコーナーは、20 年という鈑金塗装職人としてのキャリアをもつ BOLD 氏が、その実践経験から学んだこと、そしてそれを伝えたい、という気持ちが強くなって立ち上げた YouTube 動画サイトの“車屋 BOLD チャンネル”から“実践知識の応用”として役立つもの、という視点で構成を心掛けた。
まず、缶スプレーからの卒業を考えたサンデー DIY 派が欲しくなるもの、それも動力を使う“三種の神器”はなんだろう、と考えた。それはエアーコンプレッサー、エアースプレーガンそしてダブルアクションサンダー、否これに関しては BOLD 氏の意見に従えば、ベルトサンダーとなるのかもしれないが、ともあれ、切削研磨道具、これらの道具が欲しくなるはずだ。ここには、どういう道具選びがいいかという答えがある。
身につけたい“技術”としては、損傷部位を切削研磨、パテ処理してプライマーを吹いて鈑金パテ（BOLD 氏はこれのみでプライマー / サフェーサーまでいくというが）、中間パテさらには仕上げパテの盛り方、研ぎ方そしてサフェーサー、上塗り塗装、クリアーの吹き方といったものだろう。これができれば、ほぼ 2000 年以降の乗用車の鈑金塗装はそれなりに“こなせる”はずだ。鈑金の基礎知識 / 基礎編で説明したように、高張力鋼板のボディパネルが一般化したいまどきのクルマの損傷部位を鈑金修理するのは、何年もかかって身につけるハンマリングではなく、なるべく鋼板にダメージを与えない鈑金処理、それは“打ち出し”のみでなく、“引き出し”あるいは“吸い出し”だったりするわけだが、そういった処理をして、そこにいかに付着性の高い足付けを、きれいなフェザーエッジを研ぎ出してするか、という世界に変わっている。応用編では本当の実践知識を知っていただきたい。

第１章：コンプレッサーはどんなものを選べばいいのか？

100V のＶ型コンプレッサーを、ラッキーにも手に入れることができても、専用のコンセントを設けるようにしましょう。専用ブレーカーで専用コンセントを使わないと、コンプレッサーが入った瞬間にブレーカーが落ちてしまいます。一般家庭で、30A あるいは 40A でエアーコンプレッサーを使うのは無理。60A 以上ないときついと思います。自宅ガレージでオールペンにトライしようとするなら、200V を引くことをお勧めします。200V の電気基本料は１ヵ月に 3,000 円前後です。それに、200V のコンプレッサーのほうが購入価格も安いです。ヤクオフなどで探しても数がいっぱい出ています。また、200V を引いておけば溶接機なども使えます。これは私の経験からいえることです。

生涯車屋

図①

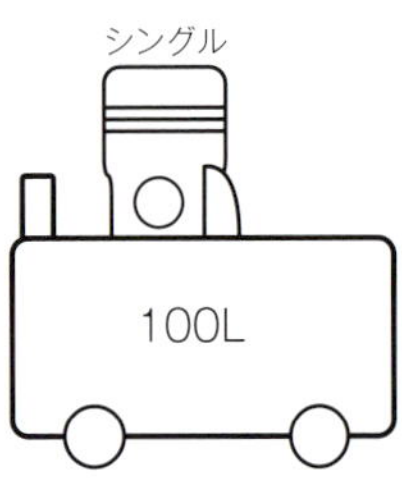

■ タンクは 100 リッターあってもシングルポンプは " 使えない "

ピストン１個で回すようなコンプレッサー。このタイプでオールペンをこなす作業をした場合、モーターが焼付くんじゃないかと､心配になるくらいずっとモーターは回りっぱなしです。また、エアーがタンクに溜まるのにも時間がかかるので、できればシリンダーは２基あったほうがいいです。100V の単気筒タイプのコンプレッサーは、タンクもだいたい小さいものがほとんどです。以前、私が使っていた単気筒タイプのエアーコンプレッサーは、" プロとしては " 仕事に使えなかったです。

このタイプはどうしてもエアー圧が不安定になるので、作業する時間、もっといえば季節を選ぶ必要があります。これは塗装面があまり早く乾かないように、という視点でのアドバイスですが、乾燥が遅いシンナーを使うのも有効です。エアー供給性能的に、圧力を落としてゆっくり塗っていくしかないですが、本来、エアー圧は落としたくないものです。とくにクリアーを塗る時にはエアー圧が低いと、どうしても " 肌が荒れて " しまいます。はっきりいって、単気筒のエアーコンプレッサーはオールペンや大きな面積の塗装用にはお勧めできません。図①

図②

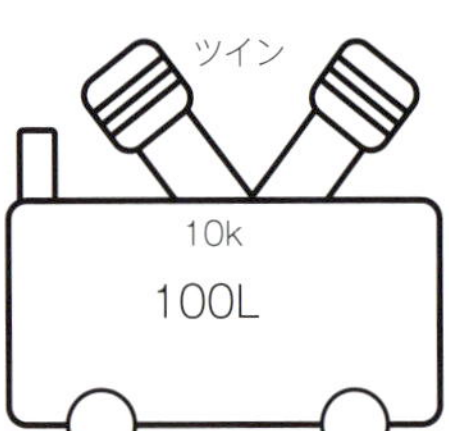

3

■ お勧めはシリンダーが "Ｖ型 " でタンクは 100 リッター

このタイプは回りっぱなしになったとしても、エアー圧が急激に落ちることはほとんどないです。やはり､オールペンをするなら、この別タンのタイプ。それも大きなタンク容量を持つものが必要です。オールペンはそれほどエアーを使うものなのです。

最初に溜めるだけ溜めておいて、あとはエアーガンの圧力の様子をみながら使うという点では、ベルトサンダー用には向いています。理由は、圧力が変動して回転が落ちてきても作業自体に大きな支障が出るわけではないからです。その点、塗装中にエアーガンの圧力がいっきに落ちてしまうと、塗料が " ボトボト " になって、肌が荒れるどころか " ムラ " になってしまいます。安定した

塗装作業をするためにもやはりＶ型タイプのエアーコンプレッサーの購入をお勧めします。図②／写真3

■昔、"LUSAN" というメーカーがあったのですが……

中国のメーカーです。これはアネスト岩田製のフルコピー版でした。日本にも相当数が入ってきていたのですが、あるときそのうちの１台から出火して火事になり、販売していた日本の輸入代理店が訴えられました。当然、裁判で負けて、いまは売っていません。全部回収され処分されました。
そんな過去にめげずいま、それに代わるものが改良されて出てきました。岩田製は15～20万円くらいします。中国製は４万円でお釣りがきます。中国製は壊れる部位が決まっています。基盤です。配線の被覆が破れたり、端子部分が溶けたり、そういうマイナートラブルは時々ありますが、電気の知識があれば、そういう部位を自分でリファインして使うという手もあります。
私の場合、メーカーはまったく気にしません。コンプレッサーはしょせん空気を溜めるだけのものです。ハイテクなものはいりません。３万円くらいの新品の最新のシングルタイプを買うならば、私は中古でもＶ型を最初に買うことをお勧めします。

■ 一流メーカーの製品でもシングルポンプは駄目……

私が最初に買ったのは日立製の"ベビコン"という機種でした。いまでも進化して生産されています。でも、このタイプはもう買わないです。一流メーカーの高価な機種でも、私はもうこのタイプは買いません。たとえタンクが100リッターあったとしても、経験を積んだいまは買わないです。このタイプはエアー工具用と割り切っています。シリンダーがシングルなので、エアーが溜まるのにとにかく時間がかかります。
このタイプのコンプレッサーでオールペンしている人がときどきいます。新品ならばアストロやモノタロウで買ったりしたもので、中古品ならヤフオクです。で、その人は「けっこういいよ」というのですが、それは彼がプロではないからです。
エアーを溜めるタンクが大きくても、そのタンクにエアーを供給するポンプが追付いていなかったら、圧力に関して問題が出ます。そのコンプレッサーが10キロの圧力を発生するとしたら、それを発揮できるのは満タンのときだけなのです。写真4

4

■ ドライヤー付きのパッケージタイプ＋100リッタータンク

トヨタの塗装工場から独立して自分の工場をもった頃、私は７馬力のパッケージタイプのエアーコンプレッサー、大型機ですが、それも使っていました。気に入っていましたが、さすがに大きすぎて邪魔なので、工場移転にともなって売却しました。でも、パッケージタイプはやはりお勧めです。

5

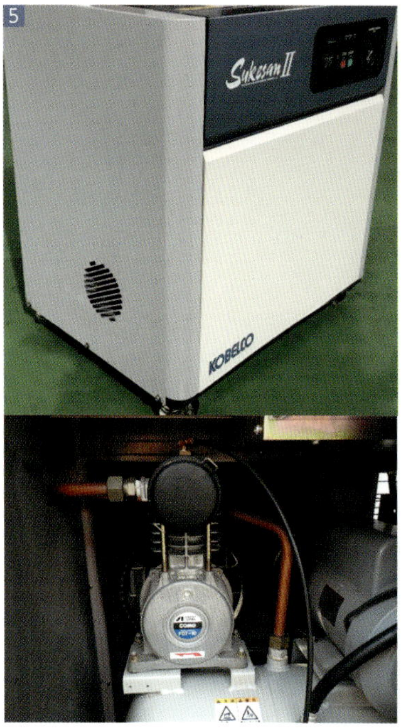

6 V型シリンダーベルト駆動式
(100V/90L/30馬力)

パッケージ内に納まっているのは“V型”が多いのですが、タンク容量は少ないです。ドライヤーが付いていれば、これがベストバイです。ただ、コンプレッサーのタンク容量は20リッターくらいです。これでは少ないので外付けのタンクを用意してください。100リッターあれば充分です。写真5

■ パッケージタイプのコンプレッサーは高価だがいい

工場移転後に私が買ったものは中古で10万円でした。その10万円が予算的に難しいと思う方は、一般的な外部露出タイプのV型ポンプをもつタイプにしてください。メーカーはどこでもいいです。タイヤが付いた可動式タイプで、タンク容量が60リッターくらいのもので3～5万円が目安です。これより安い中古は“ちょっとどうかなぁ”というレベルでしょう。個人ユースならば5馬力はいらないと思います。3馬力もあれば充分でしょう。ただ、容量が足りないなと思ったら、タンクを買って足してください。タンクはプロパンガス用を改造したようなものなど、リサイクルされたタンクがいろいろあります。大きなパネルを塗装するようになって容量不足を感じたら、小さいタンクを買い足して連結していくという方法もあります。タンクは安いです。

■ 6万円以下で100VのV型シリンダーが買える

ヤフオクで100Vベルト駆動のV型シリンダータイプを見つけました。即決価格59,800円でした。これは安いです。おそらく旧タイプなのでしょう、最新型を新品で買うと20～30万円はする製品のはずです。以前、私もこの類のエアーコンプレッサーを買ったことがあります。中国製だったのですが性能的に想像以上のものがありましたが、やはりオールペンに必要なエアーを供給してくれるポテンシャルはありませんでした。それでも、なにかと重宝して3年くらいは使いました。手放した理由、それは補修部品の補給態勢が整っていないことでした。写真6

スプレーガンで塗料を吹いている作業でのコンプレッサーの役目を説明しましょう。このコンプレッサーでパネルを塗装するとき、塗装面に常に10キロで吹き付ける圧力が必要だとします。それがムラのない仕上がりになります。10キロ以下になって、しばらくしたら10キロに戻るというのでは困ります。また、圧力が2キロとかになると、もう塗料を吹き付けられなくなります。
スプレーガンのグリップ下部に“レギュレーター”を取付けている人も見かけます。多くは4キロくらいで調整するのですが、私は調整すること自体に疑問を感じます。圧力調整したからといって、安定した吹き付け圧力を得ることができるとは限らないからです。4キロで安定させるためには、常に4キロ以上のエアーをタンクに溜めておかなければいけないわけです。常に安定した圧力を確保しておくというのは大変なことです。
自分の指感覚で覚えるためにエアーの調整はしないことです。これが大事で、このスタイルで仕事をこなしていくと、エアーの“シュー音”を聞き分け、センシティブな“トリガー”操作ができるようになり、吹き出し量を自在にコントロールできるようになります。写真7

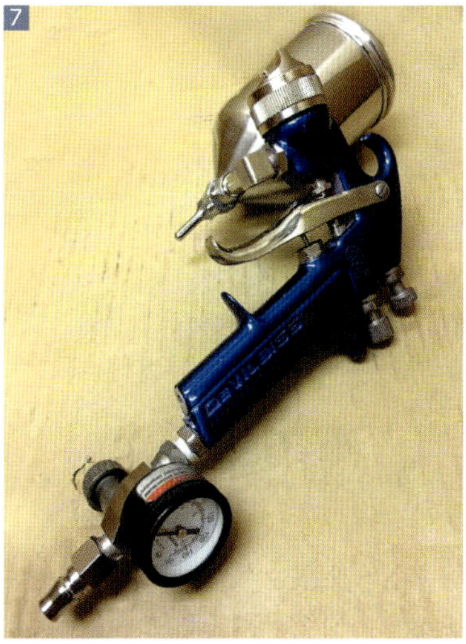
7

■ 高圧コンプレッサーという選択枝もある……
私も自宅では高圧コンプレッサーを使っています。高圧コンプレッサーは、圧力はものすごく高いです。減圧して使うと、タンクが小さい割にけっこうエアーはもちます。が、理想をいえば、予備で 50 〜 100 リッターのタンクがあればもっといいです。やはり、大きな予備タンクがなければ、オールペンやベルトサンダー用としては能力不足です。
高圧コンプレッサーは建築現場などで釘打ちに使うものですが、あれは確かにエアーの溜まり具合がすごく速いです。なので、エアー工具くらいは性能的にいけますが、ただオールペンに使うとなると、エアーコンプレッサーとしては“きつい”と思います。フェンダーを 1 枚ずつ塗るくらいのエアー供給性能といっていいでしょう。ドアパネルを塗るとなると、性能的に“ぎりぎり”で、ボンネットは無理です。塗装肌がどんなに荒れても、磨く覚悟ができているならば話は別ですが。容量の小さいコンプレッサーで、1日ワンパネルずつ塗っていくというなら、まぁ、できないことはないでしょうが、それでも、ルーフは苦労するでしょう。写真8

8

column | エアーコンプレッサーは圧縮方式によって4 種類ある

エアーコンプレッサーは“圧縮空気”を生成することで動力源として機能する工場内設備のひとつ。基本原理は気体の体積変化を利用したもの。体積変化した気体=圧縮空気が、原状に戻ろうとする力=空気圧エネルギーを動力源としている。電動モーターは、その圧縮空気を作り出す大元の動力源だが、圧縮方式がレシプロの場合、実際に圧縮空気を生成する機構部は内燃機関そのもの。シリンダー内をムービングパーツ（ピストン / コンロッド / クランクシャフト）が往復運動することで、“圧縮空気製造機”として成立する。単気筒とV 型 2 気筒があり、一見エンジンに見える。圧縮方式は形状によって分類すると以下になる。：以降はその特徴をクルマ好きに分かるように例えたもの。
①レシプロ：オットーサイクルの内燃機関
②ツインスクリュー：リショルム式スーパーチャージャー
③スクロール：ベーン&ラダー式スーパーチャージャー
④クロー：変形ルーツ式スーパーチャージャー

①は IN/EX バルブが必要でトルク変動が大きく、低速回転のため騒音 / 振動が大きいが、安価なため市井の修理工場に設置されているケースが多い。DIY 派も購入すべきはこのタイプ。実際、BOLD 氏が主にテーマにしているのもこのタイプだ。②はメカニズム的には 2 本のローブが噛み合うことで生まれる容積変化で圧縮空気を生成するもの。中規模以上の工場で使われるケースが多い。③はメカニズム的には、インボリュート曲線で構成されたラップを 180°ずらした状態でかみ合わせ、両ラップに仕切られた空間の容積変化により圧縮空気を生成する。バルブが不要だからトルク変動が少なく、騒音 / 振動もレシプロタイプに比べて圧倒的に少ない。④オス / メスのローターが互いに非接触で回転し、両ローターとハウジング間に閉じ込められた空間容積変化によって圧縮空気を生成する。オイルフリー専用本体で、2 段階圧縮が可能となることから高効率と高耐久性だが高価。大規模工場用と考えた方がいい。

第2章：コンプレッサーにはドライヤーがあったほうがいい

エアーコンプレッサーのメンテナンスで重要なのはオイル管理です。中古を買うときに気をつけなければならないのはオイル漏れ。オイル漏れしている場合には“オイルセパレーター”というものもあります。オイルと水分を分離するものです。これにドライヤーがあれば完璧です。地域によってはドライヤーがなければ環境的に厳しいということもあります。ドレーンで抜くだけでは、ぜんぜん追いつかないくらい水が出ます。以前使っていたコンプレッサーは、タンクとコンプレッサーを“鉄管”でつないで、ドライヤーの反対側に排出口を設けていましたが、これはよく凍りました。一回凍ると溶かすのは大変。バーナーで炙（あぶ）って溶かすのですが、凍ると面倒くさいです。コンプレッサーからはいずれにしても水は出ます。空気中に水分ゼロということはないので、空気を圧縮する時点で水が出るのです。

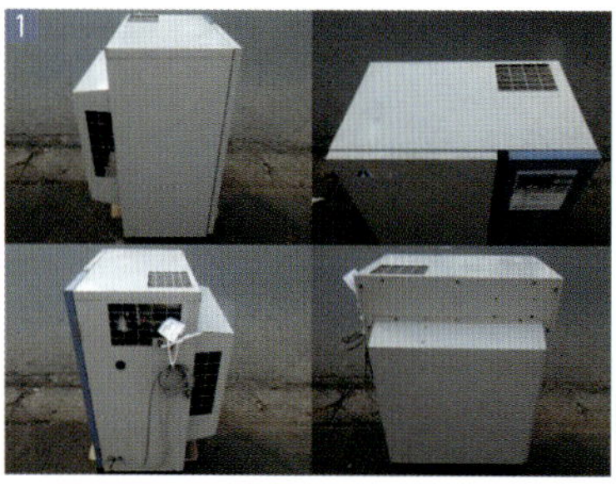

■予算があればドライヤー内蔵のパッケージタイプ

ドライヤーの部分は多くの場合、発泡スチロールで覆われています。要は冷蔵庫のような状態になっているわけです。ドライヤーの出口付近は凍結しやすいのですが、コンプレッサーの熱が、それを保護するような構造になっています。水の排出方法はドライヤー下部にドレーンがあり、パイプで自然落下させてコンプレッサー脇から外部に出すというものですが、その外部排出口もまた凍結しやすいので注意が必要です。

■ドライヤーがトラブるとコンプレッサーが動かない

ドライヤー内蔵タイプの欠点は、ドライヤーに電気的な不具合が起きると、そのトラブルの影響を受けてコンプレッサーも動かなくなることです。コンプレッサーには200V、ドライヤーには100Vの配電盤が組み込まれています。問題は、ドライヤーの制御トラブルでコンプレッサーが動かなくなってしまうことです。このタイプの中古を買う場合には、そういうリスクがある、ということを覚えておいてください。ドライヤーを修理する前にどうしてもコンプレッサーを使いたい場合には、配線を加工すると、コンプレッサー側はちゃんと動きます。以前、私が使っていたV型コンプレッサーではドライヤーを別に付けていました。塗装用のコンプレッサーにドライヤーは必要なものだと、やはり私は思います。

ドライヤー別体型コンプレッサーのいいところは、ドライヤーが壊れてもコンプレッサーとしては使えるところです。湿気対策も必要ですが、これも使用地域の気象特性の影響が大きいです。以前、私は神奈川県の藤沢市に住んでいたのですが、ここは海が近いせいもあるのでしょう。とにかく湿気が酷くドライヤーなしでは仕事になりませんでした。その後、高原といったほうがいい山梨県の北杜市に工場を移転したのですが、ここではドライヤーが

なくても、作業に大きな支障はなかったです。写真1

ドライヤーレスで価格的に廉価なタイプとしては、スプレーガンとコンプレッサーの間に“乾燥剤”入りのアタッチメントを取付ける方法があります。が、これはいっきに水分を除去するとなると難しいものがあります。使い捨てなので1～2日で要交換なんてことも状況によってはあります。必要な時に付けるというスタイルが、このアタッチメントタイプの使い方ですね。使い勝手はあまり良くないですが、ドライヤーがない機種で作業するには、揃えておいてもいいものと思います。
私の購入したのは2個で5,000円くらい。かなり高価だったのですがもっと安いものもあります。

■アタッチメントタイプにもいろいろな種類がある

ヤフオクで発見したものですが、ドライヤーからガンまでの距離が長い場合、その配管に水が溜まってしまうので、そういう取り回しの場合はドライヤー付きのコンプレッサーであっても取付けたほうがいいです。小物を塗る程度ならドライヤーは必要ないかもしれません。大物を塗ろうと思ったら、ちゃんとしたドライヤーはあったほうがいいです。写真2／3／4

■エアーの配管は鉄管ではなく樹脂製を選ぶ

エアーの配管を金属でやっている方がいるようですが、それは絶対やめてください。管内部に水分が付着することが頻繁に起きます。いまのは樹脂製で強度的にも問題ないレベルです。樹脂製パイプはエアーで30キロくらいまで耐えられるはずです。ボンドでつないでいくだけなので簡単です。プラスチック素材の配管は内部結露しにくので、これはお勧めです。また、エアー配管を10～20メートルの長さで取り回しているような設備ならばドライヤーはあったほうがいいと思います。コンプレッサーとドライヤーの両方をそろえる予算としては、中古で調達するとしても15万円くらい用意しておく必要があります。

2

3
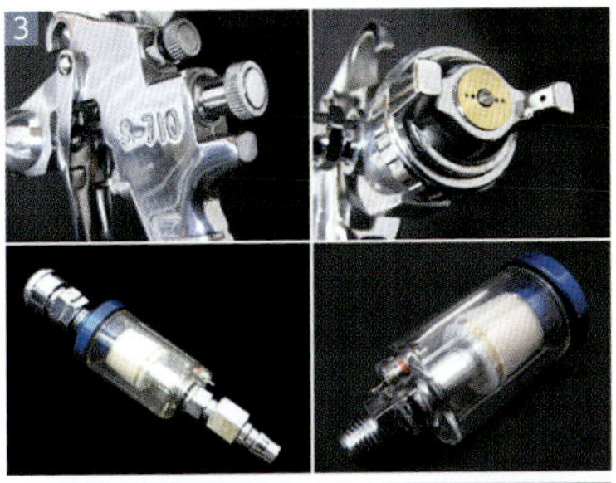

4
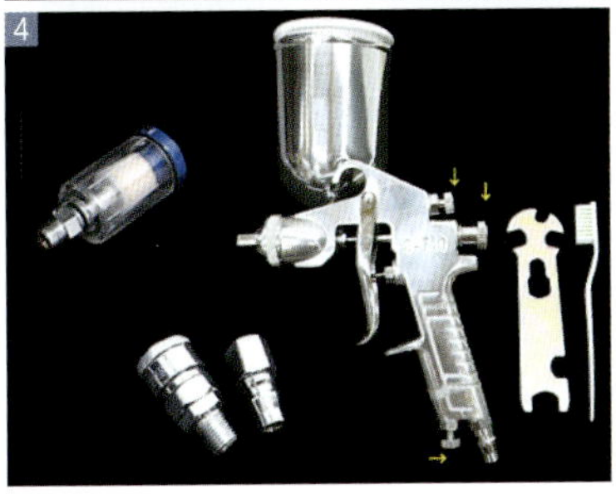

column ｜ 吐出空気量という性能項目を重視する

エアーコンプレッサーは上下あるいは回転運動して圧縮空気を生成しているから潤滑オイルが必要で、その潤滑オイルをシールする必要もある。その方式には給油式／無給油式がある。いっぽう形状で分類すると、タンクマウント／パッケージ形式がある。コンプレッサーの出力は基本的にkW。これは分かりやすいが、吐出空気量という性能項目はちょっと馴染みがない。これはL/minと数値表示されるように、1分間あたりに生成できる空気量のことだが、エアースプレーガンに必要な“一定量以上の圧縮空気”が供給できるかどうかを確認するためには、コンプレッサーのこの“エア吐出量”が重要な性能数値となる。基本的に出力（kW）値が高いと吐出空気量も多くなる。

第3章：パテを無駄なくきれいに盛る方法

パテの盛り方とパテベラのメンテナンスについて説明します。パテの盛り方は修業してどうこうというものではありません。いくつかのポイントがあり、それを守ればいいだけのことです。ただ、そのポイントを知らないと、どうしてうまくいかないのかなぁ、と悩んでしまいます。

生涯車屋

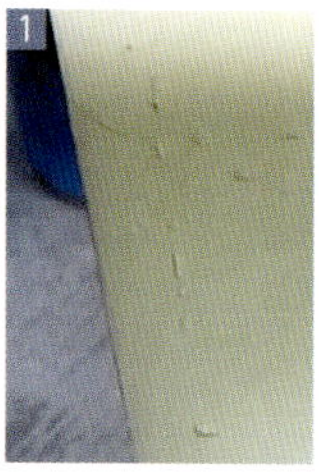

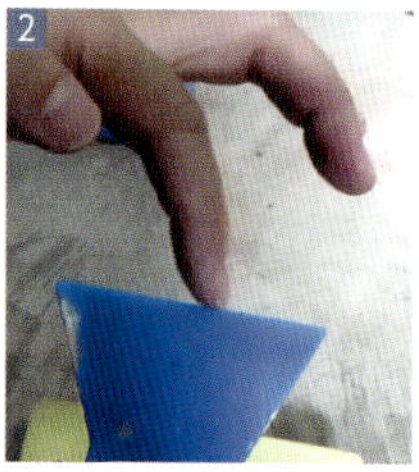

■ パテ台の面はつねにフラットな状態で

パテを無駄なくきれいに盛るには“パテ台”が必要ですが、端に前回作業の痕跡、というか“パテの残り”が乾燥してくっついているようでは駄目です。これを削り取って表面をきれいにせずに、新しいパテを練ってしまいますと、“パテベラ”の先端部分が、その残り滓（かす）にあたった時に、へこんでしまいます。その擦過痕は見た目では分かりにくく、一見した限りでは平面状に見えます。先端部を“爪”で辿って、“ひっかかり感”があるようならば、そのパテベラでは上手くパテを盛れません。写真1／2

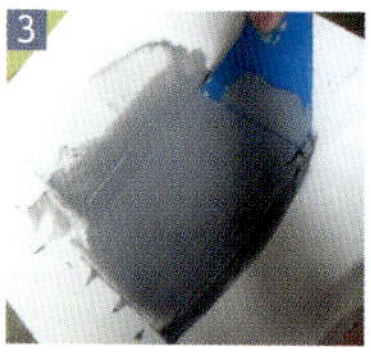

■ パテベラの先端部は研いで理想形に保つ

先端部が平面状態でないパテベラでパテを盛ってみると、縦の線傷が入っていることが分かります。パテが厚い状態では現れませんが、薄くなってくると、縦方向の線が入ります。この線が、パテベラの傷です。なので、パテを無駄なくきれいに盛るには、パテベラのメンテナンスが必要になります。写真3／4

■ パテベラの作業スペースは先端部から約1㎝

もうひとつの要素は“塗り方”です。パテは時間とともに硬化して“べたべた”状態になりますが、それを助長しているのがパテベラの使い方です。パテベラは“ヘラ部”全体を使って塗るものではありません。パテベラを寝かしすぎると、“べたべた”になってしまいます。パテベラにパテをつけるのは先端部だけです。その先端部から1㎝くらいの幅がパテ塗りの作業部位となります。そこから奥のほうは使わない。これがコツです。ペンキの刷毛塗りと一緒です。ペンキも刷毛の先端部を使って塗るときれいに仕上がります。パテベラも同じです。写真5／6

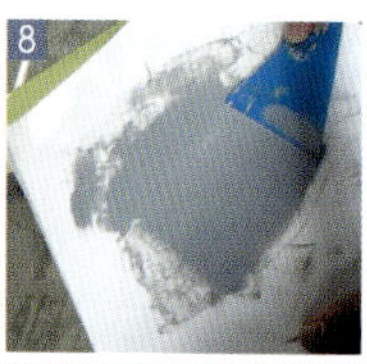

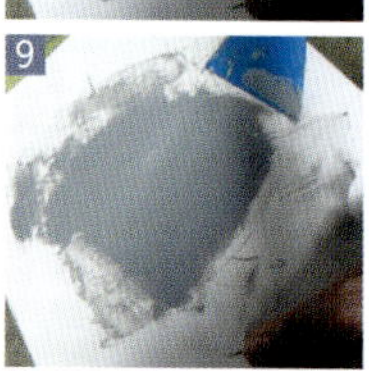

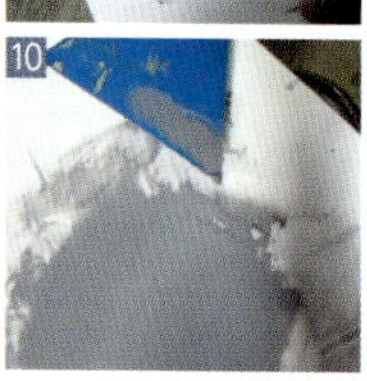

■ パテの塗り終わり部位に“段差”ができない塗り方は？

パテベラとパテ台の接している角度を常に同じに保って作業する、というのもポイントです。パテを盛り始める最初の段階ではパテベラはほぼパテ台に対して直角ですが、次第に寝かしていって、その角度を保ったまま一定に塗っていき、最後は寝かしていっきに立ち上げる、という感じです。そういうふうに塗るとほとん

どの面できれいにパテ盛りができます。パテの塗り終わり部位に“段差”ができることもありません。写真7／8／9／10

■ パテ盛りの終わり部位ではパテベラからパテを“こそぎ取る”

こういう塗り方をすると、パテベラ先端部にはパテがついていません。これは“こそぎ取った”証拠です。そういう塗り方をすると端部に盛り上がりができません。段差がないです。それを両端方向からやっていく。これがパテベラに対して両端部まできれいにパテを塗るコツです。写真11／12

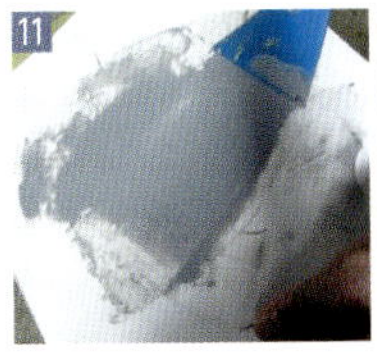

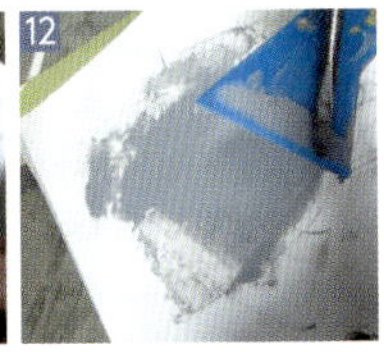

■ パテは乾いてくると硬化して“ボソボソ”になってくる

ある意味、パテ塗りはスピード勝負です。とにかく最初はパテを大量に盛らない、ということです。慣れないうちは少しずつです。いっぺんに盛ろうとするからパテが固まってしまってきれいに盛れないのです。小さく、少しずつ盛るのがコツです。写真13

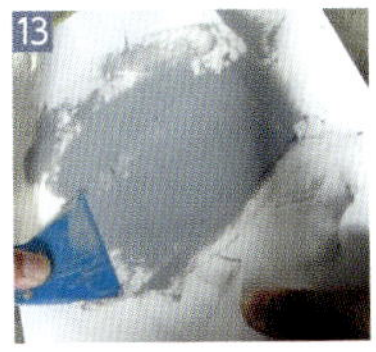

■ パテベラ先端面のメンテナンス方法

パテベラの段差が深かったら、240番くらいのサンドペーパーに垂直に当て、均等に研いでいきます。裏返して、同じ要領で研いでいきます。確認は爪でなでて、段差がなくなったらOKです。写真14／15

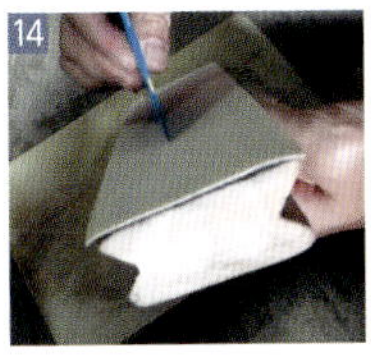

■ 15～20度くらいのエッジをつけて“切れ”をよくする

パテベラにエッジを作る作業を説明します。先ほどと同じ平面状のヤスリ板に、今度はペテベラ先端部側面を当てて研ぎます。15～20度くらいの角度をつけて両面とも研ぎます。イメージとしては先端が“両刃”になっている形状が理想です。あまり鋭利にすると先端がすぐに摩耗してしまうので、ちょっと“V型”になっているくらいでいいです。NGなのは先端部を平面状に仕上げることです。この形状は非常にパテが盛りにくいです。エッジ形状を確認して、問題なければ1200番のペーパーで表面を研いでいきます。この作業は“へら面”を滑らかにすることが目的ですから、両側面だけでいいです。写真16／17／18／19／20

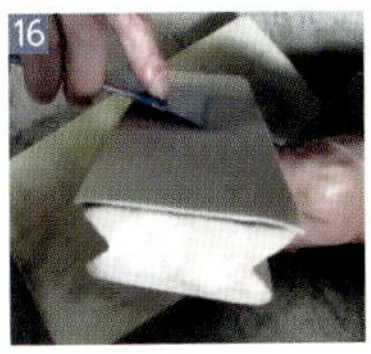

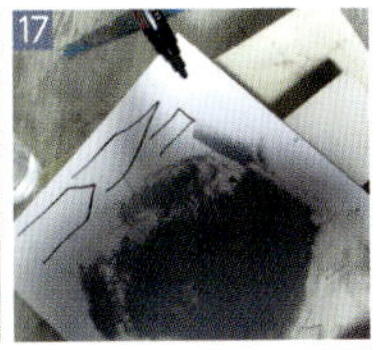

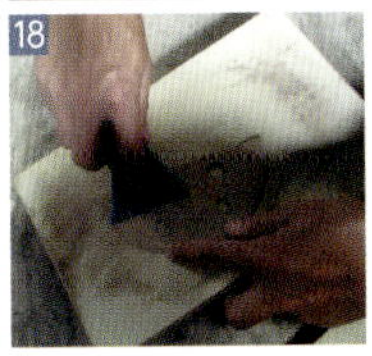

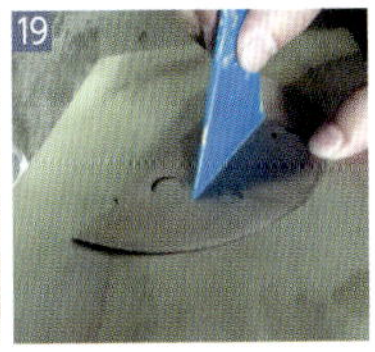

■ 最後に水研ぎで表面をきれいにならす

この作業は800番くらいの耐水ペーパーで行ないます。先端部をちょっと“丸める”感じです。あまり先端部が鋭利だと逆効果です。指で先端部をなでて“ザラザラ感”がない感じになるまで研ぎます。さらに両角を、ほんの少し丸めます。角が鋭利過ぎるとパテがきれいに盛れない原因のひとつにもなります。パテベラの側面もパテがついていたら取り除いてください。常にパテベラの状態を作業する前にチェックしてパテ盛りすることを習慣付けると、きれいにパテ盛りができると思います。写真21／22

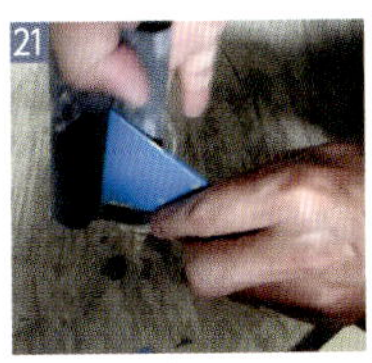

第４章：パテの下地作りとその成形方法

パネルの損傷面に足付けして、その表面にできたピンホールなどを研磨するのが１回目のパテ処理の作業工程。さらにその上にパテを盛って研磨するのが２回目の作業工程。基本的に同じ作業の繰り返しですが、使うペーパーや研磨方法などに違いがあります。何番の番手のペーパーを使うのか、研磨方法はどうするのか etc を解説します。

生涯車屋

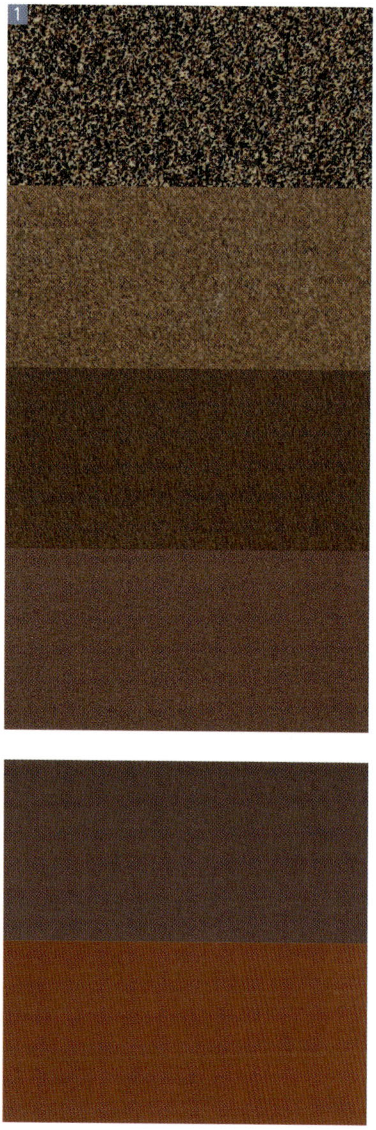

上から 32/80/120/180 の各番手のサンドペーパー。40 ～ 100 番が" 粗目 "、120 ～ 240 番が" 中目 " と呼ばれる。ここまでが 1/2 回目のパテ研磨作業で使うサンドペーパー。５番目が 240 番で、その下が 400 番。これらのサンドペーパーを使って３回目パテ研磨作業が行なわれる。

■１回目のパテ研磨作業は足付け

鈑金パテの足付けに使うサンドペーパーは一般的に 80 番といわれていますが、私は 60 ～ 80 番を使います。エアー工具を使う場合はもっと粗い番手のペーパーを使うこともあります。サンダーは 60 番です。ダブルアクションは" 傷付ける範囲 " が広く、関係ない部位まで傷付けてしまう危険性があるので 80 番がいいと思います。FRP の足付けには 32 ～ 80 番を使います。FRP の基礎となる深い部分の足付けには 32 番です。32 番は建築物に使うような目の粗いペーパーです。FRP に関しては、傷が深ければ深いほど" 足付け " には効果的です。32 番より粗い番手で傷付けてもいいのかな、とも思います。ただ、FRP の場合あまり" 砥石 " が大きいペーパーを使うと、穴が開いてしまう危険性がありますから慣れを必要とします。しかし、効果的な足付けという視点では、32 番より粗い番手でもいいとは思います。32 番を使うときには回転数を若干落としたりする対策を講じたほうがいいです。これが鈑金パテ作業の１回目、" 足付け " になります。写真1

■２回目のパテ研磨作業は出っ張った部位の" 研ぎ "

２回目からは 120 ～ 180 番のペーパーを使います。ただ、実作業では 80 番をちょっとだけ使う場合もあります。理由は、鉄板には多めにパテが盛られています。黄色い部分がパテを盛った部位と考えてください。この" 出っ張り " 部分をペーパーで削るわけですが、鉄板に触れない範囲までは 80 番で削ったほうが作業効率はいいわけです。ただし、80 番のペーパーで塗装面に傷を付けてしまった場合は、もう一度パテを盛らなければならないくらいに深いものになってしまいます。あきらかにこの部分は出っ張り過ぎだろうという部分まで 80 番で研ぎます。この作業は" 当て板 " で平行に磨ける自信のある人以外は止めた方が無難です。ともあれ、パテ表面を" 台形状 " に形成できれば、後の 120 ～ 180 番を使っての研磨作業の時間が少なくて済みます。120 番で付いた傷を消すのに 180 番のペーパーを使ったりします。図②／③

■３回目の作業はサフェーサーの足付けも兼ねたもの

３回目の作業で使うペーパーは 240 ～ 400 番というのが一般的

ですが、私は500番というさらに細かい砂目のペーパーも使っています。この3回目の作業も基本的にパテ研ぎという作業ですが、次の作業と、その目的がオーバーラップしています。次の工程はサフェーサーですが、その足付け作業を兼ねています。サフェーサーは240番くらいの傷を消すことができます。今のサフェーサーは性能が向上していますから、1液のものだと、ちょっと足りないですが、硬化剤を入れる2液のものであれば、240番でできた傷くらいは消えてしまいます。写真4

■ パテ盛り / 研磨工程の作業は2種類に大別される

1回目の作業はパテを盛るための足付けです。これを80番で研ぎます。で、その足りない部分にもう1回パテを盛って最初は80番で研ぎ、120～180番で研いでいきます。ここまでが一括りの作業といっていいでしょう。3回目は、それでも、まだピンホールが残っている場合、それをパテで埋め、その表面を240～400番で磨くという作業工程となります。

■ パテ研磨工程の作業を俯瞰のアングルで現すと

1回目の作業はパネルのへこみのある部分に足付けして、フェザーエッジを作る感じです。2回目はへこみがある部位とフェザーエッジがあり、その周りについてしまった“目消し”の役目があるので、磨く範囲はそれなりに広範囲になります。ダーツの盤面のようですが、中心から80→120→180となります。外側のほうがペーパー目が残ってしまいやすいので、番手を上げていきます。3回目の段階になってくると、中心が240番、その周囲が400番という感じになります。240番の部位は深い傷が入ってもサフェーサーでフォローできます。また、そのようにサフェーサーは塗っていきます。図⑤ / ⑥

パテは鈑金パテ、いわゆる足付け用のパテしか私は使っていません。ペーパーの傷を埋めるとか、“す穴”を埋めるとか、そういった作業も全部、鈑金パテで行ないます。ポリパテは使いません。ポリパテは、その性格上どうしても“パテ痩せ”が現れます。1～2年ではパテ痩せによる“わずかなクラック”が入ったような現象は現れませんが、数年するとポリパテ処理した部位は周囲に比べて違和感が目立つようになります。最近はその辺をフォローする性能が向上したポリパテが出てきていますが、やはり鈑金パテにはかなわない、というのが私の実感です。鈑金パテは、ほとんど“肉痩せ”がなく、パテ本来の性能に優れているので、しっかりと鉄板に喰付いてくれます。ポリパテは意外に喰付きがよくないです。トラブルが起きるのは、だいたいポリパテの部分からです。ただ、カーボンパテやファイバーパテのように特化した性能をもつパテを使う部位まで、金属パテで処理するのは難しいです。

図②

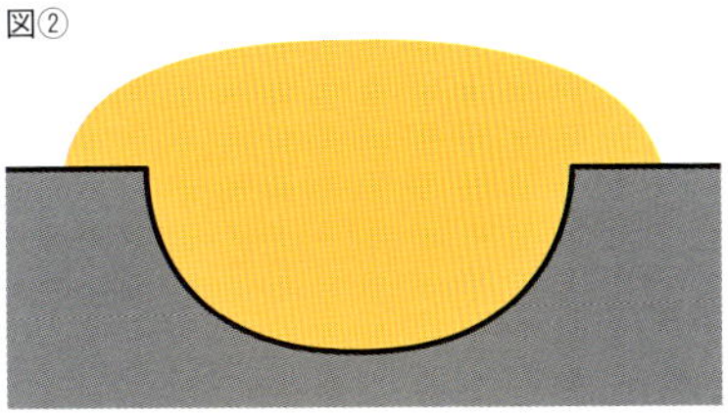

図③

4

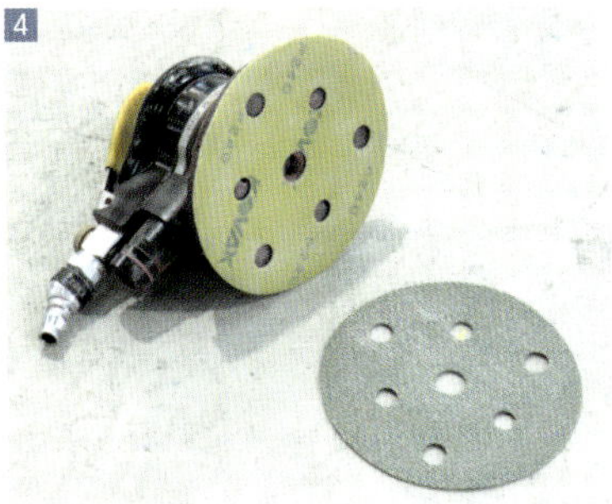

図⑤

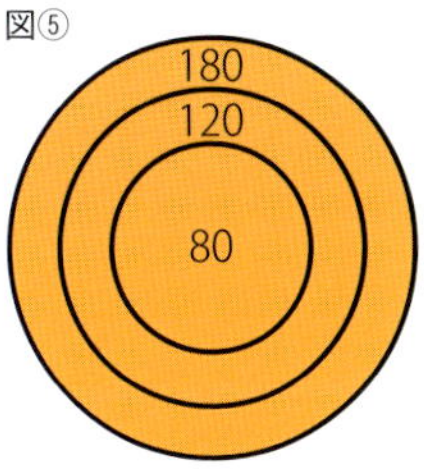

パテ処理部位は粗目の80番で研磨。その外周は120番、さらに塗装面をなるべく傷付けないように180番へと“中目”を使って研磨していく。

図⑥

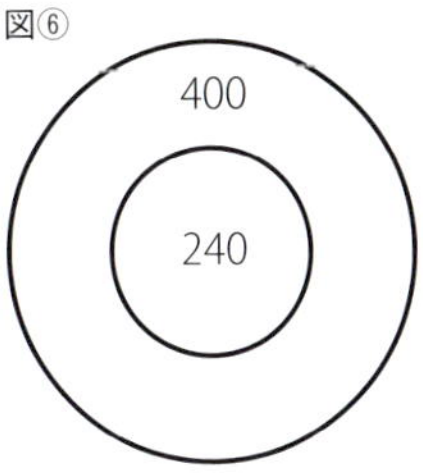

パテ研磨の後半はパテ処理部を240番で研磨して、その外周は400番で“優しく”研磨。パテ処理周囲面はなるべく“滑らかに”仕上げるのが一般的な方法。

第５章：研磨工具３種の正しいパネル面への当て方

鈑金で使うエアー工具はダブルアクションとオービタルの２種類のサンダー。名称が違うように、研磨面の動き方が異なります。その作動の違いは記述しているので、ここでは扱い方を説明しましょう。私の場合、ハンドファイルはほぼ使いません。180～240番のペーパーを使う場面でちょっと使うくらいです。

生涯車屋

1

2

■ アールのついたパネル面を研ぐのはダブルアクション

斜線で描かれた丸い部位のパネルがへこんでいたとします。この部位はゆるやかなアールをもつ面で構成されています。ここにパテ盛り修正が施されたとします。当然、盛り上がった部分を研ぐ作業となるわけですが、こういう場面で使うエアー工具には“ダブルアクション”がいいです。

形状としては、へこんだパネル面にパテを盛っているわけで、アールのところにパテが盛られています。そういう形状のパネルでありながら、パテの盛り上がり部を研ごうとして、その盛り上がり部を“平に研ぐ”という作業をしてはまずいです。パテで研いだ面はあくまでパネルと同じアール面にしなければならないわけです。パテの盛り上がり面にダブルアクションサンダーを平面で当てると、その面は平面になってしまいます。

ということは、損傷仮定部位を研ぐアクションは“アール形状”を再現している必要があるので、作業としては修正面の周囲を研ぐイメージです。中心を残して周辺部を研ぐわけですが、その作業をすれば、修正部位の外周面にサンダーのペーパーが当たります。中心を残す感じで、ちょっと大きめに研ぐと今度は傷の範囲が広がってしまいます。修理する範囲が広がってしまうことになります。なので、80番くらいのペーパーで作業する場合は、できるだけ狭く作業範囲を納めるようにしてください。120～180番で作業する場合、あるいは240番とか……ペーパーの番手が大きく細かいペーパーになったら、作業範囲を広げていくといった作業になります。写真1／2

■ パネル面にダブルアクションサンダーを当てる角度は約15度

ダブルアクションを使う場合、ペーパーが付いた研磨面をパネル面に“ぺたん”と当てて、左右／前後に研ぐという作業風景を見かける、というか、そういうイメージがあるように思うのですが、実際にはちょっと違います。真中部分を研ごうとした場合の作業を説明しましょう。パネル面にダブルアクションサンダーを当てる角度は15度くらい傾けた格好になります。その作業を目視確認するために、サンダーを傾けすぎる人がいます。角を使って……。これは駄目です。その見えている部位を使って作業をすると、パテを盛った面に当たっているのは、ペーパーの隅のごくわずかな部分になってしまいます。そういう作業をしていると、ペーパー外周面のヤスリ部分のみが消耗することになります。そういう作業では思っているようには削れず、切れないヤスリ面で削ろうとするから、力を入れて押付ける格好になります。これをやると、パネル面が熱をもつばかりではなく、パテ面が均等に研磨されることはありません。写真3 / 4 / 5

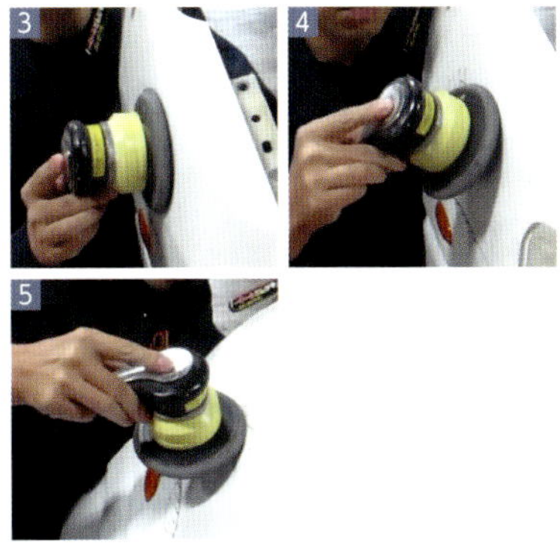

■ ペーパーの外周面から 2/3 くらいの範囲を使う

おおまかにいって、ペーパーの外周面から 2/3 くらいの範囲を使って作業するイメージです。真中は使わないのかというと、そうではありません。そこは削るのではなく、“ サッサッサッ ” と研ぐイメージの作業面として使います。それでも確かに残ってしまいます。でも、これは構造上しかたないことです。ペーパー面の 2/3 あるいは 3/4 を使うイメージの角度を保って作業することが大事です。これがダブルアクションサンダーの操作ポイントになります。写真6 / 7

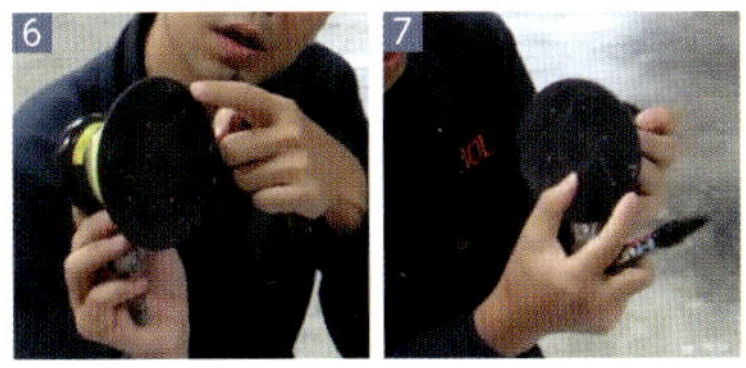

■ オービタルサンダーはラインを作るときに使う

オービタルサンダーはダブルアクションと違って一方向の動きしかしません。その軌跡説明は前ページでしていますが、オービタルサンダーの動きは基本的に “ シングルアクション ” です。このサンダーはあくまでもラインを作るときに使うものです。これにもパネル面に当てる最適な角度があります。ダブルアクションと同じで作業状況を自分で確認したいから、覗き込むような姿勢になる傾向がありますが、当たり面の確認は “ パテ粉 ” のついている部分で推測するという作業になります。ほかにはパネルのエッジ付近のアール面でもオービタルサンダーは活躍します。ここでもラインを作ることができる特性を利用します。あくまでパネルのラインをイメージしながら、修正面にペーパー面を当てていきます。写真8 / 9 / 10

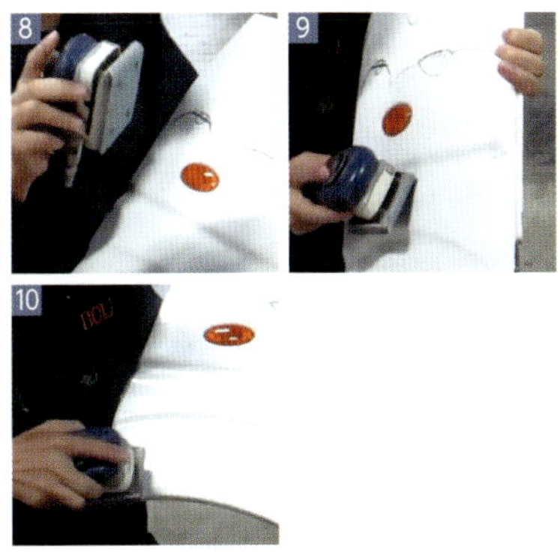

■ハンドファイルは軽く握って横方向に軽く研ぐ

ハンドファイルあるいはスピードファイル、そういう呼び方をしますが、手動研磨工具です。手で研ぐものに関しては、最終仕上げで使うのが理想です。エアー工具がない場合は最初から最後まで、これで作業するわけですが、この工具にも作業のポイントがあります。まず、グリップを“5 本の指を総動員 ” して握らないことです。極端にいえば、親指と人差し指でホールドするイメージです。ファイルが自由に動くことが大事です。グリップの側面からファイルを支持するイメージですが、パネル面へのファイルの当て方にもコツがあります。押付けるのではなく、力を抜いて“横方向”に磨くイメージでの作業となります。写真11 / 12 / 13

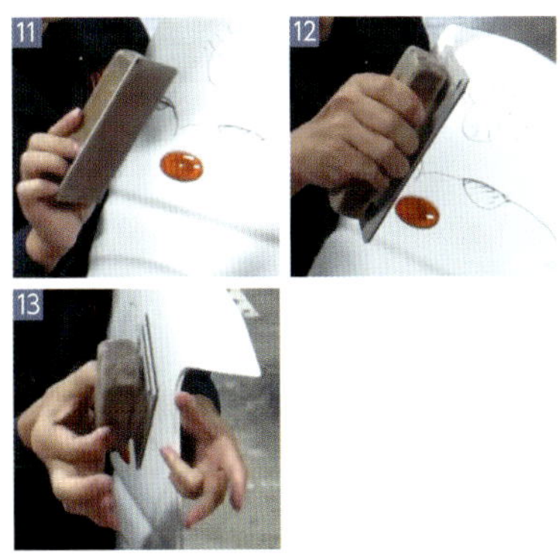

第6章：スプレーガンの選び方と取り扱いの注意点

スプレーガンのメーカーはSATA(サタ)、アネスト岩田、明治機械製作所、デビルビス、恵宏製作所。これらが主だったところですが、私はメーカーにはあまり関心がありません。どこのメーカーのスプレーガンでも、性能差を実感させられることはまずないからです。また価格差でも同じです。1万円のスプレーガンと3万円のそれで、私が未熟なのかどうか……残念ながら、性能差を感じたことはまずありません。

生涯塗屋

1

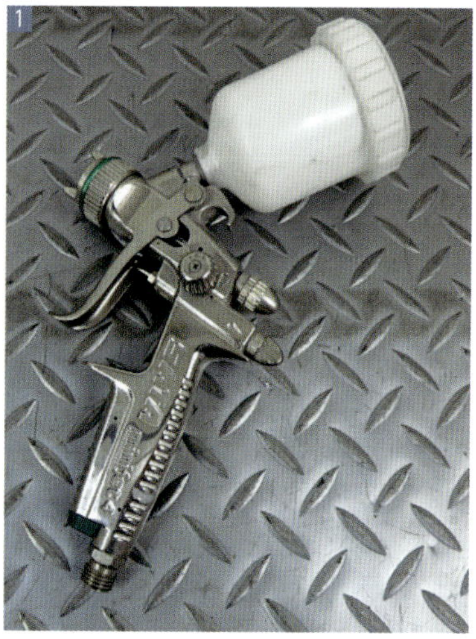

2

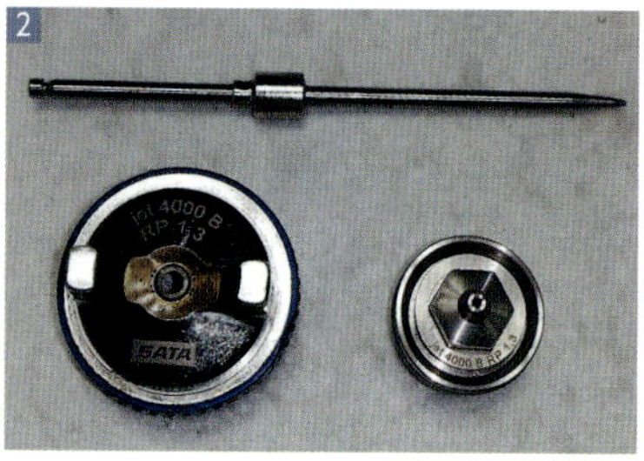

3

■他メーカーのスプレーガンと唯一性能差を感じる“サタ”

他メーカーと違って唯一特徴的なのは“サタ”ですね。サタのスプレーガンで吹いた塗装はすごくきれいに仕上がるのですが、1液塗料で、デュポンあるいはスタンドックス、あとシッケンズを加えてもいいでしょうが、これらのメーカーの塗料を使うのであれば、サタがいいかなぁ、とは思います。ドロップコートといって、ちょっとエアー圧を落として、霧状で飛ばすのではなく、“ボトボトボト”と粒状で塗料を飛ばすようなイメージ、そういう塗り方をする塗料が、いま挙げたメーカーの特徴ですが、そういった特性とサタのエアーガンは相性がいいように思います。写真1

■最近の塗料は“ハーフウエット”で塗るのが基本

1液塗料には“ドライで吹いてはいけない”という基本ルールがあります。昔の2液塗料の場合は、“メタルを立たせる”という塗り方をする、ウエットでもなくハーフウエットでもなく、ドライで少しメタルを調整する塗り方がありました。サタのエアーガンを使った塗り方には、これに似た“半艶”を出しながら塗る、という独特の方法で一頭地を抜いている性能差があります。写真2

■両端のぼかし塗装が難しいサタのスプレーガン

ハーフウエットで、というよりむしろウエットに近いくらいで、“ベタッ”と塗っていくような、そういう塗り方をする時には、サタのスプレーガンはいいと私も思います。ただ、ぼかし塗装が難しいです。サタのスプレーガンを使って、ずっとやってきた人でないと、使いこなすのが難しいです。実は、私もサタのスプレーガンでぼかし塗装するのは苦手です。

サタのスプレーガンは、一般的な価値観でいうと“塗りにくい”です。ただ、ガンの握りとか操作がスムーズで塗っている感触がいい感じで“斑(むら)なく”きれいに塗れるのですが、独特な塗り方を求められます。サタのスプレーガンで吹く場合は使用経験がある先輩に教えを請うたほうがいいです。実は私もサタを1丁持っているのですが、あまり使っていません。欲しくて買いました。5万円近い値段だったと思うのですが、あまりに使いにく

く、それがショックで結局あまり使っていません。写真3

■サタのスプレーガンのカップは樹脂製だから……

古くなると、樹脂製のカップに微細なクラックが発生して、そこに塗料が浸み込んでしまいます。樹脂製のカップはどれもそうなのかもしれないですが、塗料が滲み出てきて、塗装面に“ポタン”と落ちてしまった、という笑えない事故も起きると聞いています。写真4

■バリューフォーマネーで使いやすいデビルビス

私のお勧めはデビルビスです。キャンペーンで買ったもので1万円でした。ネットでも1.5万円くらいで売っているものです。それくらいのものを買っておけば充分です。確かに、3万円するものもあるのですが、値段差が性能に現れているかというと、分からない、というのが実感です。ある時、明治というメーカーの4万円くらいのスプレーガンを借りて吹いてみたのですが、やはり、その性能差を実感することはなかったです。分からないですね。確かに、すごくきれいに斑なく塗れるのですが、その価格差の性能が、私の腕では分からない、というか……それが分かる人が本当にいるのかなぁ、と思います。目隠しして、スプレーガンのメーカーを見分けられる人がいたら凄いです。さらに、塗り分けもできるならもっと凄いなと思いますが。写真5

■塗料メーカーのデモンストレーターはやらないぼかし塗装

塗料メーカーには、もしかしたらスプレーガンの性能が分かる人がいるかもしれません。スプレーガンの開発にも携わっている方で、新製品のデモンストレーションというか営業で、私の工場にも来ることがありました。その方は、他メーカーとのガンの性能差が分かっているように感じました。塗装の腕は、毎日作業している私のほうが上でしたが。メーカーの人がデモ塗装で実演するのを見ていて、塗り方はそれでいいけど、ぼかす時はどうやってやるのですか、と質問すると、だいたい“十八番が知れる”というか……。塗料メーカーの人はぼかし塗装はやりません。ぼかす時の技術には経験が必要です。塗料に関してアピールする事柄は参考になるのですが、その説明を踏まえてぼかし塗装に関して質問すると、「それに関しては経験がないので……」という対応になります。ぼかし塗装は難しいのです。図⑥

■ 10年前、コストダウンを露骨に感じた岩田製のスプレーガン

仕事で毎日スプレーガンを使っていると、作業が終わったら洗浄して、カップのなかにシンナーを入れて、その溜まったシンナーにノズルやキャップを漬けておきます。これは、洗い残しがあった場合でも固まらないようにする配慮で、私の場合は習慣です。

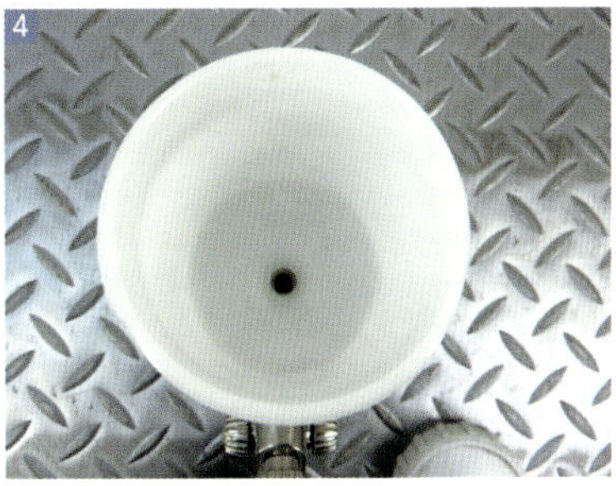

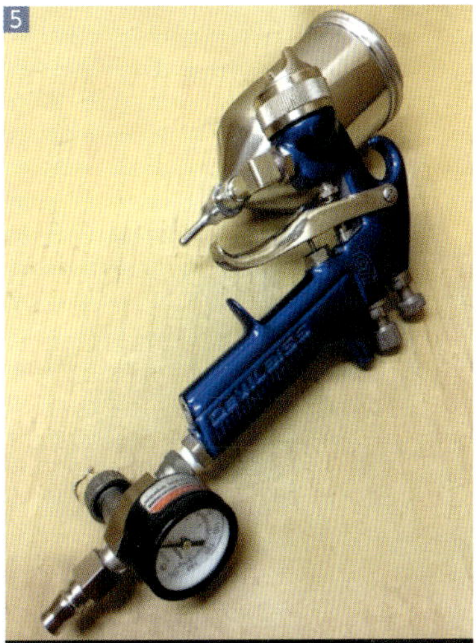

図⑥

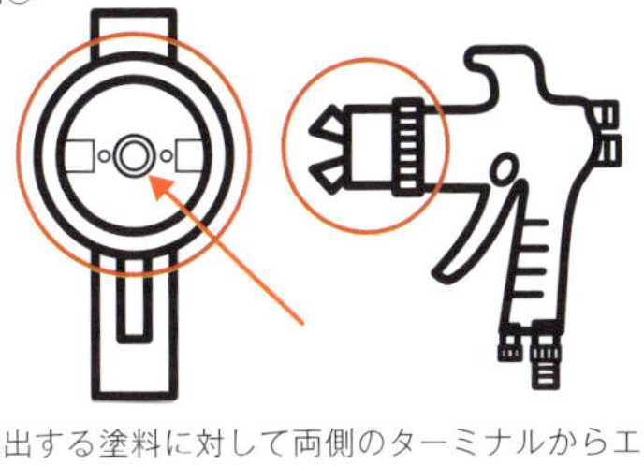

噴出する塗料に対して両側のターミナルからエアーを吹き出して噴霧する。この現象表出がぼかし塗装の基本性能となり、同時に設計のポイントとなる。

7

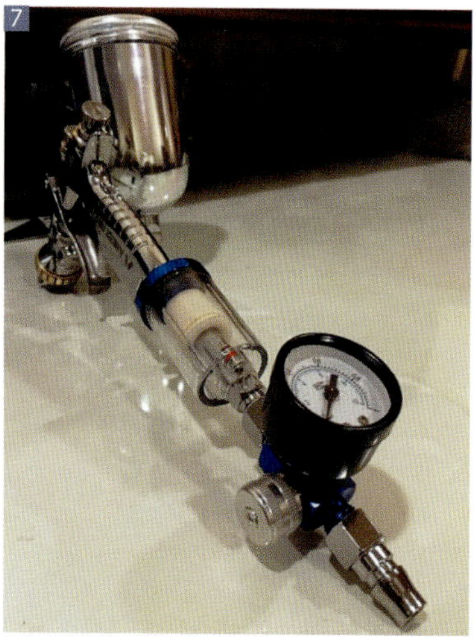

8

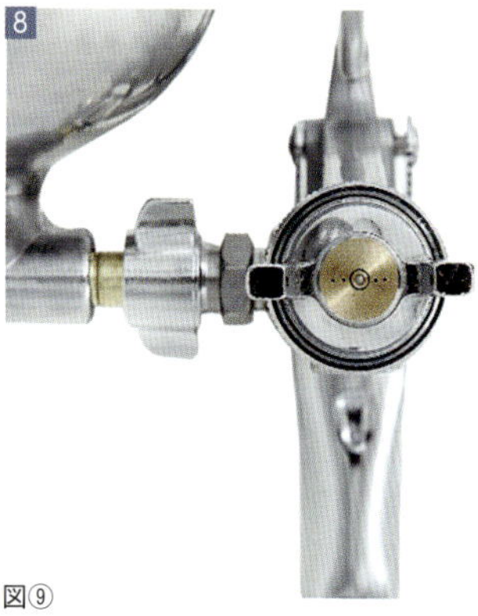

図⑨

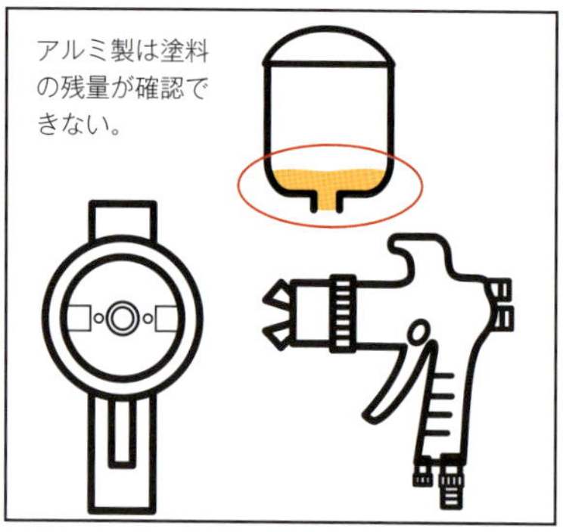

アルミ製は塗料
の残量が確認で
きない。

10

この習慣を止めなければならなくなったメーカーのスプレーガンがあります。岩田製のガンです。10年くらい前のことですが、ノズルを固定するリング部分がシンナーのなかで“めっき部がぼろぼろ”になって剥がれていたことがありました。おそらくリング部分のコストダウンの結果なのでしょうが、とにかく、それまでにはなかったことが起きました。メーカーに問い合わせたら「そういう使い方はしないで欲しい」といわれました。いまは、岩田のガンのキャップ部をシンナーのなかに漬けておくのは、アルマイト製のノズル部分だけにしていますが、岩田製のスプレーガンのクオリティは落ちたという気持ちが強いです。**写真7**

■オールペンでは30～60分使ったらノズル部の掃除を行なう

スプレーガンを先端部方向から見ると、ノズルとエアー吹き出し口で構成されていることが分かります。このノズルの両脇からエアーが噴き出すことによって塗料が押しつぶされる格好になって“液体変形”を起こし、縦長の噴霧となって吹き出されるわけです。ノズル部分は使っているうちに汚れてきます。30～60分くらい続けて吹くことになるオールペン作業では、途中で必ず掃除してください。ガンのブランドに拘るよりも、メンテナンスに心を配ることが大事です。**写真8**

■慣れるまでカップ内の塗料残量チェックは頻繁に

メンテナンスに気を配るのはノズル部分だけではありません。塗料が入っている“カップ”も対象です。アルミ製のカップの場合は塗料の残量が見えませんので、カップのキャップを開けて点検することを習慣付けてください。最初の頃は頻繁に残量チェックをしたほうが安心です。塗料がほとんどないのに補充するのを忘れていることがよくあるからです。安定したエアー圧を確保することは大切ですが、それは、塗料がきちんと供給されていることが前提なのですから。エアーのみの空吹きが作業途中で予期しないときに起きれば、その部位はやり直しになる危険性もあります。**図⑨**

■カップ外周面の塗料の“垂れ”には要注意

塗料の残量チェックで、カップを頻繁に開け閉めしていると、その周囲が汚れてきます。塗料がカップ外側面に垂れたまま使っている方をよく見かけるのですが、カップ外周面はとにかくきれいにしてください。たとえばボンネットを塗っているとしましょう。と、キャップからカップに漏れ出た塗料が“ポタン”とボンネットに垂れ落ちたりしてしまうことが起きます。ルーフやボンネットはガン先を下に向けて作業するわけですが、この時に塗料が垂れ落ちることがあるのです。せっかくの塗装が台無しになってしまうので、キャップを開けた時に垂れそうだなと思ったら、ラッカーシンナーを染み込ませたウエスで拭いてください。**写真10**

第７章：スプレーガンの正しい持ち方と扱い方

ここではエアーガンに取付けられている３個のスクリューキャップ部の調整とその役割について説明します。エアーレギュレーターがグリップ下部に取付けられているタイプもありますが、スクリューキャップの役割に変わりはありません。レギュレーターはそのスプレーガンにあった圧力に全体的に調整するものなので、ここでの説明から外します。また、エアー圧は、スプレーガンとコンプレッサーの性能によっても変わるので、何キロというような基準値があるわけではありません。ちなみに、私はレギュレーターを装着していませんが、エアー圧に関してまったく問題など発生していません。

■スプレーガンの基本となる握り方の解説

ありがちなのは、トリガーを１本あるいは２本の指でホールドして、その手でスプレーガン自体もホールドするケースです。しかし、このスタイルではカップが重いので左右に振れてしまいます。それを抑えるために、親指と人差し指でスプレーガン上部をホールドします。さらに、小指でグリップ下部を押さえます。小指はホールドする力が大きい指です。剣道の竹刀も小指でホールドするくらいの握り方です。このような握り方をするのは、トリガーを動かす中指／薬指が自由に動くことができるようにするためもありますが、やはり、第一の目的はスプレーガンをパネルに対して正対で保持することです。写真1／2／3／4

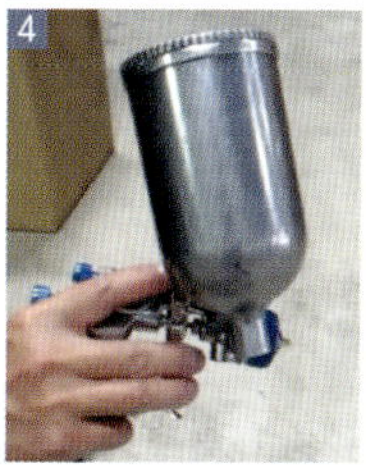

■中指／薬指をトリガー操作に専念させるための握り方

この握り方のポイントは、なんといっても、中指／薬指はスプレーガンをホールドするための力にいっさい協力することなく、トリガーの操作に専念できる態勢を作るためともいえます。スプレーガンをホールドする役目は掌を中心に人差し指と小指です。
スプレーガンを握る掌を見てください。全体を使って深く握っている様子がお分かりでしょうか。この状態で、中指／薬指の２本の指がトリガーを緩急つけて微調整のきく動きができなければ、思うような塗装作業はできません。写真5

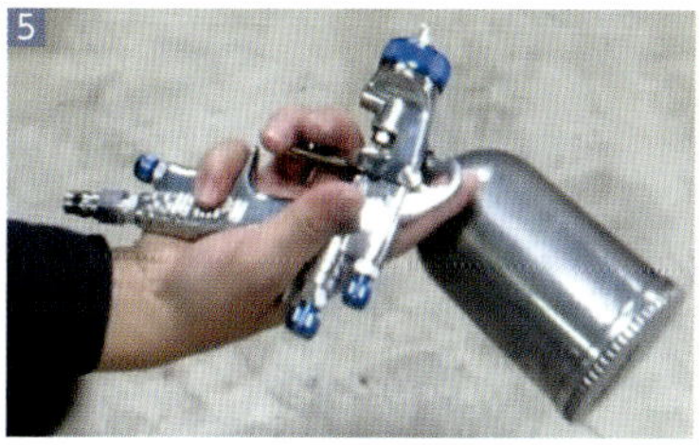

■基本姿勢は塗装面に対してスプレーガンが正対すること

スプレーガンを前方から見た時に、斜めにならないようにホールドしていること。これが、塗装面に対してスプレーガンが正対するための基本姿勢となります。ノズルは塗装面に向かって正対することで、はじめて塗料が設計通りに噴射されるように作られています。なので、そういうふうに設計されたグリップ部を最大限に活用できる握り方というのは、いま説明したような格好になります。傾いていると、エアー圧によって作られた縦長楕円のパターンがきれいに塗装面で反映されないので、このホールド姿勢は絶

7

8

9

10

対に変えないでください。写真6

■各スクリューとそこに組み込まれた機能の説明

グリップ下部に取付けられたスクリューは“エアー”の圧力を調整するためのもの。エアーの吹き出る量を調整するためのものです。このスクリューを右回転させて閉め込むと、エアーの出る量が少なくなります。当然、左回しにして開けると多くなります。塗料が硬いもの、たとえばクリアーやソリッド系の塗料ですが、そういったものを吹く場合にはエアーを少し高めにするといいと思います。細かい面積を塗るときなどは少しエアーを絞って塗ったほうが、ミストがあまり出ないできれいに仕上がります。

エアー突出量の調整は“音”で覚えたほうが、上達は早いです。試し吹きを何度も行なって感覚的に覚えてください。スクリューの調整位置の基準というのはコンプレッサーの圧力によって異なるので、決まった目安といったものはありません。写真7

■“銃砲部”下部のスクリューは塗料の突出量調整用

指でさしているスプレーガン後面側のスクリューは、真円の筒状の空洞が内部に掘られており、そのなかにロッドがセットされています。そのロッドが前後移動することで先端部ノズルの実質開口面積が変わります。ロッドはトリガーとリンクしている構造になっていますから、トリガーの絞り位置によって開口面積が変わります。写真8

■塗料の突出量はロッドの前後移動で決まるから基準値がある

ノズルの真中の穴から出てくるのは塗料ですが、その吐出量には基準値があります。ロッドはスクリューに直結しています。スクリューを絞り過ぎると“肌がザラザラ”になりやすいです。逆に、スクリューを開けすぎると“肌がブツブツ”になります。スクリューの調整はいっぱいに閉めた位置から2.5回転開けた位置が基準値となります。オールペンとか広い面積を塗るときは3回転くらい開けます。スクリューにメモリーが刻んであるタイプなら、それを開閉代の基準値の目安にできるでしょう。

スクリューでの塗料の吐出量はあくまで基準値です。スプレーガンのトリガーは、決定された基準値に基づいてロッド移動するわけですが、トリガーはさらに微妙な吐出量を調整するためのものです。突出量をスクリューで調整してトリガーを握りっぱなしで塗装することも可能ですが、それだと微調整ができないばかりでなく、作業者の塗装スキルは上達しません。写真9 / 10

■一番上にあるスクリューは“パターン調整”用

スプレーガン銃砲部の一番上にあるスクリューは塗料噴霧の広がり“形状”を変えるためのものです。ノズル部両脇の柱状の突起から出るエアー量を変えることによって、パターンを狭くしたり、広くしたりすることができます。スクリューの調整方法は同じ。一番閉めた位置から2.5回転分広げた位置が基準設定となります。機種によっては2回転回らないものもあります。
パターン調整に関しては、狭い面積を塗るときは全閉にしてもいいくらいです。たとえば、バンパーのダクトのなかを塗るときにはスクリューは全閉のほうが作業しやすいです。ただ、気をつけなければならないのは、パターンの幅が皆無になるわけですから、ほぼ直線的な形状になって塗料が噴出される格好になることです。なので、非常に流れやすくなります。同じ分量の塗料の噴出に対して、広い面積にそれを噴霧するか、あるいは狭い面積（ほぼ直線）に噴霧するかでは、噴出される塗料の量は同じですが、結果として塗料の高密度化が図られますから、流れやすくなります。そういった噴霧形状にセットした場合は、トリガーの握り量でよりデリケートに微調整する必要があります。
それは試し吹きしてみると分かります。ほぼ直線的に塗料が噴霧されるので、塗装面に吹き付けられる塗料の密度も高くなり、結果として流れやすいのです。写真11 / 12 / 13 / 14 / 15

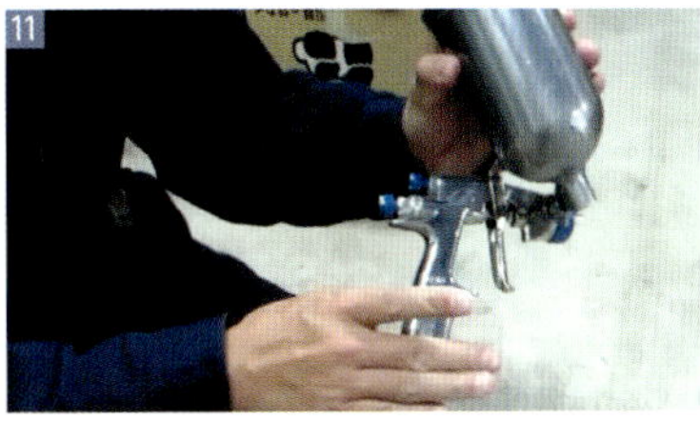
11

12

13

14

15

■上手く塗れない時にはノズル部の汚れを疑う

スプレーガンのスクリューによる調整機構は3ヵ所あるわけですが、それぞれを丹念に調整しても“なんか上手く塗れないなぁ”という時には、最後にノズル部の汚れをチェックしてください。ここに塗料の“滓（かす）”のようなものが堆積し、汚れていることがあります。この滓による汚れがエアーの流れを邪魔します。なので、ここの汚れを確認しながら塗る習慣をつけると、きれいに無駄なく塗れます。とくに長時間いっきに塗り上げていく時にはチェック頻度を高くしたほうがいいと思います。
ノズル部はきれいなのにどうも思うような塗装面にならない、という時には作業を中断して、ノズル部を洗浄すると直ることがあります。上手く塗れないのは、自分の腕（選んだ塗料とシンナーとの配合あるいはトリガーの絞り具合、さらには噴射角度etc）なのか、あるいはスプレーガンにハード的な問題があるのか、ひとつずつ原因を探っていくことになります。写真16

16

■エアー圧とトリガーの微妙な調整 / 操作は身体で覚える

トリガーを半分まで握るとエアーが出ます。その状態でエアー量調整スクリューを開けると、エアーが多量にノズルから噴出されます。エアー圧の調整は前にも説明しましたが、使う塗料とかシンナーの配合量によって変わってきますので、どれくらいの気温で、どれくらいのトリガー操作速度で、どれくらいの塗装面の距離で、という項目を経験で覚えていくしかないのですが、これには練習しかありません。いきなりクルマを塗るというのはリスク

17

18

19

20

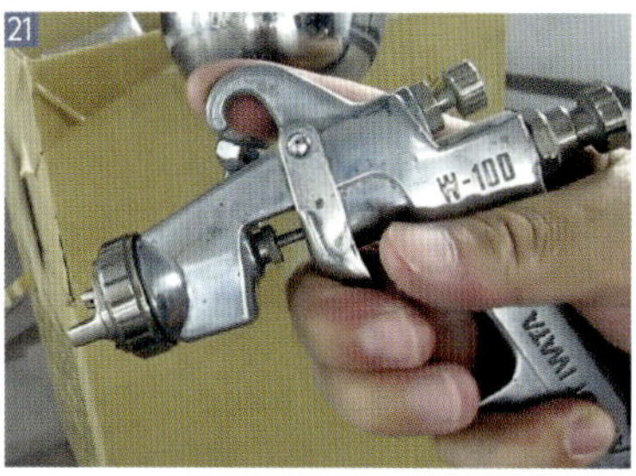
21

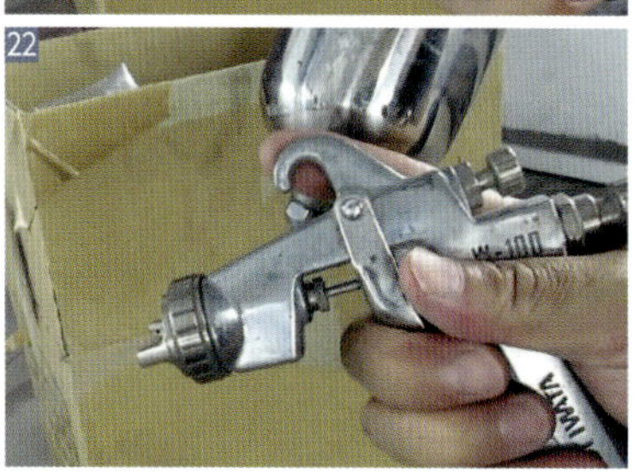
22

が高いので、段ボールなどで練習してください。ただ、段ボールは鉄板に比べて塗料が若干浸み込みやすいので、流れにくいということを覚えておいてください。**写真17 / 18**

■スプレーガンの握り代の微調整は経験で覚えるしかない

このスプレーガンはノズルの口径が 2.0㎜と広いです。私は、この口径のガンをサフェーサー用に使っているのですが、口径は 1.2、1.3、1.4㎜と 0.1㎜刻みに細かく用意されていて、その口径にあったエアー圧を自分で見つけ出すことが大切です。スプレーガンの握り代の微調整は経験で覚えていくしかありません。まずはどれくらいトリガーを絞ったら塗料が噴霧されるか、これを練習します。握り切ってしまう前に噴霧を止めるのは、そのトリガー位置で塗料が流れ始めるからです。次ページ23の写真の黒丸の塗料の垂れは失敗例ですが、通常 1 点で塗ることはないので練習は横移動するパターンで行ないます。まず握り一定、速度一定で塗料を吹き付ける練習をしてください。

次は途中で握り代を変えていきます。最初は浅く握って、次第にトリガーを絞っていく吹き方です。次ページ24の写真は、あまりそれがうまくいかなかったものですが、パターンが広がっているのは分かると思います。握りが浅いと狭くなります。深いと広がります。これを塗装調整スクリューの開閉関係とともに練習するのが第一歩になります。**写真19 / 20**

■シンナー量に合わせてトリガーの絞り代を調整する微妙さ

第 2 ステージは、最初は浅く握って、深く握って、浅く握る、という吹き方の練習です。次ページに失敗した 3 例が段ボール面にありますが、原因はちょっとシンナー分が多くて流れてしまう危険性があるのに、トリガーの絞り具合が微妙過ぎて対応できなかったことです。ただ、4 回目はほぼ成功しています。微妙なトリガー操作のコツが分かったからですが、この場合は、シンナー量をもうちょっと少なくして違う面で“トリガーの握り代”の練習をしたほうがいいでしょう。**写真21 / 22**

■重ね塗りの具体的な練習方法と注意点

この練習は、塗料を噴霧する位置でのエアーの出し方、実際の塗装面で（段ボールの端面）きれいな噴霧状態を作り出し、逆の端面で塗料を絞る。そして、その間の塗装噴霧状態は一定に保つという練習です。

1 段目を塗り終えたら、次は逆方向から吹いていくのですが、始まりと終わり、その位置でのトリガーの握り方、それにともなう噴霧状態が満足できるようになるまで練習してください。このような重ね塗りは、最初の基礎講座でも説明したように 1/3 〜 2/3 くらい重複して塗ることが、きれいな艶のある塗装に仕上げるために必要なテクニックになります。ただ、重ね過ぎると流れる危険性がありますから注意が必要です。ベース塗料、サフェーサー、クリアーによって、重なり具合は変わってきます。
ブロック塗装の重ね塗りは、塗るパネル面も大事ですが、その前後部の塗り方にも注意してください。具体的には段ボールの左端側に、はみ出した位置から塗っていくイメージです。右端側からの場合も同じです。写真23

■必要になる“両端がすぼまった”形状になる塗装方法
ガンの振り方は、パネルに対して平行。これが基本ですが、その塗布範囲はパネルから、はみ出るところまで完全に塗ってください。そうしないと両端が薄くなってしまいます。薄くならないように両端を完全に塗り切る感じです。では、隣にパネルがあった場合はどうするのか、塗装斑（むら）ができてしまうのではないか、という不安が湧いてきます。ここで生きてくるのが、“両端がすぼまった”形状になる塗装方法です。これは幅の広い段ボールを使って練習してください。写真24

■ドア両端部の二重塗りを避けるための吹き方は
黄色い部分のリアドア上部を塗装するとします。この時、全体的にきれいに仕上げるためには両端が薄い黄色で示したように、はみ出るイメージで塗ることが必要ですが、はみ出ると、フロントドアの後端部とクォーターの前端部は、二重に塗られることになります。これでは斑になる危険性があります。そういった状態にならないためには、先ほど説明した、“両端がすぼまった”形状になるような塗装方法の練習が必要になります。スプレーガンの操作イメージとしてはガンのトリガーの握り代を、リアドアを塗る範囲だけ深くして、両端を浅く握って塗料の噴出量を少なくする、という方法です。正確にいうと、リアドアを塗っている範囲はトリガーの握り代は一定です。が、このトリガーを浅く握る部分がうまくいかないから、その部位を“ごまかす”ために、職人さんは“ガンを振る”という操作をするわけです。図㉕／㉖／㉗

■むやみにガンを振るだけだとミスト付着の要因になる
スプレーガンを振るという所作を注意深く観察すると、実際は“握りを浅くした後に”振っています。ところが、握り代を浅くしないで、そのままガンだけを振る人がたまにいます。塗料が噴霧されたまま振ると、その先に“ミスト”という“粉”が飛びます。これは、空気中に飛んで乾いた塗料がパネルに載るものですが、このミストは前後のパネルに付着し、これが肌を荒らす要因になるのです。
ミストは厄介なものでベース塗料の下に載ったものはクリアーをかけてきれいに修正しようとしても、なかなか消えません。塗料

23

24
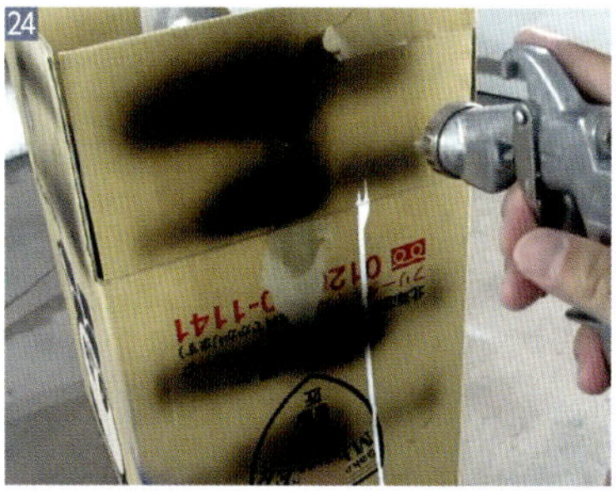

図㉕

これは、ぼかし塗装の全体イメージ。フロント後端部／リア前端部は、ぼかし塗装の必要条件＋ミスト危険領域を合わせたものになる。

図㉖
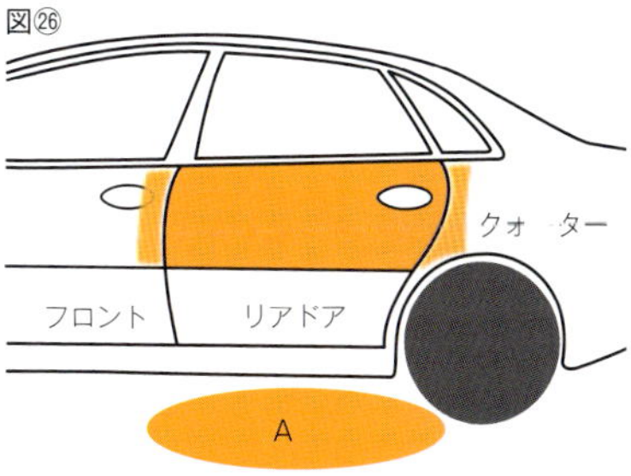

図㉗

Aはトリガーの絞り代の概念を示したもの。中間でトリガーを戻していないことが問題。Bは中間塗装域でトリガーを絞って塗料の噴出量を調整している。

図㉘

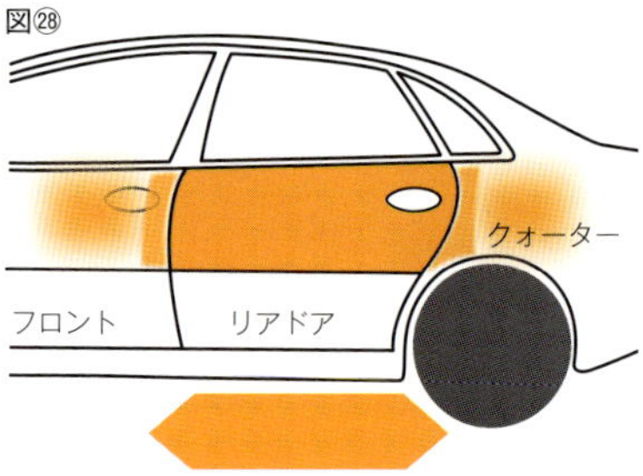

図㉙

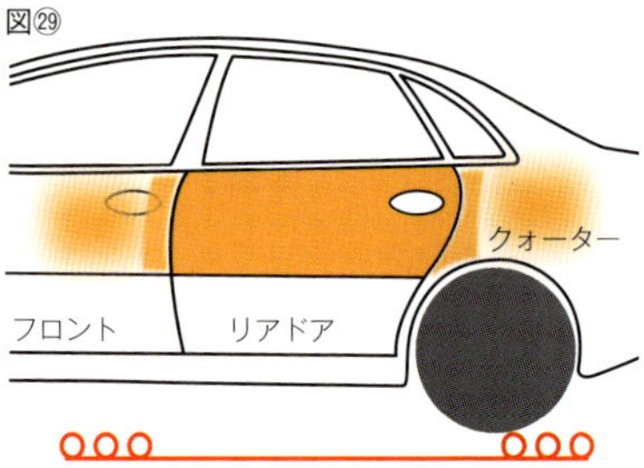

図㉚

ドア前後部でのトリガーの握り代の微妙な調整、それと同時にガンを振るタイミング。これを会得することが艶のあるきれいな塗装に仕上げるためには必要なのだ。

図㉛

ガンを塗装終わりで振るタイミングは、トリガーの握り代調整とシンクロする。塗装始まり / 終わりのトリガーの絞り代の端面でガンを振るということだ。

が均等に載っている上に、乾いたミストが両端に載る。大げさに描けば、図㉙に示したような格好になります。赤丸の部分が " 柚子肌 " といわれるザラザラした面になってしまいます。そういうことにならないために、ガンを振らずに最後はトリガーの握りを離していきます。手首を返すのはそれからで、その位置から逆方向に塗っていく時には、握りを浅くしてから塗装を再開します。結果として、ドア前後の薄黄色の部位は塗料の吹付け量を多くして、徐々にその量を薄くしていくという塗り方です。図㉙の赤い実線上の左右の○はミストが発生するケースのイメージです。トリガーを握ったままガンを振ると、粗い粒子のミストが塗装面に載ってしまいます。その範囲をイメージ的に示したのが靄(もや)状に描かれた部分です。

この所作は、確かに手首でやっているのか、握りでやっているのか、分かりにくいものですが、よく見るとガンから出ているミストで分かります。握ったまま手首を振っているのか、トリガーの絞りを半分にまで緩めて手首を振って、ミストをより載らないようにしているのか分かります。図㉘ / ㉙ / ㉚

■塗装作業中ずっとトリガーを半分握ったままの理由は

スプレーガンのトリガーを半分握ったところで、エアーが " プシュー " と出て、それ以上握ると塗料が出ます。けれど、塗装作業中は最初から最後までずっとトリガーを半分握ったままの状態で作業します。シューといっている状態で握り始め、トリガーの絞り代を緩めても、シューというエアーの噴出音が消えないように、エアーだけは出し続けます。

なぜ、トリガーを離してはいけないのか、というと、握り始めにぐっと力が入って、ブシュと 1 回多めに塗料が噴霧されてしまうからです。その飛び出た粒が塗装面に載ってしまうのです。また、その噴出量が極端に多い場合は塗料が " 垂れて " しまいます。それを防ぐためにトリガーは握りっぱなしなのです。

職人さんが手首を振っているのは、エアーだけの状態にしていることを忘れないでください。ぼかし塗装をする場合も、これは同じことです。トリガーの絞り代の、浅く→ 一定 → 浅くというデリケートな操作ができなければ、確実に肌が荒れてしまいます。

これはいきなりやろうとしても難しいので、段ボールで練習してください。最初は " 目 " の格好をしたもの、それができるようになったら、ちょっと " 横長 " なスタイル、大きめの段ボールがあれば、この練習ができます。浅く握って、一定を保ち、ゆっくり放す、というスタイルです。トリガーの握り代具合をボリュームゾーン形状で示したのが、左の解説図の下にあるイメージ図になります。絞り始めは立ち上がり状態にあり、絞り終わりは減衰状態にあります。こうすることで、実際の塗装面は一定状態の安定した絞り量を維持し、一定の塗料噴出となるわけです。図㉛

第8章：5,000円以下のスプレーガンの使い道提案

粗悪な輸入品がDIYショップなどで売られるようになって久しいわけですが、それら5,000円以下のスプレーガンがまったく使い物にならないか、といえば、ものは使い様だと考えます。ガンのノズルからは細かい噴霧が出るので、粘性が高く速乾性が高いクリアー塗装などを行なった場合は、すぐに洗浄する必要があるくらい消耗が激しいのが現状です。そこで、粗悪ガンの使い道を考えてみたのが、このコーナーです。

■ 5,000円のスプレーガンは“怪しい”のだが……

道具を揃えはじめた頃は、資金的にも余裕がなかったのでベース塗料はもちろんプライマー、サフェーサー、そしてクリアー、全部1丁のスプレーガンでまかなっていました。その頃は、なにしろ掃除が大変でした。

いまは1,000～5,000円くらいのスプレーガンがあります。5,000円のガンが安いか高いかといったら、とんでもなく安いです。金銭感覚の問題ではなく、スプレーガンは1/100㎜という精度が要求される工業製品ですから、本来は5,000円なんていう値段で作れるものではありません。では1,000円のスプレーガンはどうなのかということです。私自身は安いガンは100%信用していないので買ったことはなかったのですが、私が主催しているセミナーに、安価なスプレーガンを持参される参加者がいます。「このガンどうですか」と聞きたいから持参されたのですが、その参加者は2丁のスプレーガンを私に見せてくれました。

■ 5,000円のスプレーガンは“そこそこ”使える

1,000円のスプレーガンと5,000円のスプレーガンではどこがどう違うかというと、1,000円のガンは非常に“造りが悪い”ので、構造上“危険”です。まずバリがあります。グリップ部にもあったりします。そのバリは大きく、手を切らないか心配になるくらい尖っています。

スプレーガンのボディを作るときには“鋳型”を使います。雄型と雌型を“パカッ”と合体させ、そのなかに溶かしたアルミを注入し、固まったら鋳型を外すのですが、そのとき合体面の隙間にアルミが入り込んで“バリ”ができます。精巧にできた鋳型でもバリはできてしまうのですが、安価な製品の鋳型は精度に欠けますから、そのバリが半端ではなく、さらにそのバリを最終工程で処理することなく製品になっています。なので、安価なスプレーガンを買ったら、ノズルを詰まらせないように注意しながら、まずそのバリをきれいに削ってください。

塗料を入れるカップの中にもバリがあります。そのバリは“堤防”のようになり塗料が堆積していく原因になります。また、鋳型の

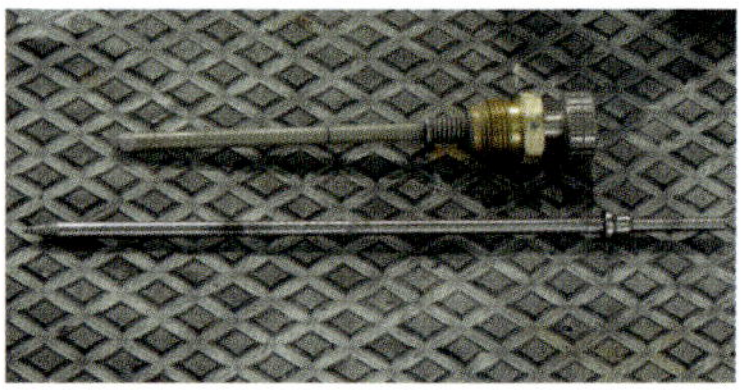

スプレーガンのライフは最低でも10年といったスパンだが、それは"銃砲部"に内蔵されている空気弁とニードル弁のライフとほぼ一致する。この部位はメーカーにオーバーホールを依頼することになるが、結局は特殊工具を差し込んで、その2パーツを抜き取り交換するという作業だ。スプレーガン購入時に同梱されている分解工具でパーツをばらしたのが上の写真だが、これは定期的に行なう作業。燃料ノズルに硬化剤が付着/堆積するので、その除去が最大の目的。ただし分解作業にはそれなりの時間が必要だ。サフェーサーやプライマーを吹くのに使った場合は、そのたびに分解洗浄しないと、ノズル部は硬化剤が内部に付着するから必ず行なう作業となる。安価なスプレーガンは、消耗品と割り切って使うという工具管理は"時間工賃"という発想から言えばあり、といえる。

トリガーの作動のスムーズさは1,000円というような安価なスプレーガンでは望むべくもない。トリガーはいったん作業が始まったら、つねに"ハーフスロットル"状態にあるので、その操作感は塗装の仕上がりに大きく影響する。空気弁/ニードル弁を押すロッドの精度とリターンスプリングのレートと耐久性がメーカー品にはある。そして、それはアルミ鋳型の精度があってはじめて製品として成立すること。トリガーは可動部だからOリングが挿入されるものの、ここから塗料/エアーが漏れない気密性が要求される。その気密性と耐久性が1,000円スプレーガンは低くライフも短い。やはり"ちゃんと買い"がお勧めだ。

面精度が低いので表面がきれいに鋳造されていませんから、洗浄にも時間がかかるうえに、きれいにならないような表面でした。さらにカップの蓋が紙のように薄かったです。
いっぽう5,000円のガンですが、これは"そこそこ"使えると思いました。バリも1,000円のガンほどはありませんでした。もちろん、皆無というわけではありませんが、使えるレベルではありました。
安価なガンに共通しているのは、トリガーの握りが"硬い"ことです。滑らかな動きとは程遠いものなので、手が疲れます。繊細なトリガー操作もできません。ぼかし塗装も難しいと思いました。ノズルの加工精度も低いので、きれいな形状の吹霧が維持される時間は短そうに思えました。
というわけで、安価なスプレーガンは塗装用には無理ですが、サフェーサーやプライマー用には使えるかな、と感じました。うっかり掃除をするのを忘れて、各部が固まってしまっても、これくらいの値段だったら諦めることもできる、と思いました。

■メーカー品のオーバーホール代は最低5,000円

ちゃんとしたメーカーのスプレーガンは、オーバーホール代で最低5,000円です。部品によっては1万円くらいかかってしまうこともあります。だったら、安価なガンをサフェーサーとかプライマーを吹く専用ガンとして割り切って使うという手もありで、プライベーター用としては充分だと思います。
私が使っているスプレーガンはまずタッチアップ用。これは、小さい面積でぼかし塗装する場合とか、小さいパーツを塗るとか、そういうときに使います。口径は0.8㎜。メーカーはアネスト岩田です。これは、サフェーサーからベース塗料からクリアーまですべてをこなすガンです。その分、きれいに洗浄して大事に使っていますが、もう20年選手です。

■スプレーガンは消耗品だと思ったほうがいい

もう1丁のガンですが、これはサフェーサー専用です。塗装用にはもう使いものにならなくなったもので、口径は2.0㎜です。どんなに丁寧に扱って洗浄していても経年劣化があります。気に入ったガンは長く使いたいと思うのですが、スプレーガンは消耗品だと思ったほうがいいです。代替えサイクルは、10年に1回くらいのペースで充分かと思うのですが、使っていてどこかに違和感があったら買い替えを検討したほうが得策です。
最近のガンは本当によくできています。でも長持ちはしないかな、という気はします。15年くらい使ったスプレーガンがありました。壊れたので、自分でオーバーホールしようと補修パーツをメーカーに発注しようとしたら「買い換えたほうが安いかもしれませんよ」と言われました。そのアドバイスを受け入れて買い換えた

ら、品質は向上しているし、値段は安くなっているし……で、思ったことは、そんなに長持ちさせないで定期的に買い換えたほうが結果としていい、ということでした。

■スプレーガンを徹底して洗浄する大きな理由

タッチアップ用、ベース塗料用、サフェーサー用、あとはクリアー用、私はこの4丁を使い分けているのですが、人によっては、“ソリッドの白”用のガンを揃えています。この色を塗る場合は“黒い滓”がほんのちょっと出るだけで、それが塗装のなかに入り込んでしまうと、けっこう目立ちます。これは高級な仕上げをする場合ですが……。パールホワイトも一緒です。ベースの白をきれいに塗らないといけません。ベースの白に、ほんの小さなゴミが“ポツン”と入っても仕上がってみると透けて見えてしまうことがあります。そういったリスクを考えると、“白用”のスプレーガンは持っていてもいいかな、とは思います。最盛期には3台/1週間のペースでオールペンをしましたが、私は持っていませんでした。ソリッドホワイトとかパールホワイトを塗装しなければならなくなった時は、とにかく頑張ってスプレーガンを掃除しました。

トップクリアーは透明度が重要です。クリアーを吹く時、そのガンにほかの塗料の洗浄滓があって、その滓が“ブツブツ”と飛んでいったら嫌だな、というのがスプレーガンを徹底して洗浄した大きな理由です。当時、私は、ベース塗料用とトップクリアー用は同じガンを使っていましたから。

サフェーサー、上塗り塗料、トップクリアーetc、すべては、この“穴”を通って、後方から送り込まれるエアーに押し出される格好で、“霧状”になっていく。そのいわば“タンク”部分が正面に見える“穴”だ。写真では縦方向になる“管”には塗料が流れてくる。最近は“ガン先が見やすい”という理由でサイドカップが人気だが、横にはみ出してカップが取付けられているから、バランスという点ではセンターカップに劣る。サイドカップ/センターカップともに、重力により塗料が落下する構造。“重力式”と呼ばれている(上)。カップ容量はほぼすべてのメーカーが0.5L。1台の乗用車をオールペンするのに使う塗料は約4Lといわれているから、8回は補充する必要があることになる。カップはSATAを除くすべてのメーカーでアルミ製。キャップは嵌め込み式だからきちんと嵌めることを忘れずに。キャップが外れて塗料がいっきにこぼれ出る、という悲劇もそれなりに多い……とか（下）。

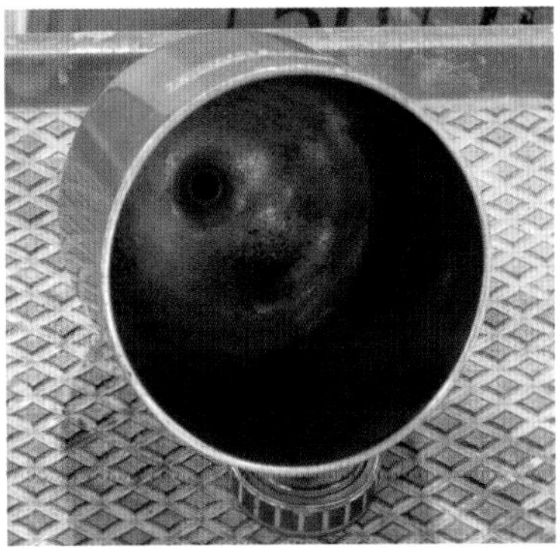

第9章：スプレーガンの事前洗浄と事後洗浄と保管方法

スプレーガンの洗浄方法と保管方法について説明します。まずは保管している状態から塗装作業をするための事前洗浄。この塗装前の準備があってはじめて“仕事としての塗装”作業ができるわけで､｢ちょっと塗ってよ｣と言われても｢本格的に塗ってよ｣と言われても、同じ事前洗浄作業が必要になります。塗装作業前はもちろん、作業を終えてからのスプレーガンを細部まで掃除する工程も解説します。

塗装作業前の準備掃除解説

スプレーガンの事前洗浄作業は調色台上で行ないます。きれいとはいえません。汚さないように使うのが“本当の職人”と私も思っています。

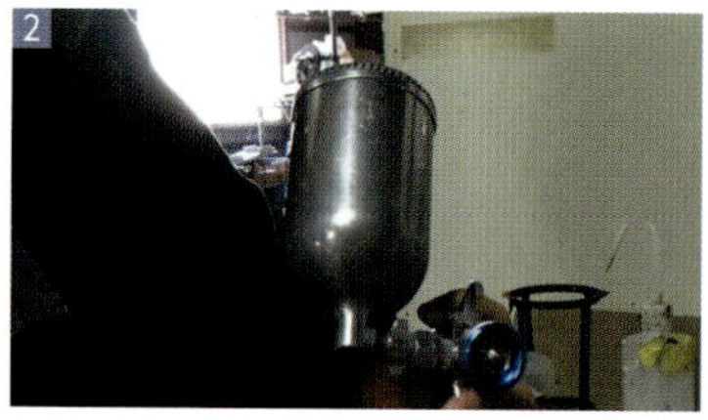

これは保管している状態です。ノズルを固定するリングは見えますが、両脇からエアーを吐出するノズル部が外されて見当たりません。

その外されたノズル部分は何処にあるかというとカップの中です。ラッカーシンナーをカップに入れて、そこに“浸して”保管しています。

洗浄作業を効率良く行なうためにはカップを2個用意します。汚れているシンナーを入れるカップときれいなシンナーを入れるカップです。

スプレーガンのカップに入っているシンナーはきれいなので、きれいなシンナーが入っている容器にそのカップ内のシンナーを移します。

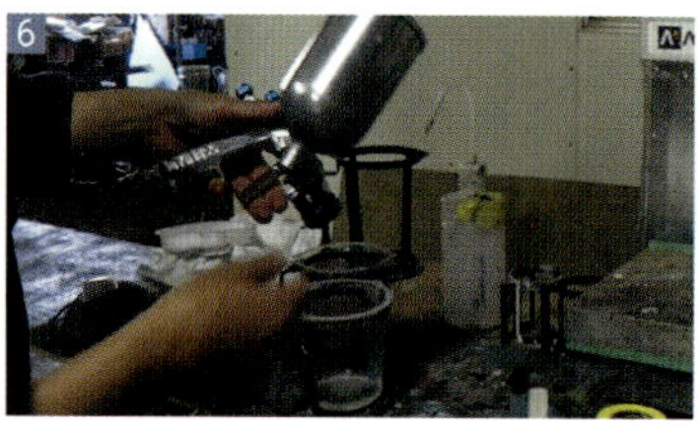

この時、スプレーガンの“銃砲部”に入っているシンナーも排出します。トリガーを握ると筒内に滞留していたシンナーが出てきます。

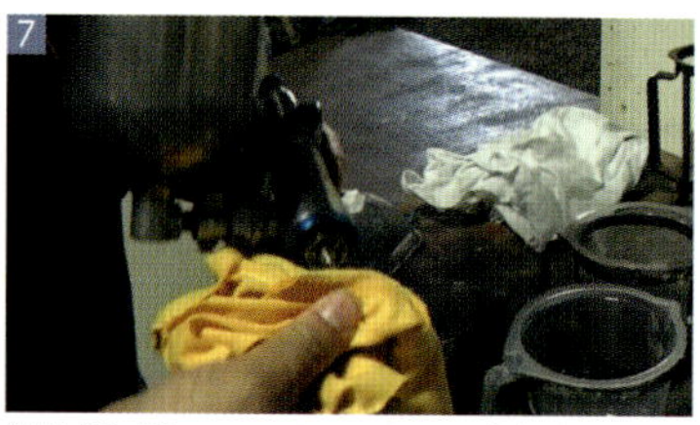

銃砲部に残っているシンナーを全部出したら、事前に用意しておいたきれいなウエスで、ノズル部を一通り拭きます。

スプレーガンのカップに浸して保管しておいたアルマイト製のノズルを出して、これもきれいなウエスでシンナーを拭き取ります。

レバーやロッドの隙間に入り込んだ塗料を、剥離剤を使って分解掃除している方がいます。確かに、塗料は固まって固着してしまうので、それはいいと思いますが、剥離剤が内部に残らないように注意してください。剥離剤も経年で固着します。このグローブは塗装用に使っているものですが溶剤に強くて破れず、10年以上使っています。“弁慶”というメーカーの製品です。掃除用セットで便利なのはノズルを掃除する細い“ブラシ”です。

9 スプレーガン銃砲部の先端部位には塗料滓（かす）などはなく、非常にきれいな状態です。吐出口の穴自体もきれいな状態が確認できます。

10 その上にきれいに拭き上げたノズルをセット。アウターリングで固定します。このノズル部はアルマイト加工故シンナー漬けしても大丈夫。

11 カップに塗料を入れる際に外側面に塗料が垂れた場合は、きれいに拭き取ってから作業に入ります。キャップは確実に締めること。

12 これは試し塗り。ノズルからの塗料の噴出状態、噴霧形状などをチェックします。調色具合もチェックして塗装作業に入ります。

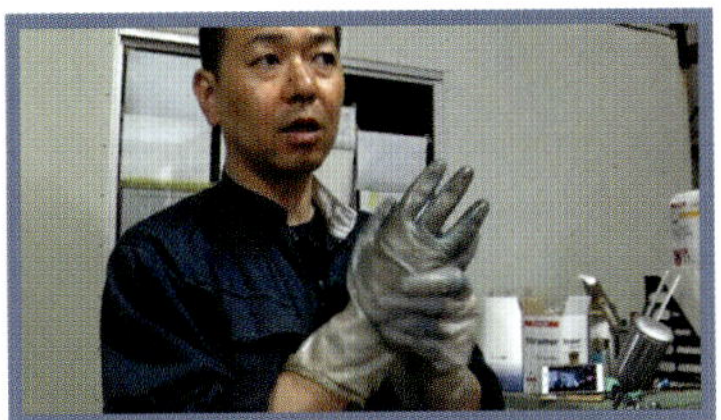

塗装作業終了後の清掃方法解説

1 解説用に塗料を少し入れ吹いただけなのでカップ内側面の汚れは少ないです。本来の塗装作業したカップ内側面はもっと汚れています。

2 この程度ならいきなりカップ内の塗料を吹き取ってもいいのですが、やはりシンナーでカップ内部を洗浄したほうがきれいになります。

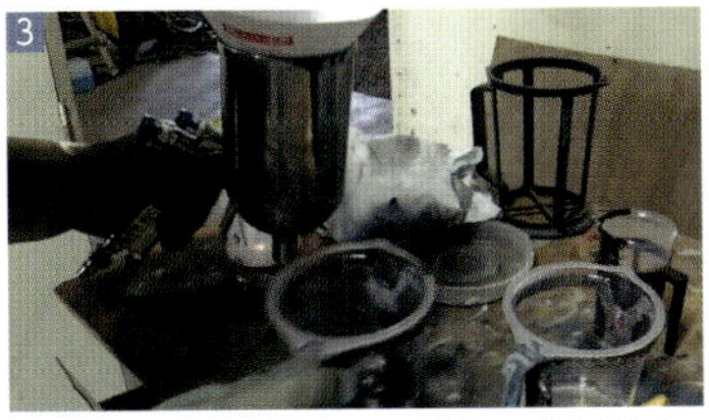

3 汚れたシンナーが入っているカップ内のシンナーでスプレーガンのカップを洗うと、粉塵でノズルが詰まる危険性が考えられます。

4 で、塗装に使ったフィルターを介してシンナーをカップに注入します。使用済のシンナーでできる限り洗浄するわけです。これも省エネです。

5 カップにキャップをして空気穴をウエスで塞ぎシェイク。カップ内面の汚れを少しでも多く除去します。ウエスは汚れていても構いません。

6 空気穴からこぼれ出たシンナーでカップ外側面の汚れを吹き取ることもできます。シンナーをなるべく有効に使うことを心がけます。

7 とりあえずカップの空気穴をウエスで塞ぎ、カップ内の汚れを取ること。何度かシェイクしたのですが意外にシンナーが出てきませんでした。

スプレーガンのカップは、その独特な形状から底の部分が極端に絞り込まれています。ここに不純物やゴミを沈殿させて溜め込み極力塗料内での浮遊を抑えることが狙いですが、このポット先端部の洗浄には細いブラシが必要。ここまで徹底して洗浄していると、“ガンが詰まる”ことはまずないので、保管の際に、それほど神経質になることはないと思います。分解して保管するのはパッキン破損などのリスクもありますから……。

銃砲部のノズルのなかに塗料がまだ残っているので、その塗料を出します。トリガーをいっぱいに絞ると内部の塗料がノズルから出てきます。

それが次第にシンナーに変わってきたら、キャップを開けて、シンナーを容器に戻します。この作業もフィルターを通して行ないます。

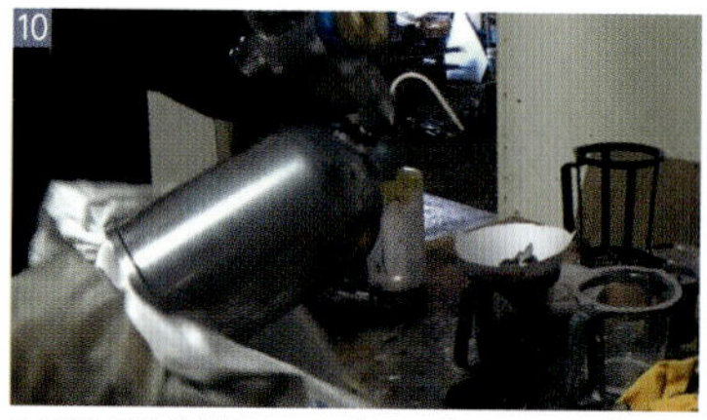

1回目の洗浄終了。スプレーガンのカップ内側面をウエスで拭きます。付着塗料はシンナーで軟化しているので、汚れを吹き取りやすいです。

カップ外側面の汚れもウエスで拭き取ります。ラッカーシンナーがもったいないので、なるべく少量で洗浄するように心がけます。

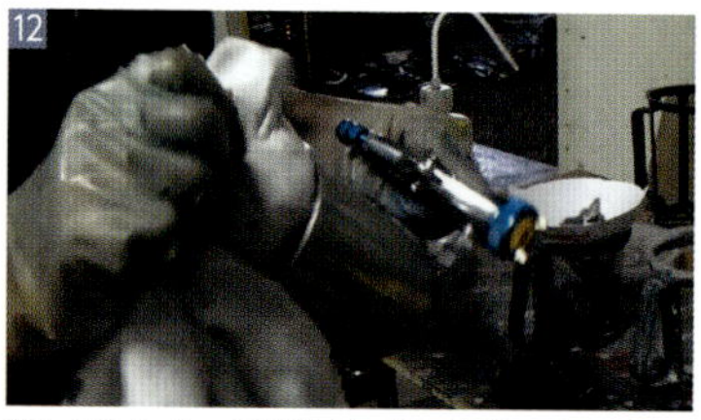

新しいシンナーで拭けば、使い回しのシンナーで拭くよりもきれいになるのは確かですが、安価とはいえその分はコストも嵩みます。

カップ外周面は使い回しのラッカーシンナーで拭いても、ウエスがきれいだったら、このように問題なくきれいに拭き上ります。

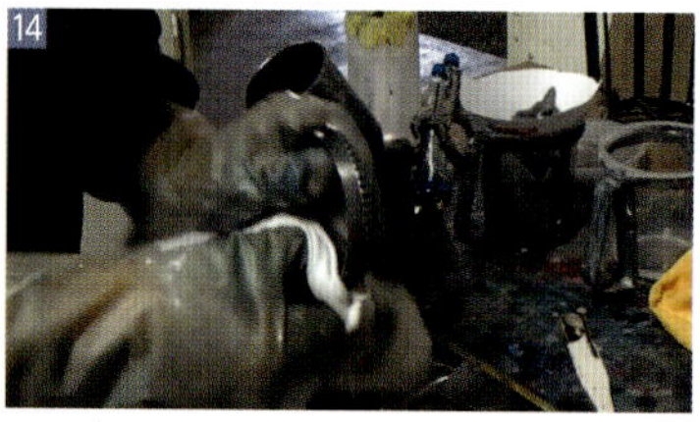

カップのキャップもウエスできれいに拭き上げます。キャップはカップとの嵌合面が意外に汚れ、それが固着するので念入りに拭き上げます。

塗料を撹拌するのに使った汚れたヘラもこのときに、シンナーの沁みたウエスできれいに拭き取ります。

2回目のカップ内の洗浄開始です。このシンナーはもともとスプレーガン内に入っていたもの。そのままカップ内に注ぎ込んでもいいのですが。

このように容器に入っているラッカーシンナーに汚れは見受けられません。が、ノズルのつまりに対してはつねに慎重な作業が求められます。

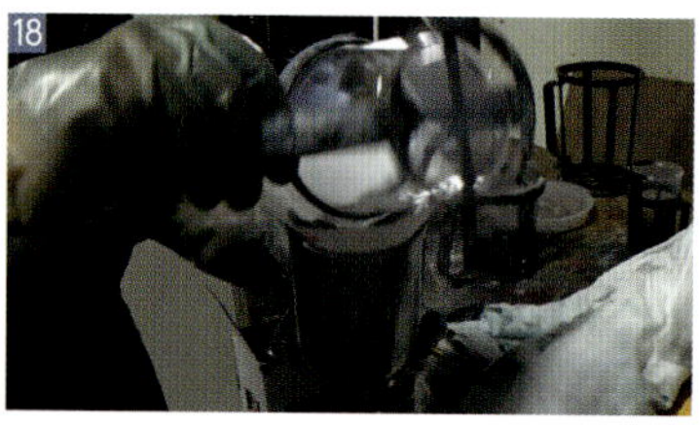

というわけで、念のためにフィルターを通して、容器のラッカーシンナーをスプレーガンのカップに注ぎ込みました。

同じ作業の繰り返しです。きれいなシンナーなのでキャップ内側面もよりきれいになり、ノズルから噴出されるシンナーもきれいです。

これはサフェーサー用に使っているガンです。メーカーはアネスト岩田。特徴はノズルと固定リングが一体構造という点です。以前は、キャップごとシンナーに漬けていたのですが、10年前にコストダウンされたようで、それ以前のモデルにはなかった“めっきが剥がれる”という想像していなかった出来事があり、それ以来、サフェーサー用にしか使っていません。メッキが銃砲部内に詰まればオーバーホールが必要になりますから。

20
固着した塗料はシンナーでシェイクしたくらいではきれいにならないので、ブラシを用意します。ブラシでの掃除が効果的なのはキャップです。

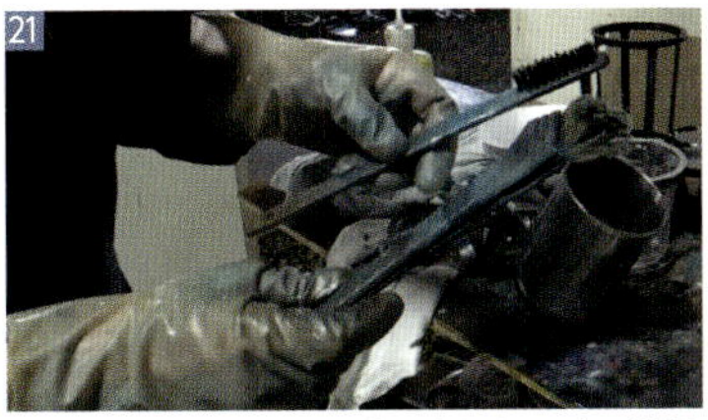

21
用意するブラシはタイプの違うものが2種類。左手で持っているタイプはキャップやノズル部。右手で持っているタイプはカップ内側面です。

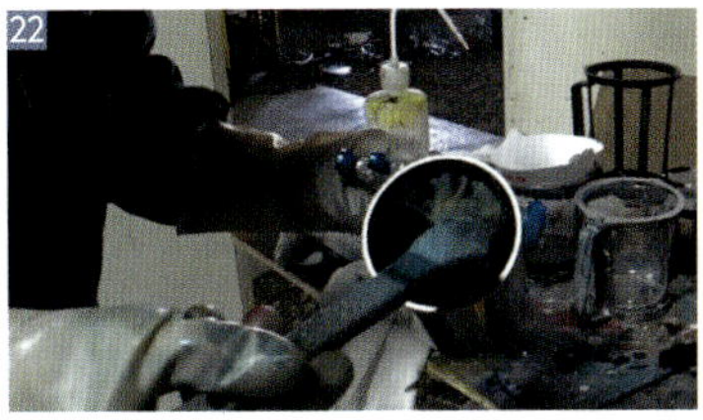

22
ブラシでカップ内側面を洗浄。使うシンナーは新しいもの。汚れたシンナーを使うと、ブラシにシンナーの汚れがついてしまうからです。

23
オールペンで使ったあとのキャップ内側面は使った塗料がこびりついているので、これくらいブラシで擦らないと取れないことが多いです。

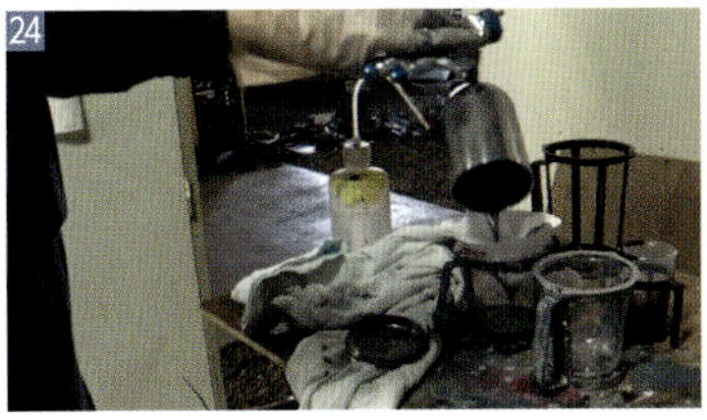

24
ブラシ洗浄は塗料滓（かす）が出ます。トリガーを握るとその滓が内部で“詰まり”の原因になります。汚れたシンナーはカップに戻します。

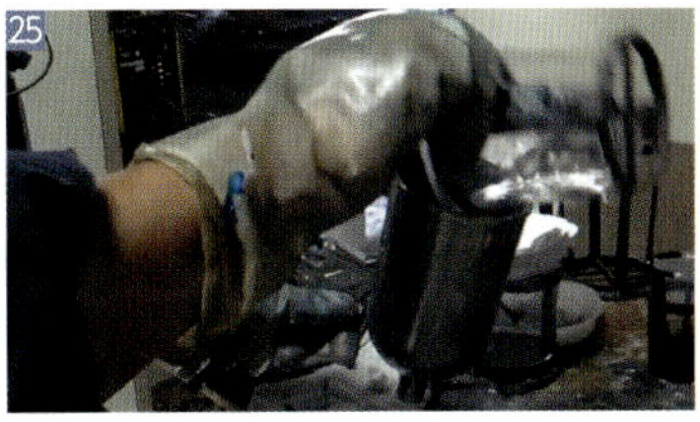

25
洗浄に使える新しいシンナーがなくなりました。ここで、やっとシンナー補給です。きれいなシンナーをスプレーガンのカップに入れます。

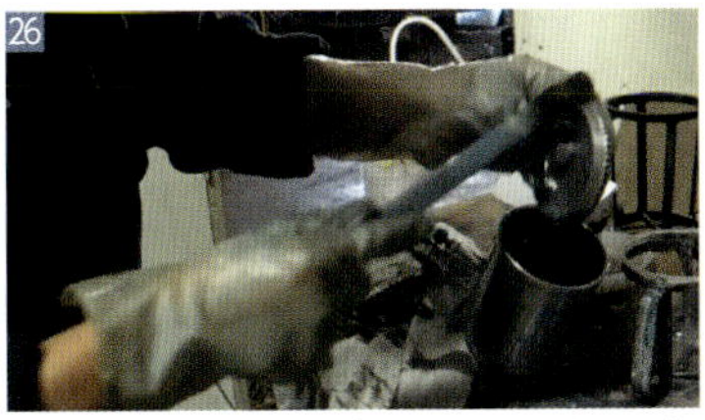

26
塗料がカップとキャップに固着して取外しに苦労することがあります。フラットになっているキャップ内側面をブラシで汚れを落とします。

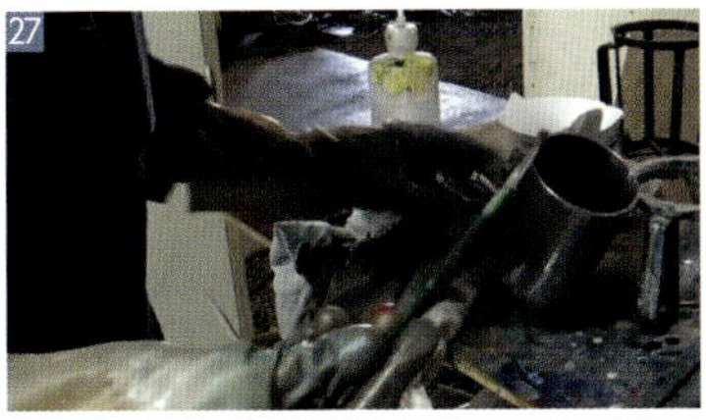

27
カップの底部には突起状になっている部分があります。そこにも塗料滓は固着しやすいので、穂先の狭いブラシで突っ込むように洗浄します。

28
カップ内部の洗浄が終わったら、その使用済のシンナーを容器に移します。シンナーは2回目でも、それなりに汚れているのが一般的です。

29
カップ内部は3度きれいなウエスで拭き上げます。オールペンを行なったスプレーガンのカップ内側面の汚れは、予想以上のものです。

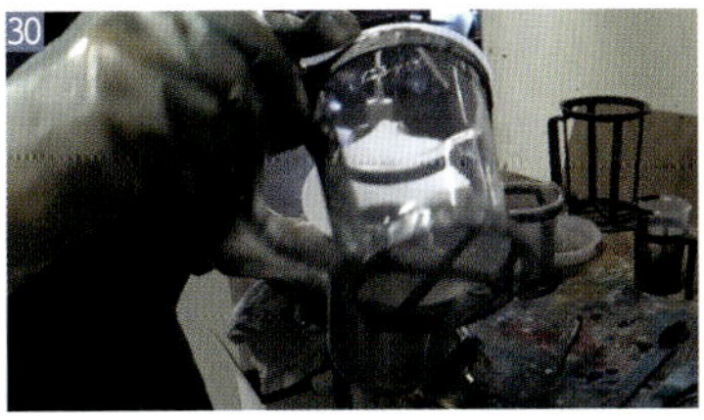

30
フィルターを通してカップにまたシンナーを入れます。フィルターは同じもので OK。カップにシンナーを再注入したら次は“うがい”です。

31
その前にきれいなシンナーでノズル周辺部を洗浄します。トリガーを握って、ノズルからシンナーを出しながらブラシで洗浄します。

これは分解するための専用工具です。新品で買うと、この工具はついてきます。中古で買った場合は、この工具がついてこないので、これを手に入れる必要がありますが、1年に1回くらいしか使わない、という人は分解して保管したほうがいいかもしれません。でも、組むときに気をつけないと内部のパッキンを傷めることがあります。慣れている人はいいですが、そこは要注意です。Oリングの脱着には気をつけてください。

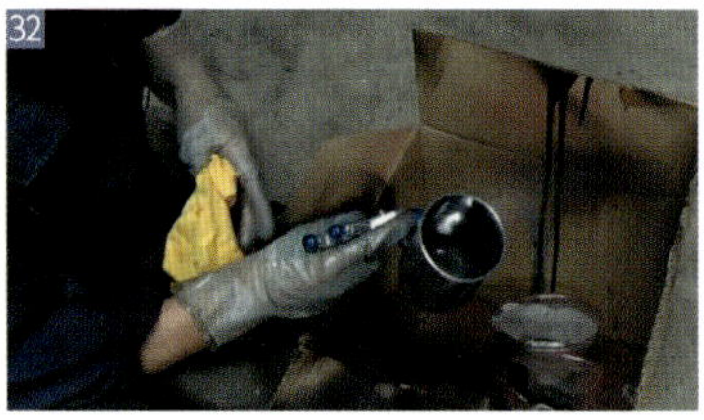

エアーをつないで、ノズルを手先で抑えると、行き場のなくなったエアーは逆流してカップに向かいます。これで銃砲部内の洗浄ができます。

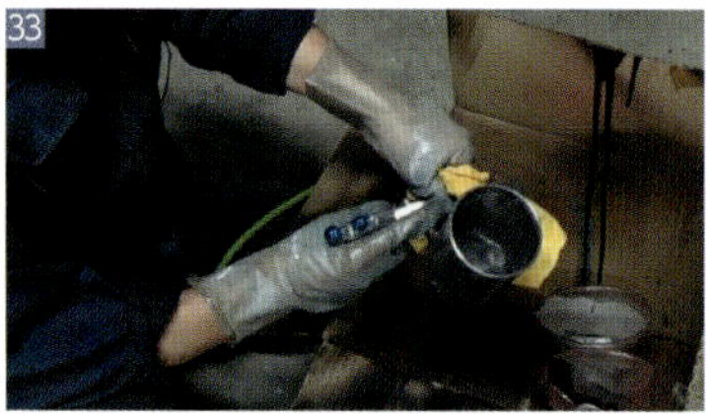

泡立ちが“うがい”に似ていることからの命名ですが、ここでは内部の状況説明のためにキャップを外しています。本来は閉めて行ないます。

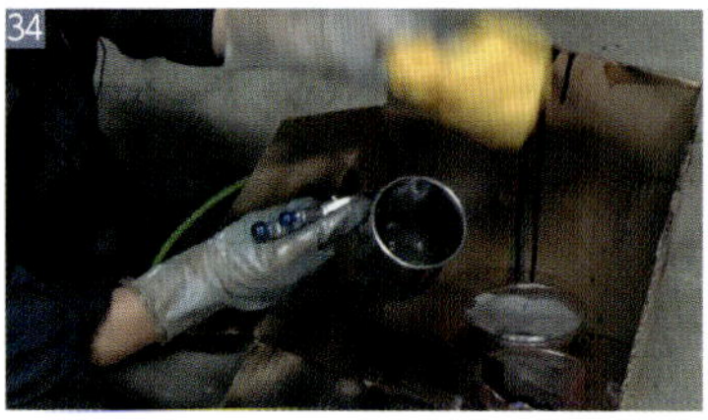

シンナーが飛散して目に入ることがあります。逆流したときにキャップが外れて飛ぶこともあるので、注意して“うがい”をしてください。

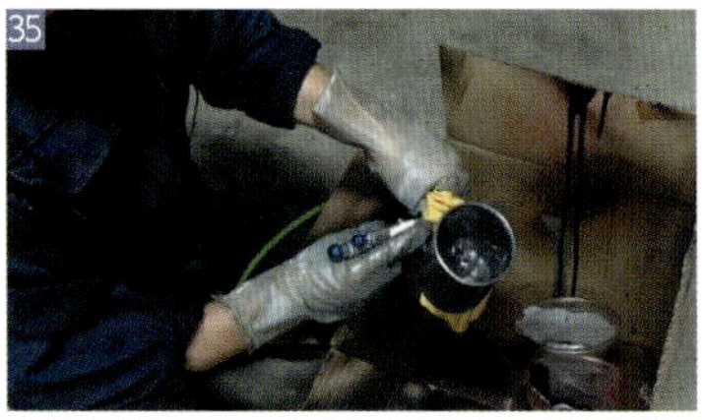

トリガーを絞ってシンナーが吹き出ている状態でノズル出口をウエスで抑えると、逆流します。塞ぐ、解放する、これを何度か繰り返します。

シンナーの汚れが酷い場合は銃砲部内部がまだ塗料で汚れている証拠。シンナーを交換してきれいな“うがい”になるまで行なってください。

“うがい”をしたカップ内のシンナーは、汚れているシンナー収納容器に入れます。ここでまたウエスでカップを拭き上げます。

カップ内には新しいきれいなシンナーが入っています。この状態でノズル固定リングを外し、ノズル本体をカップ内に入れて保管となります。

最後にノズル部を確認してください。磨き残しがあった場合は、それを、シンナーを出しながら洗浄してください。

これは最後のブラシ洗浄と汚れチェックが終わった状態。ノズルがカップ内に浸かったまま次の塗装作業まで保管状態となります。

ノズル部分に、本来嵌まり込む“ノズル”がありませんがこれでOK。ノズル固定用のアウターリングを装着します。

カップにキャップを取付けます。これで完全にスプレーガンの洗浄作業が終了ですが、毎回、これだけの洗浄メンテナンスが必要なのです。

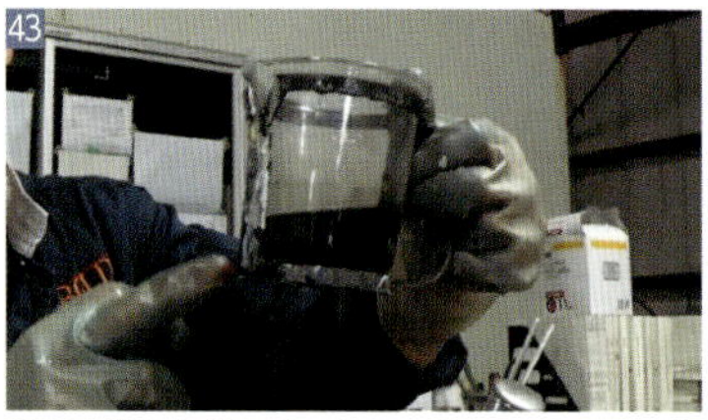

今回の洗浄作業で使ったシンナーの量はこれだけ。このシンナーは再使用します。乾燥させないためには蓋をしておいたほうがいいでしょう。

洗浄するだけで500ccくらいシンナーを使う人がいます。もっと効率のいい洗浄方法に変えたほうがいいように思います。だいいちシンナーがもったいない、と私は思います。“プロ”として仕事で塗装していれば、スプレーガンの洗浄は毎日のこと、いわばルーティンワークですから、その使用量は半端なものじゃないと思います。使い回して汚れたシンナーの処分ですが、私はペンキに混ぜて外壁を塗ったりしてしまいます。

interview 鈑金パテだけで塗装の下地準備をするって本当?!

下地処理をするパテの主なものには鈑金パテ、中間パテ、仕上げパテがあり、3層構造にするのが一般的だが、BOLD氏は「私は鈑金パテ以外まず使いません」という発言を動画のなかでたびたびしている。その理由を聞いてみた。

「鈑金パテに限らずパテというのはパテ粉に溶剤と硬化剤を混ぜたものです。パテはもともと"粉"なのですが、それを液体状にするために溶剤を入れて柔らかくしてあります。で、中間パテ、仕上げパテ、ポリパテっていうのは、さらに柔らかくする"なにがしか"を加えているわけです。その柔らかくするものが、パテを塗りやすくしているし、きれいに塗れるし、研ぎやすくしているわけです。いいことばっかりなんですよ。でも、その"なにがしか"が、時間が経つと縮むので、私は使わないわけです」。

というと、パテは縮むとよくいわれるのは、鈑金パテではなく、中間パテや仕上げパテ、ポリパテのことをいっているのですね、と聞くと、「収縮率ではポリパテが一番ですね。その日はきれいに仕上がっていて、塗装屋さんもきれいに仕上げてくれて、蛍光灯がバシッと映るような状態でお客さんに終わりましたと納車するでしょう。でも、1ヵ月くらいしたら、なんかへこんでいるように見えますけど、といって来店されるわけです。なんですかこれ? とか、なんか波打っているんですけど……とかね。ひどいケースはパテの輪郭が出てきちゃったりするんです。で、修理しますよね、でもまた出てくるんですよ。そういうのって昔はよくありました。最近はパテのクオリティが良くなったので、"パテ痩せ"は少なくはなっていますが、基本的にパテは痩せます。鈑金パテは足付けがいいから使いますが、作業性で選ぶなら硬くて削れないから敬遠されますね。それにポリパテはコストが安いですからね。それでも私は性能本位、鈑金パテを貫きます」。

BOLD氏が鈑金パテのみで下地作業するのは、"パテ痩せ"を嫌ってのことと分かったので、でも鈑金パテって気泡ができたり、す穴ができたりしますよね、と聞いてみた。

「それは鈑金パテの塗り方がいけないんです。動画でも説明していますが、す穴やピンホールができない塗り方のポイントは、まずパテ内に空気を入れないように捏ねること、そして、1回目はとにかくパネル面に擦り付けるように盛ることです。空気を押しつぶすようなイメージでパテを塗っていくのです。それを徹底して実践すると、鈑金パテだけで下地作業を終えることができます。確かに、どうしても鈑金パテでは細かい傷が埋まらないという現実はあります。板金パテは粒子が粗いので細かい傷の奥までは入りにくいです。なので、私はサフェーサーを2回吹いたりします。サフェーサーに硬化剤を入れ、パテ代わりになるようなサフェーサーの使い方ですね。ほぼパテになるくらい分厚く塗れるサフェーサーも市販されているくらいです」。

「鈑金パテで出来たす穴やピンホールは鈑金パテでも埋められます。しごけば入るんですよ。作業性が悪いからやらないだけです。たとえば掌くらいの大きさの修理だったとしても、お客さんに安くやってよ、っていわれて、予算を聞いたらとてもまともな修理はできないものだったら、さすがに私もパテを使い分けしますけれど」。

パテ痩せに起因する修理後のパネルの経年変化は、目立つか目立たないかの、程度の差は別にして、収縮率が高いポリパテで修理すると早ければ、2～3年後には、なんかおかしいなぁと感じる可能性は高い、となってしまうのでしょうか? という質問に対しては、「ポリパテで処理する場合にも極力薄くすれば大丈夫です。最後の傷を消すため、それくらい薄くポリパテを使うなら問題ないです。仕上げパテをサフェーサー代わりに使うくらい、ということになるわけですが」というのが答えだった。技術書にスプレーパテという記述があった。ガイドコートとともに一般的なパテではなさそうなので、これって何なんですかねぇ? と聞いてみた。

「パテに溶剤、なにか柔らかくするものをさらに入れて、ガンで吹けるところまで柔らかくしたものです。サフェーサーよりも厚く塗れます。ガンでパテを吹けるということは均一にパテを盛れることを意味します。ガンでパテを吹くと本当にきれいに塗れるのですが、そこには溶剤が入っているので、パテとしての強度は落ちます。また、鈑金パテみたいな粒子が粗いものを入れるとノズルが詰まってしまいます。鈑金パテにはカーボンが入っていたり、アルミが入っていたり、ガラス繊維が入っていたりします」。

「私はファイバーパテをよく使っていました。これには結合を強くするものが入っていました。それが原因でノズルがよく詰まりました。ガンでやろうと思えばできるんですけれど、そのときは口径が大きいものを使い、シンナーを大量に入れて希釈することです。ただ、乾燥に時間がかかるので、作業効率はめちゃくちゃ悪いですが」。

「鈑金パテのす穴をスプレーで埋めようとすると、す穴にパテが入り込まない可能性があります。なので、私はサフェーサーを刷毛で塗るということをやっていました。刷毛で塗ると"当て込んで"いけるので、喰付きがいいです。スプレーパテよりサフェーサーのほうが強いですが、サフェーサーを厚く塗ると水研ぎが大変。作業性が落ちます。ただ、水研ぎを早く終えるために320番くらいの粗いペーパーを使うと、また塗膜を傷付けてしまいます。で、またサフェーサーを塗るという具合に補修範囲が広がっていきます。一般的に240番くらいの傷はサフェーサーで消せますが、そのサフェーサーを研ぐのは400番とか600番がいいわけです。ただ、フェザーエッジを研ぐときには、補修部を中心に近いその周辺を一生懸命研いでも補修範囲が広がっていくだけなので、真中を400番、その周辺は600番、外周は800番というふうにペーパーを変えて研いでいくのがいいですね」。

「私はガイドコートを使ったことはないのですが、それに代わる裏技を使っていました。色の異なるサフェーサー、白と黒とグレーの3色ですが、それを持っていました。黒サフェーサーをまず塗って次にグレーを塗る。と、研いでいくと高低差が分かります。こういう使い方をする人は意外に多いようで、シッケンズには赤とか緑とかもありますよ」。

第 10 章：プラサフの役割って何？ 本当は専用のプライマー処理が必要？

現在、プラサフしか一般的には流通していないのが現状ですが、それはわざわざプライマーとサフェーサーに分ける必要がないから、という現実があります。それに則って“プラサフ”という製品が発売され、流通しているわけですが、問題なのは、プラサフと謳いながら、成分はほとんどがサフェーサーでプライマーの成分がほとんど入っていないという現実です。とくにホームセンターなどで売られている安価なものは、その傾向が強いようです。ここではプラサフは当然のこと、プライマーおよびサフェーサーについても、その特徴を知り、さらにそれらを噴霧するスプレーガンについても言及したいと思います。

生涯車屋

図①

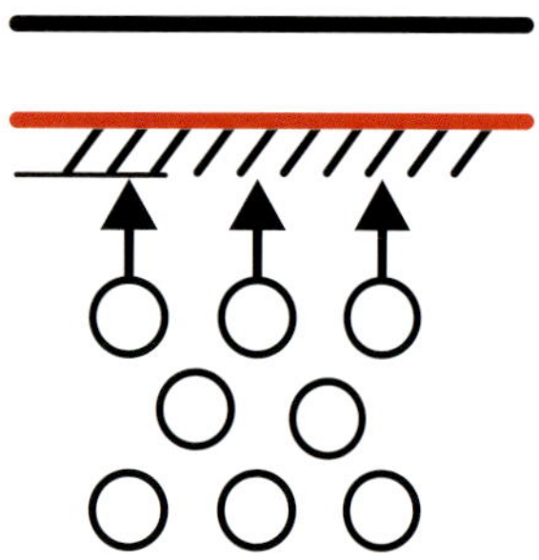

バンパーの塗装がバリバリと剥がれる、という現象がなぜ起きるのかを示したイメージ図。○は油脂成分を示す。PP 製バンパー内には油脂成分が配合されている。これが、適度な柔軟性を PP 製バンパーにもたらしているわけだが、油脂成分は蒸発するため塗装層表面へと上昇する。斜線部はプライマーを示している。これにより油脂成分の塗装層への侵入を防止することができる。黒い罫線は塗膜を示している。

2

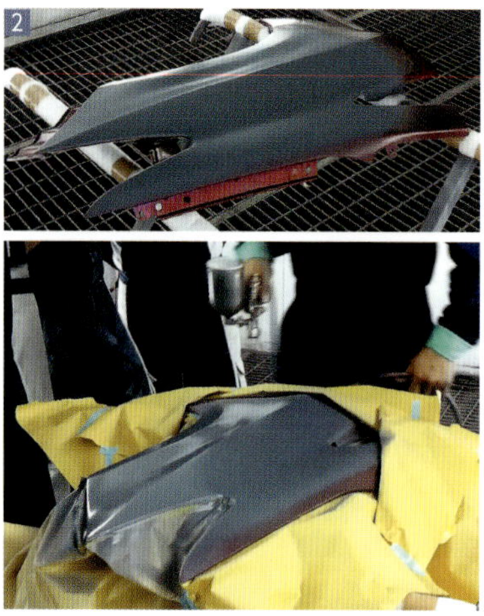

NATS（日本自動車大学校）での授業風景のスナップ。一般的なプラサフを塗布していたが、授業中はサフェーサーという言葉が使われていた。プラサフは塗装工程の用語としては浸透していないようだ。

■プライマーは油脂成分上昇のストッパー的な役割を果たす

プライマーは防錆と密着性を向上させるのが目的ですが、プラスチック（PP＝ポリプロピレン）製バンパーの塗装面に使われた場合はちょっと事情が異なります。PP 製バンパーには柔軟性をもたせるために油脂成分が混入されています。だから、損傷個所を修復した上に塗料を載せてしまうと、油脂成分が表面に上がってきて蒸発するときに塗装を剥がしてしまいます。バンパーの塗装がバリバリと剥がれる、という現象が起きます。それを防止するために塗るのがプライマーで、プライマーは油脂成分上昇のストッパー的な役割を果たします。プライマーは塗装面の防錆と密着性を向上させるという本来の役目のほかに、油脂成分の表面への上昇を抑える役割ももっています。図①

■サフェーサーはガンで吹くパテだと思っていい

サフェーサーとはいったいどういうものなのでしょうか。簡単にいうと“パテ”だと思ってください。サフェーサーは形を成型することもできるのですが、いわゆる“ペーパー目”＝傷を埋める、という役目が本来です。ピンホールも埋めることができます。
パテはへこみを埋めることができます。サフェーサーは“傷”を埋めることができます。サフェーサーはガンで吹くパテだと思っていただいて結構です。
サフェーサーはパテなので、塗装との密着性はあまりよくないです。PP 製バンパーのような油脂成分が混入されている素材に吹いた場合、あまり密着性がよくないからプライマーとサフェーサーを混ぜてしまおう、ということで生まれたのが“プライマーサフェーサー”＝プラサフといわれているものです。写真2

■プラサフのみでいいのになぜプライマーを使うのか

プラサフとはプライマーサフェーサーのことをいうのですが、両方の性能をもった“スグレ物”です。なので、バンパーにプラサフ塗布で作業的には OK です。プライマーは“素地”に下地を作るための塗装またはそれに用いられる塗料のことを指しますが、バンパーの黒い部分が研磨していて出てきている場合、あるいはパテを盛ろうと足付けした場合でも“黒い部分”には、必ずプライマーを私は使っています。

プラサフのみでいいのになぜプライマーを使うのかというと、バンパーの傷の形状に、その理由があります。バンパーにパテを盛るために足付けした“傷”の形状は、深い傷をつけた場合、幅はせまく先端部が細くなっているものです。右の上図はそれを拡大したイメージ解説図です。

先ほども言いましたがサフェーサーはパテです。原子レベルの話をすると、サフェーサーを構成している原子の大きさ、これはパテなので大きい部類に入ります。それに対してプライマーはどうかというと非常に小さいです。まるで太陽と地球のような関係の解説図が描かれていますが、まぁ、原子レベルではそういった関係です。図③

■サフェーサーにはプライマーを“吸い寄せる”性質がある

サフェーサーは傷を埋めるのが目的なので、原子＝粒と考えると、その傷が埋まらないという現象が発生します。サフェーサーは強度を保つために質量というか大きさが必要ですが、さらにサフェーサーにはプライマーを“吸い寄せる”性質があります。この性質を利用して“一体化”したものがプラサフです。解説図はプラサフの形成イメージですが、サフェーサーの周囲にはプライマーが付着してプラサフという“塗料”になっています。その結果、単位面積が大きくなってしまいます。図④

■プライマーの“蒸発を防ぐ”特性を生かすためには

右に描かれたイメージ図はパテ傷部に入り込んだプラサフとプライマーの姿を拡大したものです。パテ盛りしたバンパー部には油脂成分が入っていて、これが蒸発して塗装面に上がっていくわけです。その“蒸発を防ぐ”ためには全方向の足付け傷部全面をプライマーで覆う必要があるわけですが、プラサフの粒は大きいので、その“傷溝”の途中までしか入り込めません。すると、その下の部分には油脂成分が侵入してくることになります。そうすると、そこから塗装が“浮いて”くる可能性があります。赤い線が本来プライマーのストッパー性能が必要とされている面ですが、原子レベルの粒が大きいプラサフでは、傷溝の先端部まではカバーできない、ということをイメージしたものです。図⑤／⑥

■簡単にいうとプライマーは接着剤のような成分

プライマーもサフェーサーも液体ですが、プライマーは“さらさら”で、サフェーサーは“どろどろ”です。なので、メーカーはプラサフで大丈夫ですと謳っているのですが、私はプラサフでは

図③

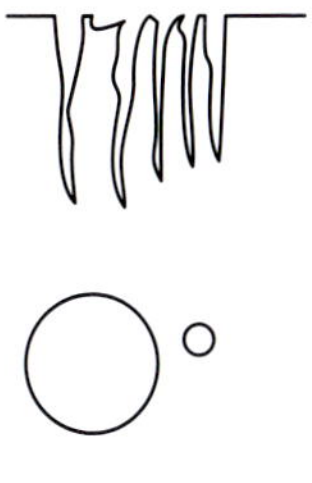

波形図のように見えるが、これはバンパーにパテを盛るために足付けした“傷”の形状を示したもの。パテに深い傷をつけた場合、幅はせまく先端部が細くなっているのが一般的（上）。大きい○はサフェーサー、小さい○はプライマー。両者を原子レベルに見立てた場合の規模感をイメージとして表現したもの（下）。

図④

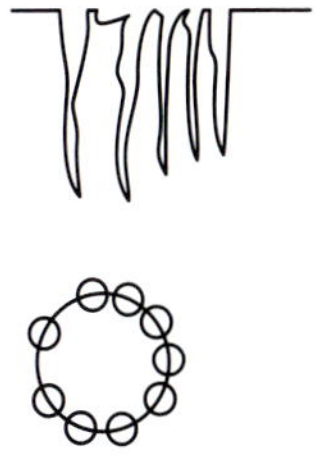

大きい○がサフェーサーで、その周囲に描かれているのがプライマー。プライマーはサフェーサーに吸着する性質をもっている。これによりプラサフという利便性を追求した塗装製品が成立するわけだが、ふたつの成分が合体することで、本来から狭隘で深い亀裂に入ることが難しかったことが、いっそう困難になってしまった。亀裂のスケール感とプラサフの原子レベルのスケール感は無視して考えていただきたい。

図⑤

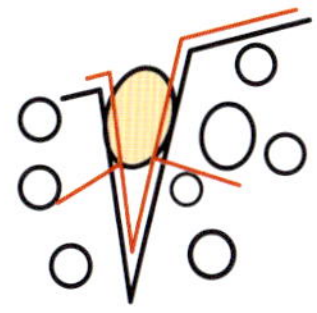

赤い罫線が油脂成分の侵入を防ぐための境界線を示している。パテ傷の溝が狭隘にすぎるためプラサフは入口までしか入り込めない。これによって、その下方には無防備な部分ができてしまう。ここに油脂成分が入り込みパテを構成する成分を冒していくことになる。もちろん、プラサフは赤い境界線上には付着して油脂成分の侵入を防止している。

図⑥

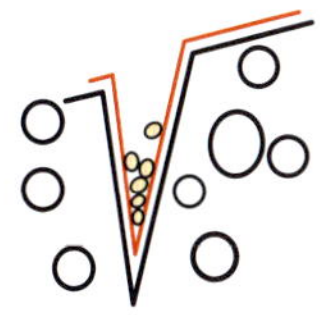

油脂成分の侵入を食い止める境界線の必要部位までプライマーならば入り込んでいくことができる。これは原子レベルの大きさが小さいからできることで、肥大化したプラサフはもちろんサフェーサー自体でもできないこと。だから、プライマーがありサフェーサーが存在したのだ。これは、プライマーでは防止できていたPP製バンパーの油脂成分の侵入を、サフェーサーはもちろんプラサフでは防止できない、ということを説明したイメージ図。

図⑦

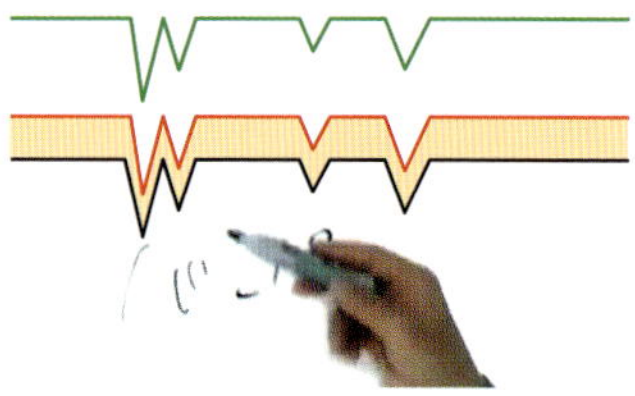

黒い罫線がPP製バンパーの表面。その上に載っているのがプライマーで、赤い罫線がPP製バンパーから蒸発してくる油脂成分のストッパーとなる境界線。その上にはサフェーサーが載っていて、その境界線がグリーンの罫線で描かれている。が、ここでの解説テーマは、プライマー / サフェーサーともにパテがもっている"成形効果"を有していないということ。よって、プライマーの傷はサフェーサーも、そのまま形状を踏襲してしまうから、表面を水研ぎして傷を平面化したほうが艶のあるきれいな塗装に仕上がるのだが、プライマーだけよりも、その小傷がサフェーサーを吹くことでカバーできる可能性は高まる、ということを示している。

8

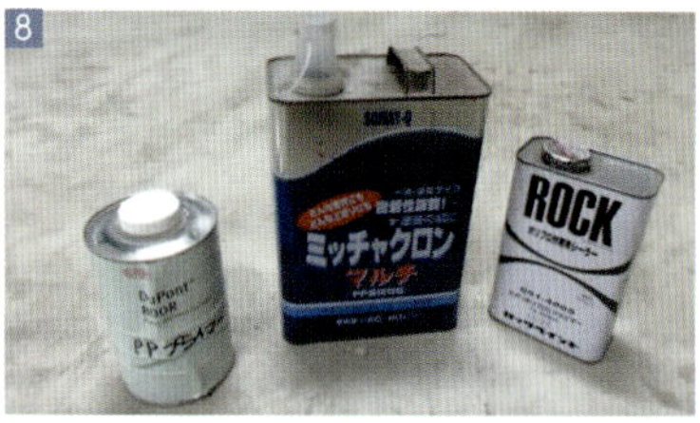

BOLD氏は基本的にPPプライマーの単独使用を勧めるようだ。ここで紹介しているなかで純粋にプライマー性能を追求しているのはデュポン800R、というのがその理由。ロックペイントのPPプライマーもポリプロ付着用シーラーという但し書がつくもののプライマーとしての性能は評価すべきとか。一般的に流通しているのは"ソメQ"のミッチャクロンだが、PP素材対応とラベリングされていることからも分かるように、あくまで汎用品。プライマーの含有率には疑問符がつく……。やはりプライマーのお勧めはデュポン800Rということになる。

なくプライマーを必ず吹いています。
プライマー専用のスプレーガンが必要なのか、というとそんなことはありません。プライマー、サフェーサー、プラサフ。これらは同じスプレーガンで併用使用して大丈夫です。簡単にいうと、プライマーは接着剤のような成分です。接着剤は固まるとやっかいです。サフェーサーはほぼパテなので、これも凝固します。プラサフも同様に凝固する特性をもっています。結果、スプレーガンは傷みます。ノズルも詰まりやすいです。だから、これら専用のスプレーガンを1丁用意してください。凝固性が強いから掃除をまめにしていたとしてもノズルが詰まりやすいので、私は口径が大きいものをプライマー、サフェーサー、プラサフ用に使っています。口径は2.0㎜です。ただ、小さい面積を塗る場合は0.8～1.0㎜の口径のノズルを用意しています。塗る対象面積によって使い分けています。1回ほかのスプレーガンで、これらを吹いたら、そのガンは丁寧に洗浄する必要があります。

■プライマーを吹けばサフェーサーを吹く必要はない？

PP製バンパーを塗装するのにプライマーを吹いているのだから、サフェーサーは不必要なのではないか、と思われる人もいるかと思います。必要か必要ないか、ということならば必要ありません、という答えは正解です。ただ、バンパーに傷があるという条件を加えると事情が変わってきます。バンパーの補修面に足付けの深い傷があって、そこの上にプライマーを吹くとどうなるかというと、プライマーも同じ形にへこんでいきます。となると、その上に塗った塗装はどうなるかというと、こちらも同じ形にへこみます。理由は、プライマーには穴を埋めたり、高さを調整したりするパテのような特性がないからです。
塗装面は平面でないときれいな仕上がりにはなりません。なので、傷を埋めておく保険として吹いておいたほうがよりきれいに仕上がります。サフェーサーを水研ぎしていると、必ずバンパーの素地が出てくるものです。水研ぎしているペーパーは600～800番が一般的ですが、その研いでいるときに出てきてしまったものに関しては傷が浅いので、そういった場合はサフェーサーを吹かなくてもいいかもしれません。ただ、これも塗装色によります。たとえば、塗装色がシルバーだった場合はサフェーサーを1回吹いておいたほうがいいと思います。シルバーはペーパーの傷が目立ちやすい色だからです。といった具合に、色によって異なる特徴があるとはいっても、サフェーサーを吹いたほうが塗装の仕上がり面はきれいなことは確実です。要は、サフェーサーは保険と考えて吹いたほうがいいでしょう。
私の場合はお客さんのクルマを、お金をいただいて塗っている以上はそういうミスがないように、サフェーサーを吹き、傷が残らないように慎重に仕事を進めます。**写真⑦ / 写真8**

■ PP バンパーの塗装のトラブルについて

PP バンパーの塗装トラブルが多い原因は、主にその材質に起因します。PP（ポリプロピレン樹脂）はゴムに近い性質があって、しなって曲がっても戻ったりします。なぜそういうことができるのか、というと成分のなかに、これまでにも説明してきましたが、“油脂”が混入されているからです。この油分が内部で保たれている状態では柔軟性があるバンパーとして機能し、塗装に悪影響を及ぼすようなことはありません。素地が黒く見えるのは油脂成分によるものです。それが、劣化してくると白くなってひび割れてきたりします。それは油脂成分が“蒸発”してなくなってしまったという状態です。

新車の塗装の上に色を塗る場合は普通に足付けをしてください。1 液塗料であれば 800 番くらい、2 液塗料ならば 400 〜 600 番くらいで足付けをすれば、まず剥がれることはないはずですが、新車の塗装は非常に柔らかい性質をもっているので、若干の捻りなどにも対応できます。修正用として流通しているプライマーでは、新車の柔軟性を再現する塗装をすることは不可能です。一般的な補修用の塗装も PP バンパー用には“軟化剤”が入っているものもあります。ただ、この軟化剤が混入された塗料は磨きにくい、というあまり嬉しくない特性があります。また、乾燥に要する時間も長くなります。なので、現実的には入れていない塗装で修理をしているケースの方が多いように思います。

柔軟性を求める必要のない部位、具体的にはダクト部分などですが、そういう部分の補修塗装には軟化剤を入れないことのほうが多いのが修理塗装の現実です。これはパテも同じです。バンパー用のパテはありますが、それは非常に柔らかいものなので、研ぎにくかったり、乾燥に時間がかかったりするわけです。そういう作業の“やりやすさ”優先で、バンパーパテも使用率は低いと思われます。パテメーカーや塗料メーカーは限界を超えたときに“パリッ”と割れる危険性が低いので、プライマーの使用を推奨しているわけですが。飛び石でバンパーの一ヵ所に損傷ができ、そこから塗装が剥がれていくということは確かに多いです。図⑨ / ⑩ / 写真10 / 12

■新車の PP バンパー塗装はなぜ剥がれないのか？

これまでにも説明していますが、塗装とバンパーの間の油分をブロックするために“プライマー”を使っているからです。このプライマーですが、最近はサフェーサーに入っています。これがプラサフといわれるものです。プライマーとサフェーサーの機能を一体化したものですが、実際はプライマーの機能はほとんどもっていないものが多いのも事実です。これは私の体験からいえることですが、PP プライマーというものがあります。これを先に塗ってください。そしてよく乾かすことです。完全乾燥が要求される製品ですから、そうしないと、油脂成分が上がってきてしまい、

図⑨

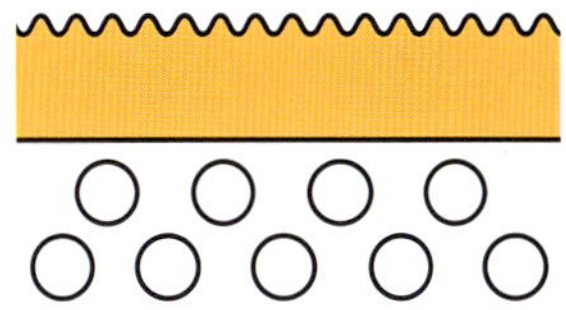

10

実線の下に描かれた○が PP 製バンパー内に混入された油脂成分。この成分はつねに蒸発してバンパー内から大気開放されようとする特性をもっているが、それを阻止しているのが PP プライマー。生産工場で施された塗装色を塗り替えるときには、これに足付けして新たな塗装をして問題ない。

図⑪

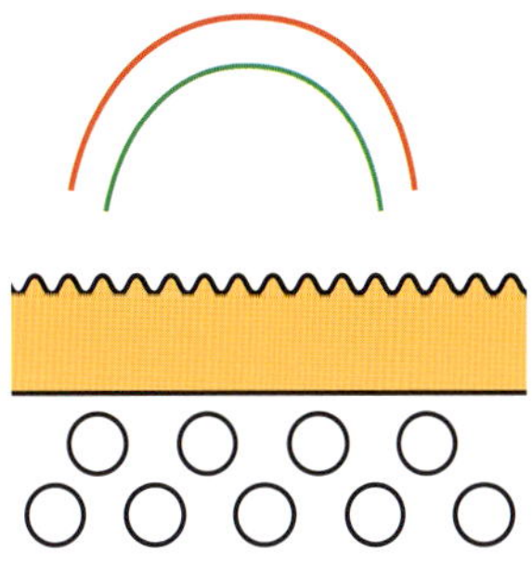

12

グリーンの実線は PP 製バンパーの塗装を表している。赤い実線はその上に施された塗装を示している。正常な状態を示したものだが、生産ラインで施された塗装は非常に柔軟なもので、PP 製バンパーの“しなり”に対して柔軟に対応できている。この解説図は、その健全な状態を示したもの。

図⑬

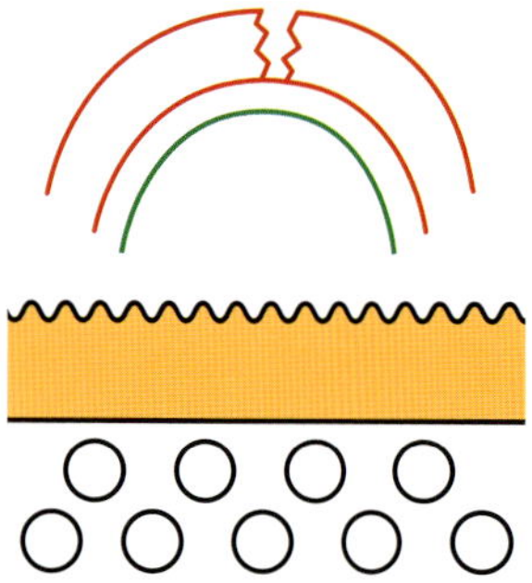

PP 製バンパーの塗装が“パリパリ”剥がれていく状態を示したもの。赤の実線が正常なバンパーの表面で、それが剥がれた状態を示したものが、その上の赤い実線。真中で実線が途切れているが、これが剥離状態を示したものとなる。青い実線は生産ラインで施された塗装。

図⑭

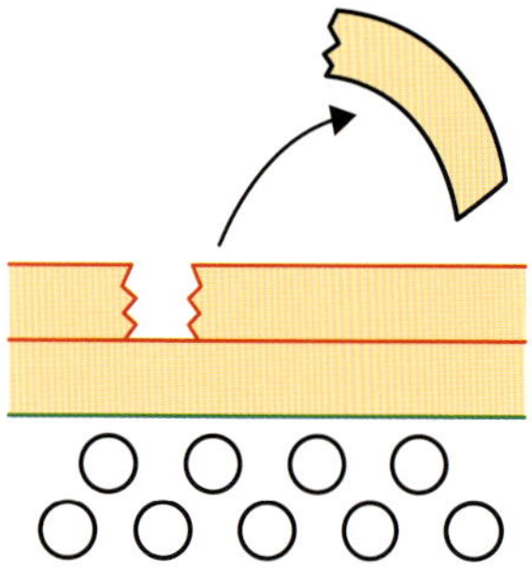

PP 製バンパーを塗り替えた状態を示したもの。下のブロックが生産ラインでの塗装層で、上のブロックが新たに塗った塗装層。それが損傷して剥離した状態を示したもの。○は油脂分を示している。

それが塗装剥離の原因となります。そうしないために塗るのがPP プライマーです。

PP プライマーは塗膜が薄いので、足付けされた傷にそのまま密着するのですが、完全乾燥するのに正確な時間を要求されます。メーカーによって異なるのですが、25℃で 30 分とか、そういう指定があります。これが結構面倒です。冬場などは 25℃という環境を作るのも保つのも大変なので、それが原因で PP プライマー処理をしない塗装業者は多いといっていいでしょう。とくにクイック鈑金塗装ではそれができない、という現実があります。お客さんが待っている間に仕上げるのが、クイック鈑金塗装の魅力なのですが、それ故に「飛び石が当たったりした場合は剥がれてしまうことがありますよ」と引き渡すときに伝えればいいのですが、それをしていないのでトラブルが後で起きるのです。図⑬

■生産工場の塗装ラインで PP 処理されたものでも……

クルマがぶつかってバンパーがへこみ戻ったときは、その時点で目には見えない“ひび”がすでに入っているので、そういう場合はエアーガンを該当箇所に当ててみることです。エアー圧で塗装が剥がれたら、修理に対してお客さんも認識を新たにすると思います。ただ、PP プライマー処理しても塗装が剥がれることがあるかもしれません。生産工場の塗装ラインで PP 処理された塗装でも、経年劣化で剥がれるわけですから、完璧な修復作業はない、ということです。バンパーの損傷個所をパテ処理して“水研ぎ”していると、黒い素地が出てきます。私は、その都度必ず PP プライマー処理しています。そういう作業をしておけば、再塗装してもそうそう剥がれることはないと思います。図⑭

column | プライマーサフェーサーには2 タイプある

防錆目的のプライマーと肉持ち目的のサフェーサーの特性を併せた塗料。プラサフが実現した性能特性は、防錆 / 密着 / 膜厚 / 平滑 / 充填 / シール / 耐水などがある。1 液型と 2 液型に分類される。

1 液型プラサフ
- ラッカー系
  軽補修などの小面積を対象とした補修に用いられ、安価で研磨作業性に優れている。常温で素早く乾燥する特徴がある。さらに細かく分類すると以下の 3 種類に分類できる。
- 硝化綿ラッカー系
- アクリルラッカー系
- 合成樹脂系
  さらに細かく分類すると、以下の 2 種類に分けられる。
- アルキド系
- 光硬化系

2 液型プラサフ
- ウレタン系
  種類が豊富だから作業内容や作業箇所によって適宜に選べる。シール効果が高く、仕上がりレベルに応じた選択も可能。また、肉ヤセが少なく、層間密着性 / 付着性に優れるなどの特徴がある。さらに細かく分類すると、以下の 3 種類に分けられる。
- ポリエステル系
- アクリル系
- エポキシ系
  耐薬品性 / 防錆力 / 膜厚性 / 付着性に優れているが、乾燥が遅い。
- 水性

interview 水性塗装はサフェーサー処理に気を付ける

20年くらい前から新車の塗装が水性に変わってきている。いまではほとんどのクルマが水性塗料で塗られて工場から出てきている。ヨーロッパでは2007年に法規制によって溶剤型塗料の使用が禁止され水性塗料に切り替わっている。このような動きを受けて、国産車ディーラー系列の鈑金塗装工場では、それに対応した"湿度管理"された塗装ブースを持つようになってきているが、市井の鈑金塗装工場では従来の塗装ブースで従来の油性塗装で修理している。これって、問題ないのだろうか？

「駄目なクルマもありますよね。なにからどう説明したらいいのでしょうか？」とBOLD氏は思案顔をちょっと見せたが、すぐにいつものトーンで話はじめた。

「フェザーエッジにサフェーサーを吹いたとき、要はパテ修理するためにフェザーエッジを肩り出して足付けのためにフェザーエッジ部にサフェーサーを吹いたときですが、水性塗料で塗られたクルマの場合は、水性の下塗りと中塗りの部分に"縮れ"という厄介なものが出来てしまうことがあります。もうだいぶ前のことですが、最初は、あれこれ何だろうと思って、材料屋さんに聞きました。そうしたら、水性塗装対応のサフェーサーを吹かなければ駄目ですよ、っていわれました。でも、私はそれを買わなかったです。なにを使えば大丈夫なのかを聞き出して、それ以降、水性塗料で塗られたクルマが入庫した場合には、サフェーサーを薄めに吹いていくことで対応しました。要は、水性塗料にシンナーが浸透していったときに、その縮れが起きるわけなので、サフェーサーをさっと薄く吹くようにしました。シンナー分が少なかったら水性塗料に浸透する前に蒸発してくれますから」。

シンナーが気化してしまう前に塗装に浸透してしまうと、塗料が収縮し、それが縮みとなって表面に現れるという。「サフェーサーがまさに"シワシワ"になってしまいます。下塗り層にシンナーが浸み込んでしまうと、完全乾燥状態になっていた塗料が、溶剤が混入されていた原状に戻ってしまうのです。乾いている状態であれば、上からシンナーが入り込んでも、プライマーでその侵入は止まって塗膜はガチッと動かないのですが、一回ふやけてしまうと分子が動いてしまうようです」。

塗装は下塗り、中塗り、上塗りの3層構造になっている。これは60～70年代にかけて主流だったラッカー塗装でも、その後に主流となったウレタン塗装でも同じ。さらに、その構成は水性塗装にもキャリーオーバーされている。ラッカー塗装を構成する樹脂分子は"紐（ひも）"のような形状で、シンナーが気化して乾燥しても、その結合状態に変化はない。対して、ウレタン塗料の樹脂分子は"継手"のようなもので構成されており、シンナーが気化すると化学反応を起こして硬化する。と、その分子同士が"手をつないだ"状態になり、3次元的な"網の目"構造となる。その構造は、ラッカー塗装のそれよりも強靭なものになるため、ウレタン塗装へと移行がいっきに進んだ経緯がある。

「水性塗料が使われているのは下塗りと中塗りです。上塗りは従来からの油性塗料です。この水性塗料の部分にシンナーが入り込むと、縮れが起こるというわけです。昔はニッサン車に多かったですね。とくにフェンダーミラーです。"ニッサン車のミラーを修理するときは気をつけなさいよ。縮れるから"といわれていて……でも、それが毎回起きるわけじゃないのです。それが厄介なんですよね。水性塗料でも鉄板に下塗り塗装ががっちりと張付いているんですが、サフェーサーのシンナーが浸み込むことによって、フェザーエッジと接している下塗りの塗装部分が柔らかくなって、ふやけた状態のまま上のシンナーが抜けていくと、その部分が縮んでしまうのです。これは油性塗料にはみられない現象です。水性にだけみられる傾向ですね。この現象は、缶スプレーで補修塗装した場合も同じことが起きます。一番いいのは水性専用のサフェーサーを使うことです……」。

水性塗料がいっきに普及し始めた当初は、そのような縮む現象があったが、いまは技術が進歩しているから、そういうことが起きる可能性は低い、といっていいようだ。

「当時、もう15年くらい前の話ですが、私はデュポンを使っていました。デュポンは環境性能には敏感な塗料メーカーで、油性塗料ながら低VOC塗料で、水性塗料とほぼ同じくらいの環境基準だったと思います。だからデュポンは油性塗料に拘っていたのですが……。いまはもちろん水性塗料を製品ラインナップに揃えています。デュポンは製品クオリティが高い塗料メーカーだったわけです」。

VOC (Volatile Organic Compounds) は揮発性有機化合物のこと。大気中の光化学オキシダントとともに大気の環境に悪影響を与えるため、SPM (Suspended Particulate Matter＝浮遊粒子状物質）とともに世界的に規制されている。日本塗料工業会では成分中のVOC含有量が比重比30%以下のものを低VOC塗料と定義している。水性塗料についてもう少し説明すると、シンナーの含有率が0%かほとんど使用していない塗料で、シンナー替わりの希釈水を使っているもの。上塗りのベースコートを中心に、クリアーやプラサフでも水性タイプが製品として流通している。水性ベースコートには1液のバランスドディント型と2液のバインダー型がある。バランスドディント型はベースコートと脱イオン水を主成分とする希釈剤で構成されたもの。バインダー型はベースコートとバインダー（樹脂と水)、希釈水で構成されている。どちらのタイプもシンナーの含有量は0%ではないものの10～15%以下に抑えられている。

「水性塗料はシンナーを使わないで、それを水で代用させるもの。なので、水分が飛んでいけば油性と同じですよ。シンナーから水に変わったのは環境に悪いものだから水に変えなさい、という行政指導があって、これに日本の塗料メーカーも従って製品を開発したわけですが、修理の現場としては、"飛ばしてしまえば"どちらでも一緒です」。

全塗装するようなケースは別にして、ドアやフェンダーをぶつけたというようなケースでは、サフェーサーの塗布方法にさえ気を遣えば、従来の油性塗料による鈑金塗装が可能ということだけは分かった。

第 11 章：3 コートパールには“ぼかし塗装”のほかに“にごし塗装”の技が必要

キャンディとかパール塗装は、いわゆる 3 コートパールといわれるものです。ドアパネルの前方の中心よりやや上の部位を損傷してパテ補修したという事例での塗装についてホワイトコートパールを例にとって紹介しましょう。

生涯車屋

図①

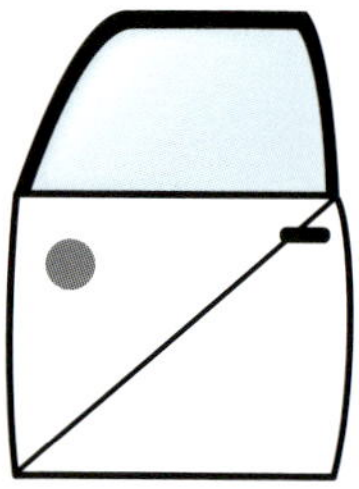

図②

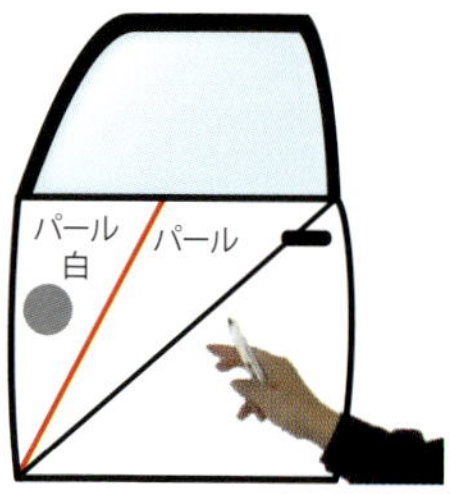

図③

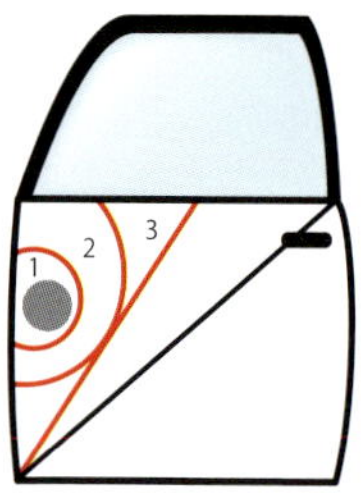

図④

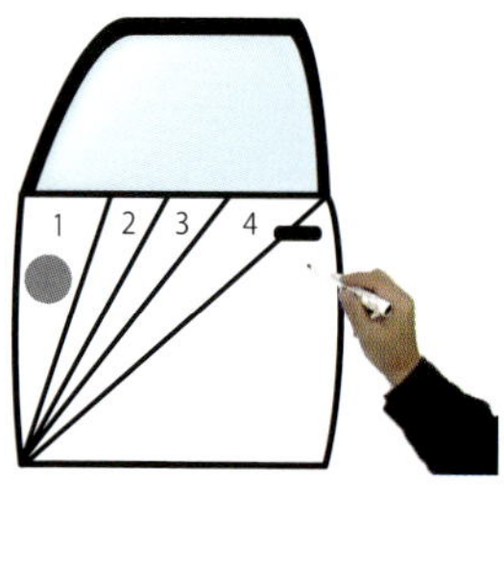

■ぼかし塗装の具体的な塗料噴霧範囲について

補修個所からドアエッジに向かって“ぼかし塗装”を想定した場合に、どこでぼかし塗装の境界線を決めるかということですが、これまでにも説明したように、この場合はドアエッジ側上部からドアヒンジ側下部に向かって直線的に、そのラインを決めます。クリアーはもちろん全面に塗ってください。ブロック塗装です。
ベース塗料の白ですが、そのラインの左側にまず塗ります。次にパールを塗るわけですが、これは境界線まで全面に塗ります。この白ですが、1 回目は補修個所から赤い円で示した範囲までを塗ります。2 回目はその範囲を拡大しますが延長する形状は似たようなものです。3 回目は補修塗装部位の約半分を塗るイメージ。赤い直線の左側部位が、その範囲になります。図①／②／③

■パールのぼかし塗装は各境界線に向かって徐々に薄く塗る

パールはどうするかというと、補修個所を起点に 1 回目、2 回目、3 回目と直線的に塗り延ばしていきます。この各塗装の“境界線”は、ぼかしていくので塗装の“濃さ”が異なります。1 番目がパールの塗装が厚くなります。濃く塗っているわけです。以下、徐々に薄く塗るようにします。境界線の左側は本来の色合いなので、この部位に色具合を合わせたいわけです。4 と書かれた部位にはほぼ透明な色具合のベース塗料を塗っていることになります。このときのスプレーガンの向かっている方向は基礎編で説明した通り、つねにパネルに向かっていることが求められます。これがミストを出さない方法なのですから。
境界線にきたときにどうやってぼかしているかというと、トリガーの握りで調整します。1 の部位はほぼいっぱいにトリガーを握っていますが、それぞれの境界線に向かうにしたがって握りを浅くしています。図④

■白の“にごし”のテクニックの塗り分け比

もうひとつのテクニックは“にごし”というものです。これは、白→パールに移るときに色を混ぜるテクニックです。補修個所に一番近いサークルは白とパールの混合率は 10：0 ですが、2 番目のサークルでは 8：2 となり、3 番目は 5：5 という割合になります。そして、4 番目のサークルでは 1：9 となります。これ

は白の“にごし”です。図⑤

■パールの“にごし”の比率は白の反対になる

次にパールですが、この色はそもそも“パール＋クリアー”で成り立っています。クリアーは塗装面に塗るトップクリアーとは異なり、ベース塗料用のクリアーとなります。これがメーカーによって呼び方が異なります。ロックは“オートクリアー”と呼びます。デュポンは“バインダー”といいます。ともあれ、3種類の色を重ねることで成立する塗色というのが、パール塗装が高価な理由のひとつとして挙げられます。

実際のにごし塗装のパールとクリアーの混合率ですが、修復に近いエリアが10：0、次のエリアはいっきに6：4にまでパールの調合が減ります。さらに次のエリアですが、ここでは4：6と逆転します。最後の境界ラインでは1：9という比率での混合になります。ここではスプレーガンの技術と色の組み合わせ、調合の技術が求められます。図⑥

■ガンを振ってしまうとオーバーミストが起きて艶がでない

ガンをなぜ振ってはいけないかというと、最後の境界線エリアが“ザラザラ”になってしまうからです。そうなると、クリアーを塗って艶をだしても、最後の境界線付近だけ艶がでないということになります。ここでは最初から最後までハーフウェットを保ちます。そのためにしっかり塗り込んでいくということが大事ですが、にごしに関しては練習がかなり必要なので、本番の前に練習用のパネルを用意してください。図⑦／⑧

図⑤

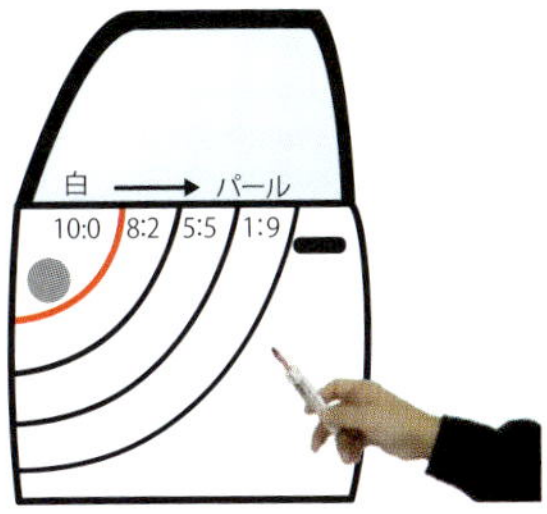

白→パールへと移行する塗装作業では“にごし”塗装を施す範囲が直線状ではなく、円弧を描く形状となる点が異なる。あくまでイメージ的なものなのだが、それだけ微妙な作業ということだ。

図⑥

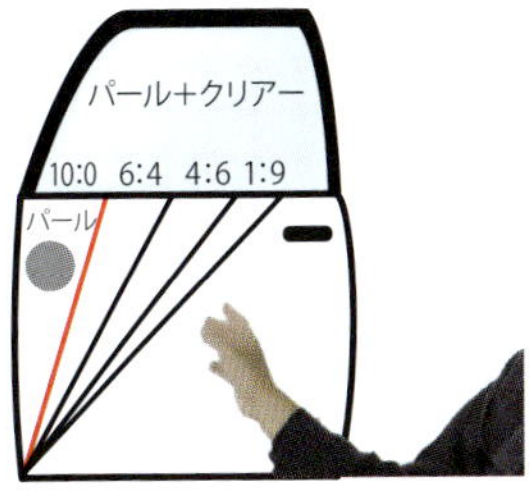

パールという塗料は実際にはクリアーが混合されたもの。塗装範囲はほぼ直線的になり、白と同様な塗装範囲となるが、このような比率でパールを塗っていくことで、"にごし"塗装は成立する。これは高レベルの補修塗装だ。

図⑦

図⑧

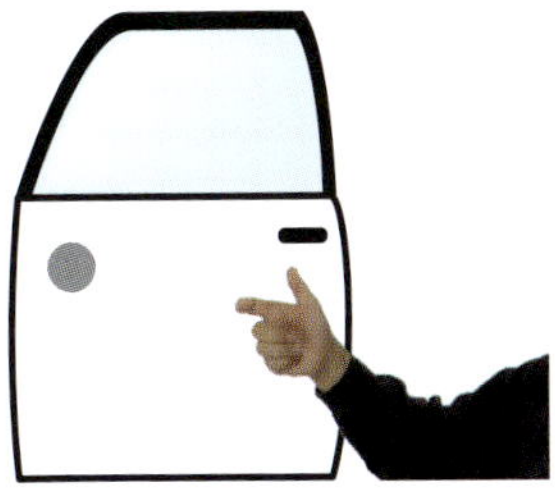

第12章：オールペンしたら醜い“ブリスター”ができてしまった

旧車ブームで自動車メーカー自身が“再生新車”を手掛ける時代になるとは、まったく予期できないことでしたが、いま'80年代のクルマが実用性と趣味性を兼ねている点で人気があります。お気に入りのクルマを手に入れたけれど、外装が“やれて”いるから思い切ってオールペンしたい、と思う人は少なくないと思います。が、オールペイントは実は長いキャリアをもつ塗装屋さんでも経験したことがない、という事実をご存知ですか。冬にオールペンして満足して乗っていたら夏になって“ブリスター”ができてしまった。蛙の皮膚のような“水ぶくれ”した塗装面の状態をブリスターというのですが、この現象が出てしまった原因が、最初にオールペンした業者に責任があるのか、新たに修理を含めてオールペンした業者にあるのか、これを見分ける方法をまずは説明しましょう。

生涯車屋

図①

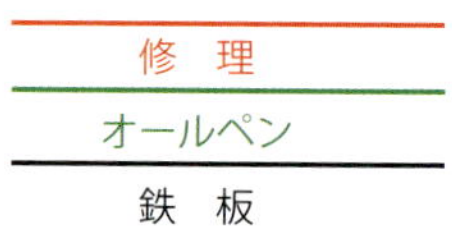

図②

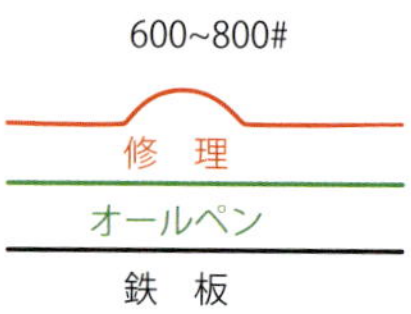

グリーンの実線と鉄板との間の層のオールペイントは以前に行なわれたもの。その上の修理とある赤字の層が今回オールペンされた塗装層。この状態は修理とある塗装層にブリスターが発生しているので、今回のオールペン下地作業に問題があったことになるが、それを調べる方法があるのだ。

図③

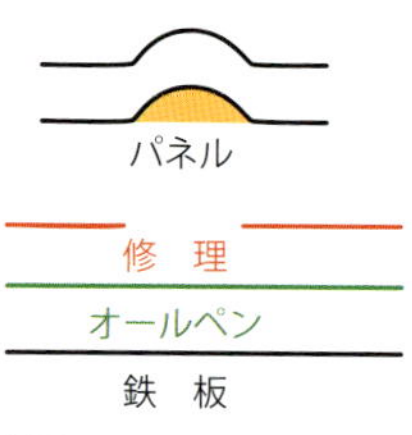

図④

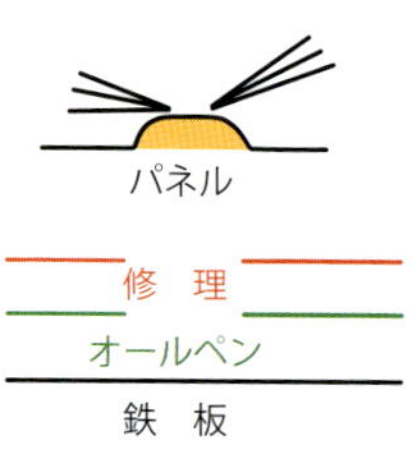

ブリスター発生の原因は最初のオールペンにあることが、ブリスターの山を削っていくと分かる、ということを示した解説図。削り取った部位の下にはグリーンの塗装面が現れる（上）。ブリスターから左右に伸びている実線はフェザーエッジ。各階層の塗装層で構成されているが、ここでは今回修理した塗装層のフェザーエッジで構成されていることになる。この場合の原因は最初の作業者にある。

■ブリスター発生の原因を調べる比較的簡単な方法がある

鉄板の上に新車の塗装が載っているかもしれないのですが、ここではそれは無視して話を進めます。この解説図にはオールペンした上に、修理した色が載っています。この状態ならばオールペンして塗装もきれいな状態ですが、ある部分にブリスターができたら多くの人は、今回の修理を含めてオールペンした業者が悪い、と思うのが普通です。私もオールペンしてあるクルマを塗り替えるという仕事をした経験は何度もあります。ある時、ブリスターができたというクレームがありました。「高いお金を出して信用してお願いしたのに……」とお客さんは怒っていました。当然です。そこで、私に責任があるのか、以前のオールペン業者に今回のブリスター発生の原因があるのかを調べさせていただくことにしました。方法は簡単です。600～800番のペーパーをファイルに取付けて平面状態を保って“膨らんで”いる部分を削っていくのです。これを粗いペーパーあるいは“手やすり”で擦ると、ブリスターの“地層”が分からなくなってしまいます。粗いペーパーは塗装面を必要以上に傷めるので避けたほうがいいのは理解いただけると思いますが、“手やすり”がなぜいけないかというと、手で直接塗装面を擦ると、手の力でブリスターの中心部分がへこんでしまうからで、微妙な部位の発見が難しくなります。きれいにフェザーエッジを削り出すことがブリスターの発生原因究明のためには、なにより必要なことです。図①／②

■フェザーエッジがどの塗装面に問題があるかを教えてくれる

ブリスターというのは、パネルに対して塗装表面が盛り上がってしまう現象です。パネルの部分に、なんらかの原因で空洞ができてしまい、それが塗装表面を押し出す現象です。この問題の“空気”の層が出るまで削っていきます。そうすると、フェザーエッジが出てきます。これを見ることで、どちらの塗装面が浮いてい

るかが分かります。図③ / ④

■行き場を失ったシンナーで形成された空洞がある場所が問題

実は、このトラブルの原因は私ではなく以前にオールペンした業者に、その原因があると確信していました。最初にオールペンした業者の作業に問題があったとしたら、そこからブリスターが始まっているはずです。それを、塗装面を削って調べればいいわけです。この場合、鉄板面に空気が入っています。とすると、私が塗った塗装面を過ぎて、最初のオールペンをした塗装面も盛り上がっています。解説図でいうと、緑が以前の塗装業者ですから、その時点でブリスター状態になっていることが分かります。

浮いている部位を丁寧に削って作業をする場合、私は水研ぎするのですが、作業していくと " ポコッ " と以前の塗装面が出てきました。これで、下の塗装から浮き上がっていることが分かりました。下層の最初にオールペンしたパネルの表面処理になにか問題があって、それが今回のブリスター原因と確定できました。図⑤

■オールペンした塗装面上に " 空洞 " があれば……

仮に、私の作業に問題があったとしたら、どうなるかというと、今度は下層の塗装面には問題がないので " 浮き上がって " いないわけです。赤い部分だけが盛り上がって、空気の層は最初にオールペンした塗装面、この解説図の場合は緑の塗装面の上にできています。なので、この場合は私の作業に問題があったということになるわけです。

この方法は同じ色を塗った場合には判断がちょっと難しいですが、フェザーエッジの " 地層 " を出せば絶対に判別できます。この判定方法は、水研ぎしている時点で作業者には分かってきますが。ただ、この判別方法は " ポコン " と穴が開いてしまうので、すぐに補修しないと鉄板に水が浸み込んだりして、状況がもっと酷くなる危険性はありますが調べることはできます。せっかくオールペンしているわけで放置できない状況ですから、原因を確定してしかるべき対応をするのが賢明だと思います。

ブリスターが発生する原因はまず " 熱 " です。たとえば、12 月にオールペンして 7/8 月の夏場になって塗装が " 浮いて " くるということは普通にあります。白いクルマを黒に塗り替えたりすると、ボディが吸収する太陽の熱量がいっきに高まります。これは塗装が " 剥がれる " 原因としてひとつではありますが、黒にオールペンしたクルマの多くによりブリスターが発生しているかというと、そういうことではありません。ブリスター発生の原因は " 熱 " ですが、それは要因であってあくまでも主因ではありません。図⑥ / ⑦ / ⑧

図⑤

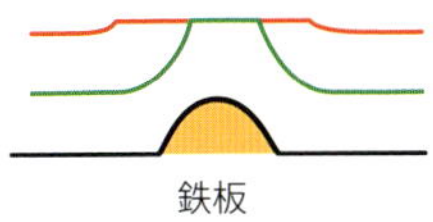

新たにオールペンした塗装を丁寧に削り取っていくと、以前のグリーンの塗装膜が現れた。これで、以前の作業者にブリスター発生の原因があることは分かったが、ここで作業を中断して補修してもまた同じことが起きるわけだから、結局最後まで削り取って対応 / 補修作業をしなければならない。

図⑥

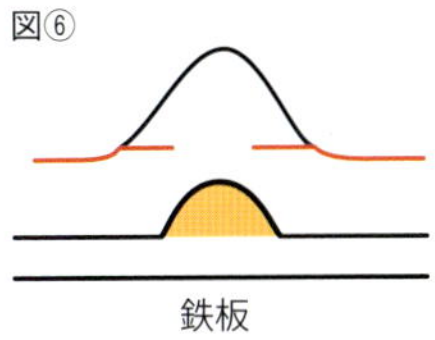

図⑦

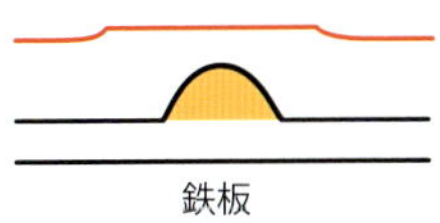

図⑧

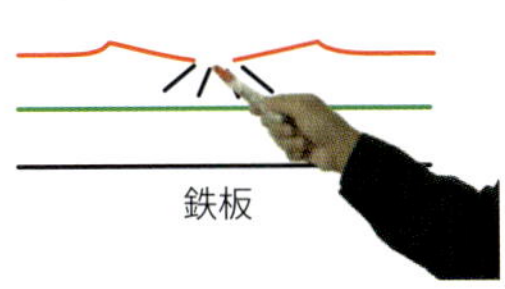

ブリスター部位をきれいに削り取っても、その下にはブリスター発生の原因がある。この応急処置はあまりに虚しい。外気温が高くなり、その熱が鉄板に伝われば気泡が膨張して、同じようにブリスターが再発生することになる。トラブルの原因は前回のオールペン作業者にある（上）。赤い罫線の塗装層を削り取っていけば、フェザーエッジが現れ、最後にブリスター発生の原因となった気泡が現れる。この後はグリーンの塗装面が現れるまで切削作業を行ない、然るべき下地作業を行ない修正塗装を施すことになる。

図⑨

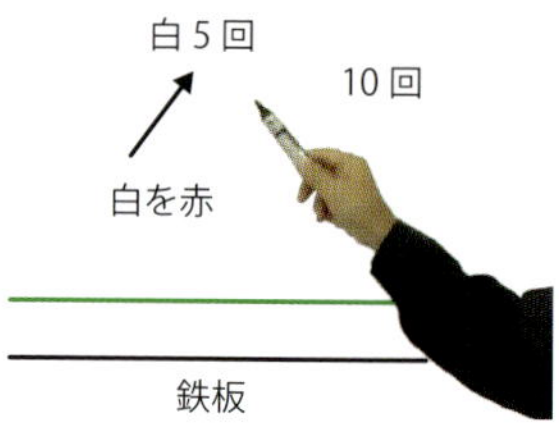

その個体の塗装が褪せてきたので塗り直すということはあるが、多くの場合は新車色と異なる色に塗り替える。となると、色馴染みの関係もあって塗装回数は多くなる。白→白というリフレッシュペイントの場合は５回で済むが、白→赤という塗り替えの場合は２倍の 10 回塗り重ねを行なわないと前色を消し去ることはできない。

図⑩

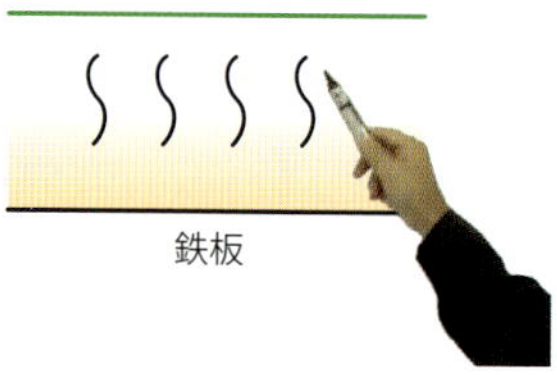

新車色の塗膜面に足付けして新しい塗装をすることになるが、その足付けの汚れや粉塵を除去するのにシンナーを使う。そのシンナーを完全乾燥させないと、トラブルの原因になる。温泉マークの湯気のようなものが、気化するシンナーを示している。

■ブリスターができる原因はほぼ塗料のせいではない

お客さんから塗料のなにかが悪く“塗装が盛り上がった”のではないか、という苦情をいわれたことがありますが、それは絶対にないです。塗装関係のトラブルで修理工場に入っているクルマは膨大な数になります。そのトラブルを起こした同じ塗料を使っている塗装屋さんが塗ったクルマは全部とはいわないにしろ、ある条件がそろった時にブリスターが発生したと仮定しても、その数はもの凄く少ないはずです。そんな話は聞いたことがないですし、そういった苦情を塗料メーカーに持ち込んだという話も聞いたことはありません。確かに、ベース塗料とシンナーなどの配合が悪いケースが皆無とはいえませんが、それもほぼないに等しいと思います。

それを説明するために、オールペンとはどういう作業工程で行なわれるかを考えてみましょう。オールペンは“色を塗り替える”ことが目的というケースがほとんどです。たとえば、白の塗装を赤に塗り替えたとします。この場合、色を塗り重ねる回数はおおむね 10 回といったところでしょう。これが、白を白に塗り替える場合はだいたい５回で充分に染まります。ソリッドの白をパールの白に塗り替えることは本当に簡単です。なにがいいたいかというと、ベース色を違う色に塗り替える場合は、同系色に対して塗る回数が多くなります。図⑨

■オールペンしたクルマの塗装は積層されるので厚くなる

オールペンでは前回塗装面に足付けしているのでシンナーを使います。そのシンナーが、充分に乾燥しないうちに塗装してしまうと、シンナーの蒸発が厚い塗膜で遮られることになります。塗装が厚すぎることにより、乾いていると思っていてもなかにシンナーの成分が残ってしまっているケースが多いのです。こういった状況を塗装業界用語では“膿んでいる”といいます。完全乾燥していない“柔らかい”状態をいうのですが。図⑩

■シンナーは上に蒸発するが傷口から内側にも入り込む

オールペンするときには、ベース塗装に小さく細かい傷を表面につける“足付け”作業をします。そして、その上に新しい色にするための塗料を塗るわけですが、そのなかにはシンナーが入っています。このシンナーは上に蒸発しますが、足付けした傷口から内側にも入り込みます。侵入といったほうがいいかもしれませんが、それによって“半乾き”状態だったものが、元に戻ってしまうという現象が起きます。と、最初の塗装面との喰い付きが悪くなります。シンナーは多ければ多いほど当然ながら乾燥に時間がかかります。そして乾燥するときには“収縮”します。これによって、塗装に“縮まって”いく力がかかります。同じ長さのものなのですが、乾くにしたがって上層が縮まっていく現象が起きます。

お互いに“引っ張り”方向の力が発生してしまうわけです。その力が発生しているときに熱が加わると、逃げ場がなくなったシンナーは行き場のない"空気の層"となって熱膨張し塗装面の弱いところを押し上げ“突起”が発生するわけです。
収縮差と熱とシンナー、この3要素が絡み合ってブリスターが発生します。図⑪ / ⑫

■強制乾燥した場合はシンナーが乾いていない場合が多い

オールペンは塗り重ねが非常に多いので、重ねれば重ねるほど色は染まるのですが、シンナーが乾かない、という可能性がでてきます。そういう可能性があるにも拘わらず、経験の浅い塗装屋さんは、その辺の事情が分かっていないことが原因で、急ぎの仕事を乾燥不充分な状態で仕上げてしまうわけです。強制的に短時間で乾燥させることは可能ですが、そういう状況下で作業した場合は、シンナーが飛んでいない場合が多いです。

■経験豊富な塗装屋さんでも意外に少ないオールペン経験

オールペンする場合には、塗装屋さんに「乾燥時間をしっかりとってください」と念を押すことがブリスターの発生率を抑えるためには必要なことだと私は思います。私もそうですが、オールペンでは何回も失敗しています。そして、乾燥の大切さに気が付くわけです。私はディーラーの塗装修理部門に10年間務めましたが、その間にオールペンをやったことは1回もありません。まぁ、オールペンをして欲しいというお客さんはディーラーには来ないのですが。ともあれ、経験豊富な塗装屋さんであっても、オールペンはやったことはない、という職人さんは意外と多いものです。もし、オールペンしたクルマに再度オールペンするようなときは、前のオールペンの時期を調べてみるのもトラブル発生のためのひとつの方法です。ブリスター発生の主因は、蒸発しきれなかったシンナーがとじ込められたことによるものだからです。

図⑪

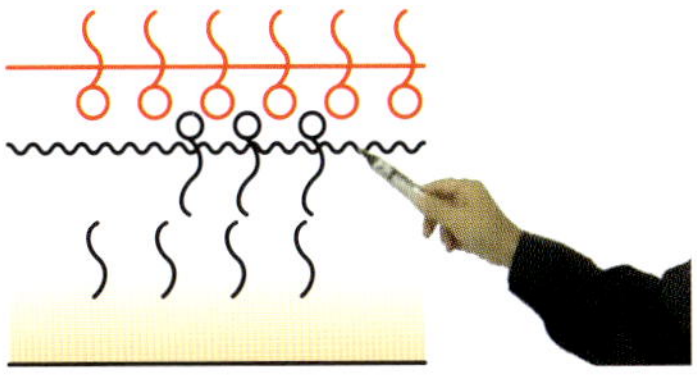

図⑫

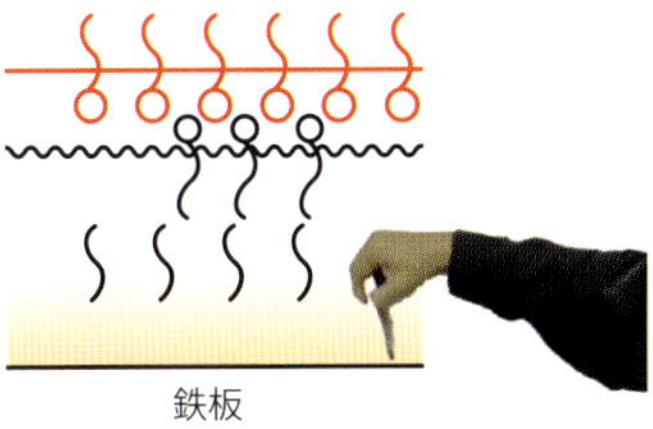

新車時の塗膜に足付けをして新しい塗料を塗る。と、その塗料に含まれているシンナーは上にばかり気化するのではなく、足付けで傷ついた新車の塗膜にも侵入する。赤と黒の温泉マークのような波が、それを示している。ブリスターは収縮差と熱とシンナーによって発生するが、ここではシンナーの揮発方向だけを示している。

第13章：塗装時に入った“ゴミ”をきれいに取り除く方法

塗装ブースは粉塵が塗装面に付着しない構造ですが、そういう環境下でもクリアーを吹き終え、仕上がりをチェックすると“埃”を塗り込んだ痕跡を発見することがあります。塗装の磨き、ポリッシングについて説明しましょう。

生涯車屋

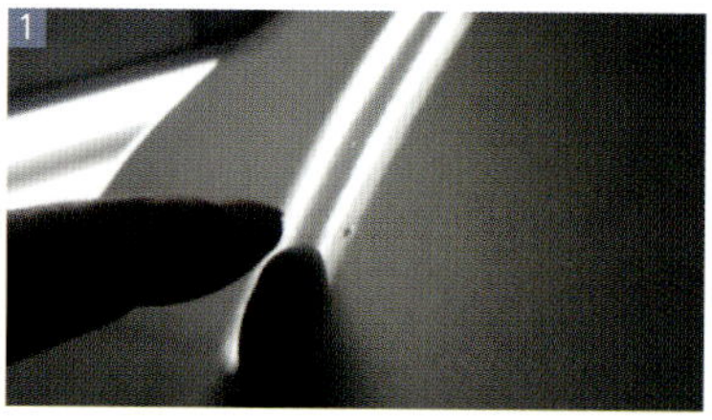
1

2

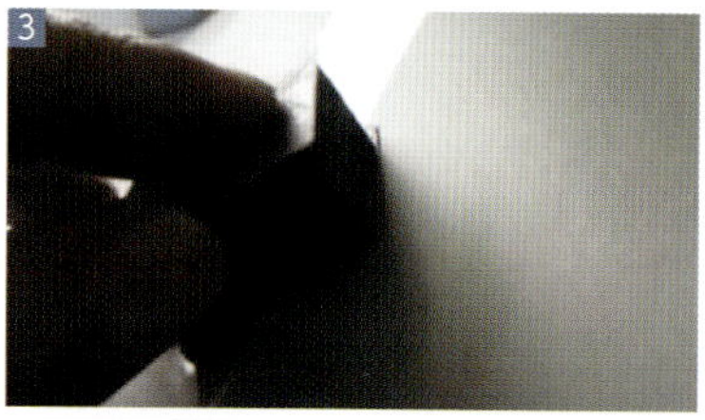
3

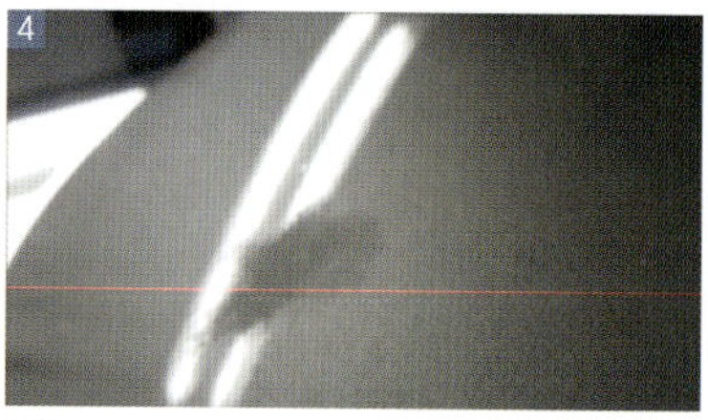
4

5

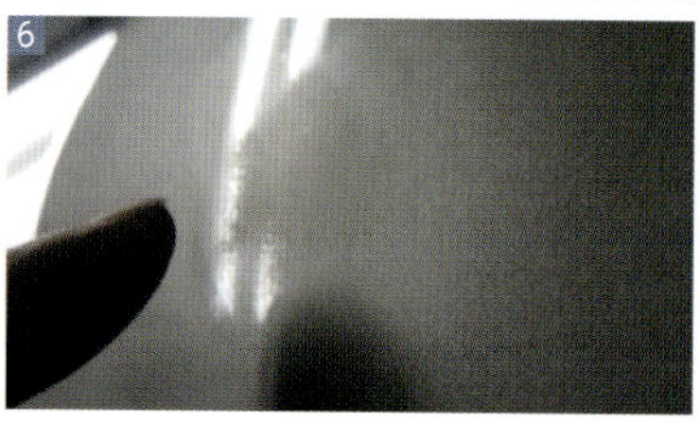
6

■空研ぎ専用のフィルムペーパー“トレブロック”

塗装時に入った“ゴミ”は、見かけ上は出っ張った格好になっています。指差ししている部位です。この出っ張りを磨いて落とすわけですが、ポリッシャーで磨く前に、その出っ張りを削り取っておく必要があります。そういう作業をするときに使うのが、“コバックス”というメーカーの“トレブロック”。空研ぎ専用のフィルムペーパーです。最初に使うのが、一番右にある消しゴムのようなキュービック形状をしたもの。硬質ゴムをプラスチックの板で挟み込んだものです。その左隣にある長方形の格好をしたものは、番手が800で“塗装が流れた”ときの修正用に使います。これで下処理をして、キュービック形状のトレブロックで研磨していくのですが、これの番手は1500です。1500番で付いたしまった傷を2000番で消して、最後に一番左の3000番のサンドペーパーで消して、それからポリッシャーで磨くという段取りになります。写真1/2

まずは塗装面の出っ張りを取り除く作業から始めます。使うのはキュービック形状のトレブロックです。表面に貼られている1500番のやすりは非常に硬質で耐久性があります。私は、このトレブロックを何年使っているか忘れてしまいました。それくらい耐久性があります。ただ、このキュービック形状のトレブロックではアール部位の研磨はできません。そういう場合は、1500番のサンドペーパーを貼り合わせたものを使って面形状に対応します。トレブロックを使った研磨作業で絶対にやってはいけないことがあります。それは、“磨きのゴミ取りは水研ぎ厳禁”というもの。理由は、まだ完全に硬化しきっていないクリアー層に水分が侵入してしまう危険性があるからです。後日、クリアーが白濁していることがまれにあります。写真3/4

■3000番のペーパーで削ったらポリッシャーで磨く

出っ張り部、これをわれわれ板金塗装業界では“ブツ”と呼ぶのですが、そのブツをトレブロックで削っていきます。作業のポイントは力を入れ過ぎないように、上下/左右に規則正しくブツ面にトレブロックを当てて削ることです。ブツの頂部、これを“頭”といいますが、その頭をちょっと“撥ねて”やる感じです。“ブツの頭を撥ねた”作業結果が写真4です。頭が削れて、ブツが“目玉焼き”のような形状になるまで慎重にトレブロックを当てていきます。この作業での注意点は削り過ぎないこと。理由は、そこだけ“肌が変わって”しまうからです。研磨する目安としては、目玉焼きの“黄身”の部分が薄く見えるくらいまでです。
次に行なうのは、2000番のサンドペーパーで、その目玉焼きの部分を消していく作業です。この作業もなるべく力を入れないで、上下 / 左右の2方向から研ぐようにします。ほぼ、“目玉焼き”そのものの存在を削り落としたら、2000番のペーパーによる研磨作業は終了です。写真5 / 6
ほぼ、と表現したのはよく視ると、まだ少し“目玉焼き”が残っているからです。その最後の残骸を、3000番のペーパーで2000番より若干広い範囲で削り取るようにします。この作業も上下 / 左右にペーパーを当てる要領です。力を入れないことは、これまでの作業と同じですが、ここの力はいっそう弱いものにします。屑滓（かす）を拭ってみると、“目玉焼き”そのものの存在が消えています。後はポリッシャーで磨くと完全に“ブツ”は消えます。写真7 / 8

■お勧めのコンパウンドはファレクラの“G3”

ポリッシャーは回転速度が変えられるタイプをお勧めします。また、ボディがプラスチック製で重量が軽いものは、作業中に“暴れる”ことが多いのでお勧めしません。ポリッシャーでの磨き作業の出来不出来を左右するのはパットです。パットの状態が悪いと磨きはうまくいきません。私の場合は、パットはハードタイプしか使いません。ソフトタイプはすぐに表面が摩耗してしまいます。パットは頻繁に交換して、つねに表面が新しい状態にしているほうが、作業効率は確実にいいです。写真9 / 10
ポリッシャー研磨作業で必要なコンパウンドはファレクラというメーカーの“G3”がお勧めです。これひとつで粗目 / 中目 / 細目の3役をこなしてくれます。値段はそれなりに高価 (4,390円/1L) ですが、鈑金塗装業界では人気があります。コンパウンドに混入されている研磨剤が潰れていくことで、削りながら磨きつつ傷まで消してくれる、というスグレ物です。写真11

■磨きは新車と同じ肌に合わせることが最終目標

蛍光灯の光源ラインがきれいにパネル面に映っていますが、“ブツ”があった部位はほとんど分かりません。アップで撮影してやっと識別できるくらいですから、ちょっと離れるとまったく分からないほどになります。磨きは新車と同じ肌に合わせることが最終目標。磨き過ぎは厳禁です。ポイントは“肌を合わせる”こと。クリアーは表面がもっとも紫外線に強いので、磨けば磨くほど経年による“光沢褪(あ)せ”が目立つようになります。写真12 / 13

7

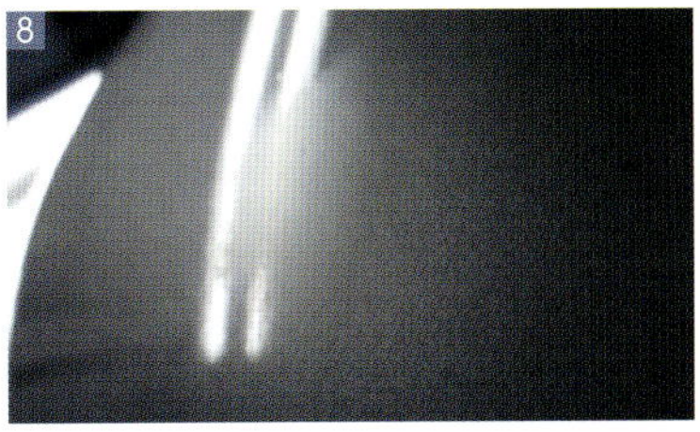
8

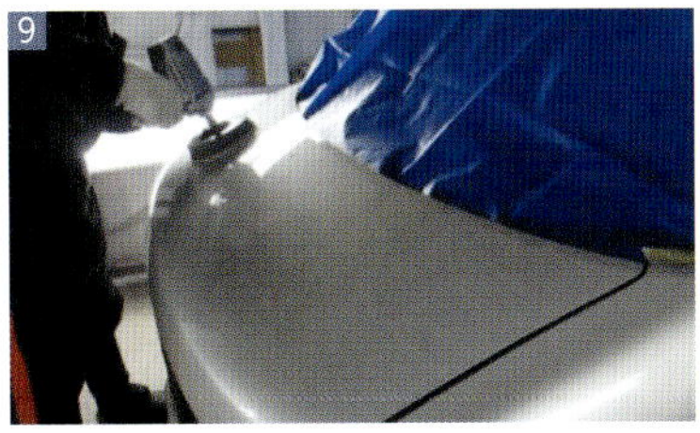
9

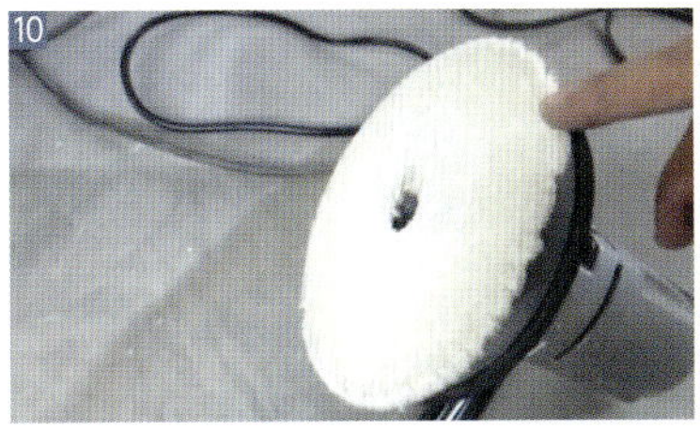
10

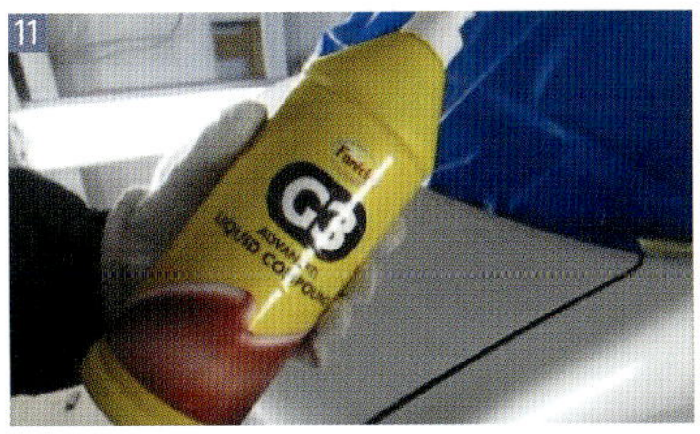

11

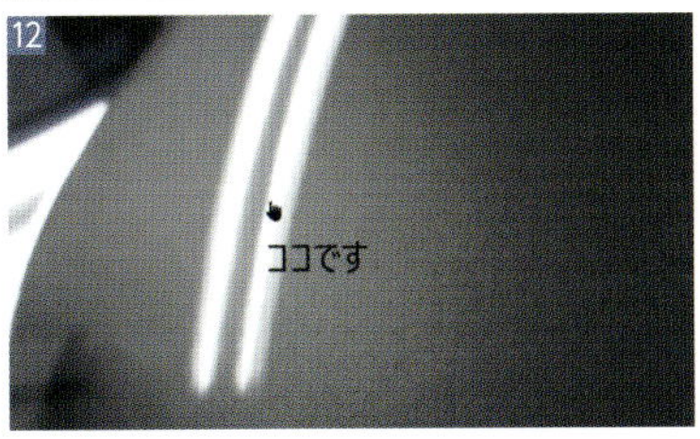

12

13

鈑金塗装の実践知識

～修理の具体例～

第１章：フェンダーとドアパネルを修復しパテで仕上げるまでの作業
第２章：FRP 製フロントバンパーの補修と塗装の実際
第３章：損傷した高張力鋼板のドアパネルを補修
第４章：フロント／リアドアパネルにまたがる"ぼかし塗装"の作業仕上げ術
第５章：PP プライマー塗布の勧めとスプレーガンの噴射時態勢の解説
第６章：塗装範囲をなるべく狭くした鈑金塗装の実際

生涯車屋

◀各章のタイトル内に左の QR コードの表示がありましたら、その章での内容を YouTube でご覧いただけます。

QR コード読み取りアプリをダウンロードしてアプリから QR コードを読み込んで YouTube 動画をご覧ください。

◀各章の内容にあった動画をその章単位でまとめてあります。（こちらは第３章の動画となります）

R32 スカイライン type-M は、フレーム関係は別にしてボディ外装パネルにはまだ高張力鋼板は使われていないと思われるが、パネル鋼板の厚さは 0.8㎜になっているから、従来の板金処理が通用しないパネル鋼板構造にはなっている。2代目エスティマのドアパネルには高張力鋼板が使われている可能性が高い。ここで鈑金修理した2台は、まぁひと世代前の“クルマが面白かった”頃のモデルだが、ボディパネルが損傷した場合の修理方法は、なるべく“鋼板を延ばさず”処理するというものに変わってきている。また、弾性変形と塑性変形している部位に対する鈑金修理の対応も従来とは異なる。叩いて直すという方法では通用しなくなっている。叩き出すこと、あるいは引っ張り出すことにのみ集中していると、予想もしなかったところに“歪”が生まれてしまう。それを避けるためには、極力“鋼板へのストレス”をかけないことだが、鈑金パテの盛りの深さ限界が 50㎜とはいえ、これをやってしまったのでは、パテのパネル面への足付き性能確保が難しくなる。鈑金修正の範囲をどこまでに留め、鈑金パテでどこまでフォローして曲面を再現していくか……。ジムニー JA11 の鈑金修理も含め、その実態をチェックしてみた。

上塗り塗装は、3台ともにクイック塗装といっていいものだが、基本的なブロック塗装とその発展型のぼかし塗装が仕上げには要求される、という塗装の現場事情に変わりない。ちなみに、ジムニーJA11 はぼかし塗装をせず“ブレンダー”を使って、旧塗装との境界をうまく処理している。サンデー DIY 派にとって、このブレンダーを使う処理法は魅力的だ。

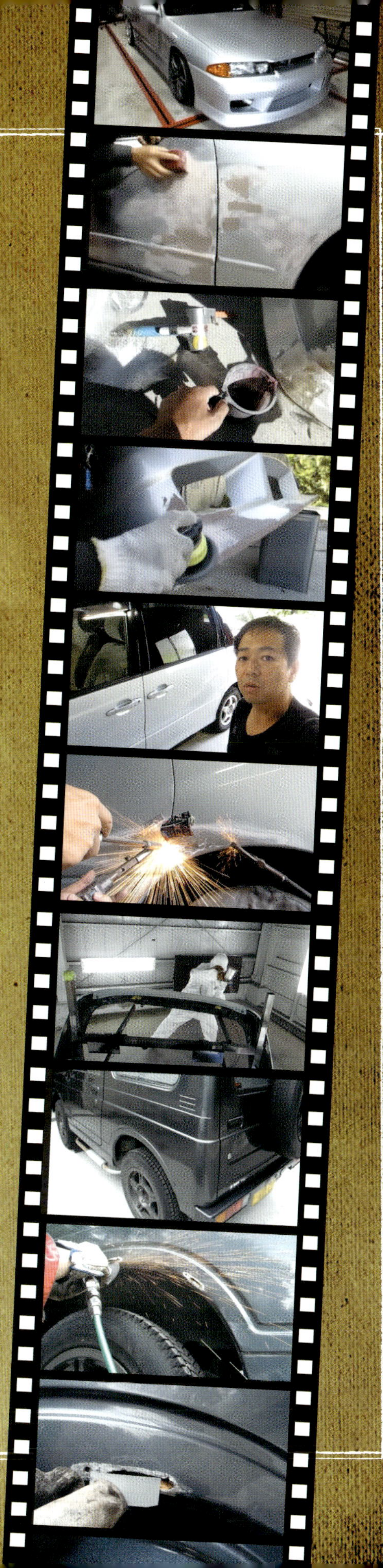

第1章：フェンダーとドアパネルを修復しパテで仕上げるまでの作業

金属は連続した衝撃に対して“薄く広がる”性質をもっている。2000年頃からいっきに普及した高張力鋼板を含めた乗用車用の外板パネルは、損傷した時点で、それが発生。修正作業でもそれが発生してしまう。ポイントはいかに“鋼板を延ばさない”作業をするか。鋼板が延びると“ペコペコ”あるいは“ブヨブヨ”といわれるように、本来の張りのあるパネル面を保つことは難しい。

1 このtype-Mの特徴はフロントバンパー。ダウンフォース向上を狙ったアフターマーケットのFRP製に交換されているが、右側部位が損傷している。

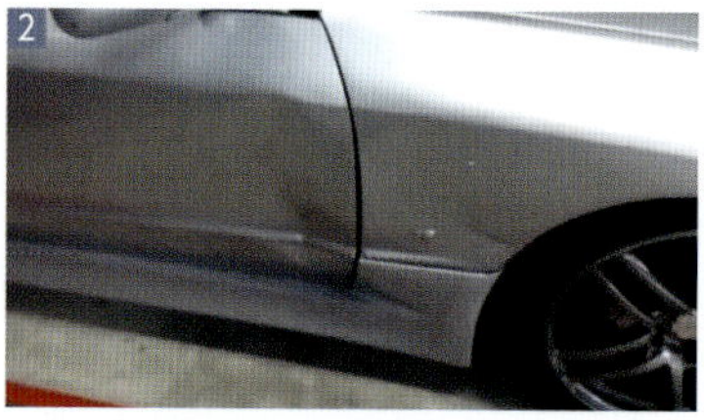

2 フェンダー後方からドア前端部にもかなり大きい“へこみ傷”がある。サーキット走行中に接触したとのことだが、ドアの“チリ”も狂っている。

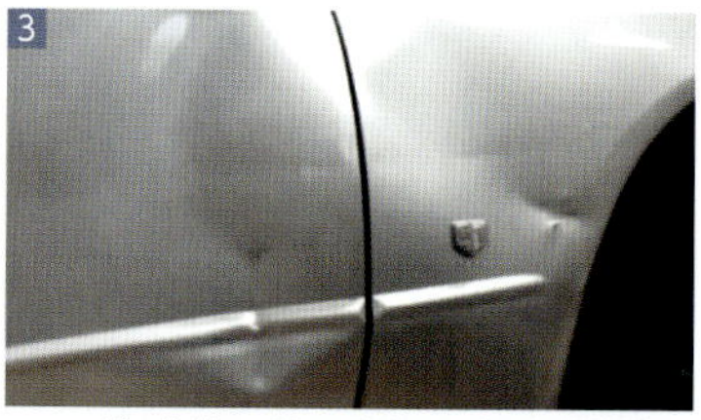

3 フェンダーとドアパネルが大きく押されていることは一目瞭然だが、フェンダーアーチ部には錆が発生。塑性変形した部位が4ヵ所ある点も要注目。

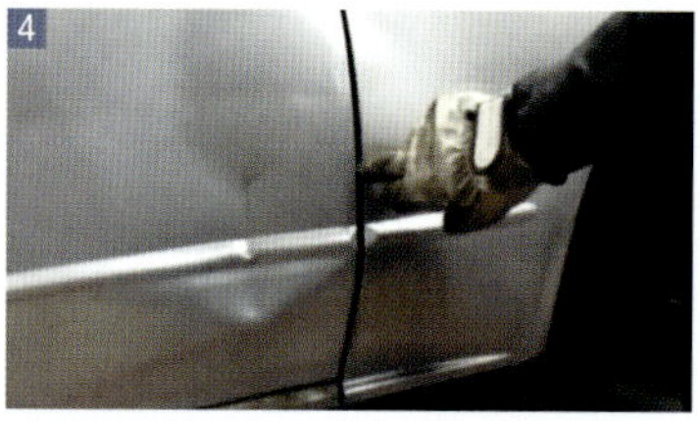

4 ドアの“チリ”の狂いはフェンダーの歪みを修正すればほぼ原状に戻る。これを基準にパネル全体の歪を修正していく段取りで作業を進める。

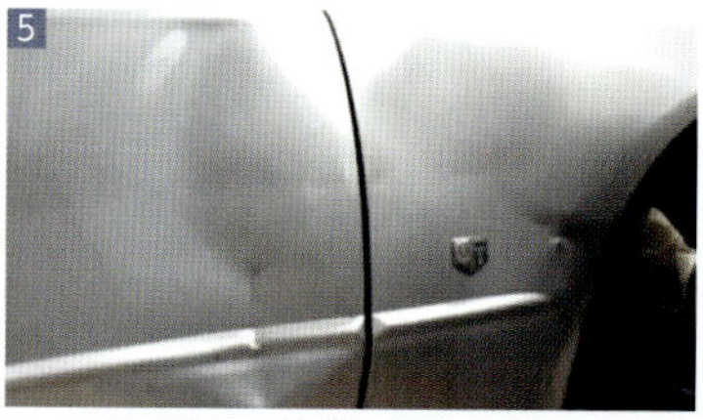

5 フェンダー裏面に手を差し込み、パネル面を押すと“パン”と反返り音がして原状近くまで復元。弾性変形していた高張力鋼板の復元力故のこと。

6 前項の写真とフェンダー後部のへこみ具合を見比べると復元状況が理解できる。吸盤付のスライディングハンマーを使うことなく原状復元できた。

7 パネルがへこむことによってできた突起は塑性変形している。鈑金ハンマーでオフドリーで叩く。裏面に回った右手がドリーをホールド。

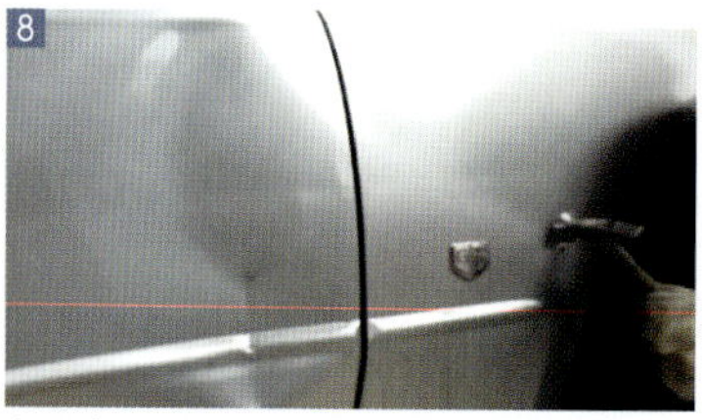

8 出過ぎた部位を修正。このシーンではパネル裏面にドリーを当てず、外側からハンマーで叩いている。ハンマーの握り位置にも注目。

9 もう1ヵ所の塑性変形した突起を同じ要領で修正。今度も右手はフェンダーパネル裏面にあり、最適な位置にドリーを当てて面修正している。

R32type-Mのフェンダーおよびドアパネルには340Mpaの高張力鋼板が使われている可能性も若干だが残っている。今回のようにフェンダーが大きくへこんだ場合、この鋼板は弾性変形で収まっているからほぼ原状に戻ったわけだが、歪みが完全になくなったわけではない。その歪みは塑性変形しているフェンダーエッジ後半部を中心に現れている。そこを修正鈑金しているのが7/8/9の写真だが、フェンダーの裏側にはドリーをあて、パネルは鈑金ハンマーとドリーの間に挟まれた格好になっている。このふたつの鈑金工具はほぼセットで使われるが、パネルを挟んでオンドリーとオフドリーという位置関係を使い分けて作業を進めていく。

10 亀裂のようにへこんでしまった“傷”の鈑金ハンマーによる修正はここまで。これが張力鋼板の修正スタイル。あとはパテ成形して表面を整える。

11 Fドアパネルの曲面全体は歪んだままの姿だが、フェンダーの局部修正は予想通りの原状復元を果たした。あとはパネル全体をどう修正するか。

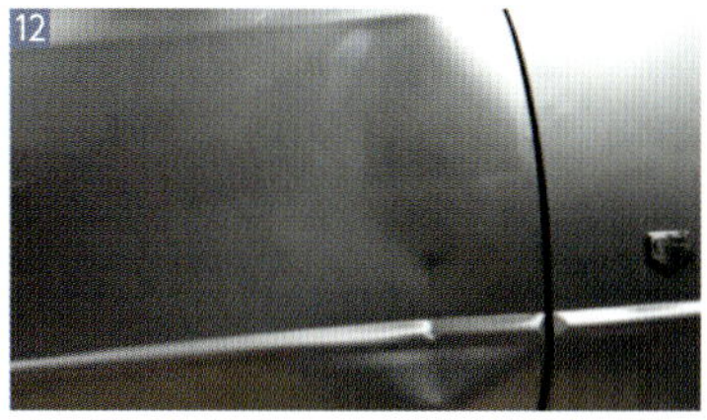

12 ドアパネルは上面のエッジ部位を起点に下方に向かって大きくへこみ、それは“ベルトライン”の突起にも及び、その下方にまで延びている。

13 内張を剥がしスピーカーを取り外すと内側には鈑金作業ができそうな空間が。サイドウインドー支持レールを外せば、その作業空間はさらに広がる。

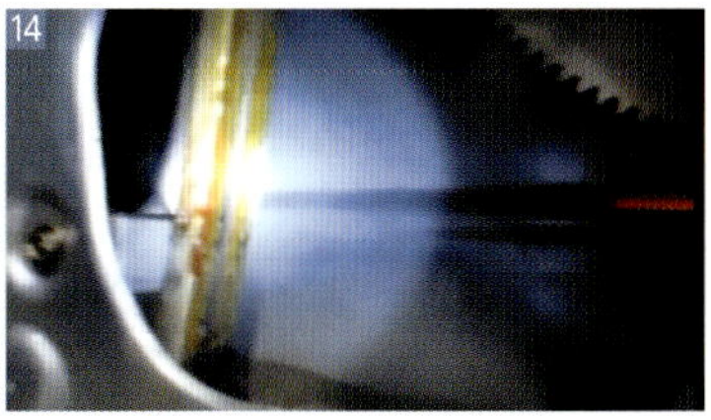

14 ペンライトに照らされたドアパネル裏面に“皺（しわ）”があった。これは塑性変形した部分だが、ここは“鏨（たがね）”で叩き出すことにした。

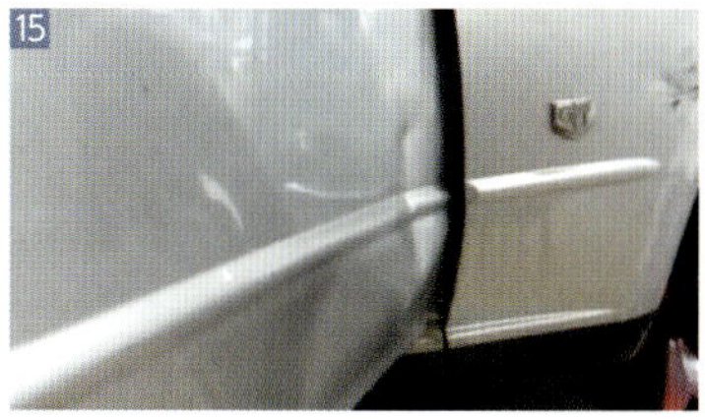

15 これは作業前のドアパネルの表情。ドアヒンジ手前部位に塑性変形の“傷”が上下に走っている。これを叩くことでパネル全体を押し出せるはずだ。

16 パネル全体が押し戻された様子を前項と見比べていただきたい。これも張力鋼板、故。細部修正は鈑金ハンマーで行なうが目論み通り原状復元。

17 パネル外側からの歪み除去作業は、まずベルトライン下部の修正を大きめの鈑金ハンマーで行ない、内側からのパネル押出し作業も同時に進行。

18 張力鋼板は鉄板厚が0.8㎜ほど。それを特殊な加工で“張り”をもたせることで外板として機能させる。微妙な歪み調整は小型の鈑金ハンマー。

19 ベルトラインの板金処理は縦方向の損傷補修作業の肝といえるもの。難関ポイントはベルトラインの歪みとその上下にできた損傷だったが……。

20 内側からのパネル押出し作業が若干強く、パネルが盛り上がってしまった。微調整するが、この時点ではベルトラインの上方部が“膨らんで”いる。

21 鈑金ハンマーでの修正の効果が分かる。ベルトラインの下方の“傷”とベルトライン自身の損傷も緩和。歪みを修正した効果といえる現象だ。

パネルの修復作業は“オフドリーで始まりオンドリーで終わる”と一般的にいわれている。オンドリーはハンマーがあたるパネル面の裏面同位置にドリーをあてる方法。ハンマーの打撃力をドリーが吸収し、その反力はフリーハンドで持っているだけだから、いったんパネル面から離れるが再度パネル面にあたることで、パネル修正のエネルギーを裏面からも“打撃力”として戻すことになる。オンドリーは出っ張り面を鈑金ハンマーで叩くことで“平面化”するわけだが、ここではオンドリーで作業をしたいもののパネル裏面にドリーが入る作業空間がないから、軽い力でパネル表面を整えている。ドアパネル下部は“ごまかし”も機能しやすい。

ドアパネルのベルトライン上下部は思い通りの鈑金ができた。問題はパネル上部の“絞り”部の下側を内側から押出し過ぎた点。膨らんで見える。

内側から全体的に押し出したが、あまりにこの作業をしてしまうと張力鋼板の張り具合が減り、パテ盛り作業に支障をきたすので、この程度に。

施した作業は小型の鈑金ハンマーによる局部的な作業。難しいのは、張力鋼板の歪みが吸収され、エネルギーがほかの部位に表出すること。

内側／外側からの絶妙な鈑金ハンマーワークでパネル面の窪みや出っ張りが修正された。ドアのチリもパネルの歪み修正の恩恵か、なくなっている。

指差している部位は内側からの鈑金作業で張り出し過ぎてしまった。ここに外側からこれ以上の歪み修正を加えると、鈑金作業が詮無いことに。

この部位のみをへこますと、それはパネル全体が“へこんだ原状”に戻ってしまう。その可能性が高いとか。これ以上の鈑金修正はNGだ。

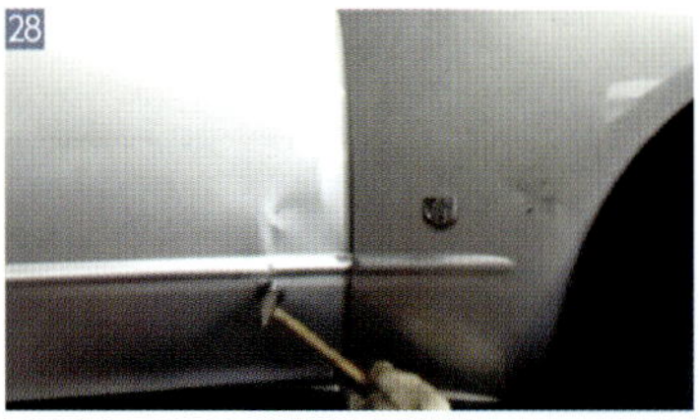

ベルトライン上下部位はまだ鈑金ハンマーでの修正余地あり。これは下部位のパネル修正作業。内側の作業空間がタイトなので下側から攻める。

ベルトラインの下にあるエッジを立てる鈑金作業は経験豊富な作業者でなければ難しい。裏面のドリーの当て方でエッジが見事に再現されていく。

ベルトライン直下のエッジは塑性変形部位を除いてほぼ原状復帰した、といってもいい仕上がり。若干の出っ張りは塑性変形部位なので、このまま。

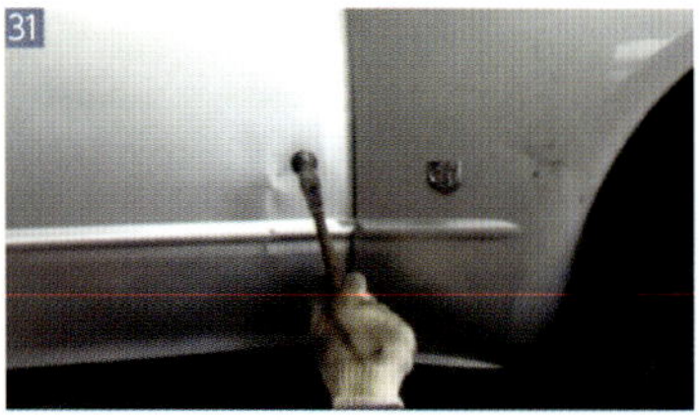

ベルトライン上部にできた塑性変形の突起は押し込みたいところだが、パネル全体の歪みを計算して、可能な範囲での修正をこころみたが……。

縦方向のアールは別にして横方向の平面度は直定規で測定できる。ベルトライン直上部の水平方向はきれいに成形できていることが分かる。

平面度はもう少し上部で直定規を当てると、ドアパネル中心部から前方部までは達成されているが、ドアエッジ付近は若干奥に引っ込んでいる。

28／31までのパネル表面修正はオフドリーで作業が進められているはずだ。オフドリーはパネル表面と裏面での鈑金ハンマーとドリーの位置関係がずれた状態での作業となる。場合によって、ドリー側から打撃を与え、その打撃力を鈑金ハンマーが受けてパネル平面化をしていくこともある。このハンマーとドリーの位置関係がオフセットしているところが、この作業法の肝で、鈑金ハンマーはへこみ部位のエッジ部に打撃を加えることになる。ただ、オフセットが広くなると、その分打撃力の影響が弱くなるが、それを巧みに使いこなして、きれいな平面を作り出すのが“職人の腕”ということになる。最近は作業量的にも金銭的にもパネルassy交換が多いが。

34 その原因はドアパネルエッジに縦方向にできた突起にある。その突起を押し込もうと、先端が尖った鈑金ハンマー面で修正を試みることにした。

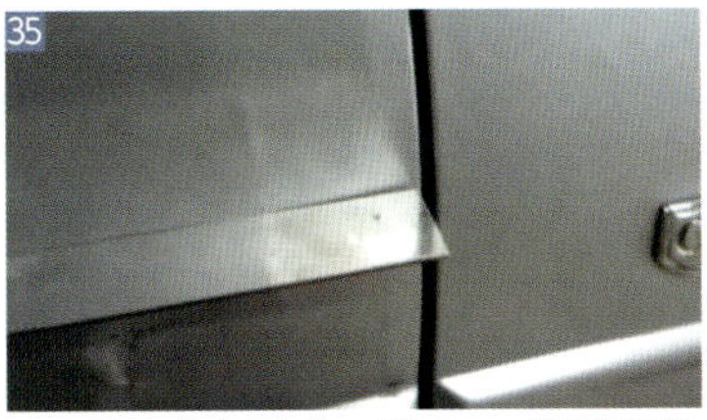

35 ドアパネル後方からドアパネルエッジ部を基準にしてフェンダーパネルとのつながり具合を目視チェックしてみると、平面は出ているが……。

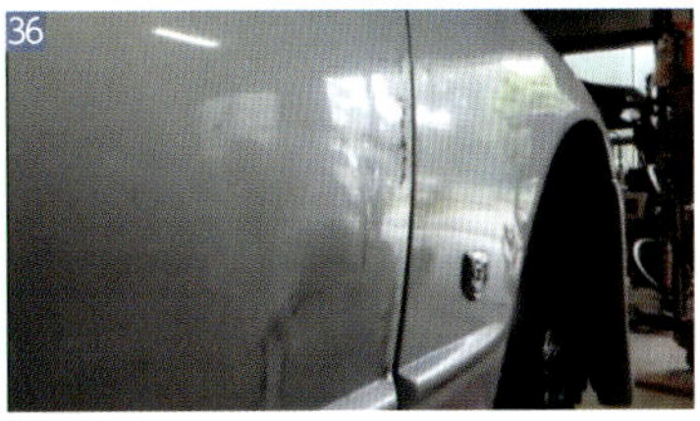

36 全体がへこんでしぼむ、という反動が起きる限界まで先の尖った鈑金ハンマーで修正を試みた修正結果を平面が示している。

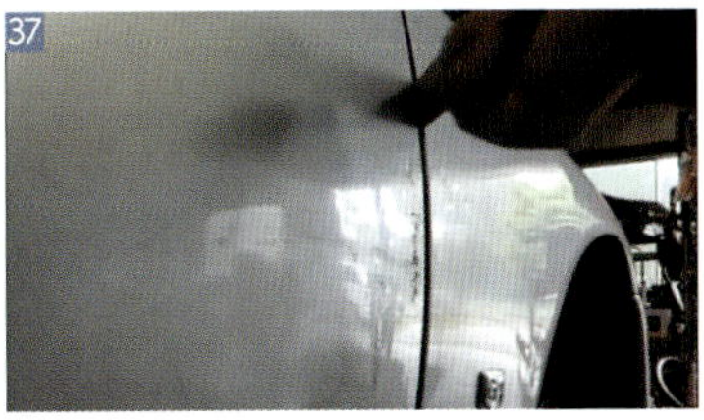

37 フェンダーとドアパネルは平面状態ではなく、わずかだが両パネル間には“段差”があるのが触手で分かったので、チリを“木製のヘラ”でこじる。

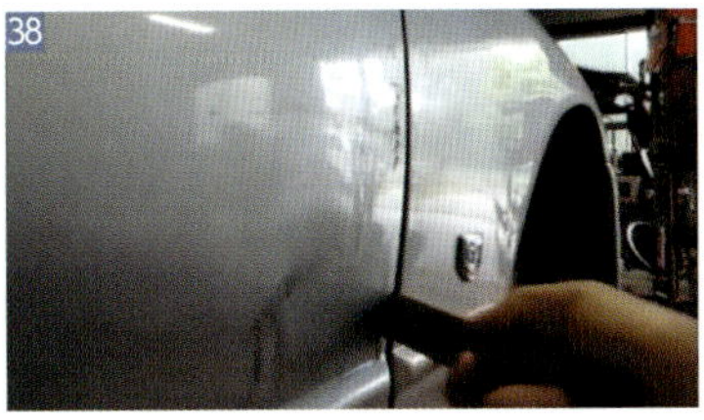

38 段差は全体的にあるので、下部もヘラで修正。差し込んだヘラでこじるとフェンダーが盛り上がる。パネルはそういった修正で面一になった。

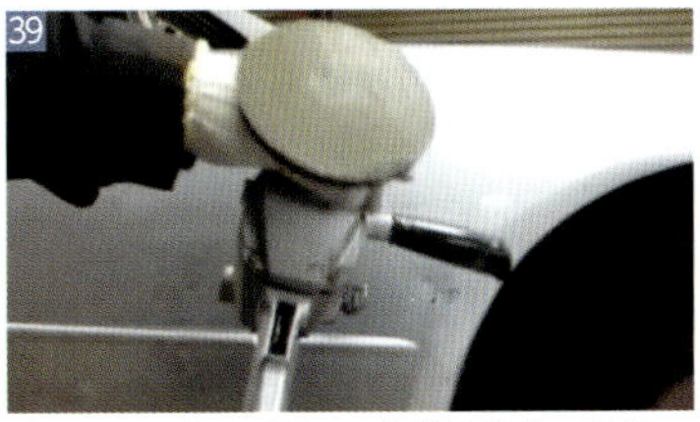

39 パネル面の修正が終了。作業は塗装の剥離へ。ここではポリッシャーに作業効率のいいシングルサンダーを使う。ヤスリの番手は40番。

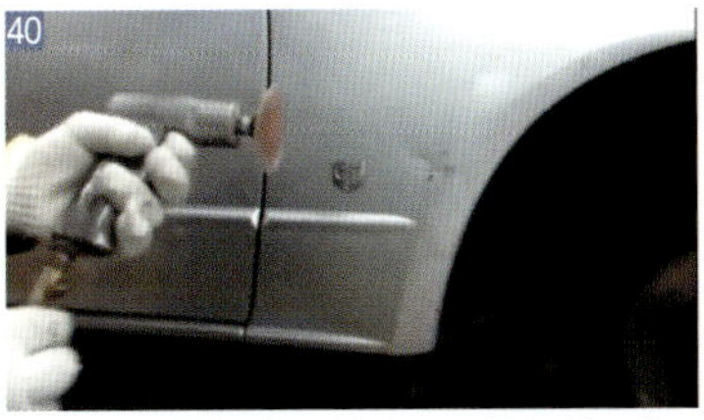

40 おおまかに塗装剥離したあとには小型のサンダーも使う。このサンダーは先端部が“クイックロック”という特殊な構造。ヤスリの番手は36番。

41 先端部が脱着交換式になっているので、一般的なディスクを嵌め込んで固定するタイプと違ってディスク交換が簡便。使っているのは3Mのもの。

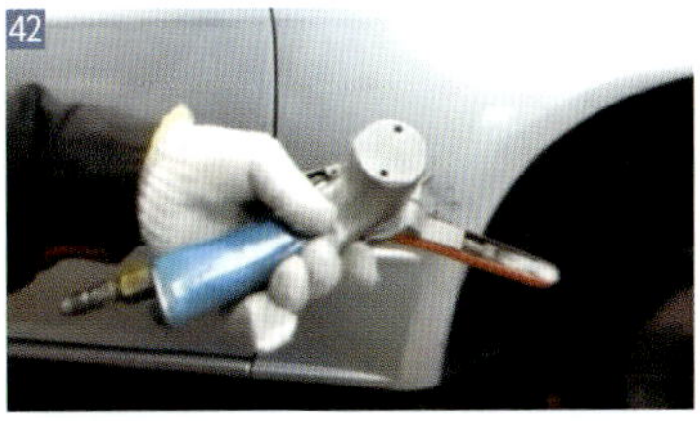

42 さらに細かい部位の剥離にはベルトサンダーを使う。今回の場合でいえば、縦溝のようにできた塑性変形部の奥まで届くのは、このベルトサンダーだ。

43 シングルサンダーのヤスリ面はパネルに対して約15度が基本だが、もちろんヤスリ面全体をパネル面にあて塗装を剥離していく場合もある。

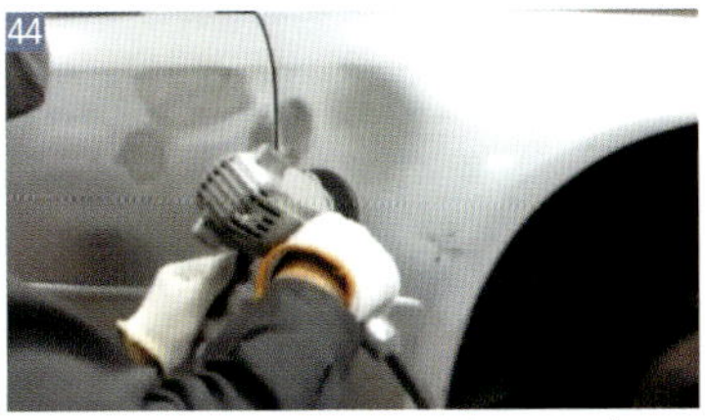

44 フェンダーとドアパネルの両端部もシングルサンダーで塗装剥離。剥離部位はパテを盛る部位。鉄板表面を出して足付けするための塗装剥離だ。

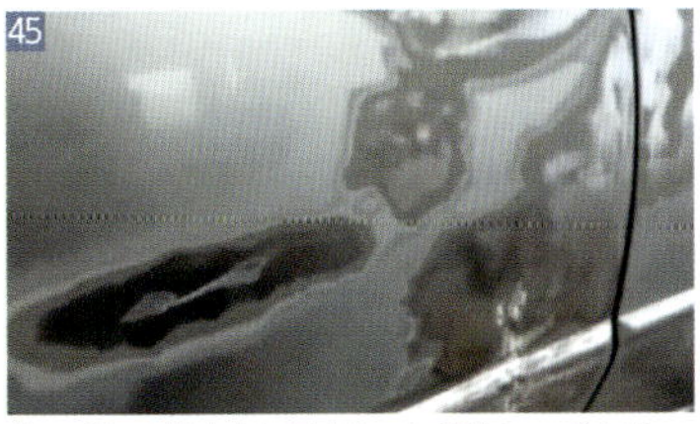

45 ドアパネル横方向に深く入った傷はシングルサンダーで剥離したあと、ベルトサンダーで奥まで塗装を剥離。こういう部位がブリスターの原因になる。

張力鋼板では最後まできれいに叩き出してパネル修正をすることは至難の技。クルマの作り方が素材の進化とともに変わってきている。34はドア前方のベルトライン上部付近が、若干張り出しすぎだったので、パネル面の衝撃を加えたら、若干だがへこみ過ぎた……が、直定規をあてて平面具合をチェックすると、まぁ許容範囲内ということで作業終了。ドアパネルの塗装剥離部位に足付き性がいい鈑金パテを盛っていくわけだが、塗装面よりも若干低いほうがパテ盛りで表面を整えるには都合がいい。塗膜剥離用の工具としては異例なシングルサンダーだが、作業効率は高そうだ。この足付けをしっかり行なわないと大きなトラブルになる可能性が高い。

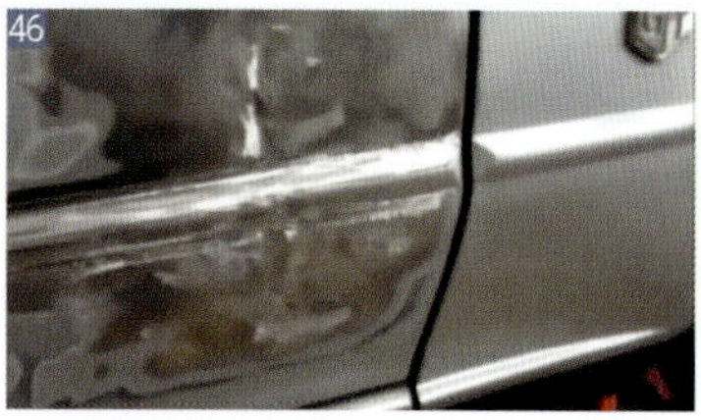

46 輝いて見えるのが塗装を剥離した部位。鈑金ハンマーで成形鈑金したベルトラインとパネル面との境界部周辺も、塗装が剥離されている。

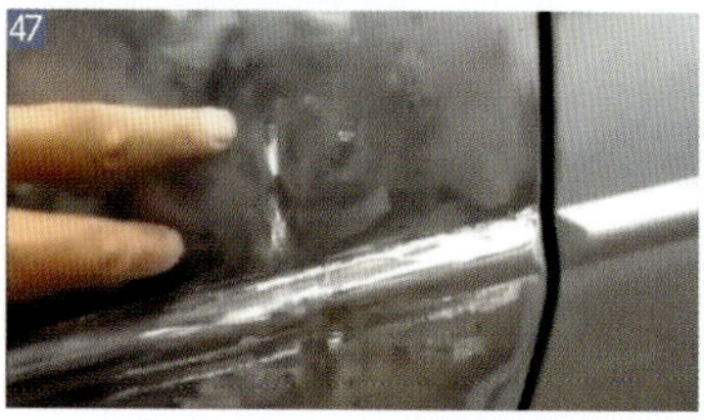

47 ベルトラインの上部に入った深い傷は塑性変形している。こういう形状を修正するのにこそパテはふさわしい。塗装は傷の奥まで剥離されている。

48 使用済みのパテ滓(かす)などがない、表面がきれいなパテ板に必要量のパテを盛付ける。鈑金パテはボディパネル面への喰付き性能が高い。

49 パテへの硬化剤の混合率は約7〜10%。外気温によって割合を加減する。少なすぎるとなかなか乾燥せず、多すぎると作業中に硬化し始める。

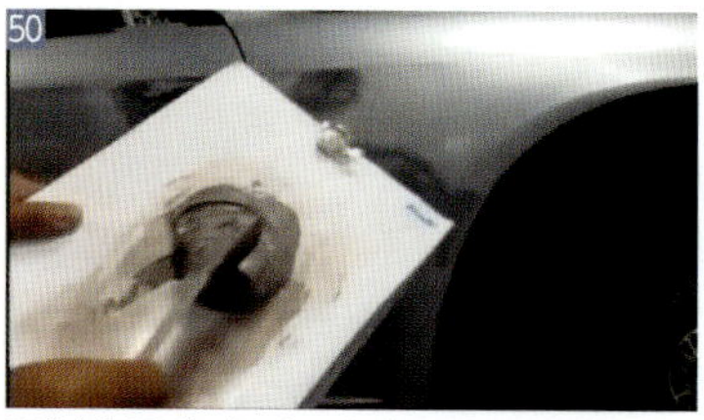

50 硬化剤を混ぜて捏(こね)合わせる。変色したのがお分かりだろう。充分に混ぜるが、ここからは時間との勝負。空気をなるべく入れないように。

51 鈑金パテが盛れる厚さの最大限の目安は約50㎜だが、薄いほうがトラブルの原因にならない。よって板金によるパネル面の修正/成形作業は重要だ。

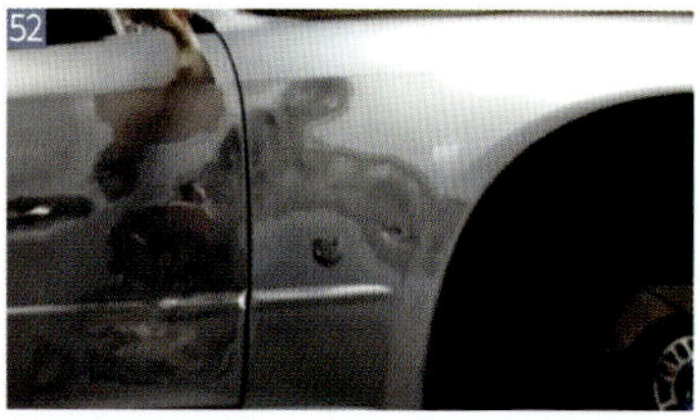

52 鈑金パテはフェザーエッジの内側まで盛付けるが、このようなエッジ部分は、へこみ埋めというより成形のためのパテ盛りの要素がどうしても強くなる。

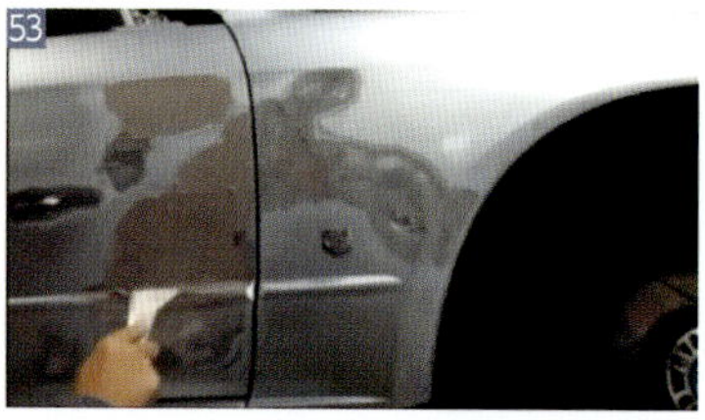

53 同じ理由でベルトラインへのパテ盛りは、基本的にへこみ埋め作業だが、成形の要素が大きい。パテヘラの先端を使って境界線部位を処理する。

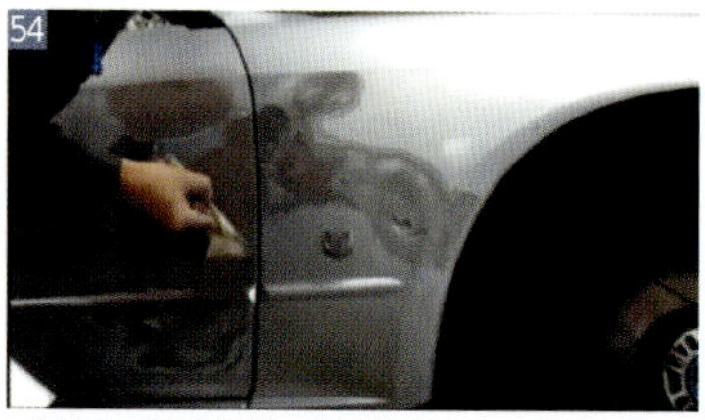

54 パテ板に盛り付けたパテが硬化しないうちに必要部位にパテ盛りしなければならないが、エッジ部の盛付け処理はきれいにしておくことが必要だ。

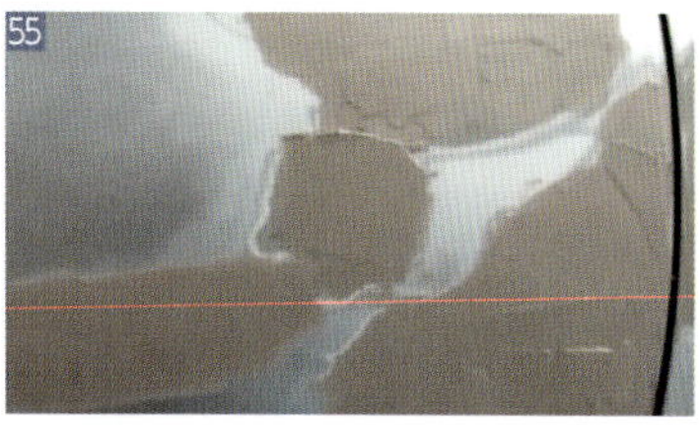

55 鋼板が露出していた部位には鈑金パテが盛られた。範囲はフェザーエッジの内側まで。まずはパテ盛りで表面の基本的な平面形成を整える。

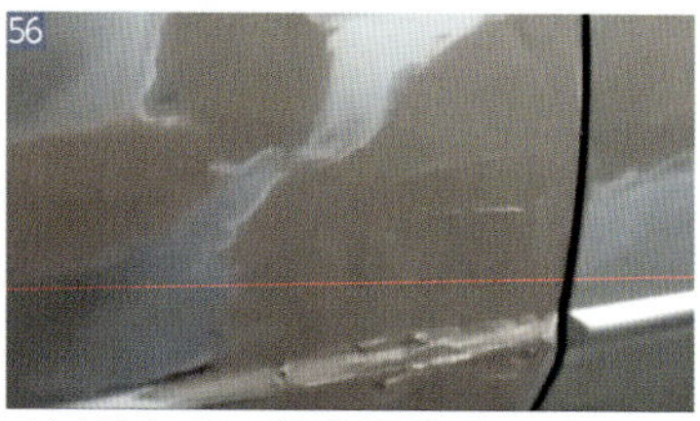

56 ベルトライン部のパテ盛り風景。平面からのエッジ立ち上がり部。そしてピークからその下部にもパテが盛られている。形状は研磨作業で整える。

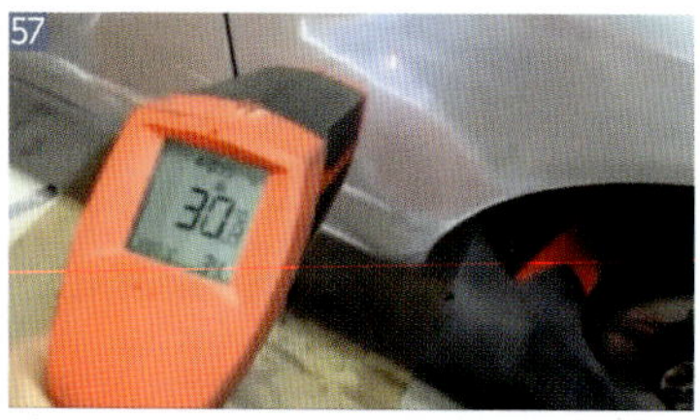

57 パテメーカーの乾燥指定時間は30℃で25分。触手による感触ではなく、デジタルで時間を守ることが結果としてトラブルを未然に防ぐ。

塗膜剥離→パネル表面修正→パテ盛り、と進む作業はパテ盛りは一般的には鈑金パテを最初に塗り、2回目は中間パテを盛り、最後は仕上げパテとして“ポリパテ”を盛っていく。しかし、BOLD氏は鈑金パテを3回塗って今回のパネル修正を終えている。鈑金パテは乾燥すると硬度が高く、研磨作業には時間を要するが、それでも鈑金パテに拘るのはその足付き性だ。パネル面と鈑金パテとの足付き性は重要視されるが、鈑金パテと中間パテの間にも足付き性の問題はある。ピンホールが出来やすいという問題があるが、240番まで磨けば表面はどのパテでも滑らかなものになる。この上に、プライマーを吹きサフェーサーを吹くのがBOLD氏のスタイルだ。

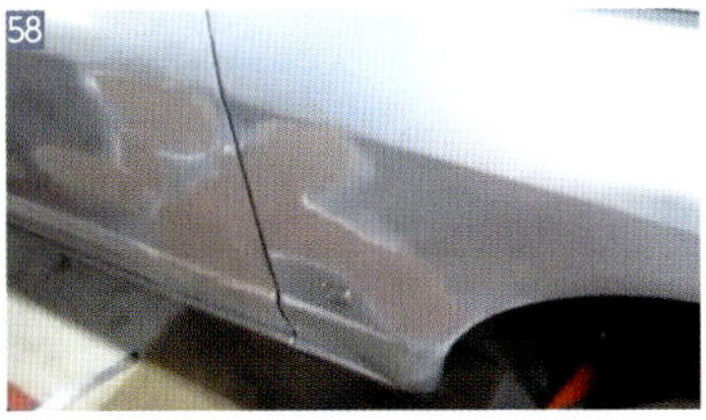

58 季節が冬季ということもあり、パテの乾燥にはヒーターを使用。温度管理は重要で表面が熱すぎるとパテが“湧いて”剥離する。

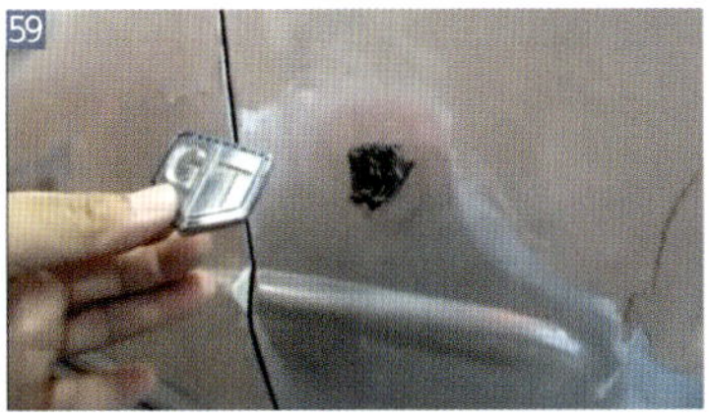

59 パテ盛り終了。高い部分は鉄板が露出しており、低い所にはパテが盛られている。1回目のパテ盛り作業でいい感じに仕上がった。

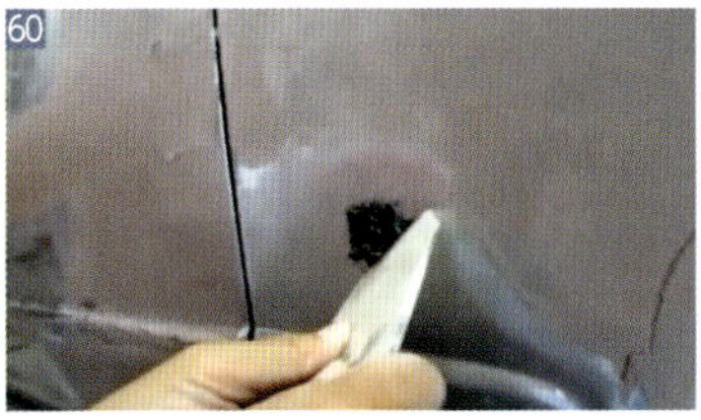

60 エンブレムなどを剥がすと粘着剤が残る。この状態でエンブレムの周囲に付着していた埃や砂などを取り去ってボディに傷がつかないようにする。

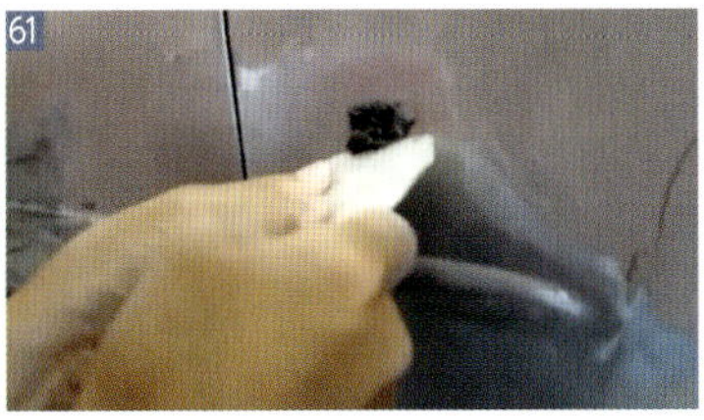

61 パテヘラで粘着剤を剥がすと、爪や指先にストレスを加えることなく剥がすことができる。パテヘラには水をつけ、切り取るように剥ぎ取る。

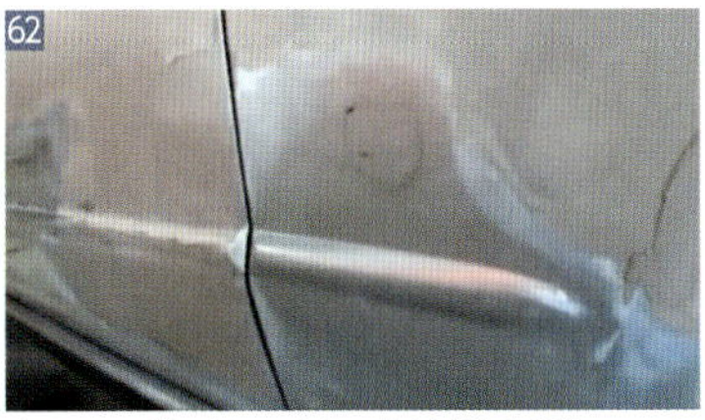

62 力を入れず軽く切るように接着剤を剥がしていく。張付け跡が残ったらコンパウンドで磨けば、完全にフラットできれいなパネル状態になる。

63 ペーパーファイルに60番のヤスリを巻付け研ぐ。研ぐ方向は左右から横斜めの角度から。直線状にやすりはかけない。フラットな表面を作り出す。

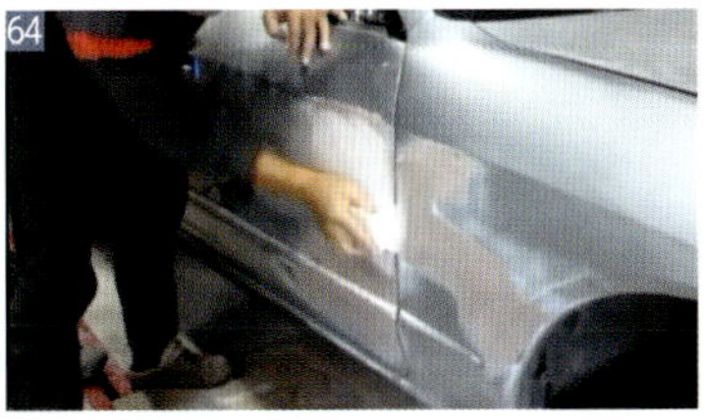

64 実は、この研ぎは2回目のパテ盛りが終わってのもの。このあともう1回パテを盛っている。一般的には中間パテを使うが、最後まで鈑金パテだ。

65 結局、パテ盛り作業は3回になった。これはその仕上がり具合をチェックしているところ。鈑金パテでもピンホールは皆無。

66 120番のヤスリでの表面研磨だが、削り滓が細かくなり飛散するので吸引機能を備えたファイルを使う。60番でもそれなりに削り粉は出る……。

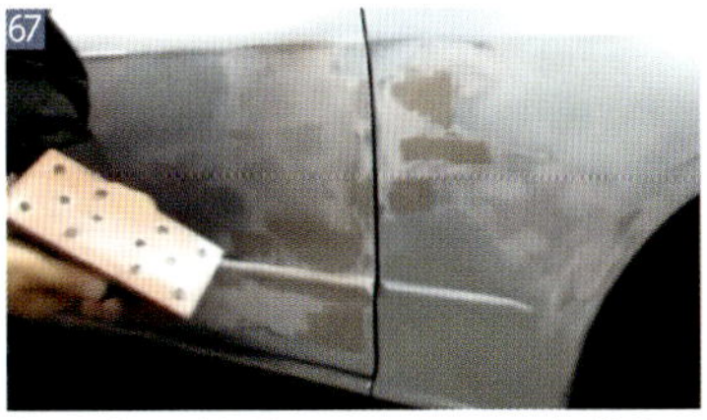

67 表面の穴から削り粉を吸い込んでファイル後方に吐き出す。研磨作業は防塵マスクを着用して行なうが、粉塵のなかでの作業は避けたい。

68 いま作業しているファイルの下方面のパテ表面に削り粉が落ちていないのが、この電動吸引ファイルのいいところ。視認性も高まるから作業性がいい。

69 電動吸引ファイルで最終的にパテ表面の成形具合を整え、塗装工程へと作業は進んでいく。約6時間の作業。使用パテは4L缶の約1/5。

パテ研磨作業は、32番から始まって3回目の研磨作業では240番のペーパーをファイルに装着する。ヤスリでパテを削り取る作業なわけだから、そこから出る“粉塵”は番手が高くなれば、細かいものになって作業所内に舞い広がる。防塵マスクを装着して研磨作業を行なうのは当然だが、ここに紹介している“吸引機能”を有したファイルは仕上げパテを研磨するときには有用性が非常に高い。

どのパテでもいえることだが、完全乾燥していないとサンドペーパーの“目”が詰まりやすいので、作業性が落ちる。また、研磨した面に“削滓”が残っていると視認性も落ちる。それはパネルを装着したままの作業にもいえることだ。

第2章：FRP製フロントバンパーの補修と塗装の実際

カスタムパーツの素材としてFRPが使われているケースは多い。理由は、ハンドレイアップ工法で作れば簡易型でも製品化することが可能というFRPのもつ素材特性があるが、これに加えてガラス繊維を強化したプラスチック素材＝グラスファイバーの補修が比較的容易なのも、その理由のひとつ。ここでは、そのFRPパーツが破損した場合の補修方法を紹介する。

生涯車屋

1 前コーナーでは右側フェンダーとドアパネルの損傷修正を解説。ここでは右端部を破損したFRP製大型フロントバンパーの修復を説明する。

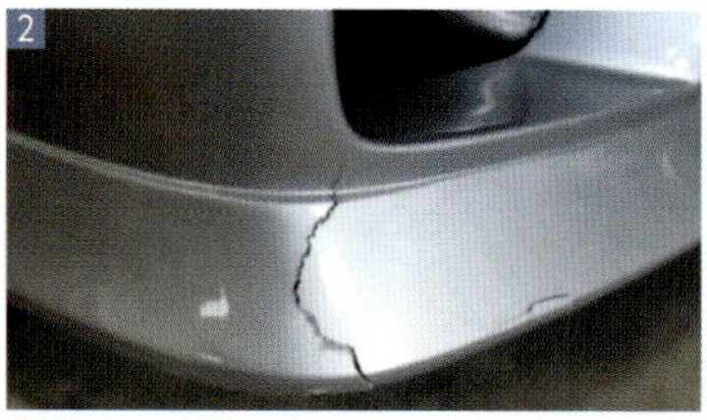

2 損傷したFRP製Fバンパー部。完全にスカート部が分離している。この状態では"ファイバークロス"を貼って補強しないと強度が保てない。

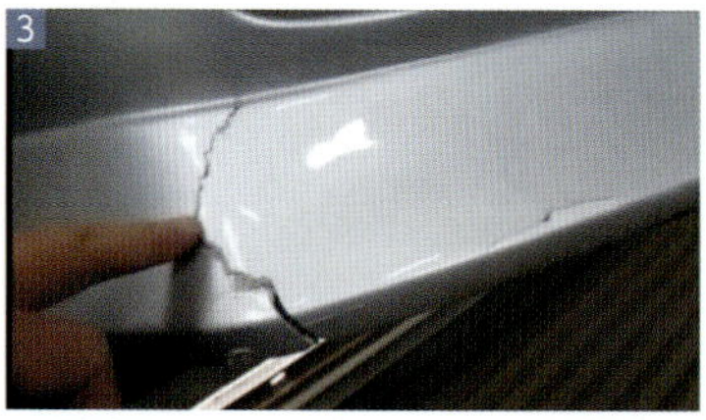

3 正確な表記はGFRP。グラスファイバーをレインフォースドして作られたプラスチック。製法は少量生産に適したハンドレイアップ、"手貼り"だ。

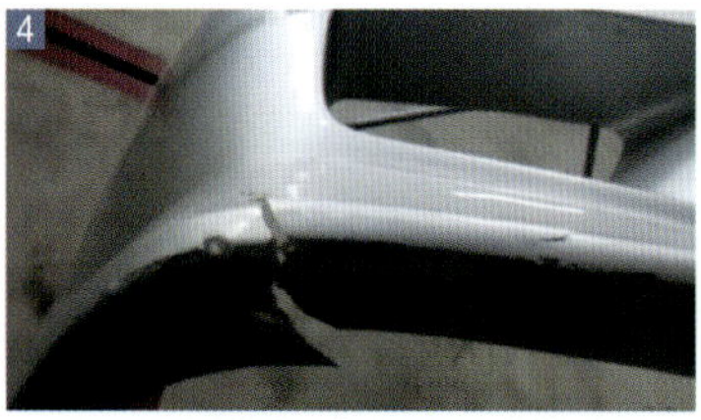

4 スカート下側からバンパーを覗く。完全に割れている。これでは一体成型で確保していた強度が担保されない。強度とバランスの両立が要求される。

5 塗装剥離に使うのは"グラインダー"。この日立製のグラインダーは回転調整が可能。熱をもたせたくない場面では超低速で高トルクを発揮する。

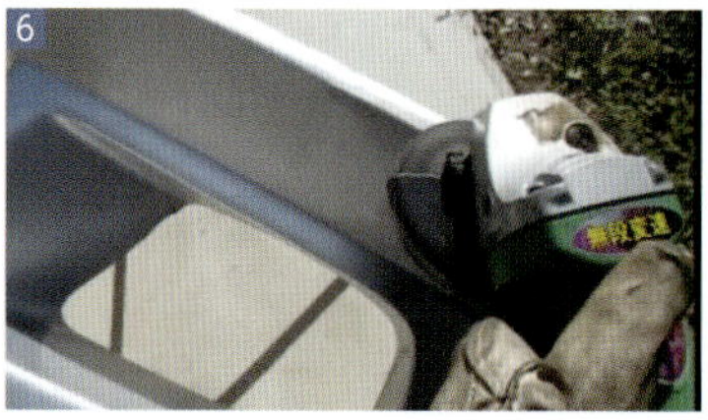

6 回転数選択機能を活用して部位によっては極低回転にして切削面を保護しながらの作業となる。最低でも3プライだろうから鋼板よりは厚い。

7 内側を深く削り、徐々に切削具合を浅くして外側へ向かってフェザーエッジを研ぎ出すのはFRPも鋼板も同じこと。要は下地面を研ぎ出すのだ。

8 底面にもゲルコートの上にシルバーの塗色。塗料を落とすのはもちろんだが、グラスファイバーで補強するためにゲルコートも剥離する。

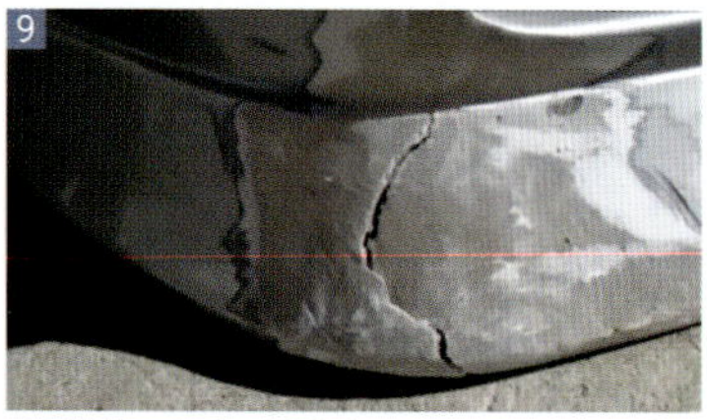

9 FRP塗装のための足付けには32～65番のペーパーを使うと、塗装が剥がれにくくなる。新規積層のグラスファイバーが足付けとなるわけだ。

そもそもFRPとはFiber Reinforced Plasticの頭文字をとったもので日本語表記では"繊維強化プラスチック"となる。特性を大雑把にいえば、アルミより軽く鉄より重い部材として各種工業製品に使われている。日常生活でいえば浴槽などはその代表的製品だ。日本ではFRPといわれるが欧米ではGFRPという表現が一般的。これはCFRPと正確に区別するためだ。G：グラスファイバー、C：カーボンファイバーだ。製造法にはいろいろあり、この製品はハンドレイアップ（Hand Layup）方式。少量生産の製品の主流になっているもので、大掛かりな生産設備がなくてもできる点が魅力。いわゆる"手貼り"と呼ばれる方法だ。

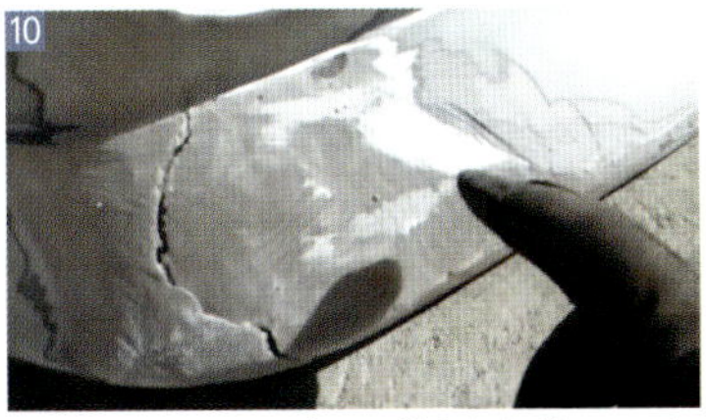

白く見えるのは FRP 表面に塗られたゲルコート。積層した表面を削り終えたとき、同じ高さになるようにグラスファイバーを貼ると強度も出る。

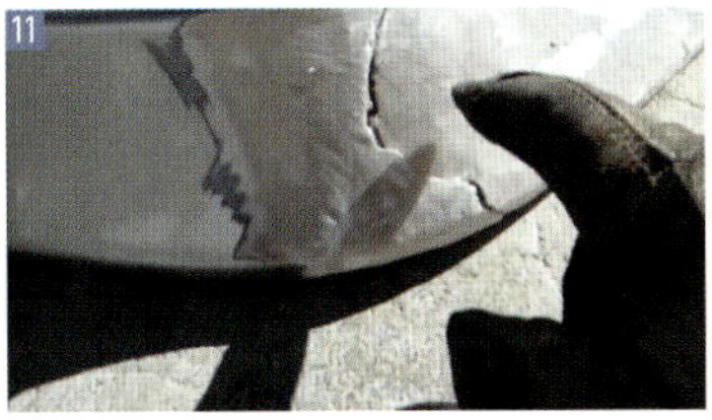

グラスファイバーを鈑金パテ代わりに使うという発想での補修。強度はグラスファイバーで保たれている。積層を極力厚くしたいという発想だ。

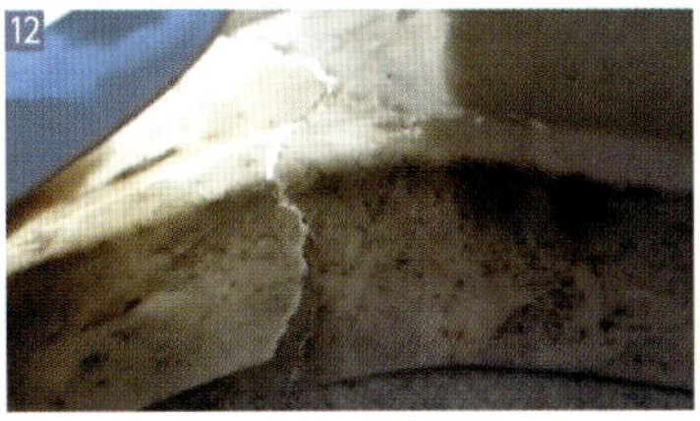

バンパーの裏面。こちら側にはグラインダーは入らないので、ベルトサンダーを使っての剥離作業となる。ゲルコートを削り取ればそれでいい。

グラスファイバーの積層を削り取って新たなそれを貼る。意外にグラスファイバーの混入量が少ない。透けて見えるのはポリエステル樹脂。

割れ目がぴったりと合う位置を探してバイスで固定すると、割れ目の隙間も埋まり、ここに積層すれば強度が確保できそうな感じだ。

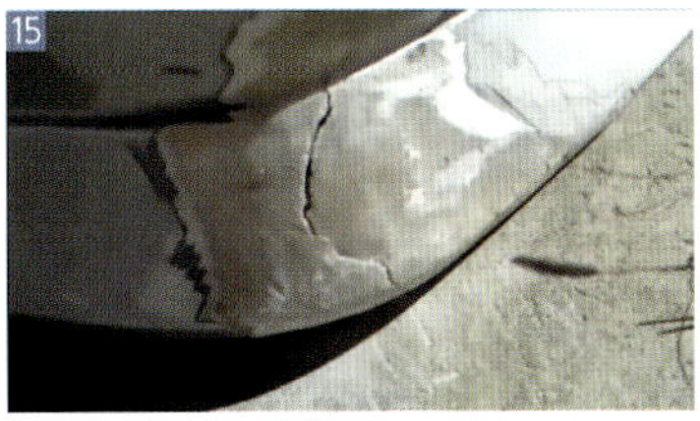

バイス固定したことで当初よりも両面の密着度はアップした。その接合面を "V 字" に削ってグラスファイバーを埋めるスペースを確保する。

FRP はグラスファイバーをポリエステル樹脂で固めたもの。缶に入っているのが、そのポリエステル樹脂。グラスファイバーの "接着剤" だ。

そのポリエステル樹脂には硬化剤を混ぜる。目分量ではなくシビアに計量して混ぜる。硬化剤の混合率は約 2%とわずかな量だ。

硬化剤の含有量が多すぎると強度が出ず割れてしまう。少なすぎると当然固まらないうえに剥がれやすくなる。規定量を混ぜ合わせよく掻きまわす。

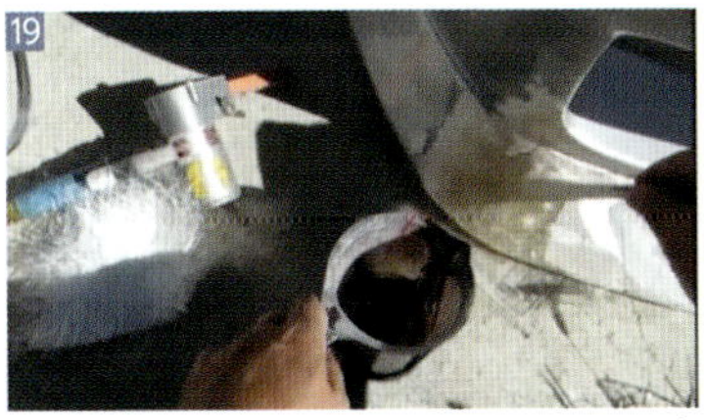

磨いたバンパーの割れ目にいま作ったばかりのポリエステル樹脂を塗布。刷毛で塗るのが本来だが、塗布量が少ないので掻きまわし棒で流用。

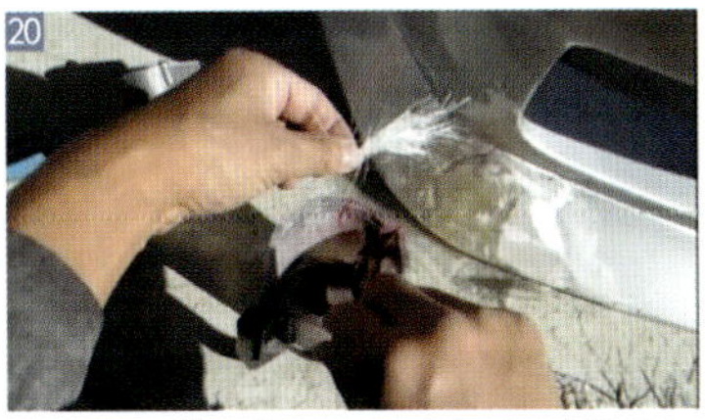

"こより" 形状のグラスファイバーを、割れ目の溝に埋め込むが、それ自体にも硬化剤入りのポリエステル樹脂を塗布。粘着性が強いので注意。

できるだけ割れ目の溝のなかにグラスファイバーが入り込むように、ポリエステル樹脂を塗り足しながら、掻きまわし棒で入れ込むように作業する。

Hand Layup は直訳すると "手で積み重ねる" という意味になる。つまり、人の手で型に FRP の元となるグラスファイバーを貼付ける工法。具体的な手順としては雌型にゲルコートを塗布し、続いて補強材となるグラスファイバーとそれを固めるポリエステル樹脂を塗りつけ、ローラーなどで含浸、脱泡しながら積層する。この工程が 1 プライで、これを何度か繰り返し、その後乾燥させ硬化したところで型から外せば製品ができあがる。ほとんどが 3 〜 5 プライで製品として成立している。GFRP の製造法には、このほかスプレーアップ、VARI、SMC といったものがある。GFRP でボディ&シャシーすべてを作ったクルマがある。初代ロータス・エリートだ。

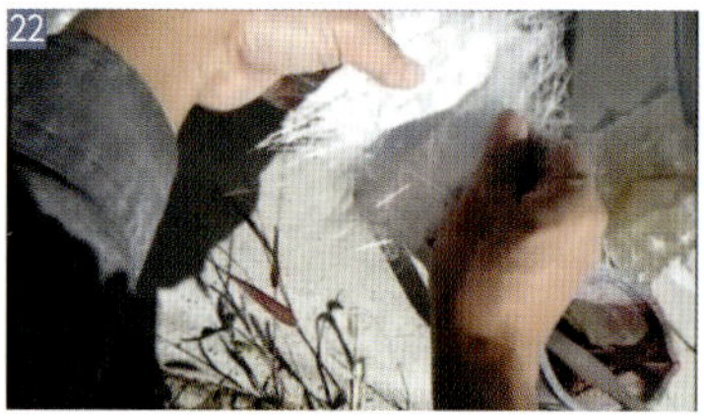

ポリエステル樹脂は積層されているので半分の厚さに分ける。厚く積層してもゲルコートと等分の平面に仕上げるためには削り取ることになる。

ポリエステル樹脂を貼付けたバンパーコーナー部。綾織のグラスファイバーによって強度を確保。この構造を効率よく再現した補修方法だ。

裏面に残った綾織のグラスファイバーを同じくポリエステル樹脂を塗布して貼る。裏面は見えないので強度確保を一義とした貼付け方法だ。

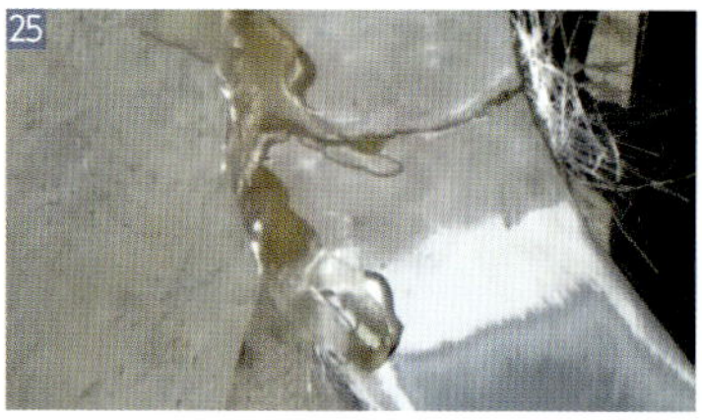

グラスファイバーを貼付けた部位をアップで見る。盛り上がっているのがそれ。この部位は完全に割れていたので、これで強度確保が担保された。

グラスファイバーが貼れなかったバンパーの裏面。ここにグラスファイバーを貼付けて強度アップをサポートしたいが、足付けが悪くできなかった。

ベルトサンダーで FRP 表面研磨にもう一度トライ。きれいな表面が現れた。これならば足付けしてグラスファイバーを貼付けることができる。

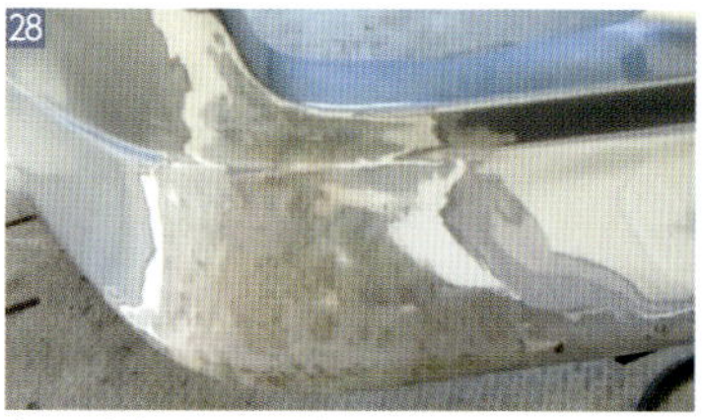

充分に乾燥するのを待って RFP の表面を研磨するが、なるべく削らない方向で作業する。硬化剤が入っているとはいえ、FRP の硬化時間は長い。

表面の塗装の下にはポリパテと仕上げパテが盛られ、その下にやっとゲルコートが見える。仕上がりの“きれいさ”を狙ったものだろうが、重くなる。

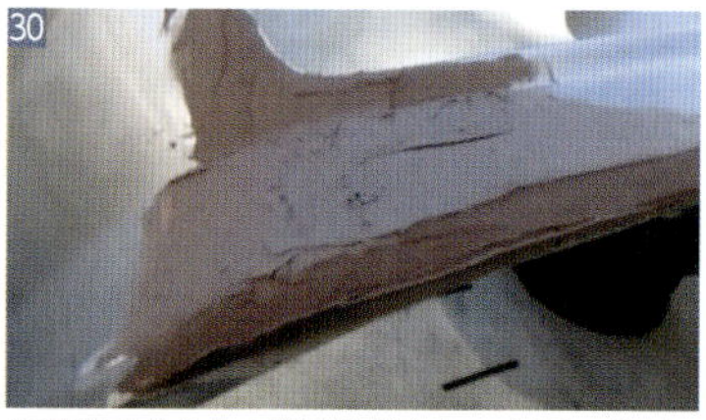

修理箇所が全体の美観を壊さないようにパテを盛って処理。さすがに鈑金パテではなくポリパテを使用。目的は足付け傷を隠すこと。

バンパーとしての表面成形のために、パテは 2 回盛ることに。理由はこのアフターマーケットの製品が軽さよりも“輝き”を重視しているためだ。

グラスファイバーを盛った部位は丁寧に研磨していく。結局、表面のグラスファイバーは一部を残せたが、オービタルサンダーで表面研磨された。

これはヤスリの番手を一段上げての研磨作業。削り取られるパテ粉の細かさをみれば、180 番くらいか。こうして表面を磨かないと艶は出ない。

作業を記録した動画に映っていたのは、ダブルアクションサンダーでグラスファイバーの上に盛った中間パテを研磨するシーンのみだったが、オービタルサンダーも併用したというテロップが入っている。オービタルサンダーは 10000rpm という振動に近い動きであるため、荒れた凹凸面をならすといった粗い研磨には不向きだが、表面を滑らかに仕上げる研磨には向いている。両手で本体を持ち、軽い力で前後に均等に力がかかるようにして研磨する。パッド面の幅が研磨面となるから 93 × 230 ㎜が一般的サイズ。“平面研磨”と“仕上げ研磨”に主眼を置いているため、研磨速度（効率）をやや犠牲にしているところがあるのは、使ってみるとよく分かる。

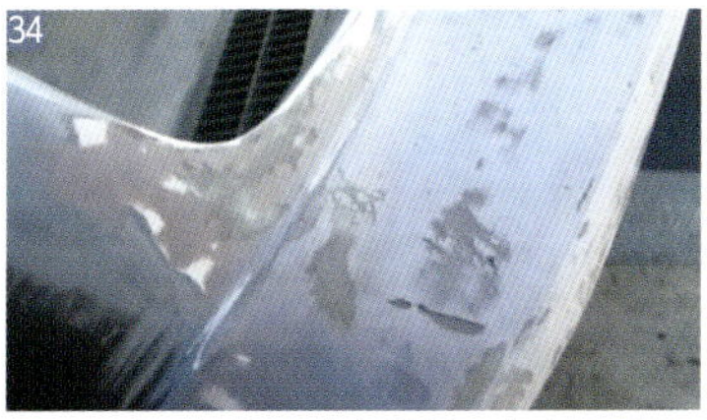

34 1回目に盛ったパテの磨きが終わった表面。平面化されているとはいえないしパテの“す穴”もそれなりに現れている。グラスファイバーも見える。

35 パテ表面のいくつかの“可愛いクレーター”を消して表面を整えるために2回目のパテを盛る。1回目とパテ色が異なるので仕上げパテなのだろう。

36 2回目のパテはグラスファイバーをポリエステル樹脂で修正加工した部位にのみ盛られている。ほかの部位は1回目のパテ処理で平面化できた。

37 表面の形は整ったのでサフェーサーを吹く。FRP製だからプライマーは吹かずに、いっきにサフェーサーへと作業は進んでいる。FRPは錆びない。

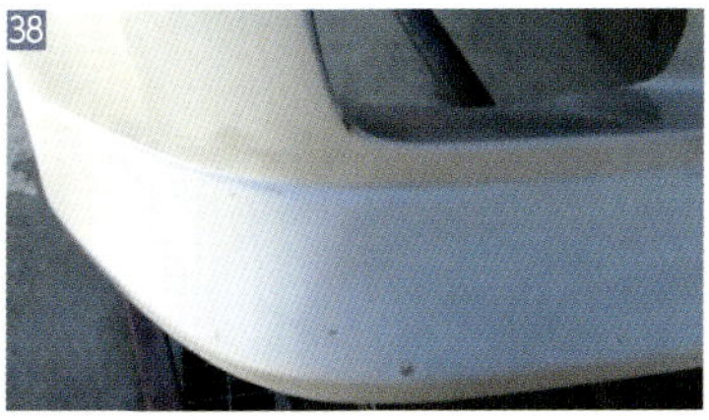

38 FRP製バンパーに吹いたのは2液性のサフェーサー。1回の作業でほぼ満足できる仕上がりとなった。この辺の作業には“予算”が関係しているかも。

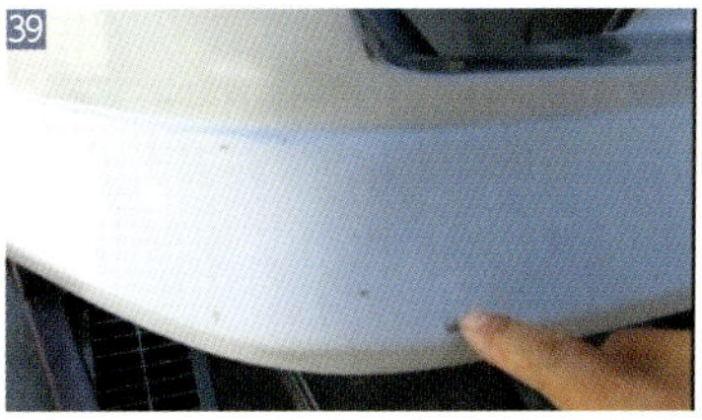

39 す穴を埋めるラッカーパテを使ったが、埋め切れていない。限られた予算では仕方がない部分がある。FRP修正した部位の表面しか仕上げていない。

40 破損したFRP製バンパーはきれいに修復された。当然のことサーキット走行に耐える強度が担保されている。仕上げもほぼ満足いくものと思われる。

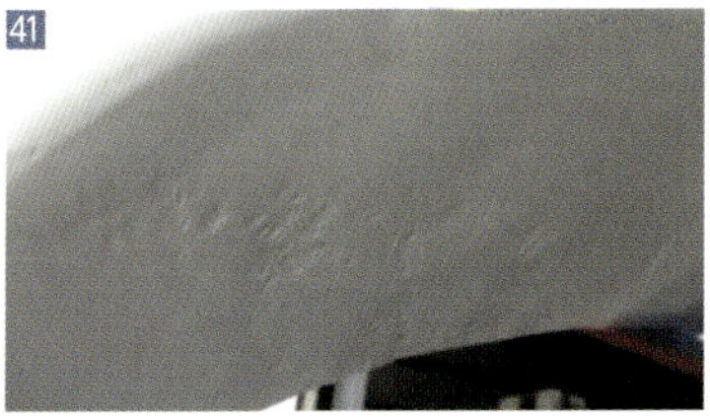

41 強度を一義とした修正作業の顕著なものはスカート底面に窺える。割れた部位の強度を担保するためグラスファイバーが厚く貼り込まれている。

42 裏側の仕上がり風景。強度を確保するためにグラスファイバーを“てんこ盛り”にするのはバランスが狂うので逆効果。厚みの均等さがポイント。

43 強度を一定に保たないと“しなった”ときにバンパーにクラックが入る。その意味でサーキットを走るクルマには“強度のバランス”が大事。

44 塗装に使ったのはアネスト岩田の0.8㎜口径のスプレーガン。クイックなタッチアップ的な塗装には向いている。空吹きの後、塗装面に正対で作業開始。

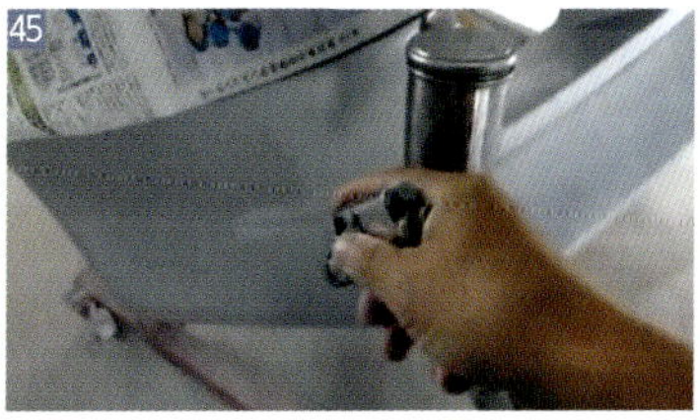

45 基本は3面でのブロック塗装。コーナー部位に差しかかると、エアーを絞ってスプレーガンを振る。前/コーナー/右の3ブロックでの塗装だった。

ダブルアクションサンダーは塗膜剥離やパテ補修した表面を研磨する工具。電動式もあるが空圧式が主流。オービタルサンダーより研磨力が強く、粗研ぎから仕上げまで使用できる。こちらにも、環境に配慮した粉塵や削滓（かす）を吸収する集塵ホース取付け口を持つタイプもある。円形のパッドが約9000rpmで回転しながら、さらにパッド全体が円形に回転するという、2通りの動きを同時に行なって広範囲を研磨する。オービットダイヤ（≒回転直径）の大きさによってパテの粗研ぎ用からプラサフ研磨用までさまざまな範囲で使い分けられる。オービタルサンダー同様、パッドに穴が開いていて、研磨粉塵をエアーで吸込みながら研磨する吸塵タイプもある。

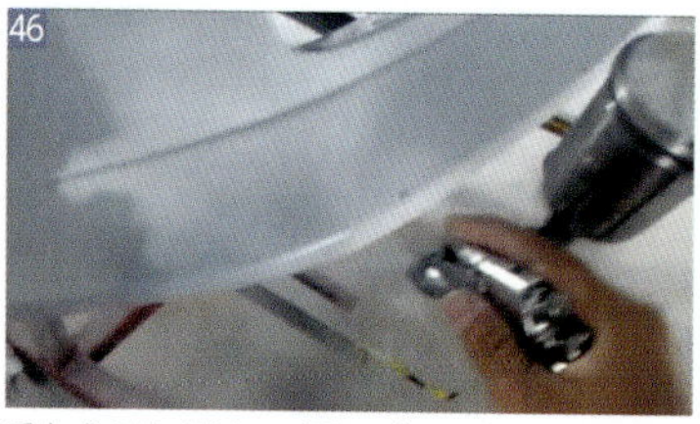

重力式のサイドカップ型スプレーガンは、塗料粘度が変化しても吐出量の変化が少ない。この位置ではハーフトリガー状態で塗料は吹いていない。

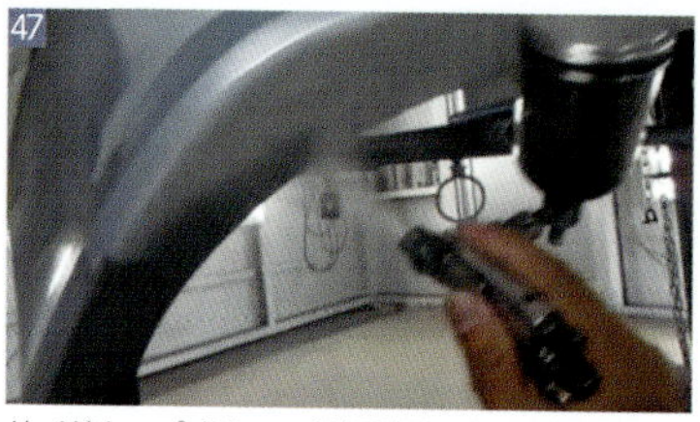

サイドカップ式はヘッド部が重いためバランスが悪い。左右の動きに安定して対応するために親指と人差し指でグリップするのがいい。

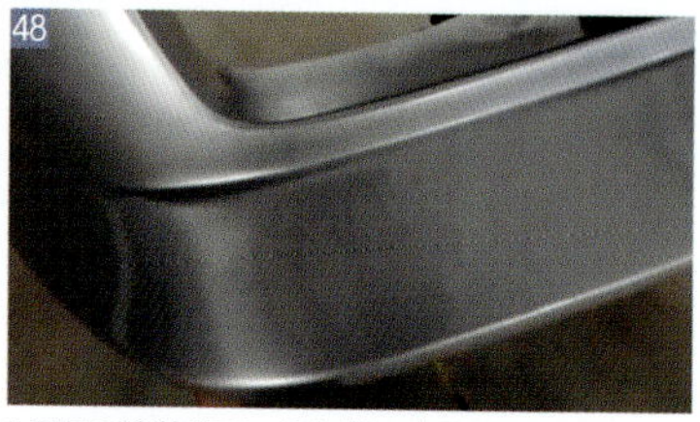

1回目の塗装終了。色や艶の表現具合をチェック。使用したウレタン塗料は対候性に優れるが乾燥が遅い。メタルムラ（戻りムラ）が出ないのが特性。

塗装後の乾燥状態を指でチェックすることを、指触乾燥という。塗装の目立たない部分で行なうが“糸を引く”状態だと乾燥が不充分。

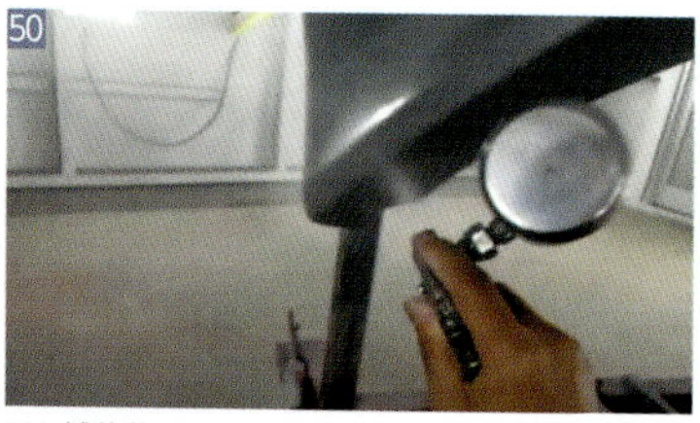

FRP補修後のベース塗装とはいえ、1回で充分な色味と艶をだすことは難しい。塗装面とガンの間隔は近いほどミストを抑えることができる。

ぼかし塗装が必要な部位が指で示したところから左側。バンパー上部は修正作業による再塗装が必要ないので、従来色との境界が気になる。

ぼかし塗装には“ブレンダー”を使うが、乾燥の遅いシンナーにクリアーを5%ほど希釈しても代用できる。塗り過ぎると流れるから要注意。

ぼかし塗装を必要とした“白い線”が消えたのが分かる。ぼかし塗装というのは“ごまかす”塗装テクニック。それは色味や艶を曖昧にすること。

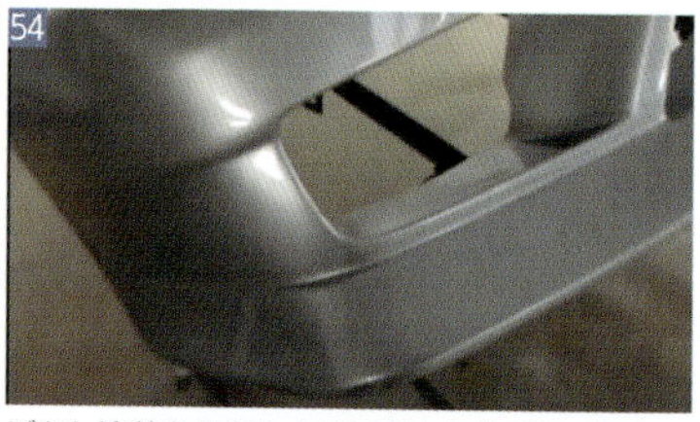

ぼかし塗装を必要とする部分にあまり拘っていると、艶のない部分が多くなっていくので“頃合い”を見極めることが必要。所詮はバンパーの下部だ。

日立製の電動グラインダー。回転速度を無段階で選べるからスピードを重視する部位と慎重さを重視する部位で使い分けができる。

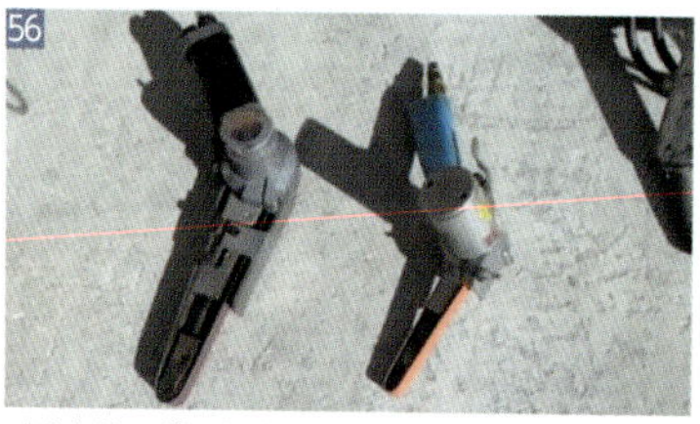

ベルトサンダーを使ったのはバンパー内側の狭いスペース。大小の2種類あるが、今回は小型のベルトサンダーで割れた部位の表面を削った。

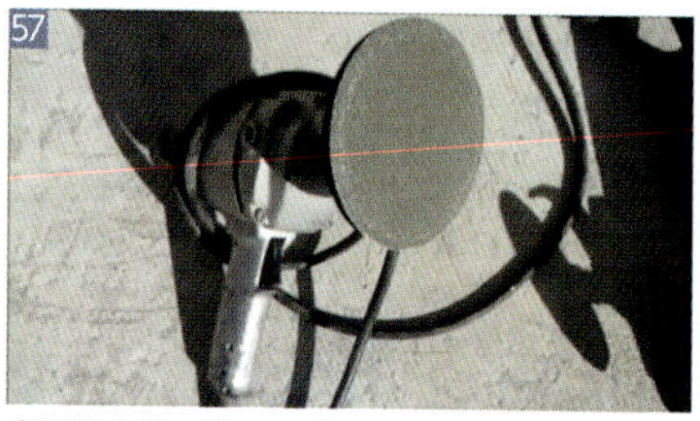

今回は未使用だったが、大きな面積の塗装剥離には便利なツール。本来はポリッシュに使うものだが、番手の粗いペーパーを装着すれば使える。

ここで吹いているサフェーサーはウレタン系の2液タイプ。樹脂によりポリエステル系とアクリル系があるが、性能的には大差ない。特徴としては層間密着性と付着性に優れている点だが、肉やせが少ない点も素材がFRPという点を考慮すれば魅力といえる。ただ、完全乾燥すると硬度が高くなり、研磨に時間がかかることは、オービタルサンダーのみでなくダブルアクションサンダーを使っていることからも分かる。サフェーサーを吹いた後でも目立った“す穴”や微細な傷を埋めるのに、ラッカーパテ（0.1～0.5㎜以下のくぼみの修理がおもな使用用途）を使っているが、その効果があって最終的な仕上がり面はきれいなものとなっている。

第3章：損傷した高張力鋼板のドアパネルを補修

塗装の下地作りの基本は、鋼板のへこみをドリーと鈑金ハンマーを使って元のラインに復元する“打ち出し”だが、現実的には“袋構造”になっている部位が外板でも多い。となると、ここで実行したスタッド溶接を使った“引き出し”修理法となる。大掛かりな機材ではなく、コンパクトなものでも充分役目を果たすことができる。

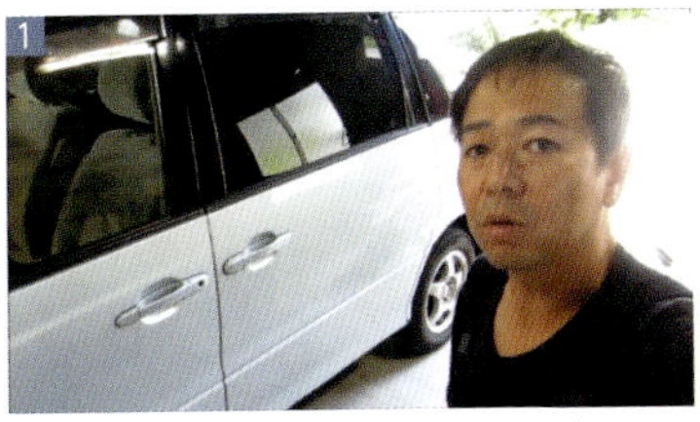

ミッドシップエンジンを改め、カムリベースのFFとなった2代目エスティマの生産年は2000～2006年。ボディの“小傷”には錆の発生部位も。

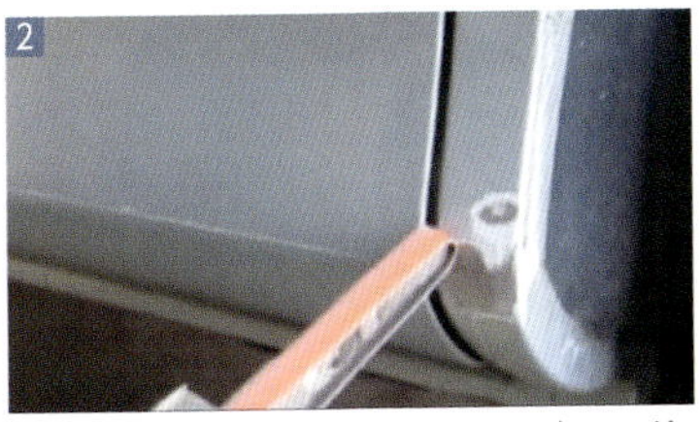

鈑金修理に使用頻度が高いベルトサンダーで、塗膜が剥がれ放置した結果発生した“錆びている”部位を削り取る。ベルトサンダーの番手は60番。

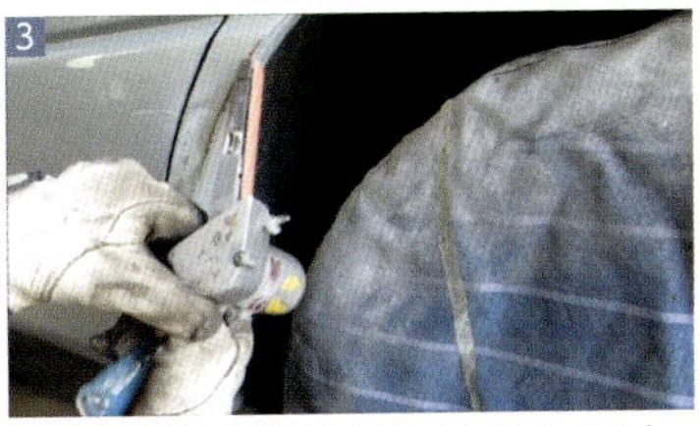

タイトな空間で作業する場合にはベルトサンダーは使い勝手がいい。フェンダーエッジの擦り傷からは錆が浮いている。鋼板面が出るまで研磨する。

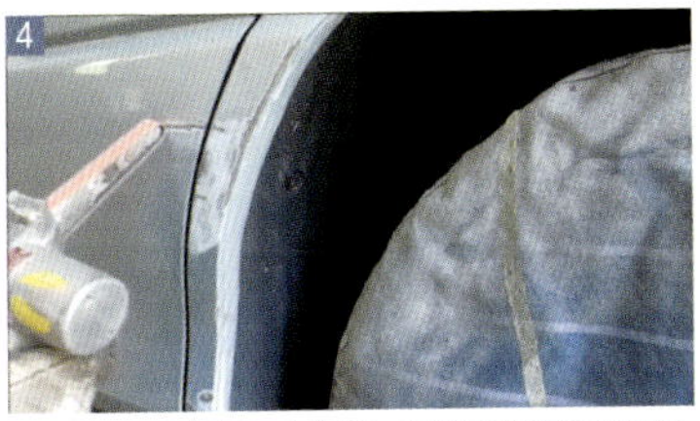

リアドアには細長い小傷が。塗膜が完全に剥がれた状態なのでベルトサンダーで研磨。塗装範囲を小さくまとめるためには研磨部位は最小限に。

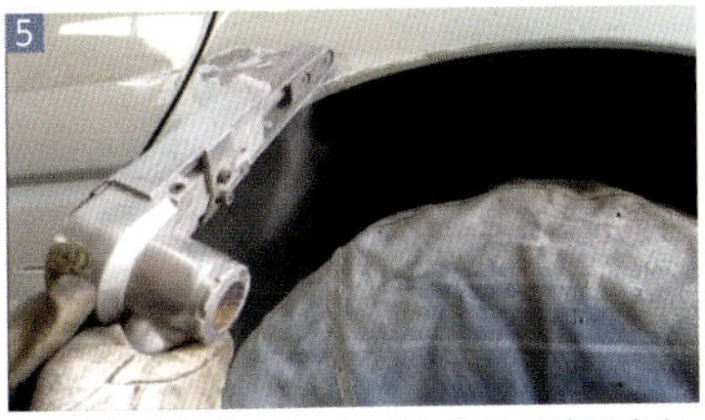

錆発生部位を削っていく。これくらいの幅になればグラインダーのほうが作業効率はいいが、細かい部位の作業性はベルトサンダーが圧倒的にいい。

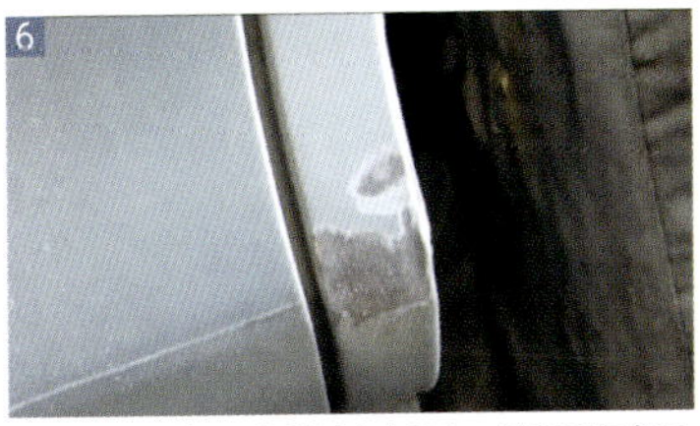

ベルトサンダーで塗膜はもちろん、錆まで完全に除去できた。鋼板面が現れているから“錆転換剤”を使うことなく、鈑金下地処理ができる状況だ。

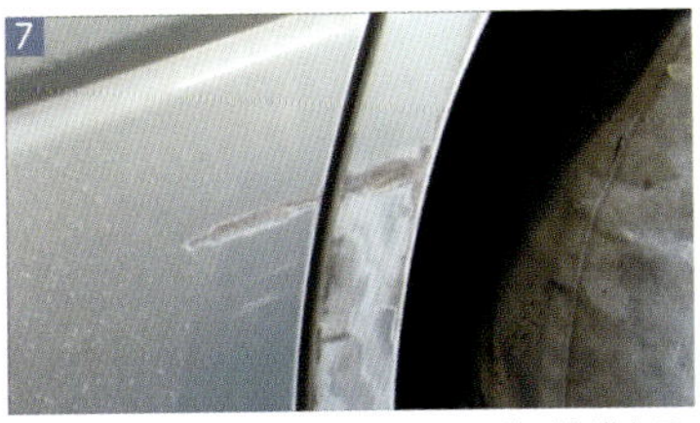

錆発生部位は完全に落としているが、塗膜あるいは電着プライマーを残してベルトサンダーを当てている。細かい配慮が作業性アップにつながる。

Rドア後半部からフェンダーアーチにかけて深く抉られていた部位は、鋼板面とサフェーサー面が覗く。鋼板面を少し引っ張り出す必要がある。

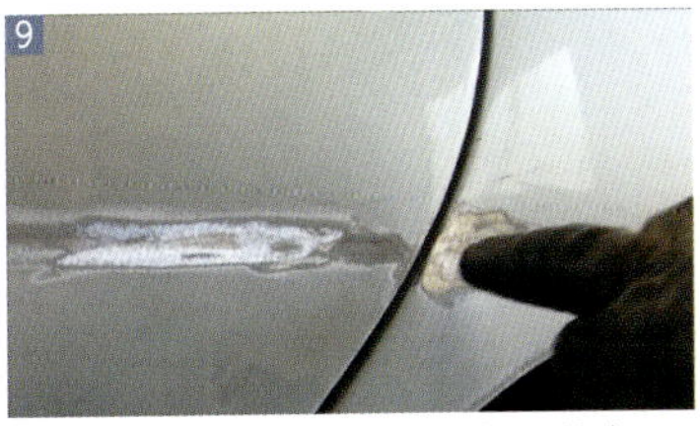

指差ししている部位は鈑金作業が必要だが、ほかの部位はパテ処理での面修正となる。ベルトサンダーで一番傷が深い部分を削っていく感じ。

鈑金修理にはベルトサンダーがマストなエアー（電動）ツールといえる。BOLD氏は3種類のベルトサンダーを持っているという。ベルトサンダーの役目はグラインダーとほぼ同じだが、その作業性の良さでベルトサンダーにはかなわない。そのほか今回も使っているのは小型のシングルサンダー。ダブルアクションサンダーも使っているが、今回BOLD氏は高トルクのものを使っている。回転部にウエイトが取付けられたもので、これが高トルクを生み出す機構。ただし使用に際してはボディが振動しやすいので、プレスラインがなかったり、あるいは面が広い部分には適していないものの研磨力は高い。この3種類のエアーツールを使って作業をこなしていった。

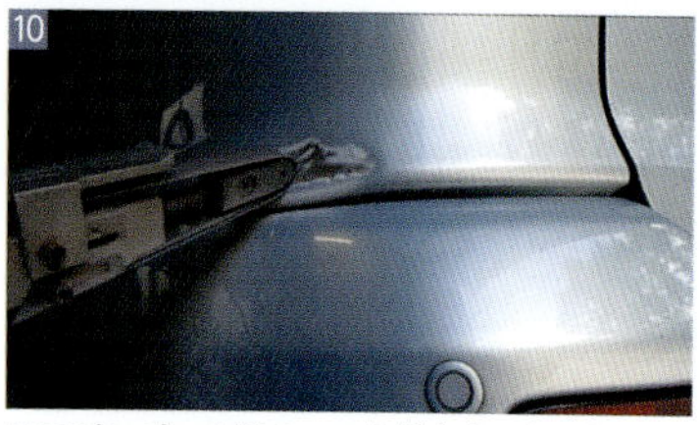

10 リアバンパー上部のへこんだクオーター部にベルトサンダーを当てる。こういった形状の切削作業にベルトサンダーは使い勝手がいい。

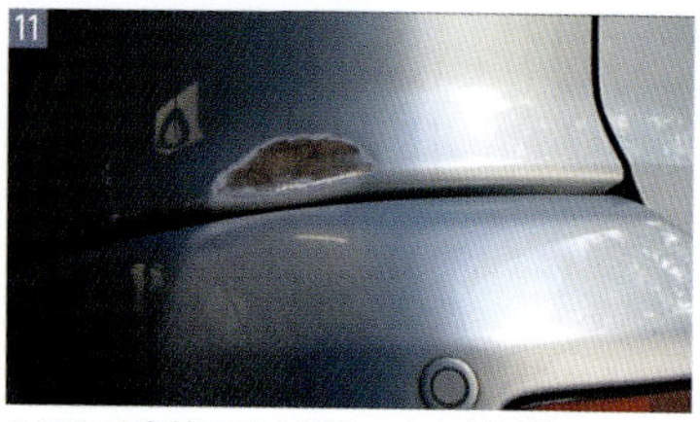

11 へこみは意外に広く深く、大きな切削面になってしまった。ここも鈑金下地処理が必要。裏面にドリーを噛ませて叩き出す空間はない……。

12 ベルトサンダーで損傷個所の錆を落としたが、もっと広範囲な塗装剥離が必要に。グラインダーの低速レンジを使う。ペーパーは60番。

13 グラインダーの低速レンジで塗膜を剥離したあとは、ドアエッジ面にもペーパーをかける。あとでトラブルが起きない鈑金塗装をするための作業だ。

14 リアドアの剥離状態をチェックしたあと、エアーで塗膜剥離の粉塵を飛ばす。イージークローザーで手を挟まれないように注意。

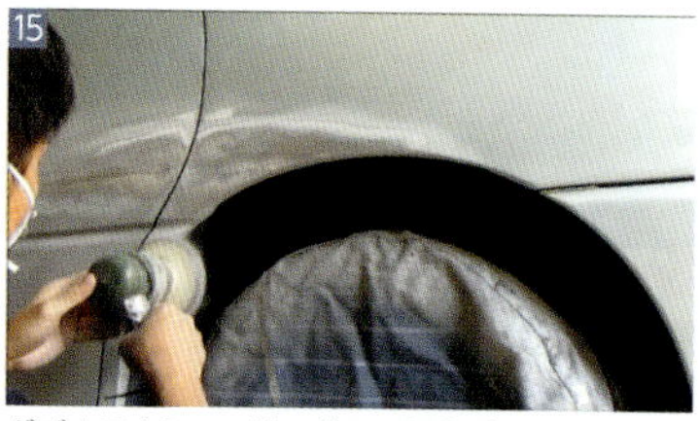

15 ダブルアクションサンダーで鈑金パテ処理に必要なフェザーエッジを研ぎ出す。粉塵の飛散が激しいので忘れがちだが防塵マスクを着用のこと。

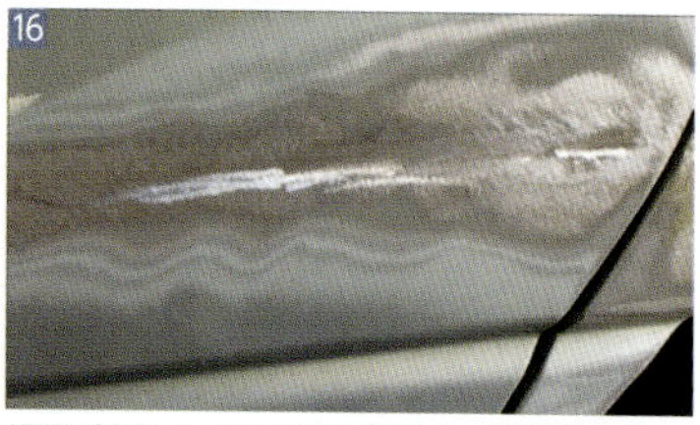

16 損傷が深いところの鋼板部位は、地肌が完全に露出するまでしっかりと剥離すること。乾燥で"熱を入れた"時にパテが剥がれる危険性がある。

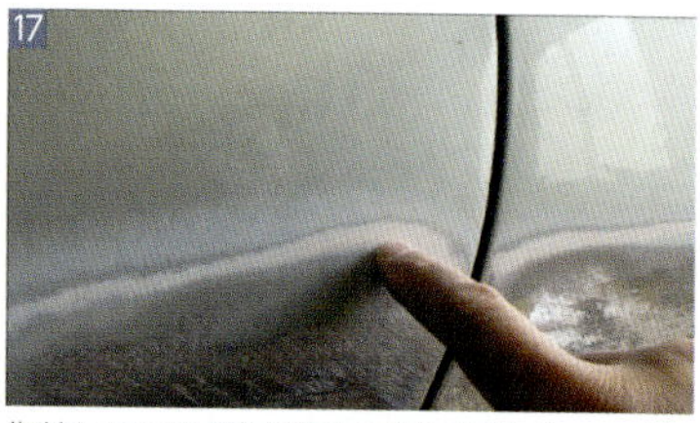

17 指差している部位は生産工場の塗装ブースで塗られたものではなく損傷修理のパテ。ピンク色をした層がそれ。定着しているので問題ない。

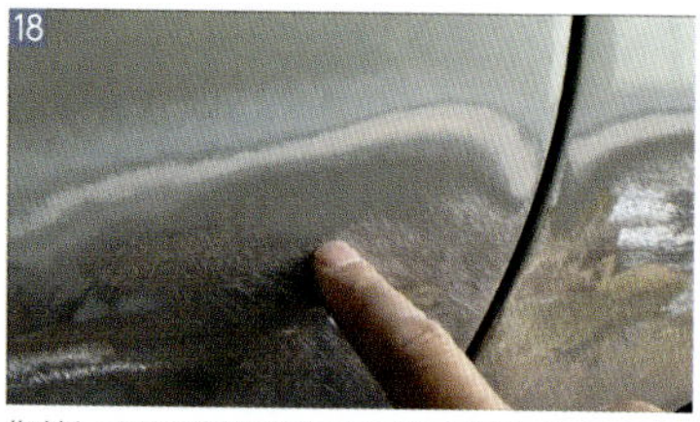

18 指差している部位は生産工場の塗装ブースで塗られた電着プライマー。上部の層は生産工場の塗装ブースで塗られた塗装。新車当時の塗装だ。

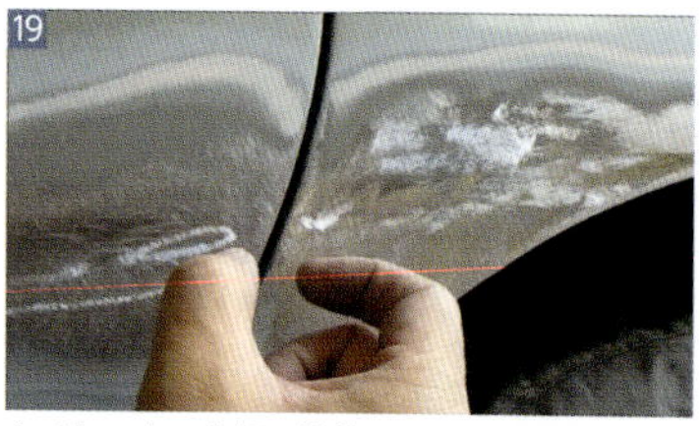

19 タイヤハウス上部の塗装には若干問題が。そのひとつが塗装の下地処理。チリが押されて狭くなっている。それを修正したうえで塗装となる。

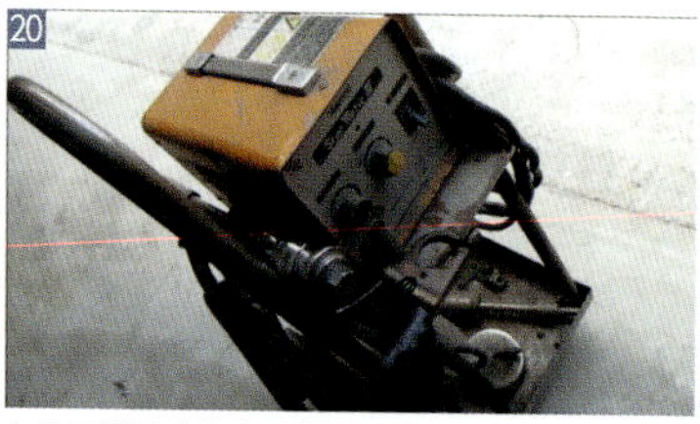

20 ヤシマ製の"スタッドチック"というスタッド溶接機。それなりの年期物だが、現役で仕事をしてくれる。鋼板面に"スタッド"を打つ機械。

21 スタッドを鋼板面に打つときに高圧電流が流れ、"スパッタ"という火花が飛び、塗装を傷める危険性がある。これはBOLD氏自作のガード。

クルマの材料で一番多く使われているのは"鉄"だが、正確にいうと、不純物を取り除いて炭素などの微量成分を追加した"鋼"が使われている。モノコック構造が主流の現在では、その鋼を薄く引き伸ばして板状にしたもの＝鋼板でボディ/シャシーは製造されている。製造過程から分類すると、鋼板には熱間圧延と冷間圧延があるが、クルマに使われるのは加工性と溶接性に優れているうえに表面が滑らかな冷間圧延鋼板が使われている。

クルマの外板ボディに使われているそれは0.6～0.8㎜の厚さが一般的。その冷間圧延鋼板には"固溶強化"と呼ばれる方法により340～490MPaの強度レベル

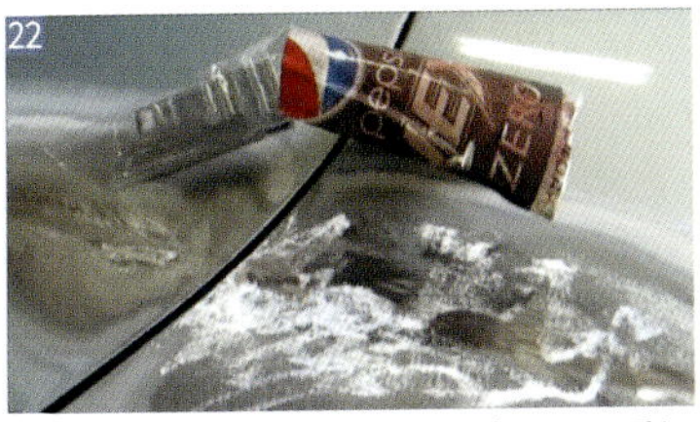

22 新作のガードはペットボトル。スパッタは一瞬なのでこれでも大丈夫。アルミ製はグラインダーの火花に耐えるが、このペットボトル製は無理。

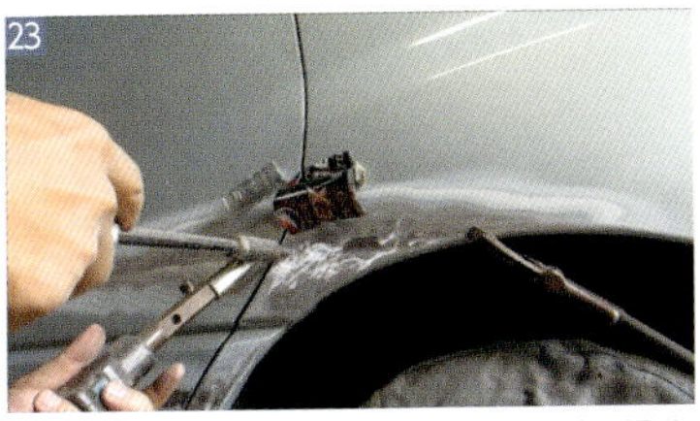

23 スタッド溶接機はへこんだパネル面を引っ張り出すときに使う溶接機。先端部から“スタッド”が半自動で表出し、それがパネルと溶接される。

24 一見、スパッタなど発生していないが、30 フレーム / 秒で撮影した動画の 1 フレームを切り出すと、激しいスパッタが発生していることが分かる。

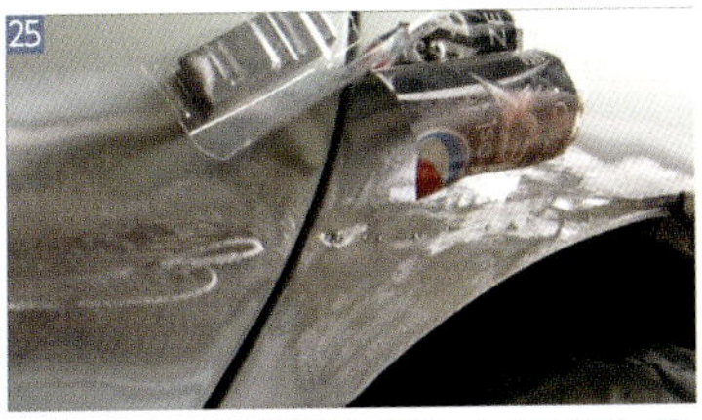

25 11 本のスタッドを鋼板面に打ち、へこみを引っ張り出したが、これ以上は必要ない。パテ処理するにはわずかに“へこんでいる”くらいがいい。

26 鈑金パテを盛る前には必ず“溶接痕”は削ること。こういう作業はベルトサンダーのもっとも得意とするところ。

27 溶接すると表面に“脂分や不純物”が発生する。それらはパテに悪影響を及ぼすので、シリコンオフで脱脂すること。

28 この作業は真夏に行なった。硬化剤の量がちょっとでも多いと作業中にパテが固まってしまう。硬化速度を計算してパテを取り分けること。

29 新たに必要量の鈑金パテを取り分け、硬化剤を先ほどより減らして捏ね、下地処理したパネル面に塗付ける。

30 パテはフェザーエッジからはみ出さないように、なおかつ薄く塗ることが、この後の研磨作業を楽にする。硬化時間を考慮して作業は迅速に。

31 リアドアとフェンダーアーチ部をパテ処理するために 4 回に分けてパテを取り分けた。硬化への配慮だが、外気温と硬化剤の配分率には要注意。

32 タイプにもよるが、鈑金パテの硬化時間は約 10 分。パテの“乾燥待ち”の時間を有効利用して、次の作業の邪魔になるリアバンパーを取り外す。

33 指差している部位は塑性変形している。スタッド溶接でスタッドを右端部のパネルに打ち、引っ張ることで若干の原状回復を狙う。

をもつ内部構造が異なる高張力鋼板がある。また高張力鋼は組織強化という方法で 440 ～ 1470MPa の強度レベルをもちメインフレームに使われるものまである。修理鈑金で触れることが多い、ドアパネルやトランクリッドなどは超高張力鋼板で、340MPa の引っ張り強度をもっていることが JIS 規格で決まっている。ちなみに、高張力鋼板が量産車に使われたのは E70 系のカローラ・スプリンターで、フロントドアのアウターパネルとトランクリッドだったという。

ここでの“へこみを修復する”作業に使われたのは、スタッド溶接を“引き出し”用のパネル鈑金に活用したもの。“スタッド材”を引き出し鈑金法に用いた修理法だ。

34 スタッド溶接を14回打ち込み引っ張り出したが、塑性変形した"エッジ"は治らなかった。理由はここも以前、パテ修理を受けているためだった。

35 スパッタは全方向に飛び散る。横方向に出たものは落下するので塗装を傷つける危険性は低い。上方向へのスパッタガードはもっと幅広がいい。

36 外観上は、その変化を確認することはできないが、指触では若干の改善がみられたようだ。が、スタッド溶接で引っ張り出すのも限界なので終了。

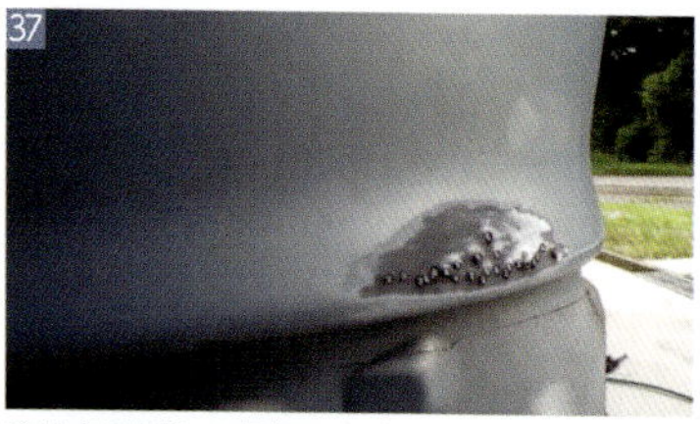
37 塗装を剥離して鋼板面を出し、スタッド溶接で引っ張り出したリアパネル右端部付近。ベルトラインが下がっているのは、また別の方法で修正。

38 横方向の"歪み"が1本のラインを形成しているが、鋼板が工場出荷時状態ではなく、パテ修理を受けているので思惑通りには復帰しなかった。

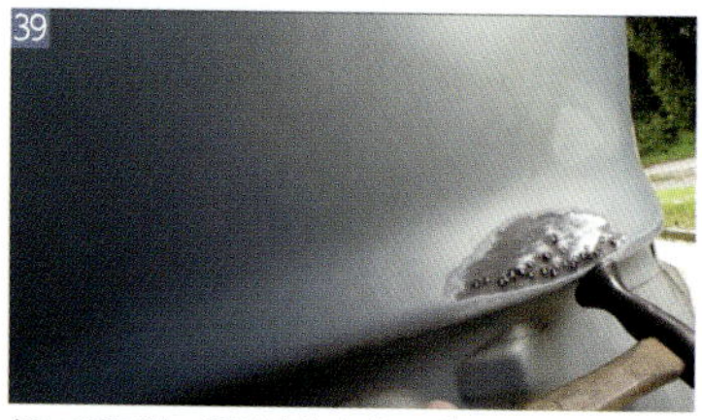
39 低い所を引っ張り出したら、どこかに必ず"皺寄せ"がいく。多くの場合はエッジ部にそれが表出する。その膨らみは鈑金ハンマーで修正。

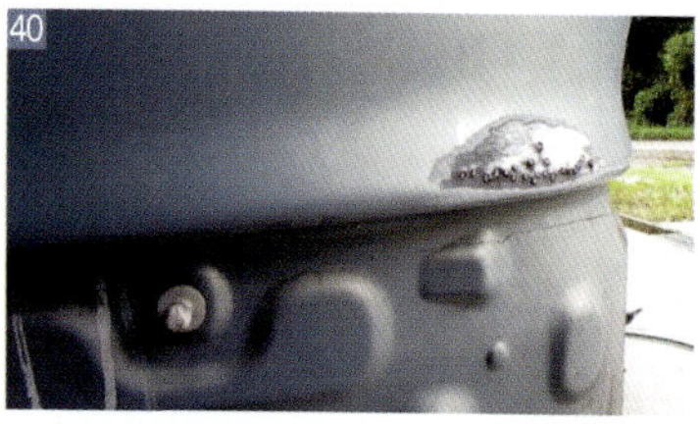
40 あくまでも軽く鈑金ハンマーでエッジを叩くと、その"膨らみ"はかなり修正された。エッジの底面のラインを見ていただくと、それが分かる。

41 スタッドで引っ張った部分のパテ処理終了の姿。溶接を受けたパネルの裏側は面の状態は放置するにしても、なんらかの錆対策は施したい。

42 このL字アングルは1年間屋外で雨ざらし状態。溶接のスパッタが表面に固着している。溶接すると、錆の発生率は半端なものではない……。

43 L字アングルに錆がまったく発生していないのは"テロソン"の防錆ワックスを塗布していたから。この製品はドイツ車に塗られている。

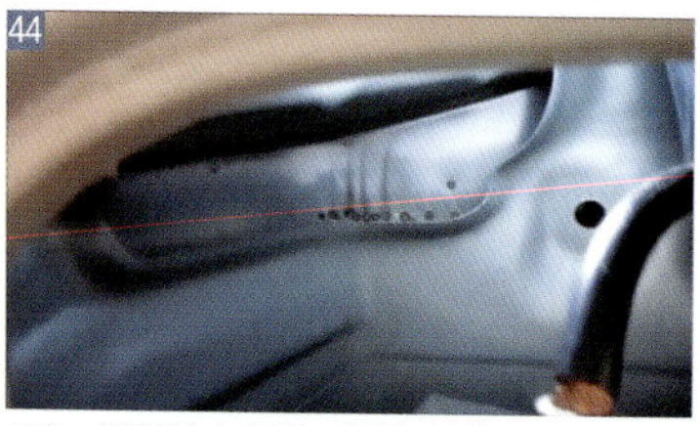
44 スタッド溶接した鋼板の裏側。溶接痕が残っている。溶接した個所になんの手当もしないと錆発生の可能性はぐんと高くなる。無防備状態だ。

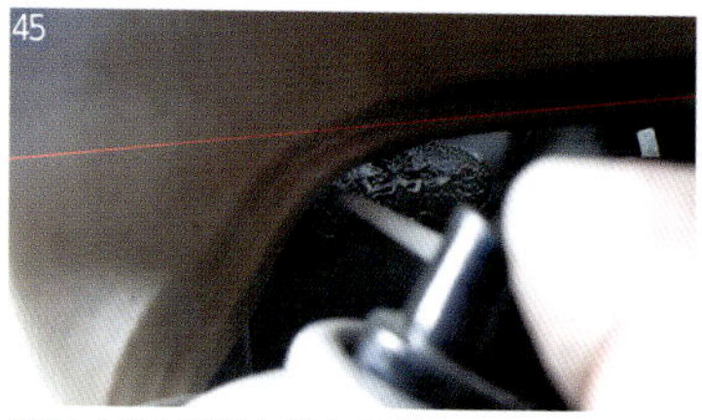
45 噴射ノズルを差し込んで"テロソン"の防錆ワックスを塗布できた。現状の液体状態が少し時間経過すると固まる。これは立派な防錆対策。

鈑金は入力方向をチェックして修理方法を考える必要がある。このエスティマのリアクオーターの損傷部位の場合は、後ろからあたってリアクオーターの一部がへこんでいることは一見して分かるが、同時にわずかに下がっている。これにより"折れ目"ができている。よって、その部分を直接叩いても駄目で、へこんだ部分を引っ張り出すことで、その折れ目を原状復帰することが考えられた。が、今回は、その折れ目の下に前回のパテ修理が隠れていたので、高張力鋼板の歪み補正が計算通りにいかなかった。2010年頃からいっきに広まったパネル全体で"張りをもたせる"構造故に、そういった"歪み"の推理を働かせることが修理の現場では必須になっている。

第４章：フロント／リアドアパネルにまたがる"ぼかし塗装"の作業仕上げ術

下地処理作業が終わったら塗装へと作業は進む。ここでの作業はまずマスキングとなるが、ここにもきれいで艶のある仕上げのためのノウハウがある。修理塗装の場合はぼかし塗装が重要な作業項目となるが、これがうまく仕上がらないと鈑金塗装という作業は完結しない。ぼかし塗装は"ごまかし"のテクニックだが、そこにもノウハウがある。それをここでは紹介しよう。

生涯車屋

1
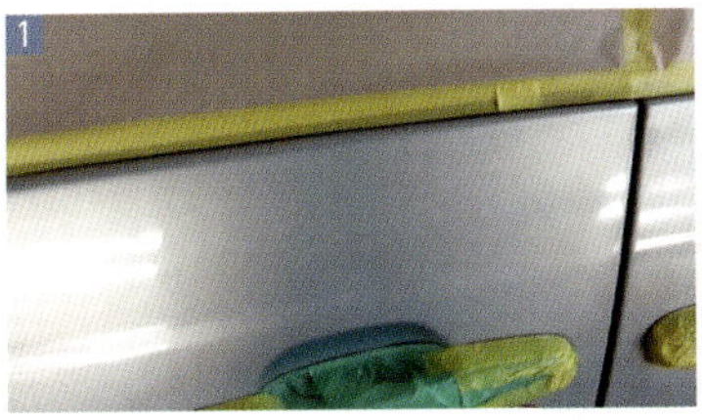
塗装際のマスキングテープは２重層に貼る。理由は、クリアーがテープ引き剥がし面に付着することがあるため。剥離ポイントは折り返しておく。

2
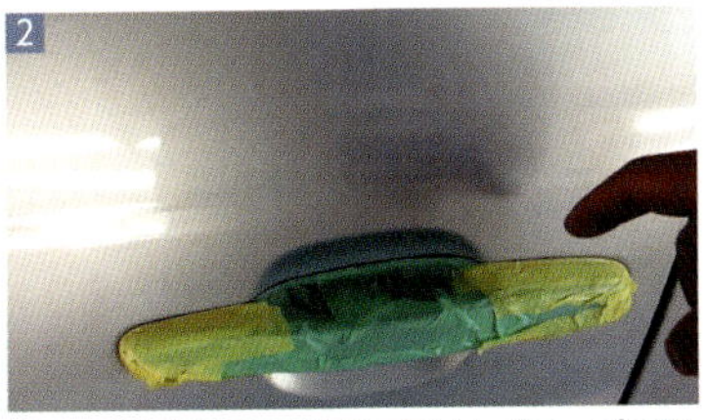
ドアノブと塗装面を仕切るマスキングテープは慎重／厳重に貼る。塗装が垂れた場合、マスキングが完全密閉状態にないとリカバリーが大変だ。

3
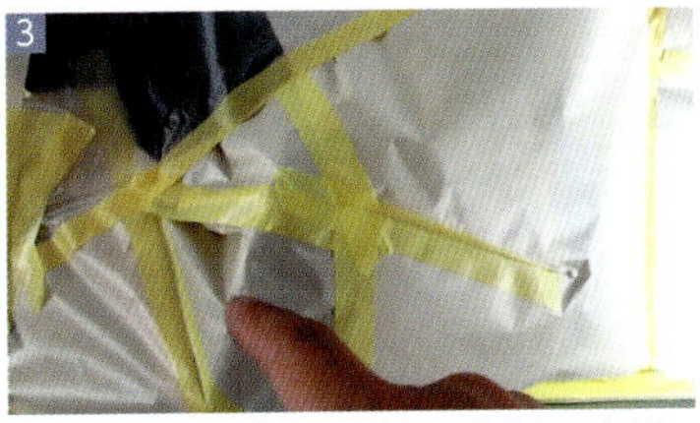
マスキングテープ貼りは"皺"を作らないように。くぼんだ部位には埃が堆積し、それがエアーで舞い上がりボディに付着する。ここはやり直しだ。

4
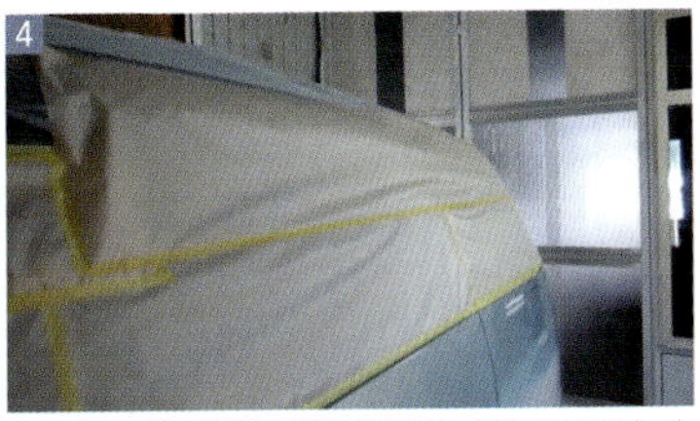
マスキングには養生紙を使うが、"皺"を作らず全体的に"ツルッ"とした状態に仕上げるのが、効率よくきれいな塗装面に仕上げるポイント。

5

タイヤハウスにも、内側からマスキングのための養生紙を、タイヤカバーの上から貼って塗装の侵入をブロックする。ここも皺を作らない貼り方で。

6

養生紙をマスキングテープでジョイントする場合は、内側に折るように処理する。これが凹凸の少ないマスキングをするためのポイントのひとつ。

7

これはベース塗料をサフェーサー塗布部位に塗っているシーン。まずは色を染める作業に専念する。染めながら徐々にぼかし作業に入っていく。

8
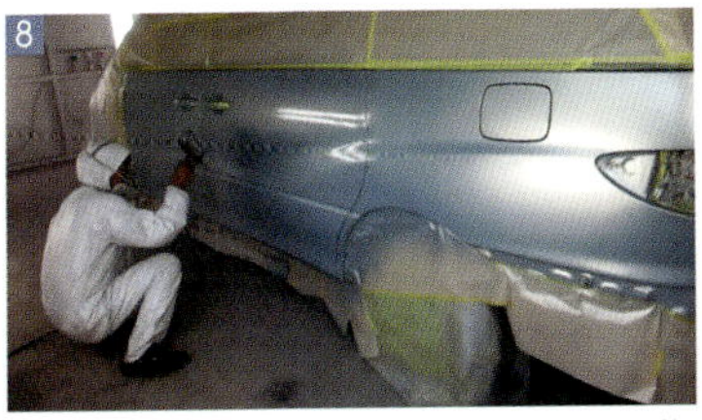
ぼかし塗装は小さい面積から徐々に、その面積を広げていくのが、きれいに仕上げるコツ。最初から大きな面積をぼかそうとすると失敗する。

9

リアクオーターのぼかし塗装はサイドパネルのみで処理したいが、"ぼかし"を失敗すると、ぼかし塗装範囲がバックパネルまで広がってしまう。

塗装ブースは天井から床下へと空気の流れを作る構造になっているので、大気中の粉塵は自然落下する。問題はマスキングのための養生紙の皺部分に堆積した粉塵がエアーガンの圧搾空気で飛散し、それが塗装面に付着して"汚れ"や"粗野な肌"の原因になること。塗装はベース塗装を吹いたあとクリアーを吹くので、そのクリアーを1回余計に吹いておけば、磨き作業での事後対応も比較的容易だが、ともあれ、事前の策として心掛けておくべきことは、マスキング養生紙をスマートに貼ること。これがポイントといえる。とくにバックミラー周りは皺ができやすいので要注意。粉塵がきれいな艶がある塗装の大敵であることに変わりない。

ベース塗料を塗り終えたときに“粉塵”の付着が多いことが懸念されたので、今回はクリアーを3回塗布して、磨き作業で対応することにした次第。

蛍光灯の映り込みがきれいなシルエットを描いていない。また塗装面の表面にミストの荒れとは異なる微粒子の付着が見て取れる。これが“粉塵”。

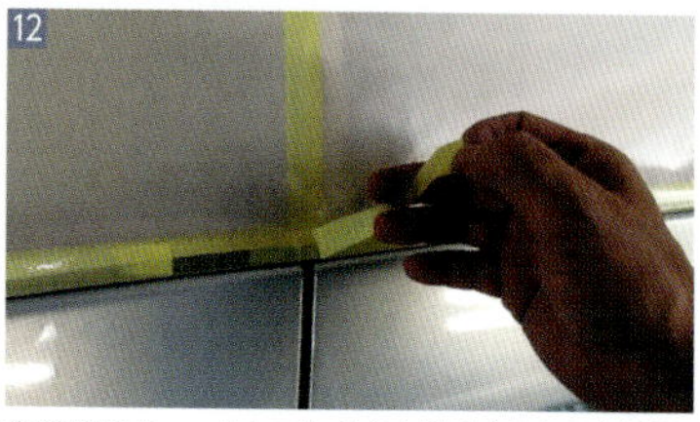

指触乾燥チェックしても“糸を引くような”未乾燥状態ではない。マスキングテープを折り返しているため剥離ポイントは探すのも剥がすのも容易。

上の写真はサフェーサーを吹き終えた状態。これからの作業としてはベース塗料を吹くことになるが、クオーターはブロック塗装になる。問題はここから先。リアドアはフェンダー側に近い部分が修正作業部位となっているのでブロック塗装の必要はない。ぼかし塗装で処理できるわけだが、このぼかし塗装はドアパネルの中心部で行なわないこと。理由は、中心部でほぼ一直線状態の“ぼかし”を行なうと“メタルムラ”という黒い線ができてしまうからだ。ここはあくまで、基礎編で説明したように、リアドアパネル後部から前方下部に向かって斜めにぼかし塗装を行なう。パネル下層部は前後幅いっぱいに塗装し、上に向かうにしたがってその幅を狭くしていく塗装法がいいわけだが、今回はこれができない。フロントドア後部にも修正箇所があって、斜め方向に向かって処理するぼかし塗装ができない。

このフロントドアにも当然のこと、ぼかし塗装が適応できるわけだが、その修理位置がドアパネルの中心にある場合は斜線のぼかし塗装ではなく、赤色破線で示したように三角形状のぼかし塗装にすると、効率よく作業できる。

この三角形の修理箇所があることによって、リアドアパネルはブロック塗装をすることを余儀なくされ、リアクオーターともども広い面積のブロック塗装となる。修理を依頼したお客さんは、大きく損傷したリアクオーターとリアドアは大掛かりな塗装と思っているわけだが、現実的にはフロントドアにまで及ぶ一連の塗装となる。こういう説明を下地処理を終えた時点で行なっておかないと、作業代金を請求するときにトラブルが起きることになりかねない。

マスキングテープを２層に貼っているのでまずは１枚目を剥がす。剥がし始めはゆっくりと“剥がす作業”に集中する。

マスキングテープを剥がすときは慎重に。“粉塵”が塗装面に付着してしまう危険性がある。ペタッとボディにテープが付いてしまったら大変だ。

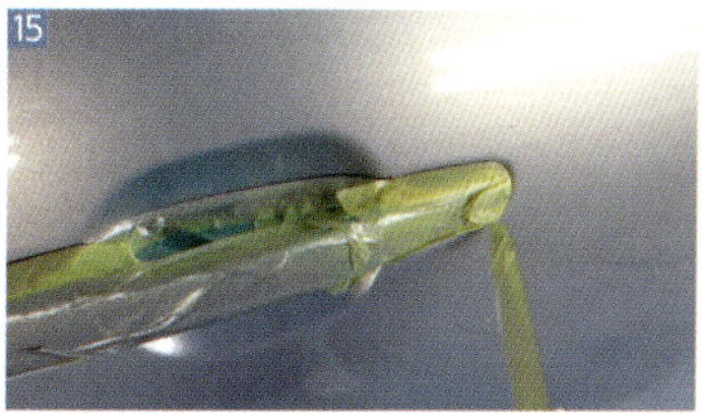

１枚だけマスキングテープを剥がせるようにしておけばクリアーが付着しない。このドアノブ周辺はポケット部を含めてクリアーが垂れやすい。

ベース塗料を吹く前の作業に脱脂と静電気除去がある。静電気除去は、水洗いしたマイクロファイバーのウエスをよく絞ってパネル表面を吹くだけで効果がある。ただ、水分は塗装の大敵なのでエアーで水分を確実に飛ばすこと。

次の作業は、ベース塗装をサフェーサー処理した部位に吹いていくのだが、これは色を染めることに専念する。その“染める”作業をしながら徐々に、ぼかし塗装に入っていくのだが“どういう風にぼかす”か、それをイメージすることが大切。最初から大きい面積をぼかそうとすると、その範囲はどんどん広がって、フロントフェンダーやバックドアにまで塗らなければならなくなることもあるので要注意。

ベース塗料は５～10回に分けて塗り重ねていくことになるが、回を重ねるごとに塗り分けていくと、きれいなぼかし塗装ができる。“ぼかしの輪郭”をイメージして作業を進めること。

ベース塗料終了後はクリアー塗装へと移るが、この時、ベース塗料内に残っているシンナー分の完全蒸発のために時間を置く必要がある。一般的には常温で15分くらいだが、この作業をした季節が冬ということ、ベース塗料を厚めに塗ったこともあって、３時間の自然乾燥をした。チェックすべき一般項目は“塗り斑（むら）”がないかと“色の染まり”具合だが、“粉塵”付着チェックも忘れずに。マスキングの際のような後で磨きにくい場所のチェックは念入りに。

クリアー塗装は可能な限りパネル面に近づいて“叩きつける”ように吹くこと。垂れる寸前の近さと移動スピードを習得することが大切。どうしてもミストが飛ぶので、それを最小限に抑えることがポイントだ。

第５章：PP プライマー塗布の勧めとスプレーガンの噴射時態勢の解説

最近の一般的なクルマのバンパーは PP 製。ポリプロピレンは柔軟性があり一体成形という生産方法に向いているからいっきに広まったが、修理の現場ではプライマーの特殊性が修理作業に＋アルファを求める。パテ処理の前に PP 製バンパーの地肌処理を行ない、研ぎの段階でその地肌が出てきたら、そのたびにプライマー処理を行なえばまず剥がれない塗装となる。スプレーガンの使い方の態勢を含めて解説しよう。

1 塗装前に気になる部位を研磨すると、PP 素材が露呈。黒く見えているのがそれ。耐ブリスター性能向上のために PP プライマーを吹く。

2 PP プライマーは完全乾燥が前提。半乾きでは逆効果。25℃の常温で 20 〜 30 分を目安に乾燥させると、もっとも密着性が高い状態になる。

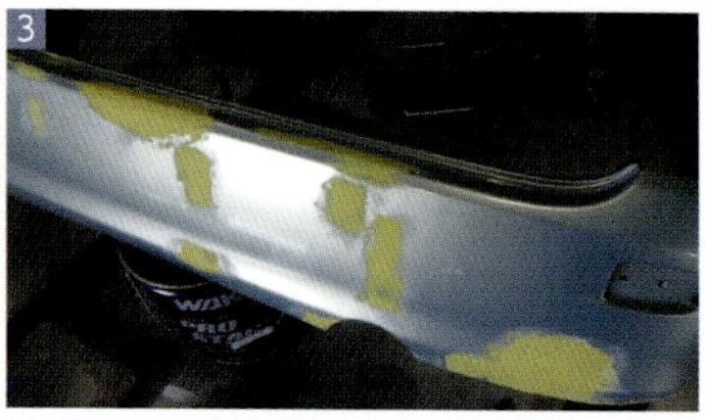

3 PP プライマーが完全に硬化してからパテを盛って、研磨→サフェーサーという作業順序だが、その前にもう 1 度プライマーを吹いた方がいい。

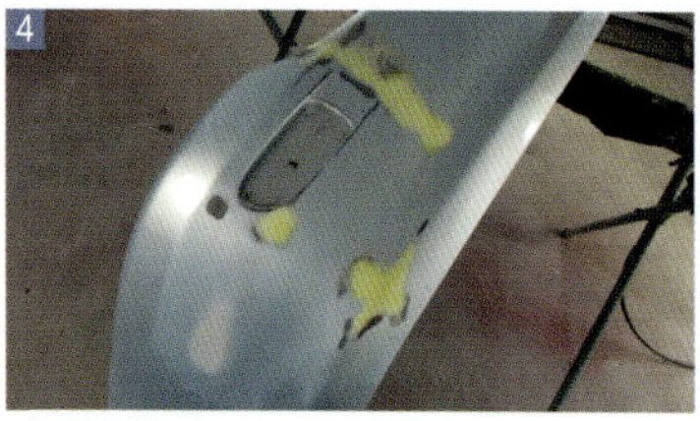

4 パテ研ぎ作業でまた PP 素材の地肌が露呈した。これくらい露出していると PP プライマーを再度吹いたほうがいい。

5 再度吹いた PP プライマーが完全に乾いたらサフェーサーを吹く。プラサフというプライマーとサフェーサーの役割を兼ねるものが一般的……。

6 サフェーサーを水研ぎするのは塗装前の表面を整えることが主目的だが、ほかにもペーパー目やフェザーエッジ痕を消す目的もある。

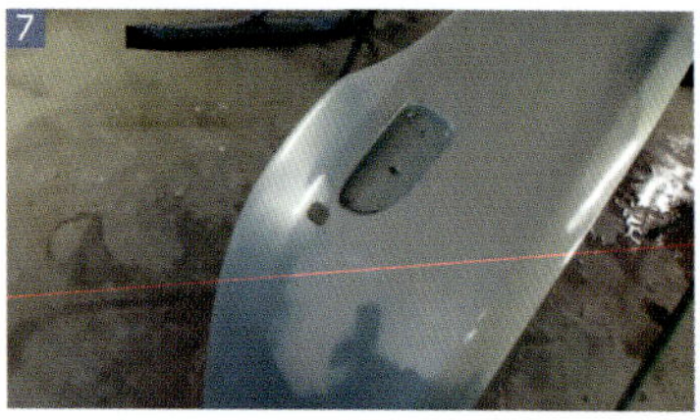

7 サフェーサーは厚く塗っても問題ないが、研磨の際に PP 素材が出てきたら、ベース塗料を吹く前に再度 PP プライマーを吹き完全乾燥させる。

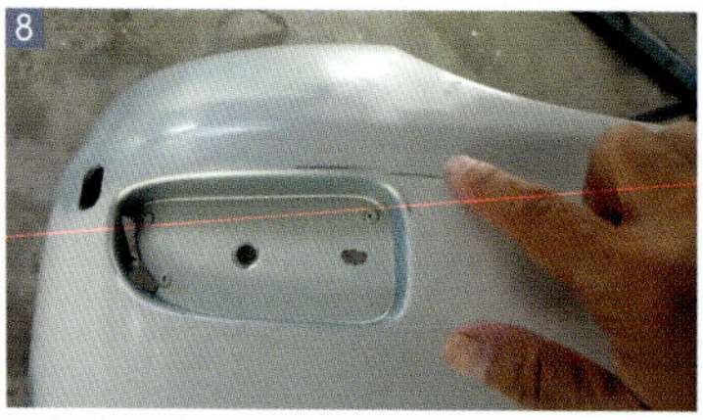

8 写真の露呈度ならば PP プライマーの再度吹きは不要だが、エッジ部はサフェーサーが薄いから素材が露出しがち。エッジ出しには拘らない。

9 これは悪いスプレーガンさばき例。この位置を中心に左右にガンだけを移動させることになるから、塗装面にガン先が正対した姿勢にならない。

最近のクルマのバンパーは素材に PP 樹脂を使っているものが多い。その PP 樹脂だが、油分蒸発を防ぐために生産工場では電着プライマー処理が施されている。修理の現場でも、耐ブリスター性に優れたプライマー処理が要求される。“プラサフ”で大丈夫と塗料メーカーは謳っているが、できれば専用の PP プライマーを塗ったほうがいい。このプライマー処理がきちんとなされていないと、バンパーの塗装が“パリパリ”剥がれる。低年式のクルマでそんな状態になっている個体をみかけることがあるが、それは、PP プライマー処理に問題がある場合が多い。BOLD 氏はデュポン 800R という PP プライマーを使っているという。PP プライマーには吹くコ

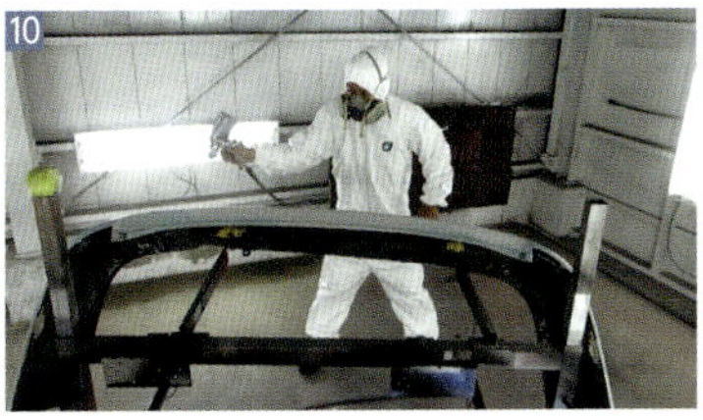

バンパーとガンとの距離が、ガンが中心位置にあるときは近いが、両サイドに振ったときにはパネル面から遠くなる。と、むらになりやすい。

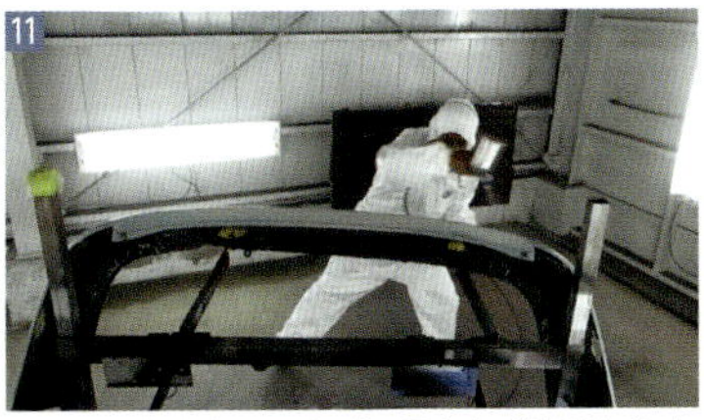

正しい塗装姿勢は、まず両足を広げ移動しやすい態勢をとる。体もガンと一緒に動くことで、ガンと塗装面の距離がどの位置でも一定になる。

これは右端部を塗っているときの姿勢だが、ガンと塗装面の距離はガンが中央にあったときとほぼ同じ。これは体重移動ができているからだ。

姿勢のほかに気をつけたいことは“エアーホース”の保持。移動してもホースが突っ張らないくらいの“弛み”が立ち位置に拘わらず必要だ。

リアバンパーのように3面構成の大型パーツを塗る場合は、それぞれの面を独立したものと考えたほうがきれいに仕上げることができる。

ときどき塗り具合＝“ごみ”をチェック。塗装室は上から下へと空気が流れる設計になっているが、エアーガンの圧力で埃は舞い上がる。

カップに新塗料を入れた場合は、試し吹きをしてから塗装面に向かい合うこと。残っているシンナー分がいっしょに噴出してしまうからだ。

各面をブロック塗装すると考えて作業すると、きれいに仕上げられる。また、コーナー部位はつなぎ面と考えると塗りむらもできにくい。

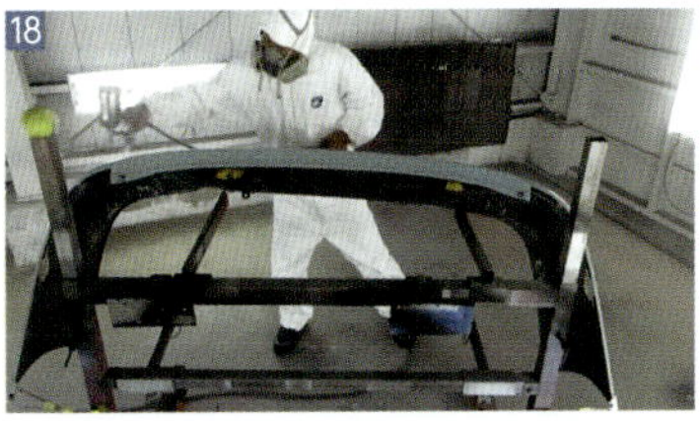

ベース塗料を吹くときより、クリアーを吹くときはより接近して吹くこと。クリアーを塗装面に“叩きつける”感覚でガンを扱う。

次の塗料を塗っていいかどうかは“指触”で乾燥チェックする。手で塗装面を触って、“糸を引く”状態でなければ次の塗装を始められる。

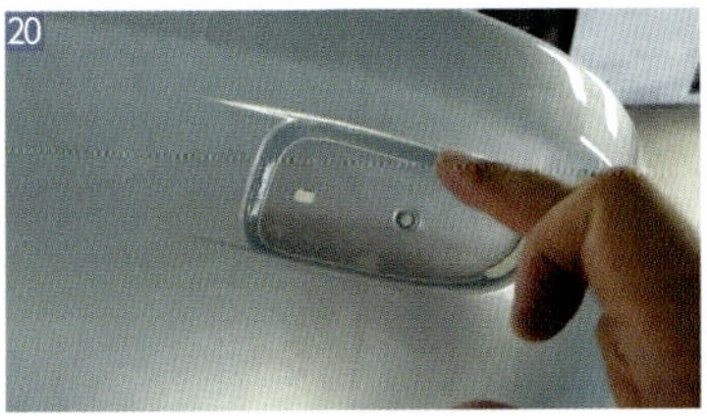

指触の乾燥チェックは目立たない部位で行なう。リアバンパーでいえばテールランプ取付け部。ここはランプカバーが載るから外に出ない。

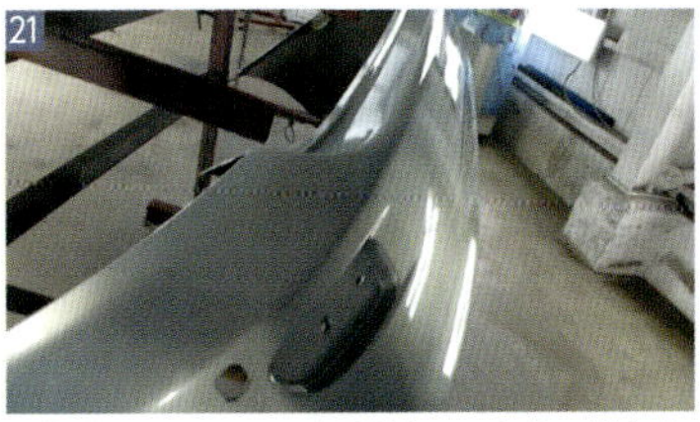

塗装終了チェックは時間がたってから。艶を出そうと無理して複雑な形状をしている部位に塗料を吹くと“流れてくる”ことがあるからだ。

ツがある。それはできる限り薄く塗るというもの。エアー圧を落として色がサッと変わる程度でいい。塗り過ぎには要注意。もし塗り過ぎたと感じたら、少し長めに乾燥させること。PPプライマーの場合乾燥が重要なのだ。サフェーサーを研いだときに“ペーパー”が絡むような感触があったら、PPプライマーの乾燥が足りなかった可能性がある。完全乾燥していないと塗装が剥がれてくることもある。塗装面に“ゴミ”が多すぎる状態になってしまったら、クリアー塗装を3回ではなく4回に増やすことで対応するといい。どのみち最後には磨くことになるから、その分最初から厚めのクリアー層を確保しておけば、対応が比較的容易だ。

第6章：塗装範囲をなるべく狭くした鈑金塗装の実際

1～19
生涯車屋

損傷個所はフェンダーアーチ。一般的な鈑金修理を施して塗装すると、その範囲は広くなる。それを避けるために実行したのが、切削した穴に“当て板”を嵌め込み、それが落下しないような工夫をする作業。実際、その当て板は落下することなく一発で狙った位置に固定できた。また、パテ処理するよりもぐっと狭い範囲で補修塗装作業を終えることができた。

20～33
生涯車屋

JA11 ジムニーは軽自動車ながら本格的なオフロードビークルだが、ボディはタフではなくフェンダーに錆が発生。鋼板に穴が目立つほどに。

鏨（たがね）と鈑金ハンマーを使って“患部”をチェック。錆の“根っ子”は深いものの、鋼板を貫通して穴が開いている状態ではなかった。

鈑金作業に欠かすことができないベルトサンダーで鋼板表面に浮いた錆を削り落とす。表面はもちろんだが、中まで錆を除去して再発防止に努める。

ベルトサンダーでは表面の錆落とししかできないので、グラインダーで錆穴の周囲を削り取る。開口面積が広くなることは承知うえの切断だ。

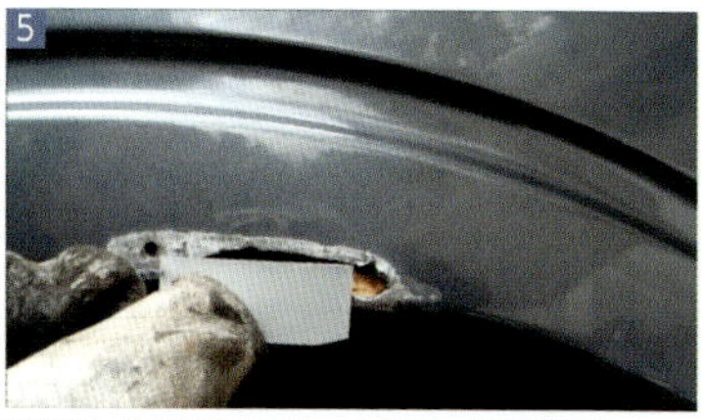

通常はパテ処理するところだが、塗装範囲をフェンダーブロックのみに抑えるために0.8㎜厚の“当て板”を事前に用意。これを内側に埋め込む。

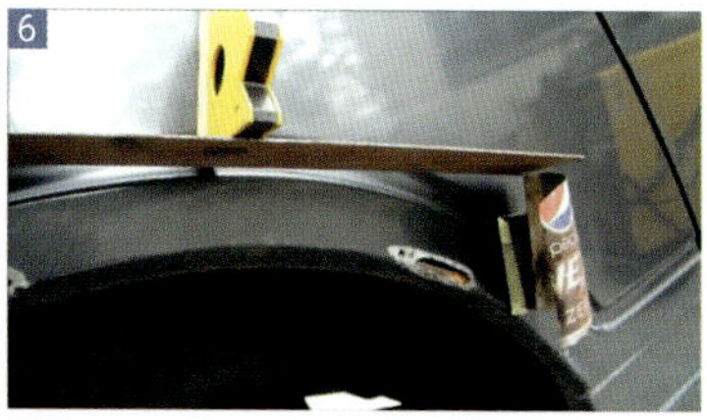

溶接の“スパッタ”で塗装面の損傷が懸念されるので、そのためのガードを自作。通常はスパッタシートを使うが、これは側面もガードできる。

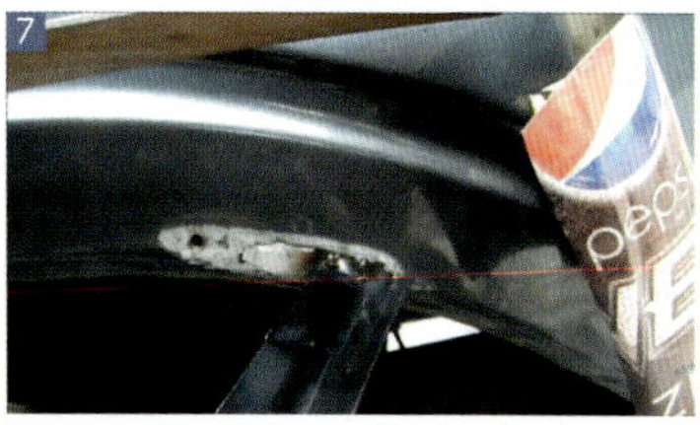

同じ0.8㎜厚のL字アングルを“当て板”に溶接して、切開した穴に嵌め込む。この方法ならば当て板が内側に落下してしまうことはない。

溶接は一般的な半自動MIG。トリガーオンでワイヤーが出てくる。溶接環境も自動制御してくれるので鋼板を焼き切ってしまうリスクもない。

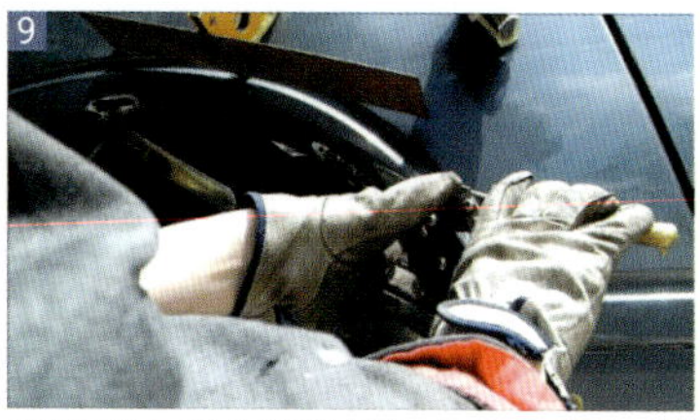

位置決めの点付け溶接を終えたら、L字アングルは金挟みで切り落とせばいい。当て板の落下を恐れることなく作業を終えることができた。

切開口より若干小振りな鋼板を切り出し、これをパネルに溶接すると、表面にでこぼこ感が出てきてしまい具合がよくない。そこで、切り出した鋼板をパネルの内側に嵌め込みたいわけで、そのために“アングル”とその鋼板を点付け溶接して内側に嵌め込んでいる。こうすれば、パテを盛ってパネル面と面一にできるから仕上がり具合がいい。グラインダーによるパネル面切開は熱を発生するが、当て板を溶接する際にも同様の発熱はある。かりに鋼板に熱歪が生じるようならば、その範囲を最小限に留めることを考えて、低回転での切削が可能な日立の電動式を使うという方法もあったが、歪はパネル面積が狭いから発生しないという読みがあり、決行した次第。

10
きれいな仕上がりのために出っ張った切断面は、たがねで丁寧に潰す。こうすることで、残りの溶接作業もしやすくなる。

11
当て板とボディパネルを隙間なく溶接。若干だが、周囲に溶接痕が及んだので、その分は下地処理範囲が広がるが、それも想定内のこと。

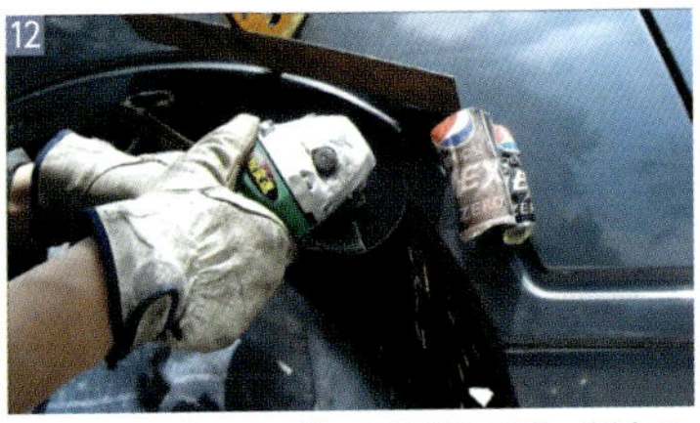

12
BOLD 氏はグラインダーを頻繁に使う。鈑金の下地作業では摩擦熱の発生が高いのでまず使わないが、これは 6 段の調整が可能でリスクは低い。

13
マグネットでボディに取付けられた "スパッタガード" はもう必要ない。ここからはベルトサンダーで、当て板および溶接部位を磨きあげる。

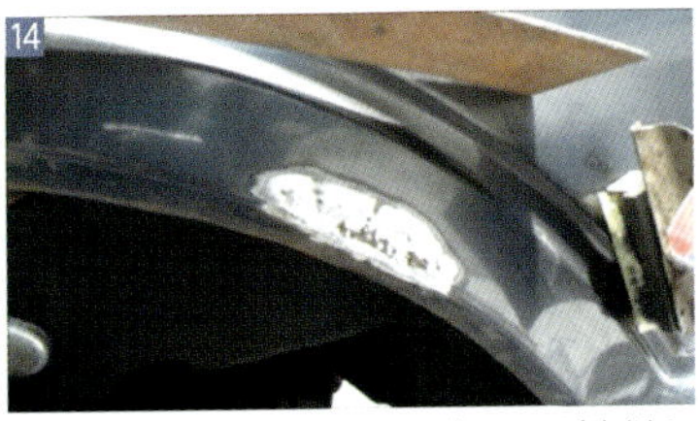

14
塗装の下地作業が終了。フェザーエッジ内側のみパテ処理すればいいわけだが、溶接で "焦げて" いる部位ができたので範囲は若干広くなった。

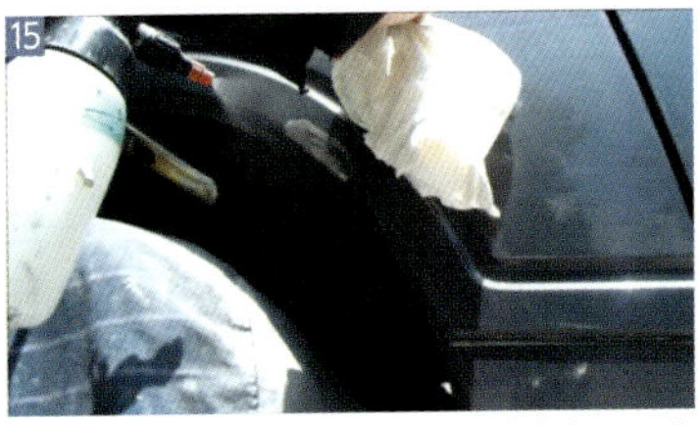

15
シリコンオフして汚れと油脂分を除去する。ベルトサンダーで磨いた鋼板表面にはパテを盛る足付け用の傷が程良くついた状態となっている。

16
シリコンオフは有機溶剤で主成分は IPA（イソプロピルアルコール）。揮発性だが、粉塵除去を含めて削った面にエアーをあてる。

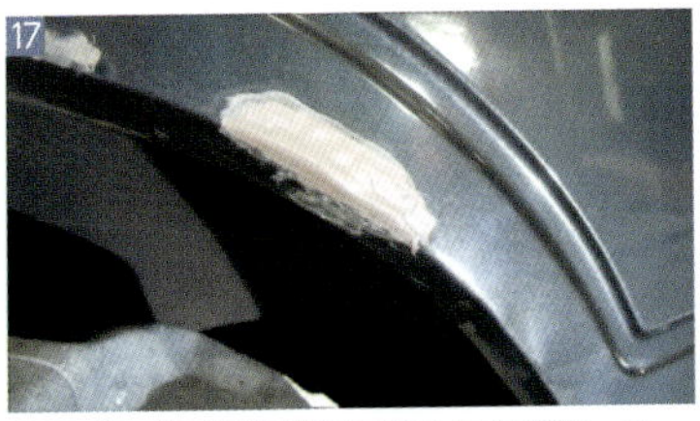

17
金属パテが下地処理面に盛られた状態。フェザーエッジの内側にきれいに盛られている。必要最小限の範囲だから塗装面も狭い範囲となる。

18
シングルサンダーに粗めのペーパーを取付けてパテ表面を研磨。塗装面より若干窪んだ状態にまで削っていくが、基本的にポリパテは使わない。

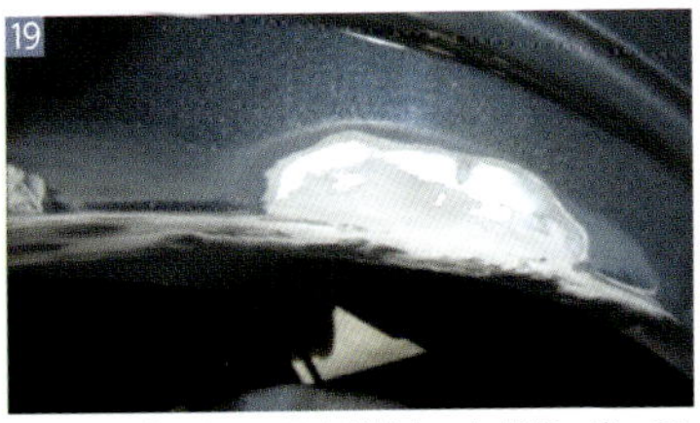

19
1 回目のパテ盛り / 研磨が終わった状態。光っている部分がパネルの露出面。ここを 2 回目のパテ処理で埋めていければ、次はサフェーサーだ。

20
2 回目のパテ盛り作業。使うパテは金属パテだ。ピンホールを作らないためにはパテ捏ねが重要。なるべく空気を混ぜ込まないことだ。

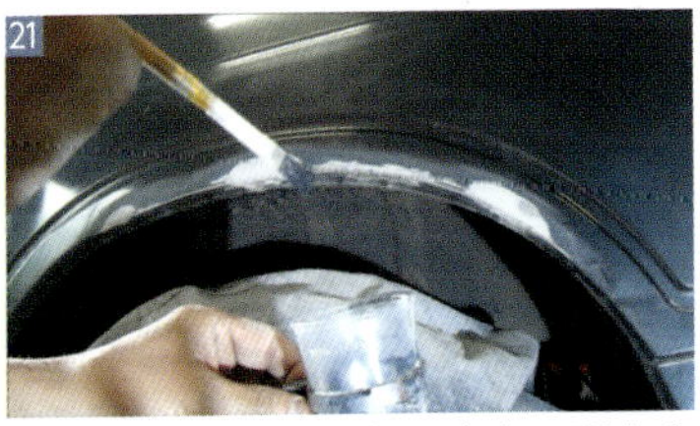

21
サフェーサーはエアーガンで吹くのではなく、刷毛で塗っていく。狭い範囲での下地作りに使う方法。刷毛で塗ったほうが "す穴" は埋まる。

グラインダーで鋼板を削るときに派生する "火花" と MIG 溶接するときに発生する "スパッタ" では、その発熱温度が大きく異なる。飛び散ったスパッタで補修箇所とは違う鋼板部位が損傷するという危険性が考えられるから、グラインダーで作業する際には取付けていなかった自作の "スパッタシート" を溶接時にはパネル面に取付けている。この自作工具はホームセンターで売られているマグネットを上手に活用している。横方向はアルミ缶をマグネットに貼付けたもので、それが左右に 2 個あり、それを支持点にして長目の鉄板を載せている。これもマグネットでパネルに貼付けているから、落下の恐れはまずないといえる。

22 刷毛塗り1回目の塗布面の様子。刷毛跡を残さないポイントは、ガン吹きできるくらいシンナー量を多くした薄いサフェーサーを使うこと。

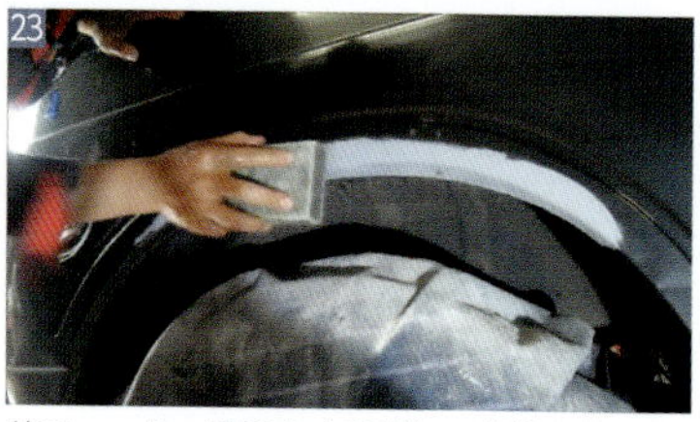

23 サフェーサー表面を水研ぎして状態を整える。鈑金パテのみで仕上げているにも拘わらず、ピンホールはまったく見られない。

24 膝の上にテープ裏面を置き、左手で引っ張って"1/3 テープ"を作る。慣れが必要だがマスキングテープの粘着面を消す最速&最良の方法だ。

25 1/3 テープの完成面。一定の幅で粘着面が消えている。この面が塗装パネルにあたる。塗料を吹き終えてテープを剥がすときには具合がいい。

26 クイック塗装なので口径 0.8㎜ノズルの噴射幅が狭いエアーガンを使う。タイヤカバーはしているが、余剰噴射分を受け止め板で極力防ぐ。

27 ベース塗料を吹いた後はエアー圧を調整。試し吹きをしてクリアーを吹いていく。後方に"1/3"処理したマスキングテープ貼付け面が見える。

28 クリアーは塗装面とガンの吹き出し口がなるべく近いような位置関係を保つ。垂れる可能性が高くなるので要注意だが、ミスト発生も少ない。

29 いま吹いているのはブレンダー。マスキングされている面が従来の塗装面となるから、色合いに不自然さがないようにボカシ塗装となる。

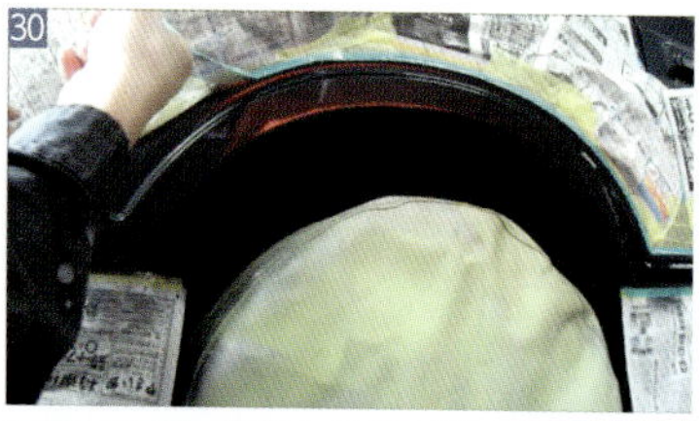

30 2回のクリアー吹きと2回のボカシ塗装を終え、マスキングを剥がしていく。マスキングテープに作った非接着面の効果できれいに剥がれる。

31 この部分が従来の塗装面と新たに塗った面との"ぼかし"区間。ブレンダー効果で自然な感じで色が馴染んでいる。艶が若干なくなるが……。

32 予算の制約もある1日鈑金塗装なので、自然乾燥というわけにはいかず、ヒーターを使って強制乾燥させる。作業時間は約6時間というもの。

33 鋼板は60℃を15分間確保することという塗料メーカーの指示がある。温度管理は慎重にしないと"下地処理面"からパテが剥がれてしまうことも。

塗装範囲をフェンダーアーチ内に抑えたいという理由で、噴射口径が 0.8㎜の狭いスプレーガンを使っている。ベース塗料を吹いているときも、パネル面とスプレーガンとの距離は近いのだが、クリアーを吹きつけているときの距離はもっと近い。クリアーは垂れやすいことは想定内の距離感。移動スピードを速めれば、その危険性は回避できる可能性は高い。また、ガンとパネル面との距離を狭めることはミストの発生を抑える効果もあるから、色味や艶がいい感じで出せるという側面もある。塗装の乾燥は常温（約 25℃）で充分に時間をかけて行なうことが理想だが、現実的にはヒーターを使って乾燥時間を短縮する。温度管理は慎重にしたいもの。

interview

メタリック塗装はいまでも塗装職人の腕の見せどころ

メタリック塗料は、アルミフレークと呼ばれる微細アルミ粒子をクリアー（透明樹脂）に混入したもの。そのため、その粒子の並び方の違いから、角度によって見え方が変化する。これを、"メタリック粒子の方向性"と呼ぶが、パネル面を正面、斜め45度、横すかしの3方向から注意深く観察すると、それぞれ違って見える。こういったメタリックカラーの見え方差異は、粒子の並び方に影響されるため塗装技術が問われることになる。BOLD氏の動画に「メタルを立たせる塗り方をする」という表現がある。これについて聞いてみた。

「昔、今もほぼそうですが、メタリック塗料というのは金属片が液体のなかで"うようよ泳いで"いる、というイメージです。なので、いっきに"べとっ"と塗ると、メタルが"ぎゅー"と寝ちゃうので、光の反射がフラットになってしまいます。フラットでいくなら全部フラットでいかなければいけないわけです。パネル面は、ルーフ/ボンネット/トランク以外は縦方向の面で目につきやすい部位です。で、メタルが"ぺたん"となったあとは下に降りていってしまいます。でも、その途中で金属片、メタル片のことですが、それが動いて固まるんです。塗料を"べたっ"と塗ると、"べろーん"と降りながら固まる、そんなイメージです。でも、そういう塗り方をすると、そこにはメタル斑（むら）が出来てしまいます。それを防ぐために、メタル片を並べていくんです。具体的には塗りながら乾かす、ということです。メタル片の降下は乾けば止まりますから。ガンを巧みに操って、メタル片を並べていってメタル斑をなくす補修塗装をする。これがプロの仕事です」。

「メタルは金属片ですから比重が大きいです。なので、塗料缶の底に沈んでいます。それを充分にかき混ぜて、撹拌して塗料を作ります。その塗料をガンで吹くわけですが、基本的には横に塗るわけですから、垂れます。すると、それが"垂れ斑"になります。メタル片が垂れ落ちていくのを狭いスパンで、立たせるように塗料を吹いていくわけです。均等に金属片を並べていく、というイメージですね」。

ソリッド、メタリック、パールにかかわらずベースカラーを塗装したあとに、トップコートクリアーを吹いて仕上げる塗装方法のことを2K塗装というが、メタリックとパールカラーは、トップコートクリアーを必ず吹くので常時2K塗装となる。この2K塗装のとき、（ベースカラー層が完全硬化している場合は問題ないのだが）煩雑な塗装作業を行なった場合、クリアー層にカラー層の着色顔料が溶け込んで色が濃くなってしまう現象（戻り斑）や、メタリック粒子が部分的に動き回ってしまい斑になる現象（泳ぎ斑）が見られることがある。戻り斑とは上層のクリアー層に、下層のベースカラー層から着色顔料が溶け出す現象で、これが斑になる。泳ぎ斑とは着色顔料がクリアー層に溶出することで、メタリック粒子やパール粒子が動き回って斑が生じる現象のことをいう。

「1液の登場は2液に馴染んできた人たちにはカルチャーショックくらい大きな出来事だったと思います。いまは1液で塗れない人なんていないですけれど、その切り替わりのときに"昔流の塗装職人"は困ったわけですよ。2液って、塗り方にもよるんですが、膜厚が厚いんです。塗膜が厚いのでクリアーを塗ったときにパネル面に映り込んだ蛍光灯が歪みます。乾燥したあと最後にクリアーを塗る、最近はクリアーコートを薄く塗るようになっていますが、昔のクリアーはベース塗装が2液だったので、その上に載かっていればいいというものでした。今は下のベース塗料が1液で上のクリアーコートが2液。ベース塗料はシンナーで希釈していますが硬化剤は入っていないから1液です。クリアーのなかの硬化剤でベース塗料を守るというわけです。クリアー自体は、昔も今もほとんど変わらないのですが、ベースの塗装が薄くなった分、クリアー自体は強度だけ担保されていればいいので、経験が浅くてもきれいに塗れるようになったわけです」。

フラッシュオフタイム（塗装の塗り重ね間隔）を充分にとり、エアーだけを吹付けて、余分な溶剤を蒸発させるエアブローをしっかりと行なう塗装方法を"ドライコート"と呼ぶが、この塗装方法を徹底することで、アルミ粒子が、きれいに同じ方向に並ぶ。このために、斜め45度の方向への反射光が多くなり粒子の方向性が明確になる。フラッシュオフタイムをほとんど取らずに、まだ濡れた状態ですぐに塗り重ねを行なう塗装方法をウェットコートというが、これをすると、アルミ粒子が、塗膜のなかで泳ぎまわるため、方向性が一定にならず、ドライコートでは暗く見える方向にも反射光がもたらされるようになる。さらに、同じ塗装条件（たとえばドライコートの場合）でも、添加される原色などの影響で、アルミ粒子の並び方が変化してメタリックの見え方は異なる。また、透明性のある、たとえばブルーやグリーンなどの透明性の高い原色を添加しても、顔料の粒子径は小さいものが多いからアルミ粒子の並び方にほとんど影響を及ぼさない。よって、正面が暗く、正反射が明るく、横すかし側が暗いという、メタリックベースが本来もちあわせている特徴を引き出すことができる。

「昔、まだ電着プライマー処理されていないラッカー塗装の時代のクルマを全塗装するときには、パネル面にウォッシュプライマーを塗ったほうがいいでしょうね。ウォッシュプライマーは金属のなかの酸性成分を吸い上げます。吸い取って中和してくれるのです。金属って、生成されたその瞬間から酸化が始まるじゃないですか。ウォッシュプライマーを塗ることによって、その酸化をくい止めてくれるという点では、錆止めに近い特性をもっています。でも、ウォッシュプライマーは完全乾燥するのがめちゃくちゃ遅いので乾かないうちに処理してしまうと"膿んで"、それがトラブルの元になります。で、それを恐れて、乾かし過ぎると、今度は上のクリアーがうまく載らない……なので、充分に足付けしなければいけませんが、ウォッシュプライマーの"吸い取って中和してくれる"能力は魅力的です。旧車の高価なレストアーだといまでもウォッシュプライマーを使っているんじゃないですか」。

日本自動車大学校（NATS）カスタマイズ科の授業から学ぶ

鈑金塗装の基礎知識

鈑金と塗装は別の作業環境／現場と思いがちだが、基礎を忠実に実践した鈑金作業があって、はじめて満足のいく塗装作業ができる。ならば、その鈑金の基礎の何たるかを知るため、千葉県は成田市にある日本自動車大学校のカスタマイズ科の授業を取材させていただくことにした。鈑金作業が進めば当然のこと塗装作業へとカリキュラムは進んでいくが、鈑金作業の“粗”が、サフェーサー塗布から上塗り塗装に至るまで尾を引くように影響する実態を知った。鈑金から上塗りまで一連の作業が滞りなく行なわれていて、はじめて“艶のあるきれいな”塗装は出来上がるのだ。ここからは、その作業の基礎をカリキュラムに沿って説明していこう。鈑金／塗装は作業の現場では分かれていることが多いが、実は連続した作業の流れのなかにある。

“カスタマイズ科”は専門専攻科といってもいいが、実習をカリキュラムの基調としている。だから、約半年間で基礎を身体で学び、後半の4ヵ月は想い描いたカスタムカーを作り上げる快感を味わえるユニークな専攻科だ。

自動車大学校という“学び舎”

前期は乗用車のボディの基本構造や材料の特性、さらには鈑金/溶接/FRP加工/塗装といった専門的技術を集中的に学び、後期から1台のカスタムカーを製作する。そのカスタムカーは毎年1月に開催される“東京オートサロン”に出展されるだけでなく、合法的な改造車検申請をすれば、規制緩和で昔の“マル改”申請ほどうるさくなく車検証を取得できる。そのクルマで静岡県は伊東市まで一泊二日のツーリングを決行する。大雑把にいって、これがNATSのカスタマイジング科のカリキュラムだ。
カスタマイズ科で学んだ専門知識を生かす職業に就くことは、このご時世、それなりに大変だとは思うが、少なくとも充実した愉しい学生生活を送れることは確かだ。自分たちでカスタムしたクルマで往復約450㎞ものツーリングをするのは大いなる愉しみだ。が、同時に冒険でもある。カスタムした部位が落下しないようにデザインしているつもりでも、実走行データを十分にとっているわけではないから、トラブルが起きることも少なくないはずだ。それでも、カスタマイズ科は、このツーリングをカリキュラムのゴールと位置付けている。それは、完走という達成感が今後の人生に立ち向かう大いなる勇気を培うと考えるからだ。カスタマイズ科は2年間の自動車整備科で得た基礎技術に加えて、鈑金/溶接/FRP加工/塗装といった専門技術を中心に学ぶ1年の専門コース。カリキュラムの大半を占める実習では、さまざまな材料を使った基礎加工技術を学んだ後、カスタムカーをデザインから設計/製作し、完成後は東京オートサロンへ出品する。1台のカスタムカーを造り上げるのは愉しいことばかりではないだろう。思ったラインが出せないで苦悩する日々が続くこともあるはずだ。が、それを乗り越えるのは“習得した専門知識”なのだと思う。

鈑金の基礎知識

～塗膜剥離 ▶ 叩き出し～

第１章：広範囲の塗膜剥離にはリムーバーを使う
第２章：ダブルアクションサンダーによる塗膜剥離
第３章：鈑金ツールを使って損傷面を叩き出す
第４章：ほとんどが叩き出し過ぎてしまった

◀各章のタイトル内に左の QR コードの表示がありましたら、その章での内容を YouTube でご覧いただけます。

QR コード読み取りアプリをダウンロードしてアプリから QR コードを読み込んで YouTube 動画をご覧ください。

◀各章の内容にあった動画をその章単位でまとめてあります。（こちらは第 1 章の動画となります）

NATS
NIHON AUTOMOBILE COLLEGE

*NATS のロゴを組み込んだ QR コードとなっていますが、動画がアップされているのは " 車屋 BOLD チャンネル " の限定動画サイトです。

塗膜を剥ぐのは重労働で研磨時間もかかる。損傷部位の広さによっては剥離剤を使うという方法もあるが、それはボンネットやルーフ / トランクといった部位のクリアーが剥げている場合。一般的な損傷による鈑金塗装修理となると、ダブルアクションサンダーで損傷箇所を中心に塗膜を剥離する、ということになるが、損傷部位が亀裂に近い場合は、ベルトサンダーによる塗膜剥離ということも修理の現場では意外に多い。
塗膜剥離が終了したら、損傷した部位を原状に戻す作業へと進むわけだが、外板パネルの場合、ほとんどが鈑金ハンマーとドリーを使った叩き出し作業となる。パネル交換という方法もあるが、クイック鈑金程度で、その出費は痛い。となると、パテ盛り作業ができるレベルにまで叩き出すことになる。こういう修復方法を、昔を知る鈑金塗装職人は軽蔑するだろうが、乗用車に使われる鋼板が進化した 2000 年以降は、ほぼ“ハンマーワークだけできれいな面”を叩き出すことは必要なくなった、というか鋼板の構造上からも、それが不可能になった。いまの時代に求められているのは、なるべく薄い鈑金パテ塗布で済むような修正鈑金の技術。外板パネルの叩き出しの理想はわずかに損傷部以外のパネル面よりも低い位置で作業を終えることだが、これがなかなか難しい。過剰にパネルのアール面を意識しすぎるあまりに、ビギナーの多くは叩き出し過ぎてしまうからだ。そして、その修正法がさらにまた難しい。ふたたび叩いて戻してしまうと、鋼板の硬度がいっきに落ち、パテさえ載せることができないくらい“軟弱”なパネル面になってしまう。修正には加熱による“絞り”技法が望ましいが、そうなると溶接機が必要になる。ここでは、そういった塗装に入る前の鈑金とフェザーエッジ研ぎ出しについて解説する。

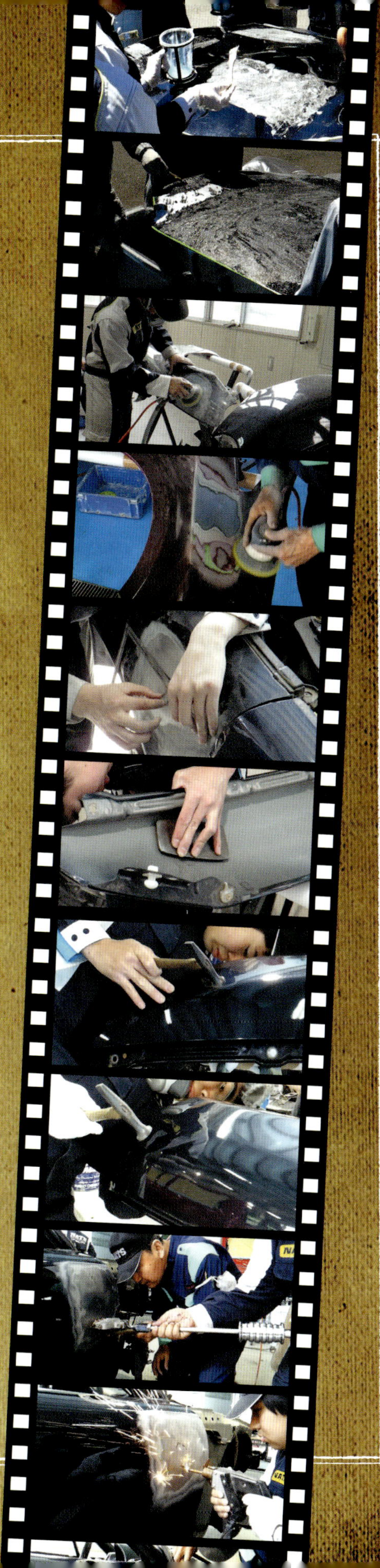

第1章：広範囲の塗膜剥離にはリムーバーを使う

クルマの塗装には外観保護や高級感演出のために、トップコートクリアーが吹かれているが、経年劣化でそれが剥がれてくる。トップコートクリアー剥離は損傷による鈑金塗装の下地処理と異なり、ボンネット、ルーフあるいはトランクといった部位に多く発生し、それが広範囲に及ぶことから剥離剤（リムーバー）が使われる。

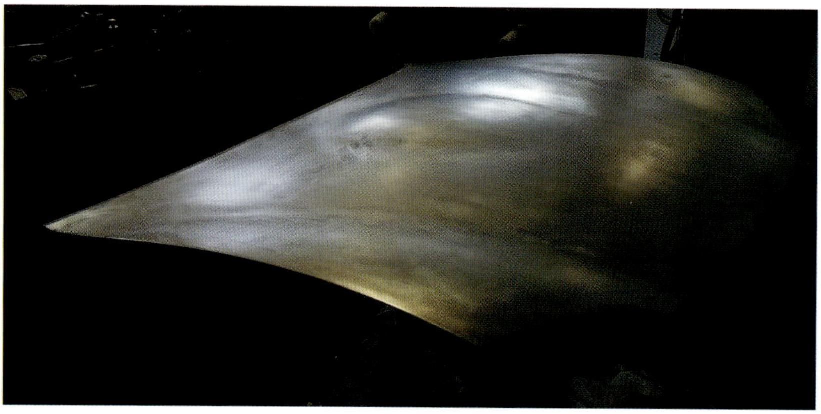

リムーバーによる塗膜剥離後、水洗いをした後さらに、ダブルアクションサンダーでリムーバーでは除去できなかった塗膜を削り取っている。ロードスターのボンネットは初代のNAからNDまではアルミ製だった。だから、ダメージが少ないリムーバーでの塗膜剥離は最適だが、この個体には損傷箇所が見受けられるので、パテによる下地処理後に塗装工程へと進むことになった。研磨後、エアブローで塗膜滓（かす）や粉塵を除去し、きれいなウエスに脱脂剤をたっぷり含ませて入念に脱脂した姿が浮かび上がっている。

リムーバーを使う第一の目的は作業効率だが、サンダーによる剥離に比べて摩擦熱で鋼板が延びること、あるいは変形するリスクがほぼないことも、リムーバーによる剥離が選ばれる理由といえる。今回使ったのは、"スケルトンM-201金属ハケ用"というリムーバーだが、水洗時にはワックス分や塗膜残分が乳化されるように調整してあるというもの。

刷毛で厚めにリムーバーを塗り（塗布の目安は400～500g/㎡）、5～15分放置していると塗膜が浮き上がってくる。浮き上がった塗膜はヘラなどで削ぎ落とすのだが、剥離完了後には水洗する。注意事項としては、冬季は使用前に缶をよく振ること。反対に、夏日のように外気温が高いと、容器が膨らんでダルマ状になっていることもあり、そのような場合には中身が噴出することがあるので、容器を冷水に30分程度浸してから開栓すること、という注意書きもある。また、肌に着くと強烈な痛みがあるので、作業に際しては、"保護具"の着用が義務づけられている。さらに、目には絶対に入ることがないように作業すること、という注意書きも缶には印刷されている。

リムーバーの主成分は"塩素系炭化水素溶剤メチレンクロライド"というものだが、浸透性が高く、蒸発しやすいため表面に浮いている溶剤の蒸発を防止するパラフィンが配合されている場合が多い。

ともあれ、リムーバーは劇薬であることから、2017年1月1日から規制が強化され、"経皮吸収による健康

リムーバーによる塗膜剥離は容易。刷毛でリムーバーを塗り、塗膜が浮き上がってきたらスクレパーで掻き落す。残った塗膜はダブルアクションサンダーで削り落とす。水洗い／乾燥シーンが撮影されていないが、これも容易な作業。パネル全面を磨くダブルアクションサンダーのペーパーは80～120番。

NATS
NIHON AUTOMOBILE COLLEGE

クリアーコートがそこかしこで剥がれている。こういう場合はリムーバーを使った剥離がベター。表面にリムーバーを刷毛で塗ると、部位によっては5分ほどで塗膜が浮き上がってくる。強烈な異臭を放つので“劇薬対策”がマストだが、これは法律で決まっている。安全保護具を着用し、風の通りが良く、周囲になにもない場所で作業すること。剥離する部位を残してマスキングすることも忘れずに。

被害があるものを扱う場合、不浸透性の保護具、眼鏡、長靴、手袋を使用すること”が義務付けられている。とまぁ、取り扱いに関しての注意事項が多いが、それだけ劇薬成分が配合されている、ということだ。

難しい能書きはこれくらいにして、クリアー剥離のメリットは、サンダー剥離と異なり、鋼板に熱を伝えないというメリットを無視することはできない。ただ、剥離したところとしないところをきちんと処理しないで塗装すると、段差がそのまま表出してしまう。そこで、サンダーによる剥離で段差をなくそうと思ったらフェザーエッジにしないと作業が成立しないが、それがなかなか難しい。フェザーエッジを研ぎ出す作業のなかで、角をちょっと立て過ぎたら、そこの鋼板部分も削れていく。また、旧塗膜部分も削れて、下地まで見えてしまうので、結局、段差が無駄に広くなる。

塗膜を剥ぐのは重労働で研磨時間もかかる。ボンネットだけならまだいいが、ルーフやトランクのクリアーが剥げているという状況になると、その作業量は膨大なものになる。リムーバーは水溶性だから剥離後は水洗いして、錆に対するケアーが必要だが、スクレパーである程度塗膜は取れるものの密着が強い所は取れないので、そういった部位はダブルアクションサンダーで最終仕上げを行なうことになる。これを入念にやらないと、塗装しても塗料が載らない。だから、リムーバーが残っている部位はしっかり落とさないと次の作業へと進めない。

第２章：ダブルアクションサンダーによる塗膜剥離

ダブルアクションサンダーで行なう塗膜剥離はつい削り過ぎてしまう。それはパネル面に対してもそうだが、剥離範囲がつい広がってしまう側面もある。さらにその剥離面をフェザーエッジといって、剥離した鋼板面と旧塗膜との段差をなめらかなスロープ状にする必要がある。これをきれいに研ぎ出せれば、あとの作業は順調に進む。

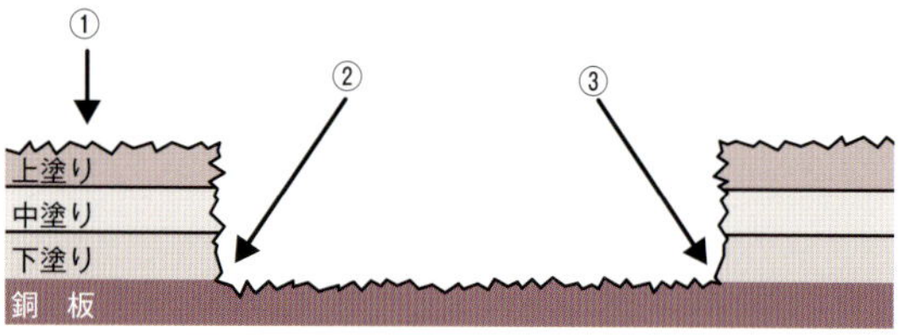

①新車の塗膜の上に新たに塗装する場合、その表面に足付けしないとプラサフが密着不良を起こす。②この空間（損傷部位）には塗装のための下地処理が施されるわけだが、このように直角に近いエッジ状態では、プライマー／サフェーサーが充分に浸透しないので、そのわずかな隙間から旧塗膜（新車時の塗膜）にシンナーが侵入する。と、旧塗膜層が“膿んだ”状態になりブリスターが発生する危険性が高くなる。③旧塗膜と鋼板表面の接合面がこのように鋭角な場合、プライマー／サフェーサーが充分に浸透しないことによる弊害のもうひとつが空気の滞留。この部位に空気の層ができてしまうと、それが塗装を乾燥させるヒーターの熱、あるいは外気温の伝道によって空気層が膨張し、同じくブリスター発生の原因となる。

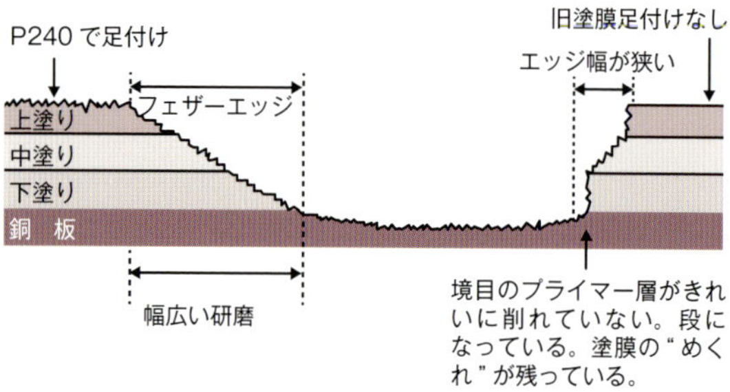

旧塗膜に足付けしないで新たに塗装してもすぐに剥がれてしまう危険性が非常に高い。経年劣化で再塗装する場合にも足付けはマストだ。さらに、フェザーエッジが鋭角に形成されていると、境界線のプライマーがきれいに着床されず、ここに“空気の塊”が発生／堆積する可能性が非常に高い。これがブリスター発生の原因になる。

ここに掲載したのはNATSのベテラン講師、葛飾和雄氏がフェザーエッジのお手本として研ぎ出したもの。注目していただきたいのはフェザーエッジのグラデーション、色の間隔だ。見本用に使われたフェンダーには上下にプレスラインがあり、それが作業スペースの制約となっているから仕方ないが、上下の各階層のタイトな間隔が左右でも展開されているようならば、このフェザーエッジの評価は低くなる。理由は“面がつながって”いないからだ。

フェザーエッジの積層を説明すると、中心は鋼板面で、その外側に見えるのが電着のプライマー、その外側の白い層はサフェーサー、さらに前回のパテ、その外側がベース塗料ということになる。各階層の剥離面が同じ幅でしかも“ぼやけて”いる点にも注目していただきたい。塗膜剥離を終えた時点で、フェザーエッジの境界線が“くっきり”していたら塗装自体の評価が低くなる。鋭角のフェザーエッジを研ぎ出し、そこに塗装すると、その境界線がくっきりと出てしまう。各階層の幅が広く研ぎ出されたフェザーエッジは、その展開角度が鈍角なものになる。そのような切削面をもつフェザーエッジが作り出せれば、パテ盛り作業の成功はほぼ約束されたようなものなのだ。

フェザーエッジの大切さが分かると、ダブルアクションサンダーで理想の切削面を出せる。これはキャ

フェザーエッジを幅広く研ぎ出すためのダブルアクションサンダーによる切削／研磨作業が3段階に収録されている。それぞれに使用しているヤスリの番手が異なっている。最初は80番、次に120番。240番での研磨作業では、フェザーエッジの各階層を確認できないフラットさに仕上がっていく。

NATS
NIHON AUTOMOBILE COLLEGE

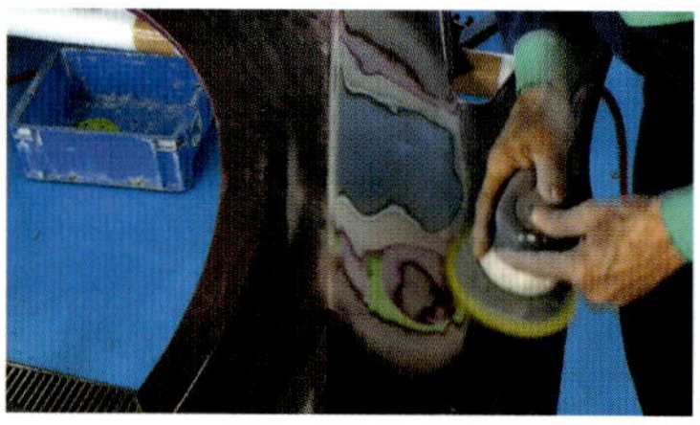

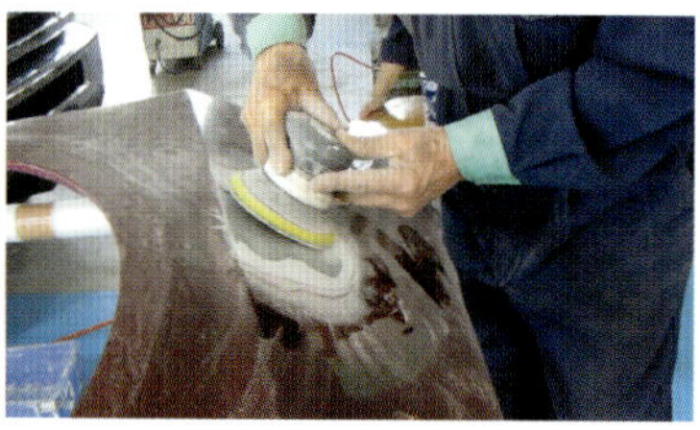

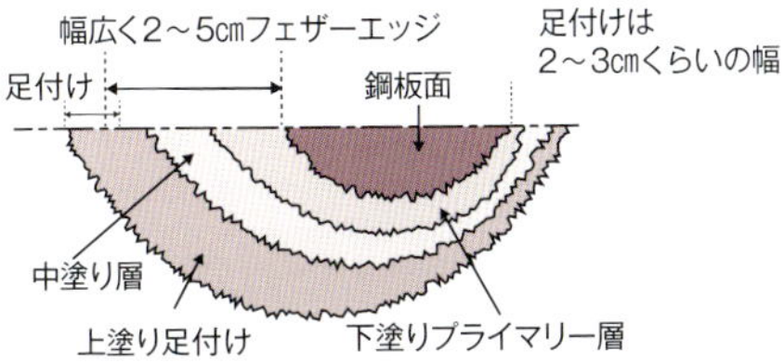

塗装は各階層の積み重ねで成立しているから、プライマー、サフェーサー、ベース塗料、クリアーの積層の間隔が、このように左右方向に一定していることが大事。鋭角に削るとグラデーションの間隔が狭くなってしまう。フェザーエッジは鈍角に展開されたほうが各階層の展開幅が広くなる。いいフェザーエッジは"面がつながっている"状態なのだ（下)。図版は写真の状態を解説したもの。色の濃くなっている部位をダブルアクションサンダーで削り取ったわけだが、この図版ではその部位が鋼板面となっている。実際には色の濃い部分は切削されているのだが、この図版で重要なのはダブルアクションサンダーの"運び"。切削の移動方向は外側から内側へ、これがサンダー操作の基本で、その具体的な成果が下の写真に表現されている（左)。

リアのなせる技。掌で触って"どこから始まってどこで終わっているのか"が分からないフェザーエッジを研ぎ出せるレベルで成形されていないと、塗装後に表面が歪んで見えてしまう危険性は高い。フェザーエッジは鈑金塗装のベースになるものなので、これがしっかりできていれば、次のパテ盛り作業が容易になり、新車のパネル面が再現できる第一ステップは完璧にこなしているといえる。

鋭角なフェザーエッジにパテを盛ると、鋼板との隙間、とくに底隅部にパテが"盛り切らない"という現象が起きるので、そこに生まれたわずかな空間に"空気"が閉じ込められる可能性が高く、その空間が熱によって膨張したり縮んだりすると、そこからパテが割れる危険性が出てくる。

お手本までのなだらかなフェザーエッジングができなくても、これに近付けるように"練習"することが大事。基本的にフェザーエッジはなだらかなに研ぎ出すのがいい。そういう視点で改めて掲載されたフェザーエッジを眺めると、これはまさに"職人技"だと思ってしまう。フェザーエッジには作業者の鈑金に対する技術レベルが凝縮されている。学生が研ぎ出したフェザーエッジと見比べてみると、その各階層の幅の広さの違いは歴然、幅が広いということは、フェザーエッジがなだらかに形成されていることの証なのだ。

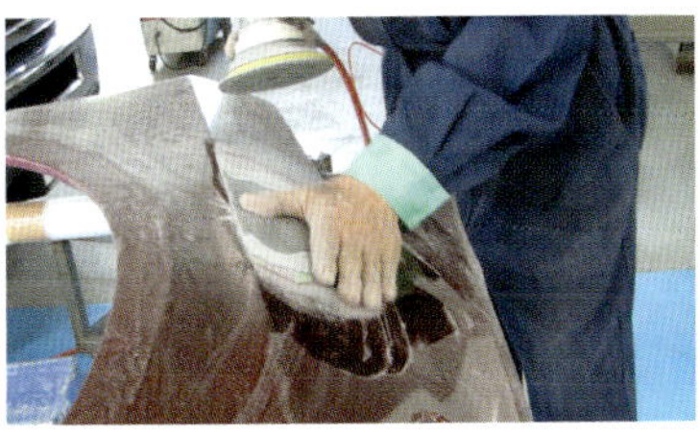

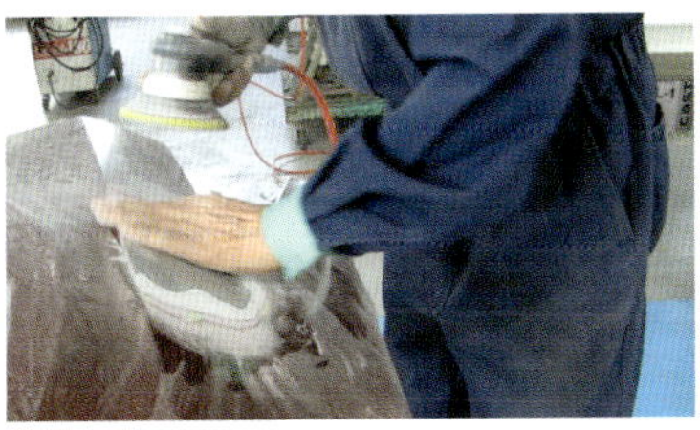

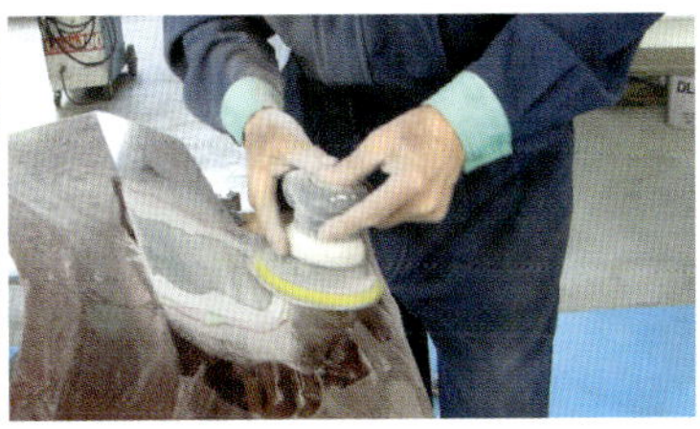

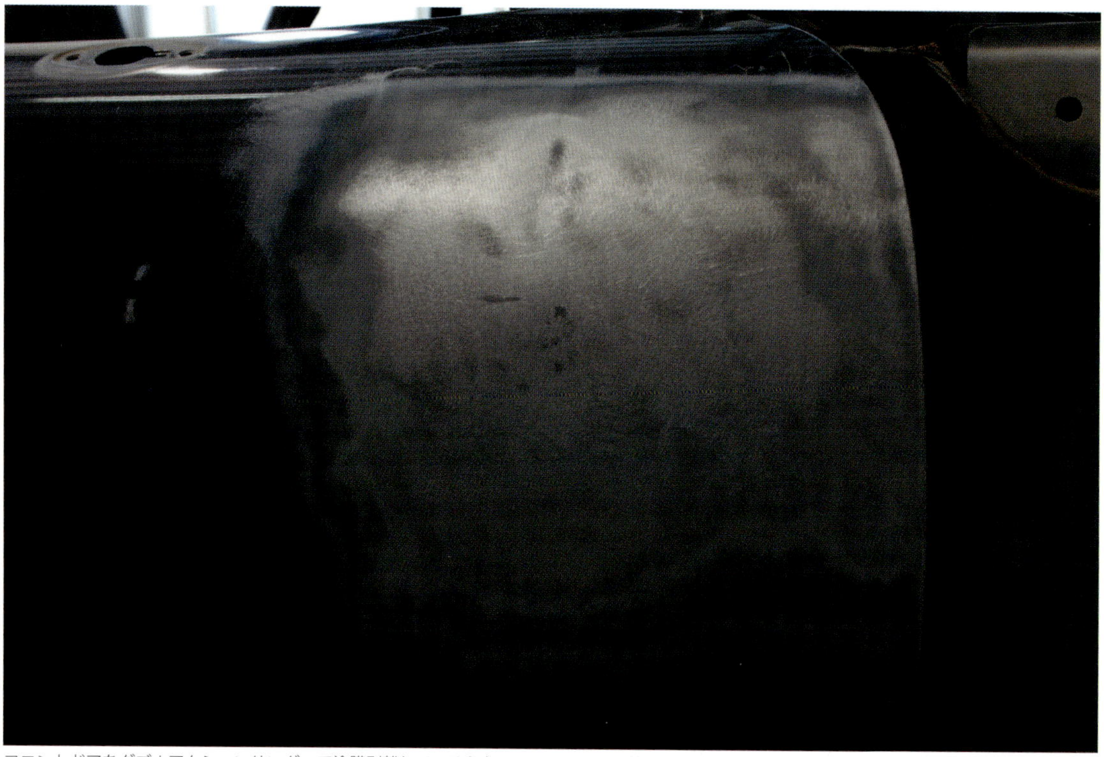

フロントドアをダブルアクションサンダーで塗膜剥離しているうちに、このような広範囲まで“削って”しまった。広範囲な塗膜剥離にはリムーバーが手っ取り早く、鋼板へのストレスも少ないわけだが、結果としてこのような塗膜剥離範囲になってしまったのだから仕方ない、というところ。評価すべきは、鈑金の露出面積は広いが、フェザーエッジはなだらかな曲面を研ぎ出せている点。本来の損傷部位はパネル上部のへこみだけだったが、「アールをチェックしていくうちに剥離範囲が広がった」とのこと。こういう例も、結果として現実的にはある、という事例だ。

塗膜を剥離した鋼板面と旧塗膜との段差をなだらかなスロープ状にした状態をフェザーエッジといい、その作業をフェザーエッジングというが、なぜフェザーエッジが必要なのかというと、まずは塗装仕上げのトラブル防止のため。なだらかなフェザーエッジが形成されていないと、その上にパテやプラサフを塗っても、旧塗膜との境目が新たな塗装面に表出してしまう。さらに、なだらかなフェザーエッジを形成できなかった弊害として、既述したが、フェザーエッジ底部にはからずも発生した“隙間”にパテに含まれたシンナー（溶剤）が侵入し、旧塗膜を浮き上がらせてしまう、という事態が起きる危険性が高くなる。あるいは、ヒーターで加熱したとき、旧塗膜とのわずかな隙間に閉じ込められた空気が膨張してブリスターが発生する可能性もある。その点、各階層幅が均等でなだらかなフェザーエッジを研ぎ出せると、パテやプラサフとの足付け効果が高まり、これらの危険性からはほぼ開放される。

フェザーエッジングは一般的に、7000～10000回転、オービットダイヤ（偏心幅）6～10㎜、パッド径125㎜で、パットの硬さが中間タイプのダブルアクションサンダーで行なわれる。パッド面に取付けられるサンドペーパーの番手は80番から始まって、120→240番で研ぎ上げていく。これで効果的な足付けができることになる。

フェザーエッジが鋭角なのは問題だが、どこが平面という認識もなく“探していく”うちに、このような広範囲な剥離面積となってしまったのだった。そのチェックのために直定規をパネルにあてているのだが、確かにパネル上部のへこみは、尾を引くようにパネル中央部から下部にまで及んでいる。

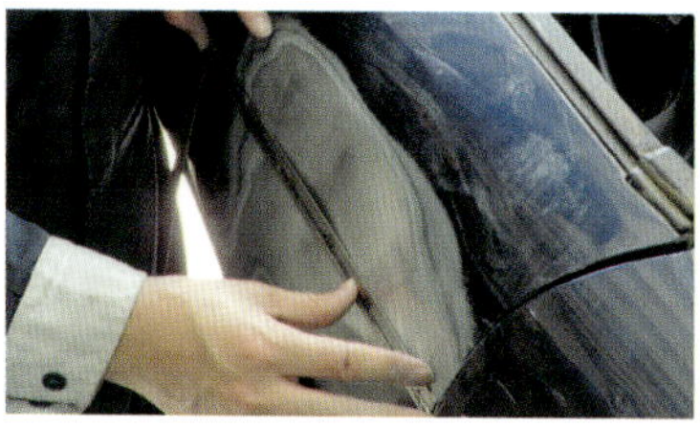

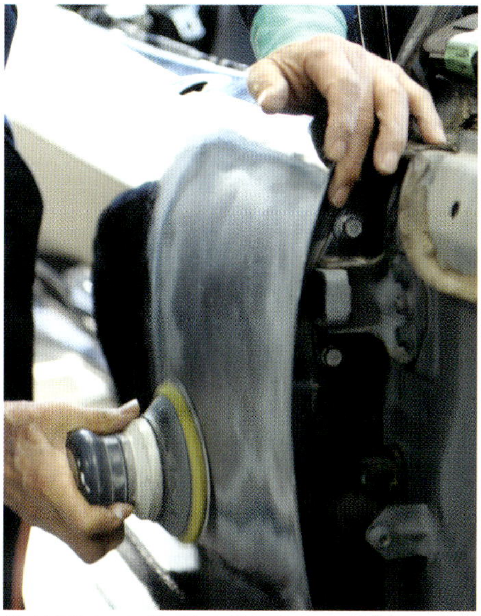

ダブルアクションサンダーに限らずエアー工具全般にいえることだが、「過ぎたるは及ばざるが如」。塗膜研磨の目途がついたら、面を出すのはハンドファイルにサンドペーパーをセットして行なったほうが、ビギナーには安心。自分がサンダーの面をどれくらい当てているかを把握するのが難しい。感覚で覚えるしかないところが鈑金塗装の奥の深さだ。

確かに、ダブルアクションサンダーは剥離面積が均一に削れていくのが特徴だが、それはフェンダーくらいまでの大きさが限界で、ドア全面あるいはボンネット一面をダブルアクションサンダーで剥離することは、一般的にはまずない。ところが、ここに掲載した写真では、そのまずないことが起きている。ダブルアクションサンダーはフェザーエッジを追い込んでいくのに向いているエアー工具だが、修正研磨を重ねていくと、ここに掲載したような状況になってしまう。

ダブルアクションサンダーは使いやすい掌サイズで、握ればそこに始動ボタンがあるから片手で扱えるのも操作上の魅力。回転方向は、丸く回りながら円弧を描く動きをするので、切削範囲がシングルサンダーに比べて広く鋼板の発熱が抑えられる、というメリットもある。操作方法の注意点としては、塗膜を削っていく際には強く押付けず、自重で塗膜剥離作業すること。研削力があるエアー工具故に削り過ぎてしまうことが多いので、頃合いを見極める観察眼を養うことも必要だ。ビギナーがp.111に掲載したようなフェザーエッジングをするのは難しい。それは、学生の研ぎ出したフェザーエッジと見比べていただくと、見本を研ぎ出した葛飾講師の凄さが分かる。こういうフェザーエッジを研ぎ出すには、ペーパーファイルでないと学生はもちろんだが一般的な作業者ではまず無理だろう。

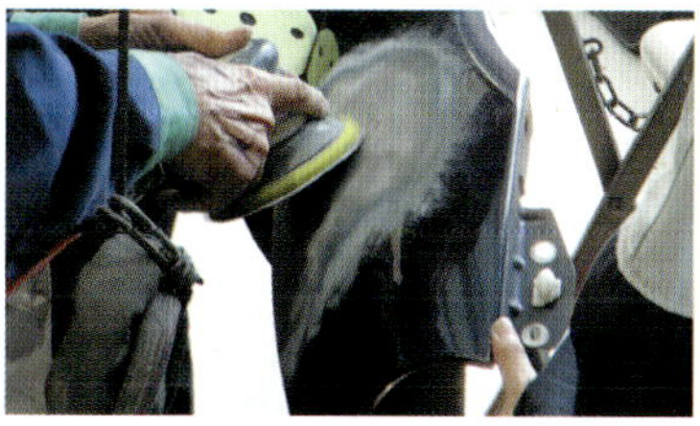

ダブルアクションサンダーの使い方の見本。基本的には円盤の1/3までを使う感じで板面に対して15度くらいの傾斜角をもって"穿る"ように板面にあてていくが、平面を使って"ならす"使い方もある。平面出しのための研磨は慎重に行なわないと、つい"削り過ぎて"しまう。

第３章：鈑金ツールを使って損傷面を叩き出す

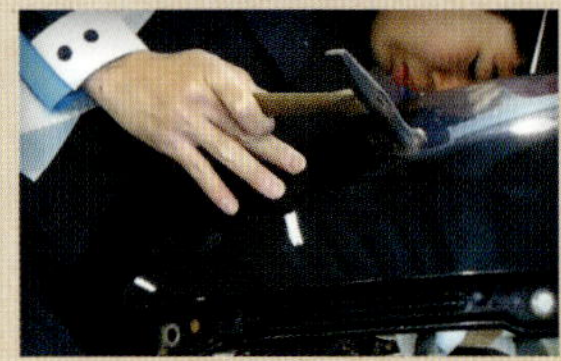

塗膜剥離が終了したら、損傷した部位を原状に戻す作業へと進む。外板パネルの場合、ほとんどが鈑金ハンマーとドリーを使った叩き出し作業となる。オフドリーから始まる叩き出し作業はオンドリーで終わるのが基本だが、パテ盛り作業ができるレベルにまで叩き出すのは修正幅をラフにすれば、意外に容易なように見受けられた。

作りたい形の形状をしているドリーを選び、その形状にもっとも近いアールをもっている、そのドリーのどの部分を当てればイメージする形になるかを選択していく。乱暴な表現をしてしまえば、なんでもドリーになってしまうのだが、この学生が手にしているのは“スプーン”と呼ばれる鈑金専用工具。ドリーを細長くしたもので本来は、直接手が入らないような狭い場所へドリーの代わりに差し入れて使うもの。写真の使用方法は基本的には間違っているのだが。

クルマのボディパネルに衝撃が加わったとき、それは損傷となるわけだが、その損傷部位は弾性変形と塑性変形で構成されることは、これまでにも説明してきた。ドリーとハンマーを使って行なわれる修正鈑金は、弾性変形の原状復帰しようとする性質を利用している。よって、弾性変形している部位の底面にドリーを当てるものの鈑金ハンマーで叩くのは、むしろ塑性変形した部位（往々にしてエッジ部になるのだが）ということになる。その塑性変形部位を叩くことで、弾性変形した部位を自助努力（?!）で原状復帰させようとする工法なのだ。当然、その自助努力の力は弱いからドリーで押し上げる力は相当な力技といえるものになる。

右の図を見ていただきたいが、矢印の太さからも分かるように下から強い力で押し返しながらエッジ部にハンマリングを加えていくと、エッジ部は押し込まれていき、底部は盛り上がってくる。こうしてある程度まで損傷部を押し上げたら、若干の“へこみ”を残して作業終了となる。そのへこみ部位に鈑金パテを盛って周囲の面に合わせる研磨作業へと進んでいく。

この少しへこんでいる状態まで叩き出すというのが、けっこう難しいようで、NATSの学生の“打ち出し”作業は、へこみを残すということはなく、ほぼ100%の部位で盛り上がるまで叩き出してしまっていた。そして、その修正作業がまた大変だった。詳細はp.118～をご覧いただきたいが、“出過ぎたから”打ち戻せばいいというものではない。

1～3はオフドリーだが、くぼみの中心にドリーを当てることなく縁に近い部分に当てている。4/5はくぼみが浅く面積も狭いのでアールをもった長方形のドリーを全面に当て、ハンマリングで調整して面を押し出している。一見オンドリーに見えるが、要所ではオフドリーでの作業も行なっている。

1

2

フェンダーにできた2個のへこみ傷。どちらも損傷範囲は狭いが、それなりに奥深い損傷といえる。こういったケースの場合、オフドリーで損傷面を押し戻し、パテで曲面の仕上げをするという修理依頼は現実的に多いと思われる。パネル1枚交換するほどでもないと思うオーナーは多いから、「ちょっと直して」という依頼だ。修理の現場ではこういったケースに対応しなければならないわけだが、そうなると、いかに手早く鈑金処理を終えるかがポイントになる。まぁ、サンデーメカニックには時間の制約はないが、この損傷を自力で修復するとなると鈑金処理技術、パテ盛り/研ぎ技術、ぼかし塗装も含んだ上塗りまでの塗装技術など習得しなければならない。学ぶべき事柄は多い。

金属はハンマーで叩くなど外力が局部的に加わると、薄く広がろうとする性質をもっている。損傷した時点で鋼板に延びという現象が発生し、さらにその復元作業でも延びが発生してしまう。よって、パネルの修正ポイントはいかに鋼板を延ばさないように叩くかにかかっている。

鋼板が延び過ぎると、"ペコペコ""ぶよぶよ"という表現がふさわしい、触れても張りを感じない状態になる。この現象は叩けば叩くほど悪化するので、打ち出し過ぎたパネル面は別の処理方法をつかうのが鋼板の"衰弱"を最小限に留める一番の方法といえる。

ところで、効率的なパネル修正をするためには、弾性変形と塑性変形の両部位を見分けることがポイントと

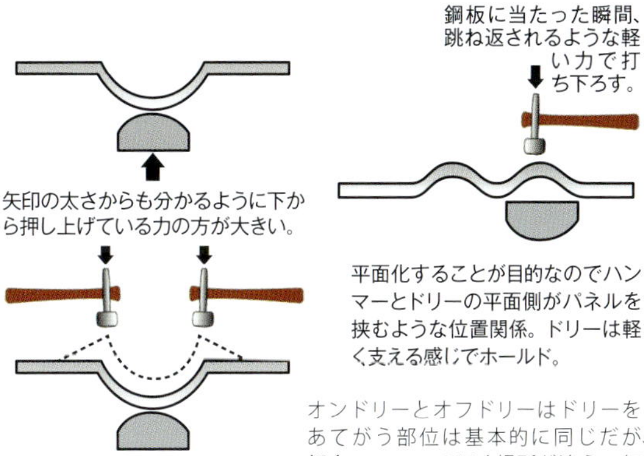

矢印の太さからも分かるように下から押し上げている力の方が大きい。
鋼板に当たった瞬間、跳ね返されるような軽い力で打ち下ろす。
平面化することが目的なのでハンマーとドリーの平面側がパネルを挟むような位置関係。ドリーは軽く支える感じでホールド。

オンドリーとオフドリーはドリーをあてがう部位は基本的に同じだが、鈑金ハンマーで叩く場所が違う。打ち出し鈑金は"オフドリーで始まってオンドリー"で終わるといわれるが、オフドリーで損傷箇所を叩き出している作業時間が長い。上はオフドリーのイメージ図。損傷部のエッジ部を鈑金ハンマーで叩く時にドリーで底から押し上げる感覚でハンマーワークに対応していく。ハンマーは軽く打ち下ろし、ドリーは力を込めて押し上げる、といったイメージだ。上右はオンドリーのイメージ図だが、オンドリーの主目的は鋼板面の平面化。作業的にはこちらのほうが比率は少ない。平面化はパテ盛り/研磨の領域になるからだ。

3
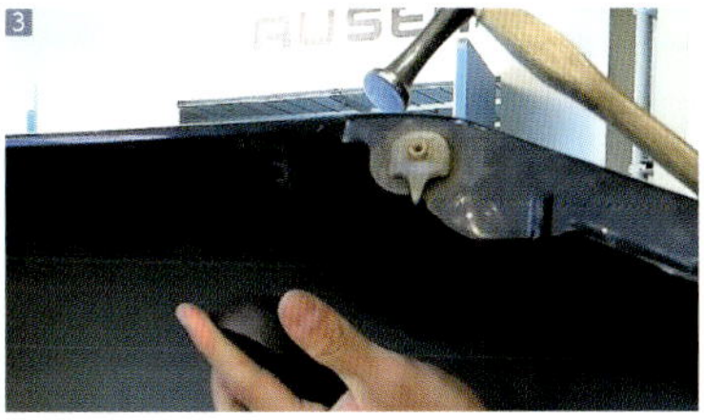

4
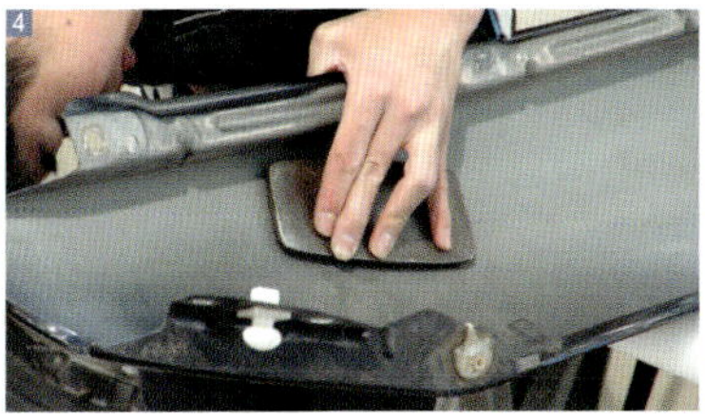

5
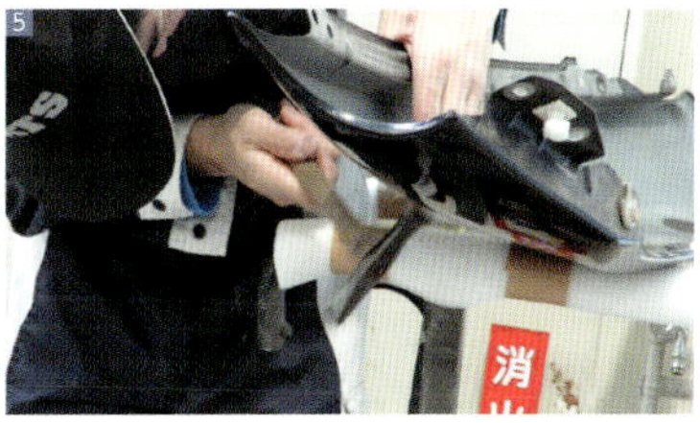

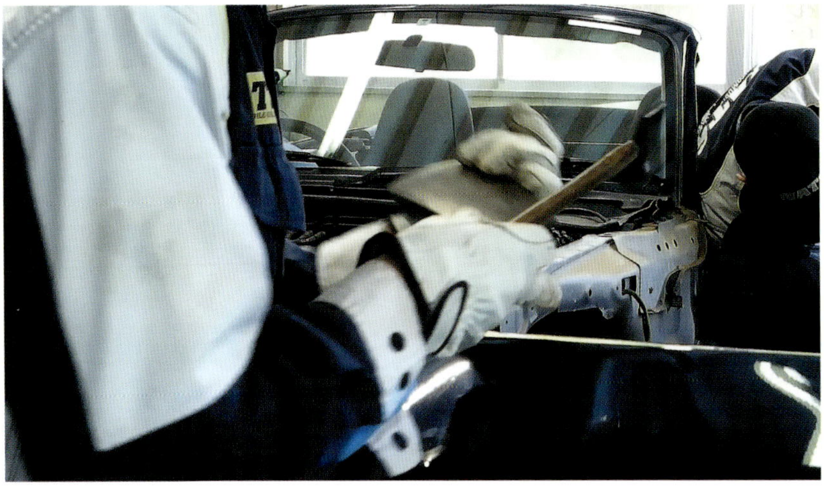

ドリーと鈑金ハンマーを使う打ち出し鈑金作業は、フェンダーおよびボンネットは取り外しが容易だから、鈑金作業の自由度は高まる。その点、ドアは取り外して内張りを剥がしても、"袋構造"になっている部位などがあるため、作業効率を考えると車体に取付けたままでの鈑金作業となる場合が多い。ドア内側にはサイドウインドーの上下機構およびサイドインパクトバーが組み込まれているものの、部位によっては作業スペースを確保できる。

なる。弾性変形は境界がはっきりせず、比較的おだやか傾斜で変形しているのが一般的だが、その点、塑性変形は鋭角的な形状で変形していて塗膜が剥がれている場合が多いから、この見分けは容易だ。このドリーと鈑金ハンマーを使って行なう修正を"打ち出し鈑金"という。このコーナーでNATSの学生がチャレンジしているのがそれだ。

打ち出し鈑金はオフドリーとオンドリーによって行なわれる。オフドリーは鈑金ハンマーで叩く表面と裏面のドリーの位置関係がずれた状態でセットされるのが一般的だが、このずれた状態がパネル面の損傷部位を押し戻す力として作用する。損傷形状によっては裏面からドリーで打撃を与えて、修正する場合もある。損傷修復作業でオフドリーの工法を使うケースは約80％以上。オフドリーのみでパテ補修作業へと進む場合もある。オンドリーは、ハンマーで叩く面の裏面にドリーを当てる方法。ハンマーで加えた打撃力を受け止める裏面のドリーは、反動でいったんパネル裏面から離れるが、実はこれが"裏面から打撃"を与える力となっている。オンドリーは最後の"平面出し"で、もちいられる作業法だ。

「オフドリーは結局"粗出し"になります。空叩き音がしている時がオフドリーで、甲高い音がしている時がオンドリーです。ハンマーにばかり目がいってしまいますが、実は裏面から相当な力でドリーを上に持ち上げています。だから、ドリーを持っている手の方がめ

1～3：学生の作業風景をドリー側から眺めていると、ドリーのパネル面との接触角度を変化させて曲面を修正している様子が分かる。クルマには平面はほとんど存在しない。フェンダーももちろんそうだから、このようなドリー面の選択は有効だ。4/5：弾性変形した部位の修正は終わって、塑性変形してしまった部位をなんとか修復しようという打ち出し鈑金作業。なんども平面度を触手チェックしてオンドリーで仕上げようと試みている。

>> 利用率が高い鈑金ツール

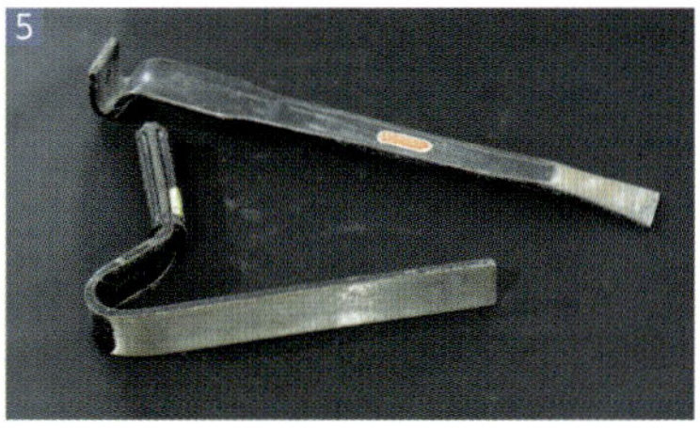

1鈑金ハンマー：叩き出し鈑金の基本ツール。片方の形状は丸い打撃用で、他方は細長い形状の慣らし用になっているのが一般的。2絞りハンマー：特徴は打撃面に規則正しく小さなピラミッド形状が刻まれている点。その打撃面形状でパネルに小さなくぼみが生じることでパネル面がイメージ通りに縮む。3/4ドリー：鈑金ハンマーで叩く反対面に当てる“受け”のようなもの。イメージとしてはドリー側でパネルのくぼみを修正していく感じ。“へら”のような形状のドリーは“スプーン”といって、直接手が入らない狭い場所にドリーの代わりに差し込んで使うもの。5ヤスリハンマー＆レバー：ドリーとともに小さなくぼみを全体で叩くことで端面を出し過ぎずに作業できる。レバーはスプーンと同じ目的だが、梃子（てこ）のように内側からパネルを押し出すときに使う。6/7かげ鏨（たがね）：ベルトラインなどが損傷したときに使う。形状は先端が絞り込まれた平面で形成されている。

ちゃくちゃ力を使います。押し戻そうとしているわけです。ハンマーは軽く当てるだけ。浮き上がった一番高いところをハンマーで叩くわけです。ドリーを使ってどういう形に仕上げていくかイメージをもって作業することが大事です」。 これはNATS カスタマイズ科科長の高山哲壽氏の話。パネル鈑金には、ここで紹介した打ち出し、以外に引き出し、揉み出し、吸い出し、絞りといった工法があるが、打ち出しがやはり基本。パネルが損傷した場合、Assy 交換が主流となっているのが現状だが、そのAssy で取り寄せたパネルが中古だったりする場合もあるわけで、やはりドリーとハンマリングの修正法は身につけておきたい技術のひとつといっていい。ただ、鈑金は基本的に" 力技" ではなく、例えていうなら" 彫金" のような繊細さを求められる部分もある。

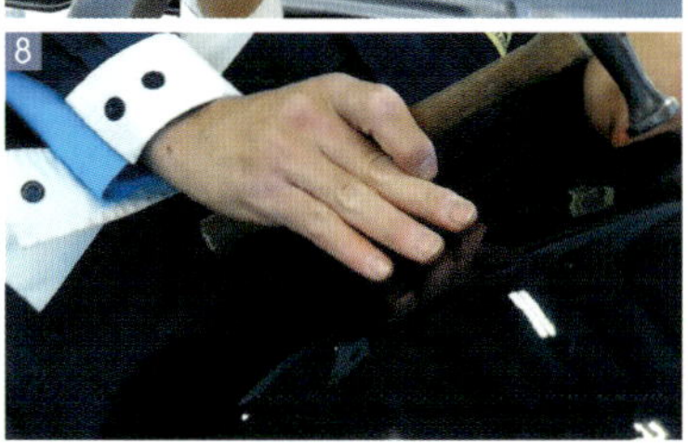

6/8：オフドリーでの打ち出し鈑金作業を終え、オンドリーでの平面化をいっそう徹底しようとしているように見受けられるシーン。7の中心部のへこみがなくなっている。アールの再現もある程度満足できるレベルに仕上がっているが、本人は満足できていないようでオンドリーでの微調整に勤しんでいる。こういった面積の狭い鈑金は修理の現場では頻繁に起きること。その意味でも実践的な作業のように思われる。

鈑金ハンマー / 絞りハンマーを問わず、打撃面エッジは“丸めて”おいたほうが思い通りの作業ができる。大きな打撃力が欲しいときの鈑金ハンマーの握り方は、どうしても“グー”になるが、中振りで鈑金ハンマーを絞りハンマー的に使う時、あるいは小振りな絞りハンマーを本来の目的で使う時には、とくに軽く打ち下ろすくらいの打撃力で使う。そういう使い方をする場合にエッジが尖っていたのではイメージ通りの叩き出し作業ができない。新品を購入したらグラインダーで軽く“あたって”おくといい。

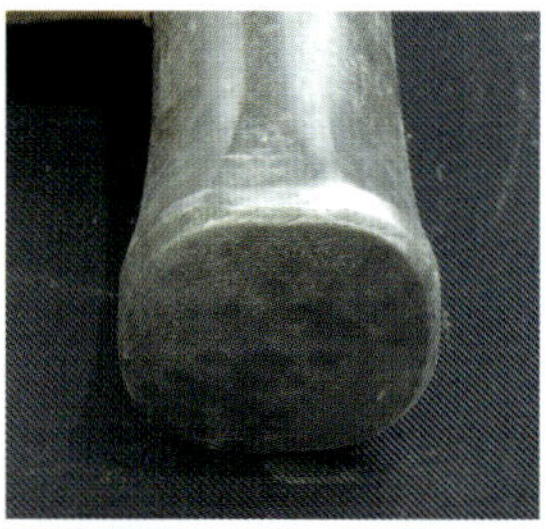

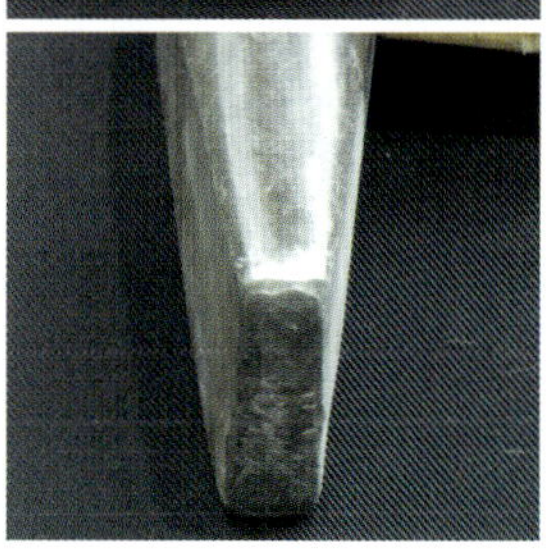

第４章：ほとんどが叩き出し過ぎてしまった

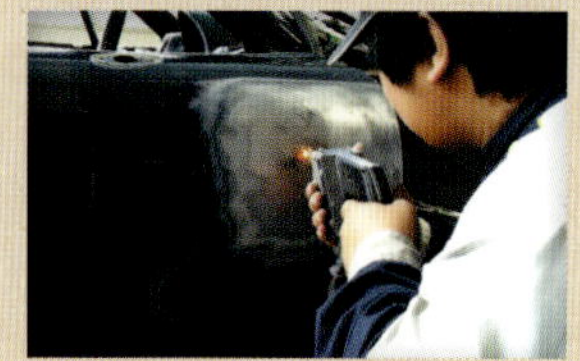

外板パネルの叩き出しの理想は、わずかに損傷部以外のパネル面よりも低い位置で作業を終えることだが、過剰にパネルのアール面を意識しすぎるあまりに、ほとんどの学生が叩き出し過ぎてしまった。これは、DIY 志向のビギナーにもいえること。その修正には加熱による“絞り”技法が望ましい。

鈑金ハンマーとドリーでへこんだ部位を徹底して叩き出すと、鋼板は工場出荷時にもっていた“張り”を失くしてしまう。それを避けるためのパネル処理が“引き出し鈑金”という技法。スライディングハンマーやスタッドワッシャー溶接機を使ってパネル面を引っ張り出し、損傷を修正する技法だが、パネル面は延びにくく、比較的短時間で技術を習得できるのも特徴だ。

下の分解解説写真の2は、その“引っ張り出し”工法を使って1の状態から修復したもの。一見すると、問題なく修正されているように見受けられるが、“出っ張った”部位がまず、その上部周辺にある。それを修正する“絞る”作業を施すと、今度はなんの脈絡もない他部位に“歪”が発生してしまう。これは高張力鋼板の特性といえるもので、その完璧な修正にはベテランの技術を要するので、結局パネル交換してしまうのが、時間的にも費用的にも安価という現実がある。

このスタッド溶接機を使っての修正は、パテによる曲面修正を前提とした場合には現実的な方法。スタッド溶接機自体も中古ならば安価で手に入るので、修正面が広かったり、ドリーが裏面に入らない場合は非常に重宝する。

ここで学生が指導を受けているのは、起伏のない原状に近い局面を再現するためのもの。一般的には、ある程度スタッド溶接機で引っ張り出せたら、あとはパテ盛り／研磨に時間を費やしたほうがいい。その意味では現実味に乏しい実習のように思われるが、高張力鋼板の歪みの特性を知るには有効な実習といえるし、DIY メカニック志向の読者も知っていて損はない。

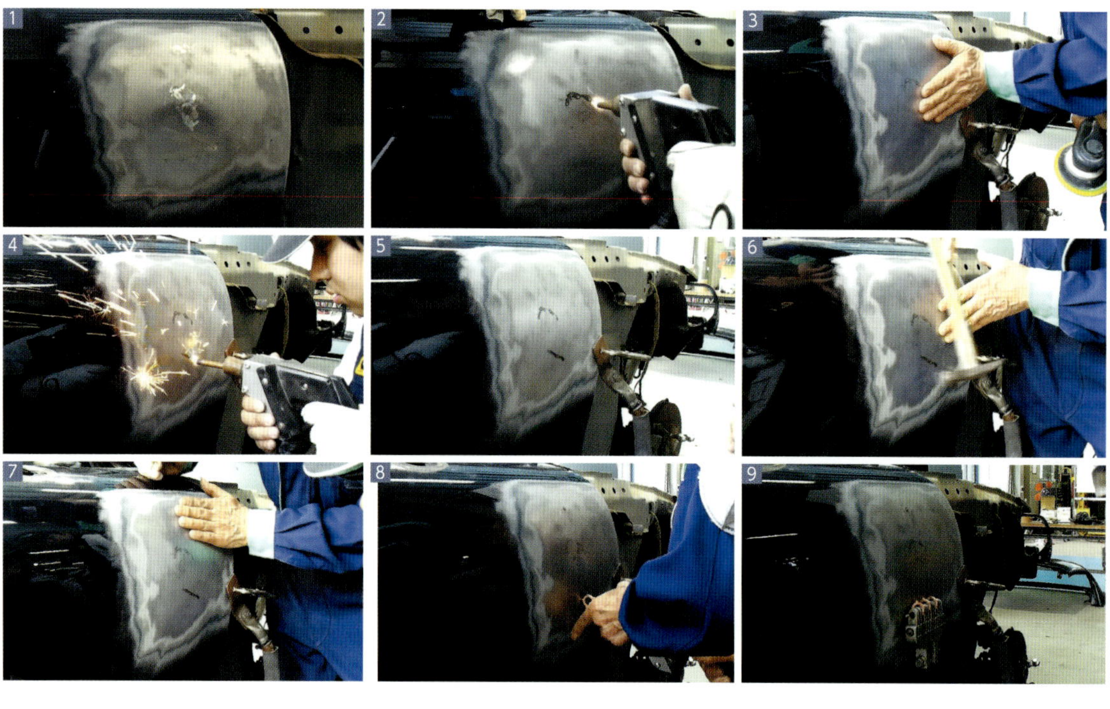

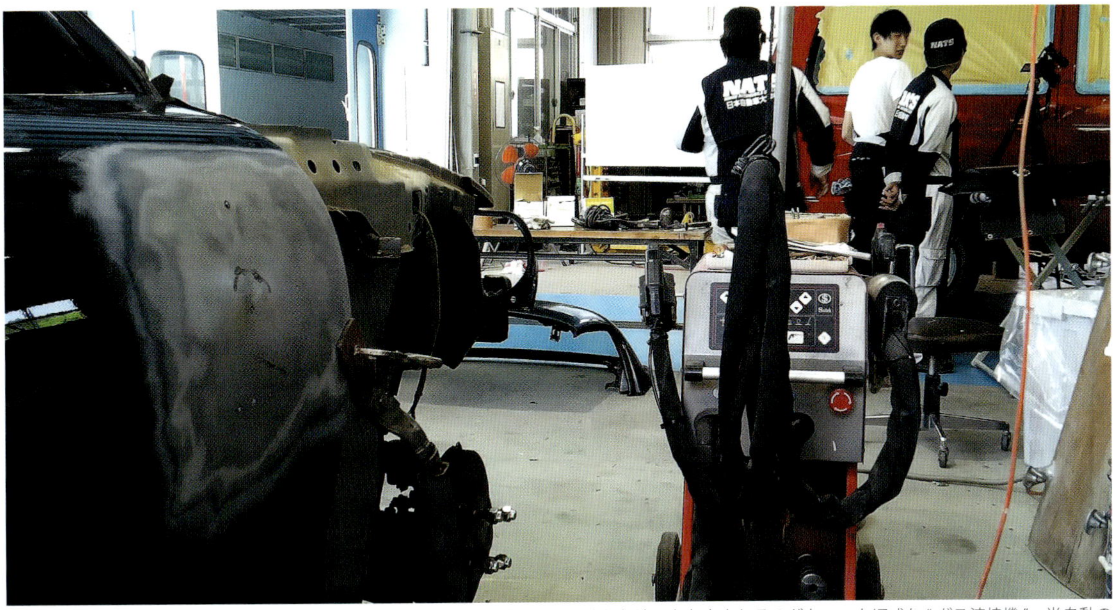

ドアパネルの歪の修正に使われるスタッド溶接機が空いていない時もある。そんな時にもち出されるのがちょっと旧式な“ガス溶接機”。半自動のMIG溶接機と異なり、切断などに使われることが多いから、油断すると0.8㎜くらいの鋼板はすぐに焼き切ってしまう。それも含めての実技講習だった。高張力鋼板の溶接ができる溶接機は高価だから、NATSにも1機しか用意されていない。

1ダブルアクションサンダーで塗膜剥離すると、ヒンジよりのドアパネルセンター部にあった大きなへこみの鋼板面が現れた。弾性変形した部位と塑性変形になってしまった部分が明白だ。2弾性/塑性変形した部位をそれぞれ引っ張り出したが、塑性変形部位は引っ張り出し過ぎたので、“絞って”へこますことにした。3ベテランの掌チェックはわずかな起伏も見逃さない。4指示を受けてガス溶接のアークで出っ張り部を絞る。5 2ヵ所を絞った痕跡が残っている。6掌チェックで微妙な出っ張りを感じたようで絞りハンマーで修正を加える。7工場出荷時と同じ曲面を出すための掌チェックは続く。8引っ張り出した弾性変形の部位に今度はへこみを発見。横に比較的長いので、ワッシャーをフルポイントで打って、引っ張り出すことにした。ワッシャーは5㎜間隔でパネル面に溶接していく。9 3本のワッシャーを打っただけだが引っ張り出す“治具”には、このような連結が可能なものもあるので一直線で引っ張れる。10スライディングハンマーで引っ張りの力がパネル面に加わっている下部に絞りハンマーで衝撃を加える。11今度は、スライディングハンマーはウエイト操作せず単にパネル面を引っ張っているだけ。そこにまたもやハンマリングの入力が。12ワッシャーは役割を終えれば、スライディングハンマー先端のフックで捻ることで簡単に剥がすことができる。13新たな出っ張り部が出現。どこに歪が現れるかは引っ張ってみなければ分からない。これが高張力鋼板の面修正の難しいところ。14〜17ワッシャー溶接/引っ張り/補正ハンマリング、という同じ作業をこなしてやっとほぼ完璧なアールを再現した。18最後にワッシャーの溶接痕を削り取って新車時の曲面再生作業は終了となった。

NATS
NIHON AUTOMOBILE COLLEGE

10
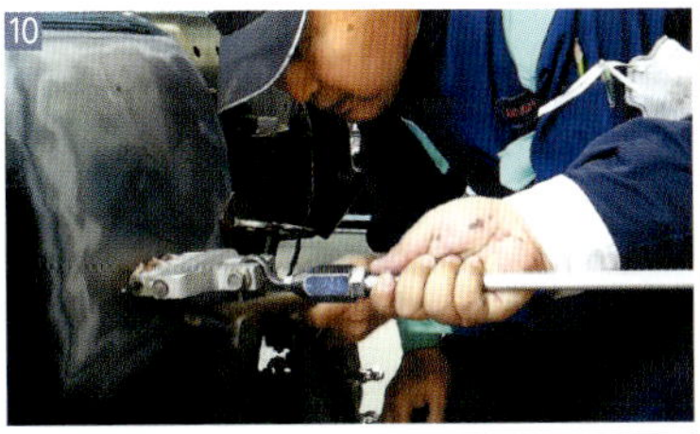

11
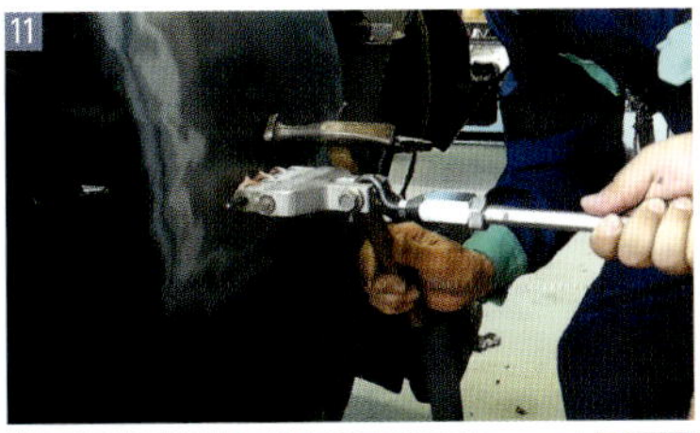

12

13

14
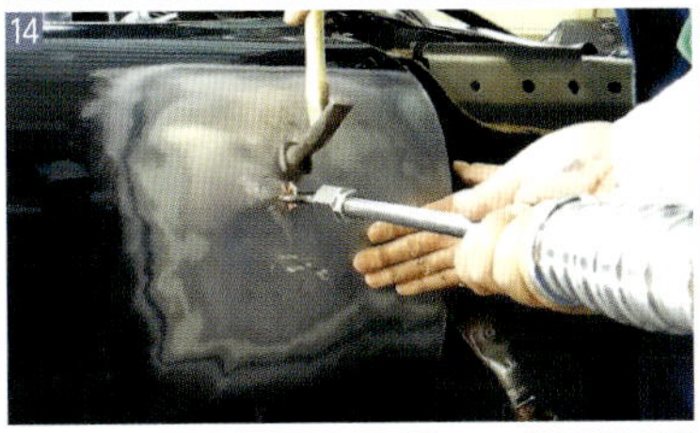

15
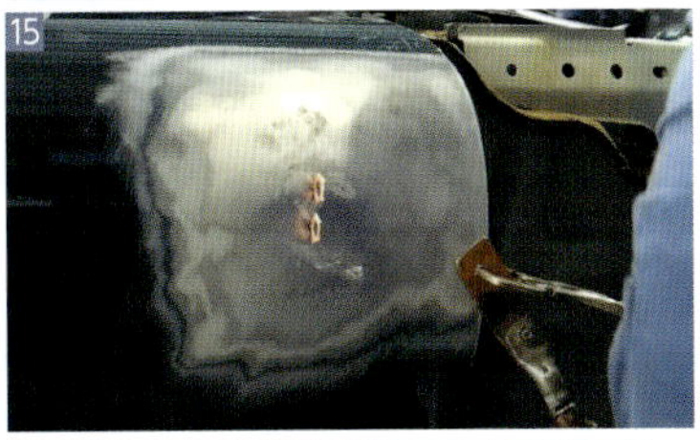

16
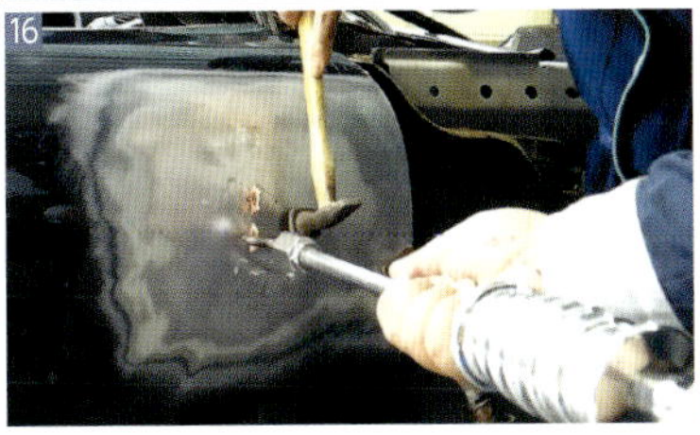

17
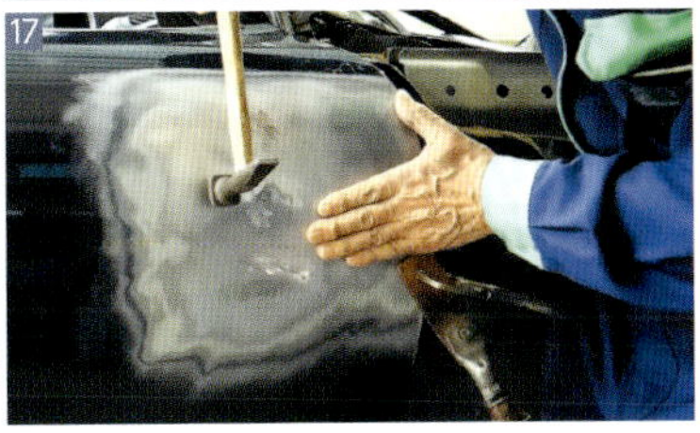

18
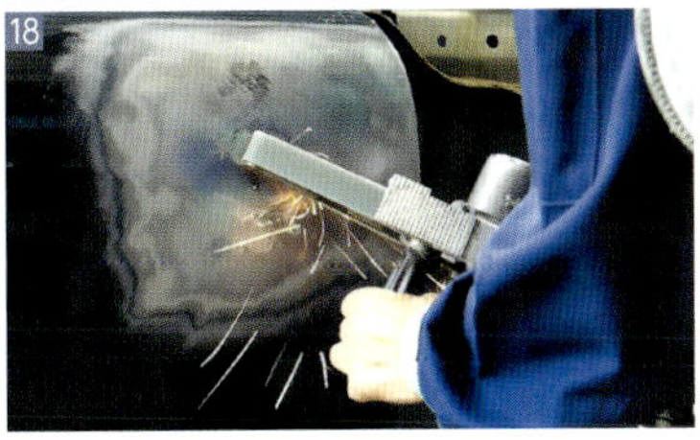

これはGYS製ガントランス型スポット溶接機。全自動スポット溶接モードも搭載されている。これがあれば高張力鋼板の溶接が可能だが、一般的な外板を中心とした鈑金作業では1000MPaのようなフレームのスポット溶接をすることはまずない。ただ、溶接ボタンを押すだけで、“板厚、鋼板の種類、電流値、通電時間”を設定する必要はなく、条件にあった適切な溶接を行なってくれる機能は便利。今回の作業は板厚0.8㎜に設定。標準搭載の片面ガンを使ってパネル面を加熱する“絞り”用として使用。本来とは異なる目的に使ったが、ガス溶接のように油断するとパネルを“焼き切って”しまう危険性は皆無で、設定値さえ間違わなければ安心してパネルの修正必要部を“絞る”ことができた。40Aの電源を要求するが、性能的には10500A、550daNを発揮。価格は約300万円という。

厳密にパネル表面のアールをチェックしているのは、高張力鋼板の鈑金の難しさを教えるためで、実際には、ここまでシビアに表面チェックしなくともパテ盛り作業に進める。というよりも、ある程度の叩き出しをしてパネル表面よりも損傷部位が若干低いレベルにまでもっていけたら、あとはパテ盛り作業へと進めるわけだが、問題は“叩き出し”過ぎていること。これは致命的な作業ミスで、そのリカバリーが結果として“絞り”という作業になった。叩いて戻せばいい、と思われるかもしれないが高張力鋼板でそれをやると、鋼材の性質上“ぺなぺな”になってしまい、パテ盛り作業中にへこんでしまうほど硬度がなくなるという。パネル表面よりも若干低いレベルで叩き出し作業を終える、これがポイントなのだった。

NATS
NIHON AUTOMOBILE COLLEGE

1葛飾講師がフェンダー表面をチェック。ほぼ完成しているといっていいが、2叩き出し過ぎているフェンダー部位の指摘を受ける。3ガス溶接でパネル“絞り”に挑戦する。が、スパッタの激しさにガンの移動を忘れて……パネルを焼き切ってしまった。4作業学生の交代にともなって再度、“絞り”のガン移動を指導。5電圧を若干下げたこともあってスパッタの飛散量が減少。無事に作業を終えた。6結局4ヵ所の修正を加えて満足いくアール面に仕上げることができた。パネル中心部が損傷を受けていた部位で、そこを打ち出し鈑金作業したのだが、出し過ぎてしまった。そのリカバリーのために鋼板の4ヵ所に“絞り”を加えなければならないことになったわけだ。高張力鋼板の鈑金は難しい。7これは違うチームだが、学生自身でパネル表面のアールと出っ張りをチェック。8何度か修正しているもののまだ出っ張っている部位を発見。9そこにスポット溶接機で“絞り”を加える。スパッタの飛散はないが加熱レベルは高い。

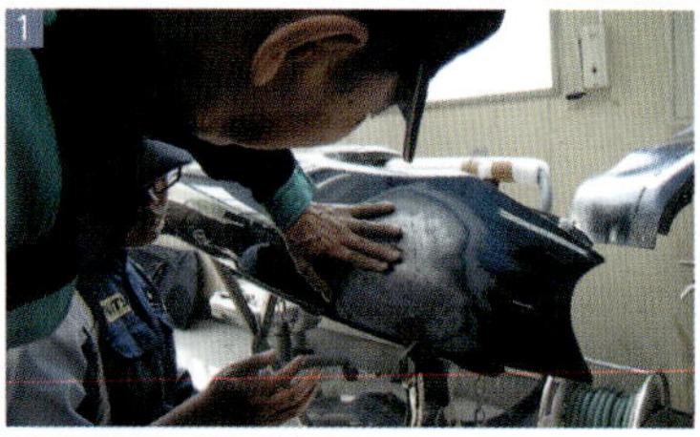
1

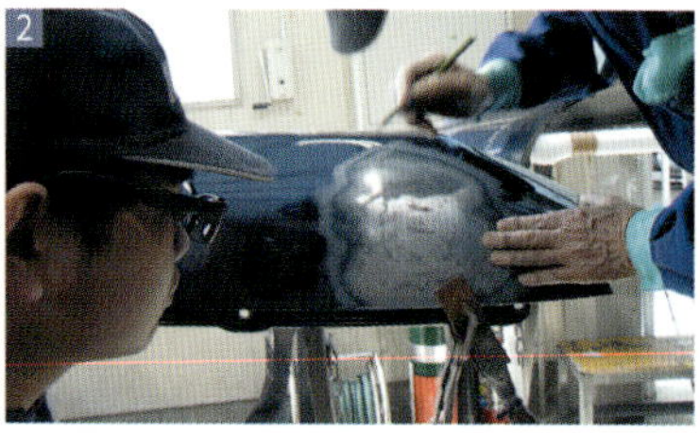
2

3

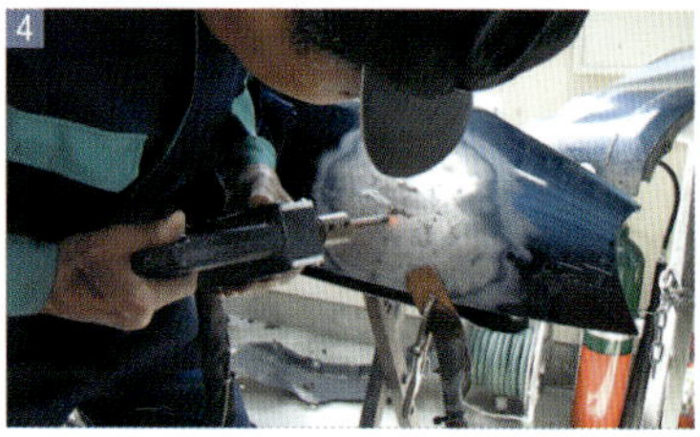
4

5

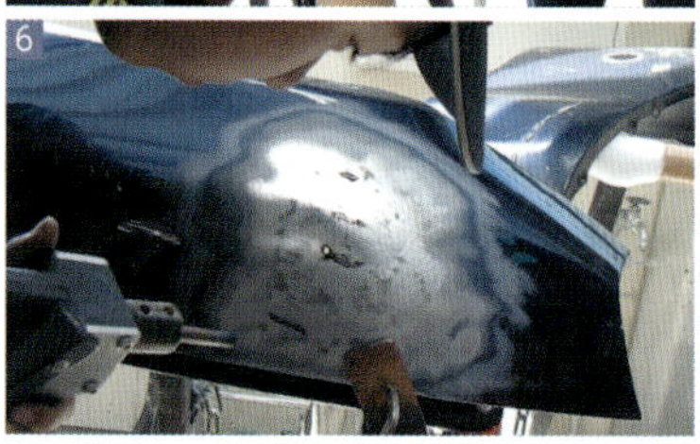
6

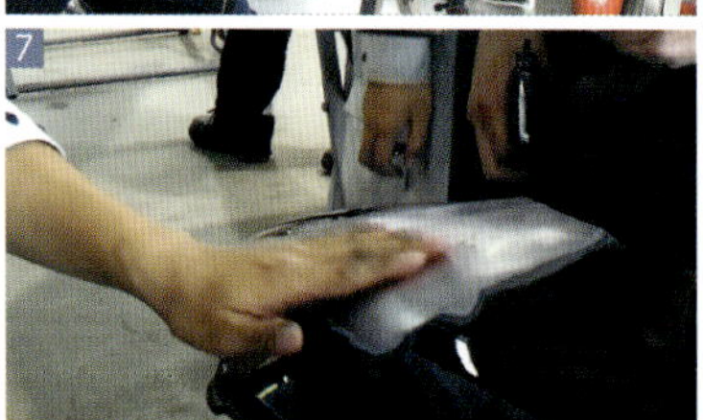
7

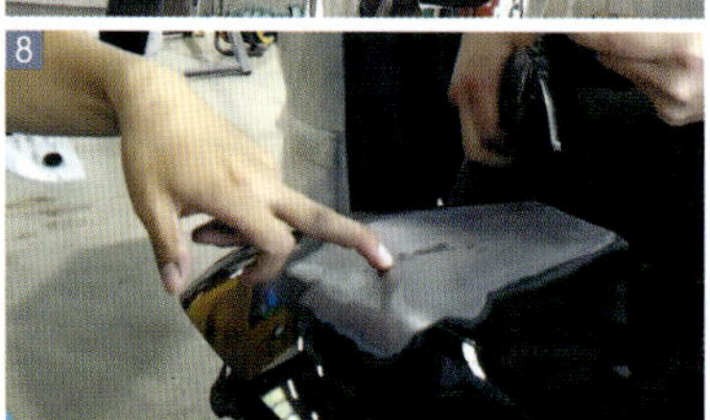
8

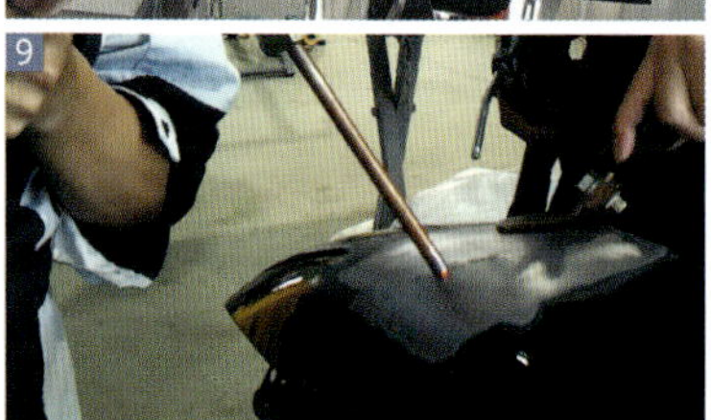
9

interview スチレンとシンナーは必要悪だがともに" フリー化" が進む

ここでは鈑金塗装業界を取り巻く環境について触れたい。われわれクルマ好きにとっては、あまり" 耳を傾けたくない" 事柄だが、いまや世界的に" 環境保護および健康管理" に関することとして関心事となっている。なるべく自動車趣味の領域から出ないように、高山講師から聞いた話といただいた資料をもとにまとめてみたい。と、いいながらもまずは概略から始めなければならないのだろう。
日本は自動車生産大国であるものの、生産現場をはじめ修理の現場では欧米に比べて、" 環境保護および健康管理" への関心事は低かった。否、いまでも低いといったほうが正解だろうが、そんななかで1972 年に施行された" 特別化学物質障害予防規則(特化則)" のインパクトは大きかった。この法律は、健康被害を起こす可能性が高い化学物質に対して、製造業者はもちろん使用者(作業者)に対しても守るべき規制を定めたもの。1972 年とはえらい昔のことだが、それだけの" 劇薬" だったから、工業製品生産上は必要な物質でありながらも、規制を作って" 安全性" を担保しようとした法律だった。当時、この法律の管理/ 運用をするのは環境省だったが、2006 年4 月には厚労省に移っている。環境から健康/ 安全へと政府の監督視点が変わり、それにともないいろいろな規制項目が追加されていくが、鈑金塗装業界にとっては、2014年11 月にスチレンが、その規制物質に加えられたことがひとつの転機だったといえる。2015 年、トヨタは" 系列の鈑金塗装工場を2025 年までに100%水性化" すると宣言している。さらに翌2016 年6 月には労働安全衛生法施工が改訂され、リスクアセスメントの義務化が定められている。
考えてみれば、鈑金塗装は有害物質に囲まれての作業といえる。鈑金工程ではスチレンが混入されたパテを切削研磨することで、その粉塵が大気中に飛散しているし、塗装工程では有機溶剤にシンナーが使われているから、塗装ブースのなかは" 有毒物質の嵐" といってもいい状態だ。
クルマの塗装に使われる塗料は、VOC(揮発性有機化合物)と呼ばれるもの。樹脂を溶かしてボディパネルに塗りやすくする成分を含んでいる。この成分は塗布後も約3 週間は気化し続け、そのあいだ少量ながら有害物質を放出するといわれている。その点、水系塗料の場合は健康被害を抑えるために工夫がされているので(シンナーの代わりに水を溶剤として使っているので当然だが)、溶剤系塗料に比べて健康に及ぼす悪影響は激減している。
よって、そんななかで作業をするわけだから防毒マスクと長袖や長ズボンが必須。塗料の毒性は皮膚からも侵入するのだ。また、マスクは普通のマスクでは防毒/ 防塵作用が不十分で、有機溶剤に対応している専用の" 防毒マスク" の装着が必須といえる。塗料が皮膚に直接接触することもなるべく避けるようにする、となると、SF 映画に出てくるような" 形相" になるが、これに近い格好で塗装ブースで作業しているのがBOLD 氏。失礼ながら塗装ブースは謙虚な仕様だが、自身の健康を守るという出で立ちと心意気はp.99 ～の写真から伝わってくる。もちろん、この格好の真意は" 埃を嫌う" ところにあるが、結果として環境省が推奨する" 必要な6 種類の保護具と参考規格" に沿ったものとなっているのだった。
鈑金塗装作業を行なううえで避けて通れないスチレンとシンナーについて説明しよう。
スチレン(styrene)は芳香ある無色の液体。芳香族炭化水素でベンゼンの水素原子のひとつがビニル基に置換した構造をもつという。天然の樹脂である蘇合香(そごうこう)の成分として発見されたものだそうだが、これがスチロール(styrol)やスチレンという慣用名の由来という。熱あるいは光により容易に" ラジカル重合" するので、塗料メーカーから市販されているものには基本的に重合禁止剤が含まれている。比重:0.9044、引火点32℃、融点－30.63℃、沸点145.2℃、屈折率1.5439。アルコールおよびエーテルに可溶し水には不溶。加熱、光または過酸化物により容易に重合し粘度が高くなり無色の固体状になる。これがパテの硬化剤として使われているもの。スチレンの正体だ。
シンナー(thinner)は塗料を薄めて粘度を下げるために用いられる有機溶剤。有機溶剤等とは、有機溶剤または有機溶剤含有物(有機溶剤と有機溶剤以外の物との混合物)で、その有機溶剤の含有率が5%(重量パーセント)を超えるものを指す。thin は英語の" 薄める" を意味する動詞だ。独特の臭いをもつ有害物質だが、現代の各種産業に不可欠な物質。よって、必要悪として使用が認められているわけだが、作業従事者の健康を損ねる確率は高い。
さて、NATS として、このような環境にどう取り組んでいくかという具体例が、教材として使うパテをスチレンフリーのものに入れ替えるという取り組み。スチレンは既述してきたように" 硬化する" のに必要な物質。現状のスチレンフリーの製品は、焼付けが絶対必要になり手間がかかる。パネルヒーターで30 分の焼付けが必要になるとすると、設備/ 場所などの遣り繰りで仕事にならない、という現実がある。現状、イサムや日本ペイントから発売されている製品より、いま使っているアメリカのエバ コート という塗料メーカーが出しているスチレンフリーの"E グリップ" というパテのほうが硬化性はいい、という。すでにディーラー系の塗装部門ではスチレンフリーに切り替えを終えているところがほとんどだが、スチレンフリーの塗料は価格が1.5 ～2.0 倍は高いから、" 分かってはいるけどやれない" というのが現状という。ましてや" 湿度管理機能" もった塗装ブースに関しては、なにをかいわんや、である。
「最近、弊校を視察に来られた北欧の同業の方が、塗料は水性に変えましたが、クリアーはシンナーで希釈していますと言われていました」。これはNATS の" 作業主任者" である高山講師の話。人口減少の煽りを受けて学生数が30%ほど減った現状もあり、水性塗装対応の塗装ブースを設けるのは、経営上厳しいという現実がある。日本の有機則に該当する法律が厳しく施行されたイタリアでは、市井の鈑金塗装工場の70%が倒産したという。環境保護と有害物質排除は、経営を圧迫しているという現実もある……。

塗装の基礎知識

～パテ塗り研磨 ▶ 上塗り塗装～

◀各章のタイトル内に左の QR コードの表示がありましたら、その章での内容を YouTube でご覧いただけます。

QR コード読み取りアプリをダウンロードしてアプリから QR コードを読み込んで YouTube 動画をご覧ください。

◀各章の内容にあった動画をその章単位でまとめてあります。（こちらは第 1 章の動画となります）

NATS
NIHON AUTOMOBILE COLLEGE

*NATS のロゴを組み込んだ QR コードとなっていますが、動画がアップされているのは " 車屋 BOLD チャンネル " の限定動画サイトです。

一般的に、パテ処理後の面出し作業はダブルアクションサンダーで行なわれるというイメージがある。が、これは長年に渡って修行を積んだプロの場合でのこと。そのベテランのスキルをもってしても、ダブルアクションサンダーで研磨しているパテ面の状況把握は難しいといわれている。どこがどれだけ削れているかを見極めるのが難しいのだ。そういう現実を加味して、NATS では趣味で鈑金塗装をやってみたいマニアには、サフォーム / ファイルを使った面出し研磨を勧めている。サフォームというツールはあまり聞いたことがないかもしれないが、“おろし金”のようなもの。難しい“面出し”が可視化できることで切削研磨作業を容易にする便利グッズだ。サフォームには 2 タイプあるが、このコーナーでは使い方を含めて、学生にとって＝サンデー DIY 派に置き換えてもいいが、失敗しないパテ切削 / 研磨をはじめとした下地処理作業のコツを紹介している。
後半では塗装に関して参考になるコーナーが 2 ページ単位で展開される。マスキングの基本はもちろん、リバースマスキングという実践テクニックを紹介している。さらにコーナーはプラサフへと進み、パテ仕上げ面の微細な“でこぼこ”修正のほか、仕上げパテでも消えなかった“す穴”およびパネル面に付いたペーパー傷の補正、さらにはパテへのシンナーの吸い込み防止が目的のプラサフの吹付け例を紹介している。
最後は塗装ブース内に舞い踊っている塗料のミストに関して問題提起。最新の高風量低圧力スプレーガン型（HVMP）でも実際にパネル面に付着するのは 65%ほどとか。混同されている塗着効率という言葉の定義を検証している。学生の“失敗例”はサンデー DIY 派にも参考になるはず。そういうコーナーが 32 ページも動画とのリンクして続く。ここには DIY 派にとって参考になる事例がいくつも掲載されている。

第１章：捏ねて盛るだけなのに……講師と学生の仕上がり差は歴然

鈑金パテは損傷箇所を埋める成形のベースとなるもの。パテを必要量取り出し、パテ盤で捏ね、パネルに盛る。キャリア差が出にくい作業のように思われるが、どっこいここにも、講師と学生の仕上がりには大きな差があった。学生をDIY志向ビギナーに見立てれば、その仕上がりの差をチェックし、分析してみることは参考になるはずだ。

技術書によると、鈑金パテは最大50㎜程度の深いくぼみを埋めることができる厚付けパテ、と解説されているが、現実にそのような厚さで鈑金パテを盛ることはないのが一般的。「塗膜を剥がしてみたらパテだらけで酷い修理だったよ」といった噂話を聞くことがあるが、それは板金処理の手間を若干省略したか、あるいは高張力鋼板故に大事をとって“打ち出し”作業をせずに鈑金パテを盛ったことによるものだろう。ただ、現実的に50㎜もパテを盛ったら重くなるばかりでなく、パテ内部に空気層が多く存在することになるから、足付けをいくら慎重に行なっても、それほど長い時間を経ずして塗膜表面に不具合が表出する……ことになるはずだ。一般的に鈑金パテの表面はやや粗目で、硬化すると非常に硬くなるため研磨作業に時間を要するが、エアー工具を効率よく使えば、その問題は解決する。また、冒頭のBOLD氏のように鈑金パテだけで下地処理をし、その上にサフェーサーを塗布するという方法で作業しているプロがいることも事実だ。

鈑金パテの主な成分はポリエステル樹脂と体質顔料。この体質顔料はパテに肉持ちを与えるもので、色を付けるというよりも体積を増やすためのもの、という。主に炭酸カルシウム、タルクなどが含まれている。いっぽうのポリエステル樹脂はポリエステルとスチレン分子からなり、このふたつの成分はすぐに結合する性質をもつ、という解説が技術書にはある。

要は、鈑金パテの成分は基本性能として硬化する性質があるのだが、それの作業性をさらに高めるために硬化促進剤を混入しているということになる。ただ、硬化促進剤の混入には別の側面もあって、それの混入により、分子同士が結合した強固な網の目構造の塗膜を構成する、という一面もある。

鈑金パテは、空気不乾燥型ポリエステルなので乾燥時に表面にワックス分が浮き出てきて、空気を遮断する“ねちゃつき”が発生する。これをサフォーム（おろし金のような鈑金工具）で粗削りしてから、本研磨に入るのがエアー工具を使わない本来の作業の進め方で、これが丁寧なパテ盛り＆研磨作業といえる。

今回のNATSの授業では鈑金パテの上に、中間パテを盛っていた。中間パテは、10～30㎜程度のくぼみを埋め、歪を修正することができ、また鈑金パテに比べて

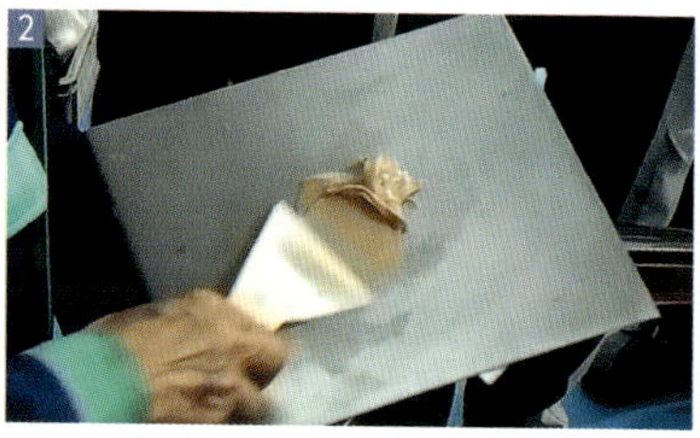
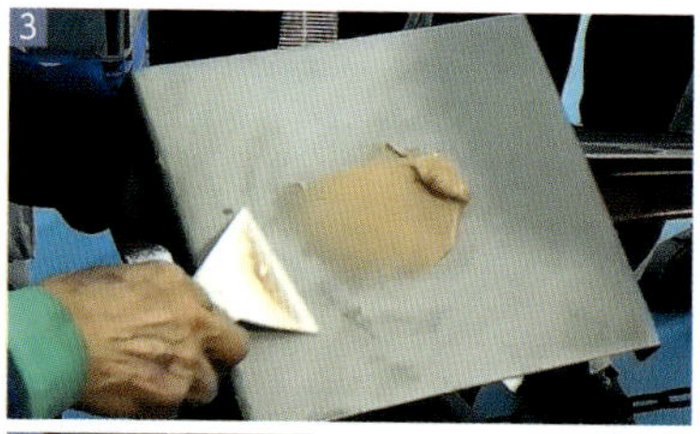
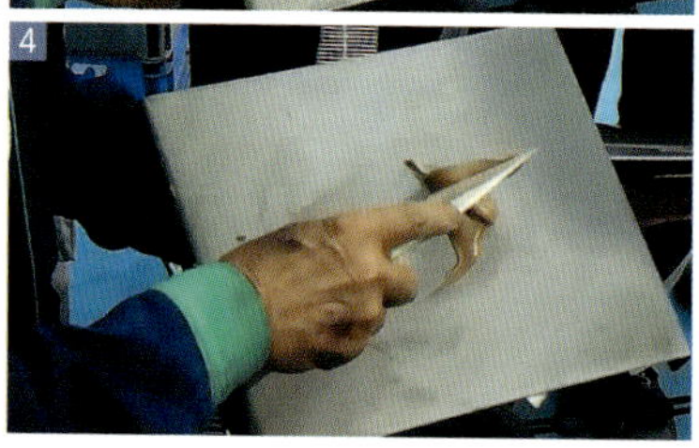

1鈑金パテは粘性が高い。開封したらまずパテヘラで、よく混ぜること。2/3必要量をパテ盤に取り出したらパテヘラで“しごき”ながら、パテ盤中央にまとめていく。4/5このとき極力空気を入れないように捏ねるのがポイント。6パテ捏ねは硬化剤（基本は1%混入）を入れてからが本番。7色が変わっていくということはパテと硬化剤が混ざっていくということ。8～10パテと硬化剤の混合比はシビアなところがあるので、慣れないうちは家庭用の計量器で測って混ぜるのがいい。重量比混合で基本比率は1～3%。パテが100gだったら、1%は1gとなるが、この配分量はあくまで目安。たとえば真夏に3%の硬化剤を投入するとすぐに固まってしまう。逆に、真冬に1%の硬化剤を投入すると硬化が遅く、作業性が低下する。季節で混合比率は異なる。

NATS
NIHON AUTOMOBILE COLLEGE

表面のきめが細かく研磨性がいいのが特徴。主成分は、樹脂へ空気不乾燥ポリエステルに酸素で乾燥する成分を追加したものというが、鈑金パテよりも粘度が低いので、す穴や小傷を埋めるのに適している。中間パテのなかには、体質顔料の一部にガラスビーズを使用したものがあるが、これは軽量型パテと呼ばれている。ガラスビーズは中が空洞になっている小さなμ単位の球形で、体積があるわりに軽いのが特徴。軽さに拘る鈑金修理に使われる。

ポリパテは10 ～30㎜程度のくぼみに対応した厚付け用、パテ面の歪取りに使う塗膜5㎜程度の中間タイプ、す穴や小傷を修正するときに使用する塗膜0.5 ～1.0㎜程度の仕上げ用がある。乾燥後の表面はきめが細かく、ペーパーの細かい番手でも研磨が可能で、研磨後にプラサフを塗布することが可能。樹脂には空気乾燥型ポリエステルが使用されている。柔軟性、厚付け性、密着性で空気不乾燥型ポリエステルに劣るばかりでなく、鈑金パテに比べて収縮性が大きい。ポリパテのメリットは乾燥後のパテ表面の肌がきめ細かくなることで研磨性が向上することだが、全体的な修正面保持性能ではあまりいい評価がない、というのが実態のようだ。実際、NATS の実習でもポリパテは使われていなかった。

ラッカーパテとポリパテの仕上げ用は特徴に類似性がみられる。双方ともに塗膜は0.5 ～1.0㎜程度で、す穴や小傷を修正するという特徴があるが、ここでは1液型のラッカーパテについて説明する。ラッカーパテの主成分は硝化綿やアクリル樹脂と体質顔料などで、顔料にはアルミ粉末を使ったものもある。これは一般的なラッカー系より肉痩せが少ない。かつては最終仕上げにラッカーパテをパネル一面に塗布していたこと

FIGHTER-5 というこの鈑金パテの配合成分には 2017 年に改正された "特定化学物質等障害予防規則(特化則)" に該当するものが配合されている。よって、この鈑金パテの使用は今季限りで、来期からは同じアメリカ製品の新世代鈑金パテに切り替えるという(左)。E-GRIP80 も同じくアメリカのエバーコートというメーカーの製品。こちらは継続使用されるそうだ(右)。

もあったが、いまでは部分的に使用されることからスポットパテとも呼ばれている。

同じ1 液性のパテに光硬化パテがある。これは、専用のランプの光または可視光線の照射に反応し、硬化が促進されるパテ。光を通すため透明または半透明で、硬化時間は製品によって異なる。一般的には10 分程度だが、短いものには硬化終了まで数秒というものまである。製品形状はチューブに入っており、ヘラに取り出してそのまま塗布する。1 液型で溶剤を含有していないためパテ特有の臭気と吸い込みがないのも特徴。また、作業時間短縮の必要性から軽補修用として主に用いられている。一世を風靡したカーコンビニエンスクラブは、この光硬化パテを有効活用していた。

このほかに、特殊パテとして耐久性と防錆力に優れる2 液性のメタルパテやファイバーパテがある。そのほかBOLD 氏のコーナーで解説した樹脂部品用のパテもある。これは1/2 液型の両方があり、PP やウレタン素材などにも密着する柔軟性が特徴だ。

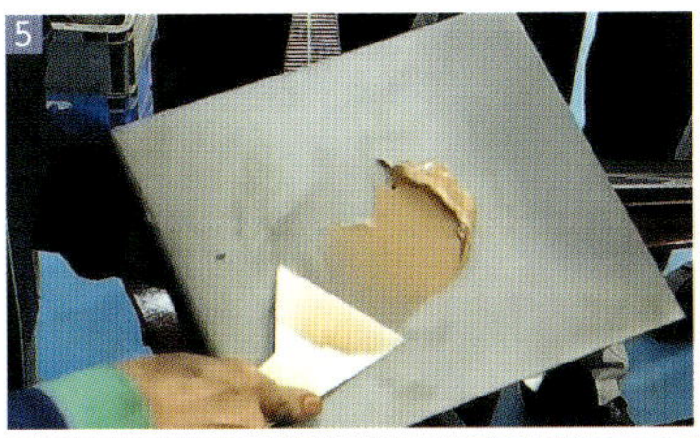

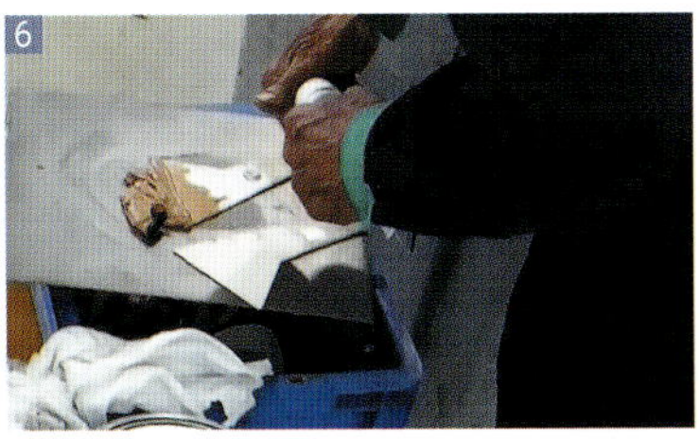

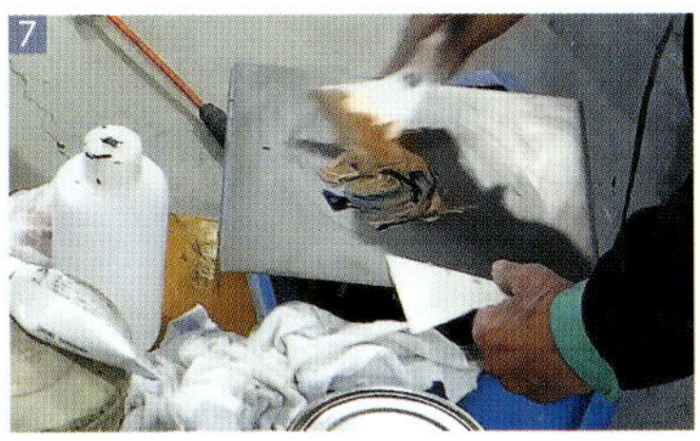

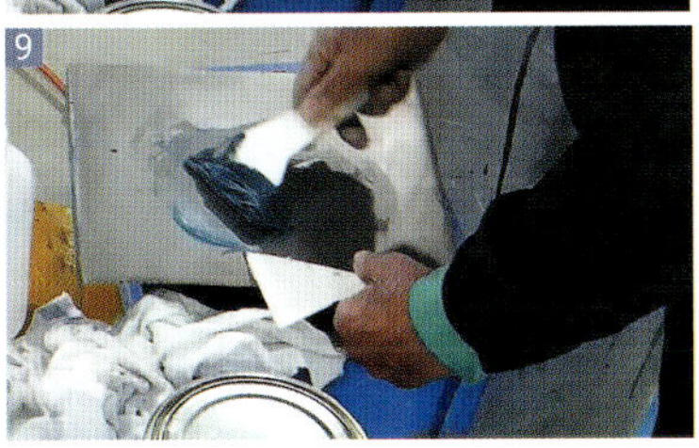

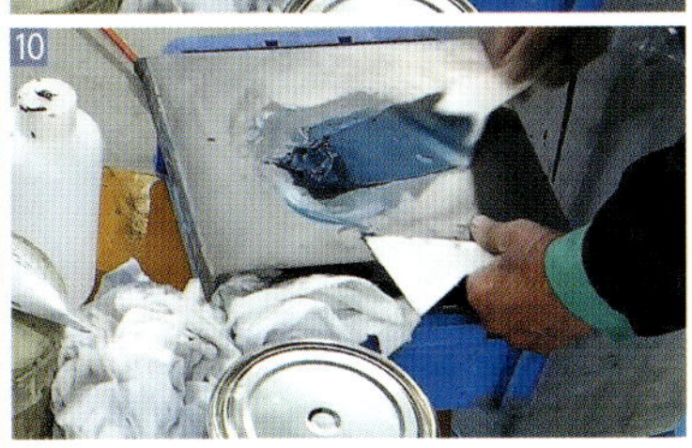

1

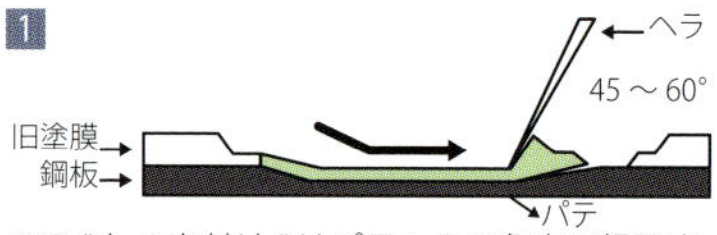

この“しごき付け”はパテヘラの角度に起因するパテの運びが大事だが、同時に擦付けるようにすることにも気を配って作業すること。

2

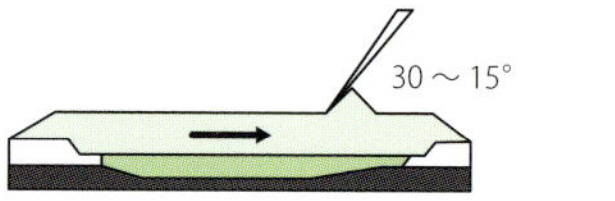

下が鈑金パテで、その上に中間パテを盛っているイメージ。ここでは“盛付け”といわれるように均一に運ぶことがポイント。

3

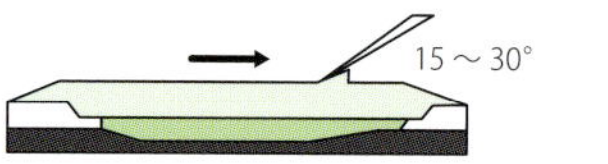

中間パテあるいは仕上げパテになるが、“ヘラ枕”と呼ばれる段付きを均すのが、この段階での作業ポイント。ヘラの角度は15〜30°。

用途によるパテの種類は違ってもパテの盛り方の基本は変わらない。下に掲載したのはNATSのベテラン講師、葛飾氏のパテ盛りシーンだが、しごき付け、盛付け、均しの各作業がスムーズに滞りなく行なわれている。各写真のキャプションを読んでから、QRコードでジャンプしてYouTube動画を見ていただくと理解がいっそう深まると思うが、ここでは、そのパテの盛り方の基礎、3パターンを説明しよう。

①はパテをパテ盤に取り分けてからパネル面へと盛付ける際、最初に行なう作業で、“しごき付け”というもの。これは、パテヘラを立て気味（45〜60度）にして、パテの塊を押さえるようにして若干力を入れながら、パテ盛りする部位全体に薄く“しごく”ように盛り付ける作業のことをいう。鋼板は足付けされているわけだが、この作業によりその定着度（付着性）がより高まることになる。その後、2〜3回に分けてパテヘラに若干多めにパテを取り重ね塗りしていく。これを“盛付け”というが、今度は力をほとんど入れず、パテヘラを30〜45度寝かせて作業する。③は最後の“慣らし”といって、“ヘラ枕”を作らないように、パテヘラ表面をきれいにしてから、ごく少量のパテを取り去っていく作業となる。これはパテヘラを寝かせ気味にして表面を均していく作業。これでパテ盛りは理想に近い仕上がりとなる。

>> 講師デモンストレーション 1一般的には適量をパテヘラでパテ盤からに取り分け、パネル面のパテ塗布開始面に盛付け、そこから“しごき付け”を始めるのだが、葛飾講師はちょっと変わった盛り方をしている。取り分けた量が少なかったというわけでもないだろうが、とにかく最初のストロークを極力薄くのばしていった。2パテ塗布開始面に盛付けた“小山”がないのが特徴だが、必要に応じてストロークの途中で盛り足したりして、パネル面に鈑金パテを“しごき付け”していく。3/4そのしごき付け作業がフェザーエッジ内面に行き渡ったら、5今度は逆方向のストロークで、しごき付けを行ない同じ厚みになるよう全体的にパテを盛付けていく。6確かに、最後にスッと力を抜いているのだが、盛り終わりには“パテ溜まり”ができている。7そのパテ溜まりは左側のプレスラインのパテ盛りの際に手際よく使われ、8最後にはパテ溜まりのパテを使ってフェザーエッジまでパテを延ばして均等な厚みのパテ盛り作業となった。9ストローク方向のパテは始点から終点まできれいに仕上がっている。

1

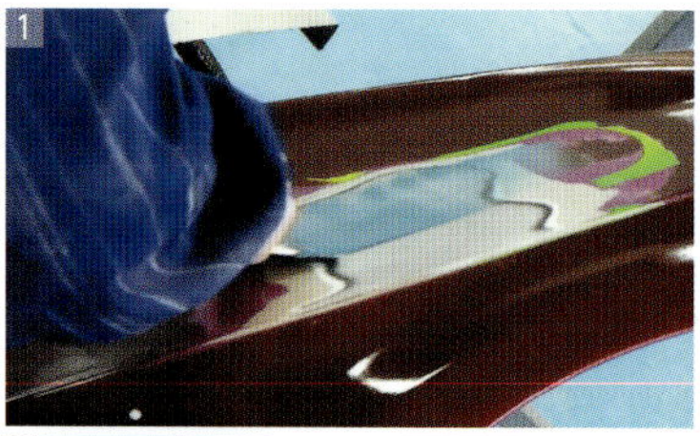

2

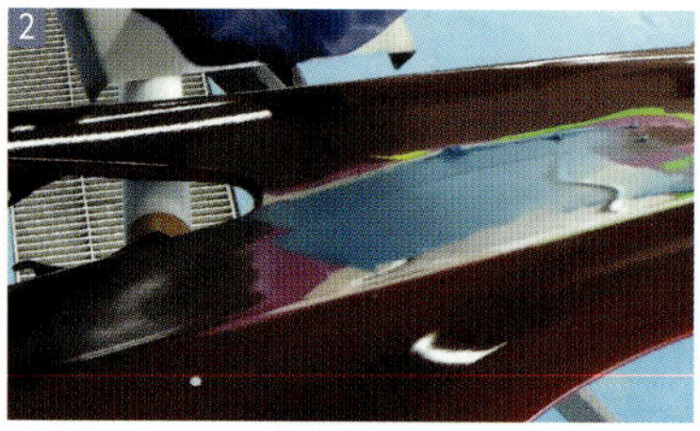

3

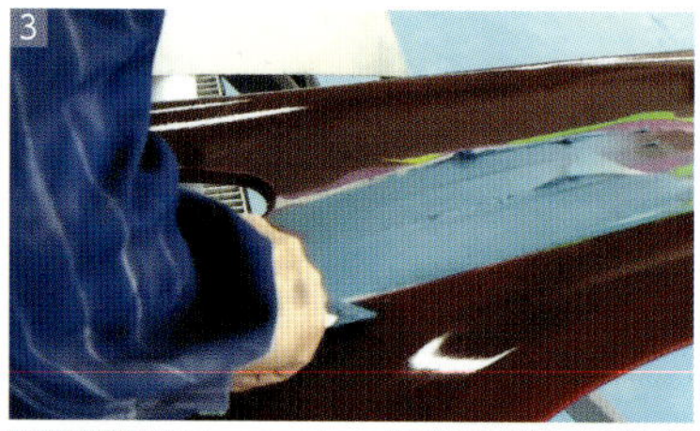

4

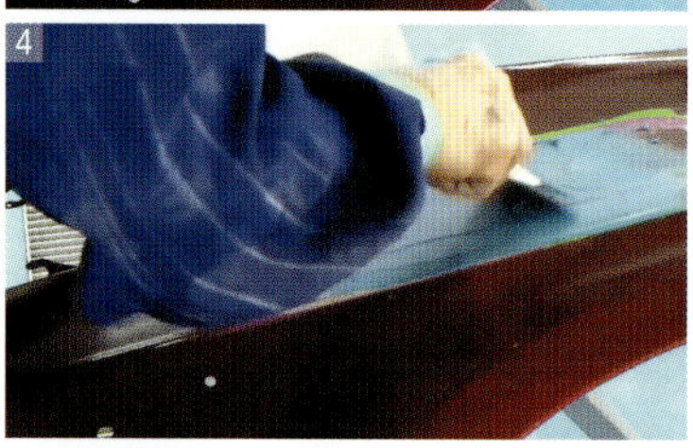

5

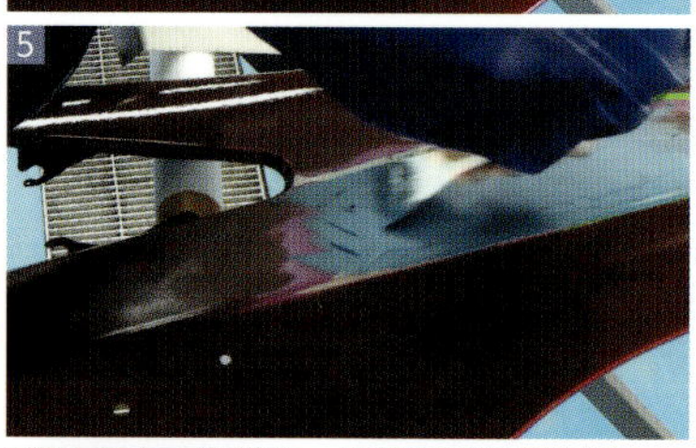

6

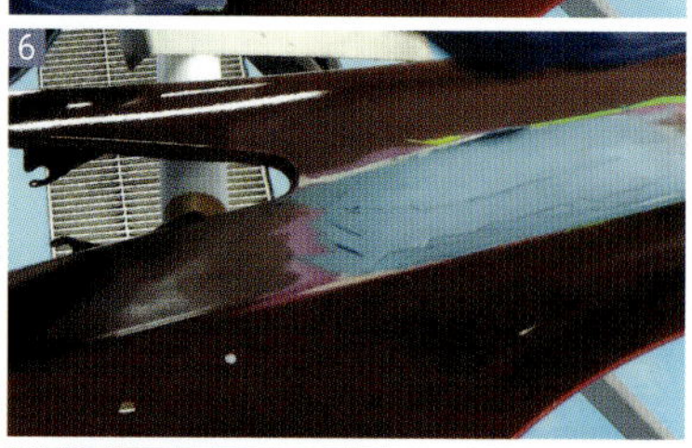

7

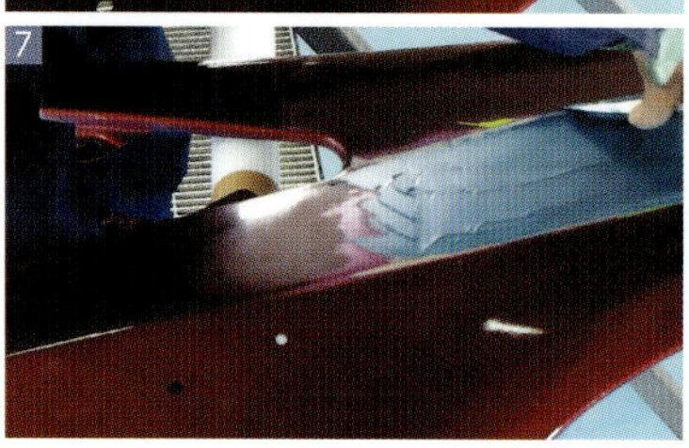

8

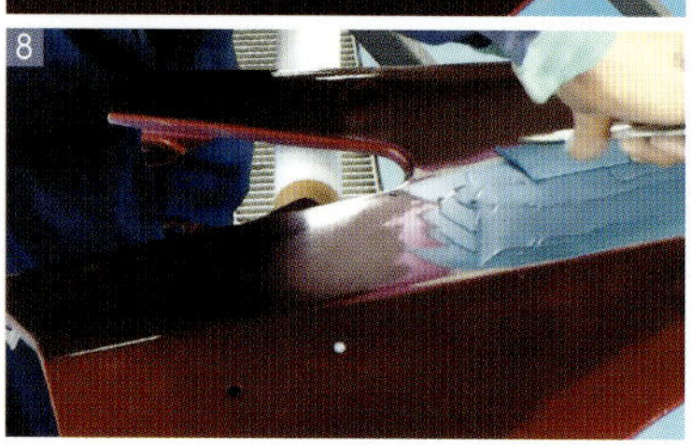

9

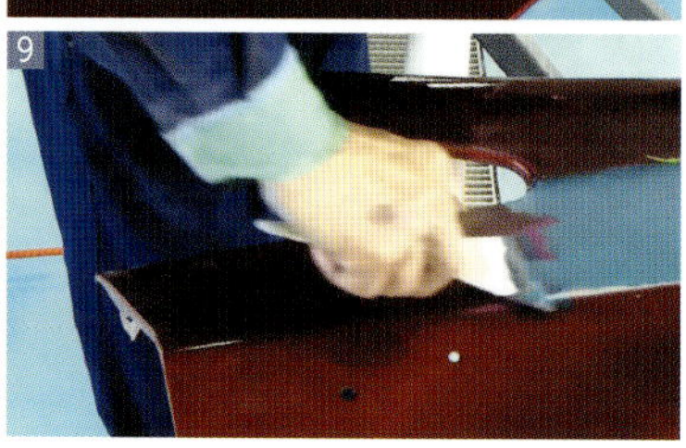

10今度はパテ盛り作業部位が反対側のプレスラインに移った。このような鋭角形状部位へのパテ盛りは難しい。簡単に作業しているように見えて、塗り始めから塗り終わりまで、力を入れ過ぎることなくスムーズにエッジ面を処理している。11最初に盛ったパテを削ぎ取ってしまうことなく、ヘラをちょっと浮かしてパテの形を整えていくのだが、こういう場面でもヘラの角度が大事。断面のプレスラインはパテで成形しなければならないので、側面に盛った分は上に浮き上がらせている格好にしておき、あとは“削り”で調整するのだ。12 / 13 2度目のパテ盛り作業が始まった。1回目のしごき付けと異なり、今度は“均し”という技法。しごき付けの時のヘラは45～60°くらいに立った格好だったが、今回は15～30度くらいにヘラを寝かせている。14 2度のパテ盛りが終了。フェザーエッジ内をフォローしたきれいな仕上がりとなっている。15 / 16右側というかカメラに向かって手前のプレスラインは左側に比べて鈑金パテによる成形幅が広いので、パテを盛り足している。最後の仕上げをこの時点でイメージしてパテ盛り作業をしているのだ。17最後に全体の盛り具合の微調整をして18上下のプレスラインに挟まれたフェンダーのパテ盛り作業が終了した。

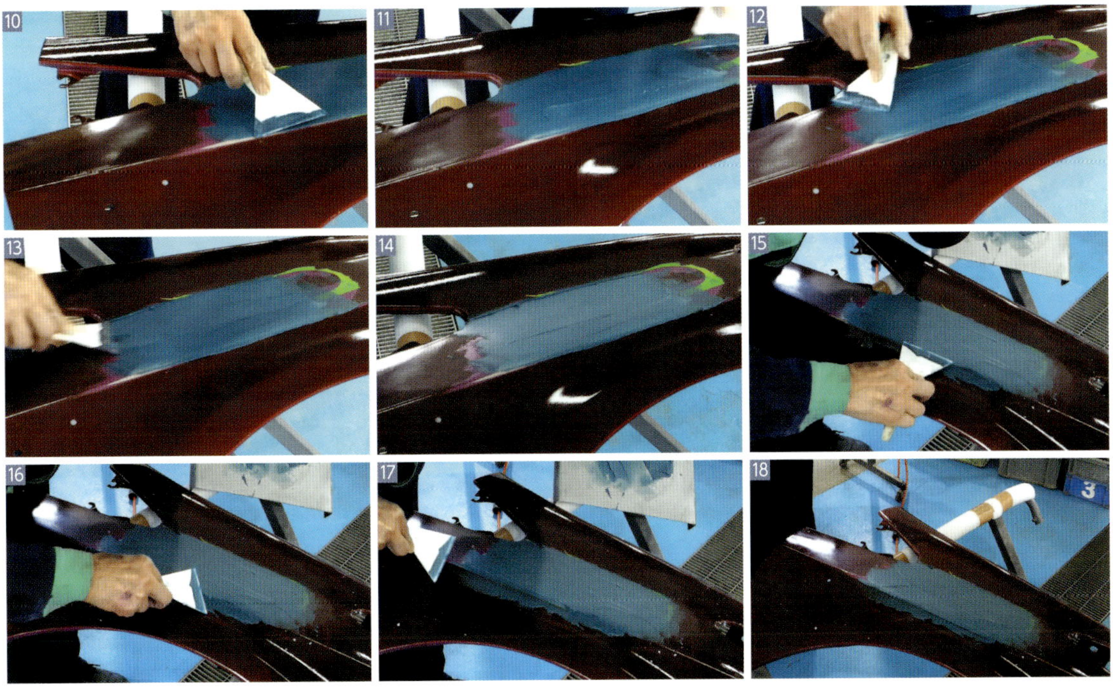

>> 学生のパテ盛りから学ぶ①

00'00"～01'40"

NATS NIHON AUTOMOBILE COLLEGE

1脱脂をしてパテ盛り作業を始めるが、2パテが思うように盛られていかない。なぜか？ 原因はヘラの使い方にある。パテ盛り開始点からいっきにヘラを立て過ぎてしまっているから、せっかく盛ったパテを削いでしまっているのだ。最初の"しごき付け"はヘラを立てパテを押付けるように延ばし、その上に盛付けていく際には若干ヘラを寝かす。その角度調整ができていないことが何回もパネル面を擦る原因になっている。3パネルの構成面についての考察が甘いのが次の原因。パネル面が平面なクルマはほぼない。いま作業している部位はクオーターパネルだが、ここは顕著なアールの集合体として成立している部位。アール差を考えて盛ることが必要なのだ。

>> 学生のパテ盛りから学ぶ②

01'41"～02'38"

NATS NIHON AUTOMOBILE COLLEGE

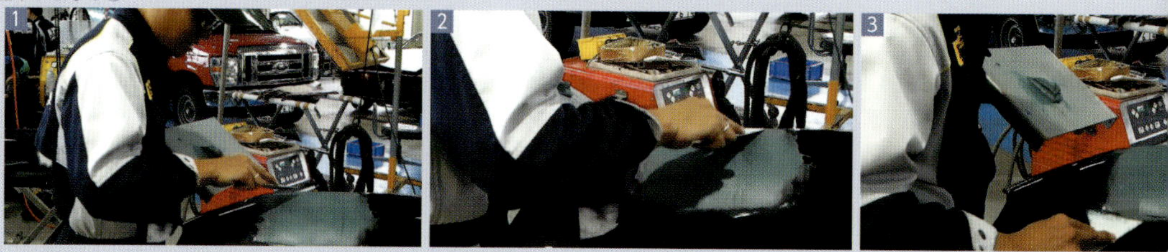

1フェンダーがアールで構成されていることの空間認識ができているから、パテ盛りを上下方向に行なっている。2パテヘラの動きを見ていると、パテ盛り開始点では立っているヘラが途中からその角度が浅くなり、"盛付け"ができているから均等な厚さできれいに仕上がっている。もっと効率よくパテ盛りするには、パネル面を"撫でる"のではなく、60番のペーパーで付けた傷が入っているのでそこにパテを入れ込んでいくようなイメージで塗布していくといい。3それが"しごき付け"。傷のなかにパテが入り込むことによって剥がれにくい仕上がりになる。一発目は力を入れてしごく。初っ端はそういう感じでパテを付けたあと、次は盛り始めから積極的に

>> 学生のパテ盛りから学ぶ③

02'39"～03'59"

NATS NIHON AUTOMOBILE COLLEGE

1作業している学生に、なにが難しいですか？ と質問すると、「曲面なので1ヵ所、力を入れすぎると、そこが剥げちゃうので……」という答えが返ってきた。クオーターパネルのアール形状の鋼板面にパテ盛りする難しさを理解して作業を進めていた。2その作業を見ていて、鈑金パテの"とろみ"が強すぎるように思ったが、「製品的には、5月末だとこれくらいで問題ない。ちょっと古いパテだと硬くなります。樹脂分がしっかり混ざっていればもうちょっと硬い感じになるでしょう。混ぜ切らずに上面だけ混ぜていて、必要量を取った場合は、こんな感じになるかも」とは高山講師の話。3そのアール面特性に対応するパテ盛りも行なっていた。横方向から縦方

>> 学生のパテ盛りから学ぶ④

04'00"～05'09"

NATS NIHON AUTOMOBILE COLLEGE

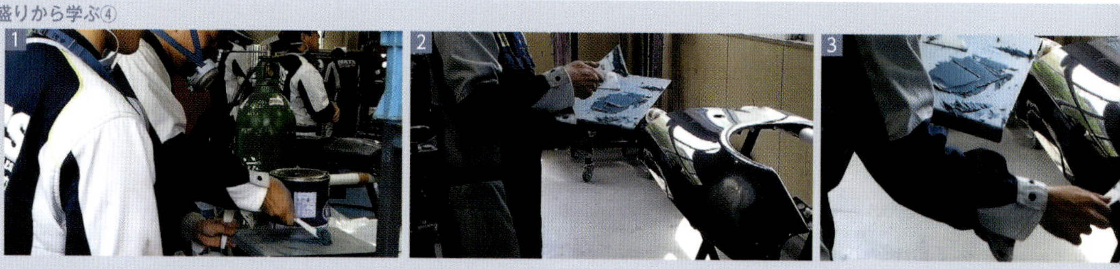

1パテ盤上でのパテの扱い方に問題があり。硬化剤を混入してからの"しごき"が足りていない。パテを中心にまとめてようともしていない点も気になる。"しごき"はパテ内部から空気を出すのに必要な作業だが、その動作が足りていないのが気になる。そして、パテ盤に何ヵ所にもパテの塊を作ったままでパネル面にパテを取り分ける作業に入っている。また、パテ盤上にもう1本のパテヘラを載せたままというのも気になる。2パテ盛り開始面にある程度パテを取り分け、そこを起点に"しごき付け"していない点も気になる。一発目は"しごき付け"で力を入れながら傷にパテを押し込むイメージが実行されていない。3アール面の空間認識がないからトップ面付近からパテ

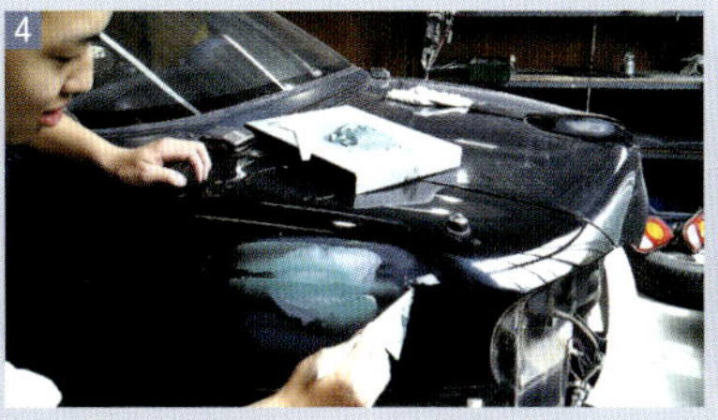
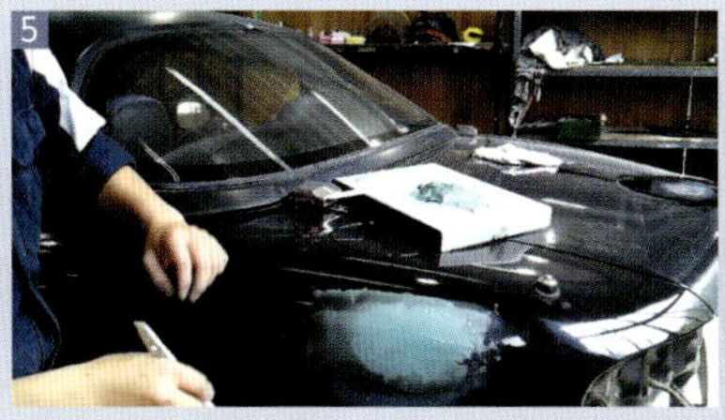
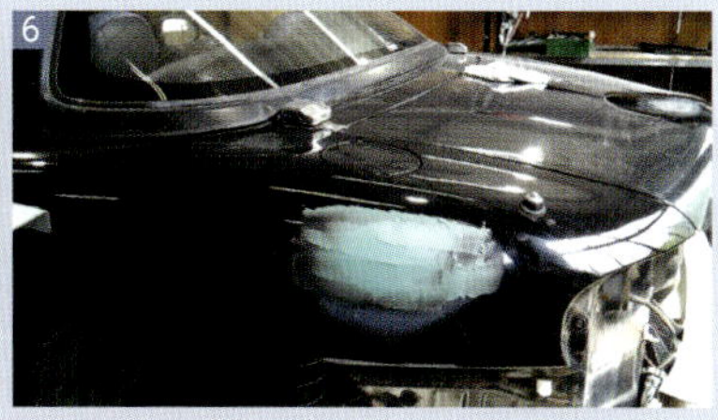

❹真中は上下に対して盛り量を多くしなければいけないが、それができていない。アール面にパテを盛るには上下面は薄く、真中は若干厚く盛るようにすること。❺パテ盛りに厚い部分と薄い部分ができているのも問題。❻パテ盛りはフェザーエッジの内側に留めておかないと広がるばかり。金属面が出ない範囲でなるべく薄く鈑金パテを盛る。これが基本。パテの範囲が広くなればなるほど最終的に塗装しなければならない範囲が広くなる。＊評価としては厳しいものになってしまったが、アールの空間認識とパテヘラの扱いを改めれば及第点に近付きますよ（高山講師談）。

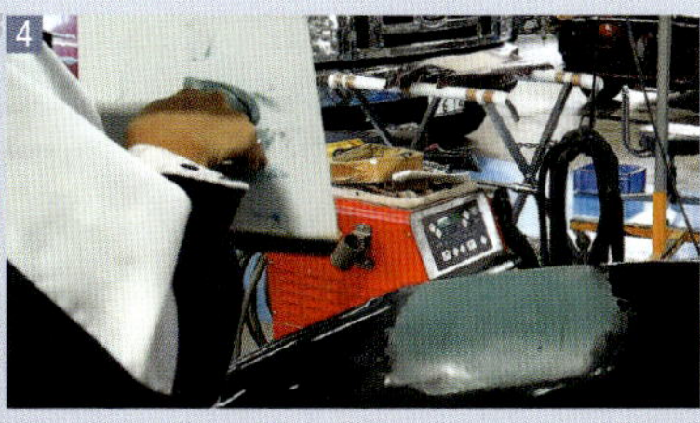
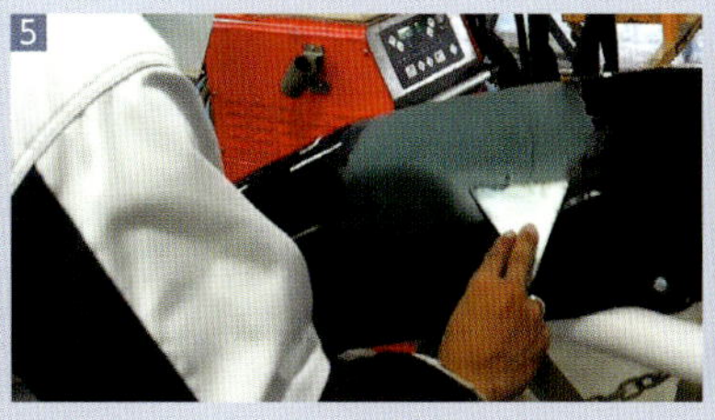

盛ることを狙って、ちょっと角度を付け、“ふわっ”とした感じで盛る。❹鈑金パテはフェザーエッジの内側で、さらに周囲のパネル面よりも低い位置で収まるように盛ること。この上に中間パテを盛るわけだから、この鈑金パテ塗布状態はちょっと盛り過ぎといっていい。❺/❻とはいえ、フェンダーのアールを理解してパテ盛り補充している点で、はじめてのパテ盛り作業としては要領を得ているといっていいだろう。＊この作業の“しごき付け”の段階を見てみたい。足付けがきちんとできていて、最初のしごき付けがもっと上手にできれば、盛付け、均しという作業ももっとスマートにでき、薄いパテ盛り作業ができたように思う。ともあれ初心者としては及第点をあげてもいい仕上がりだと思います。（高山講師談）

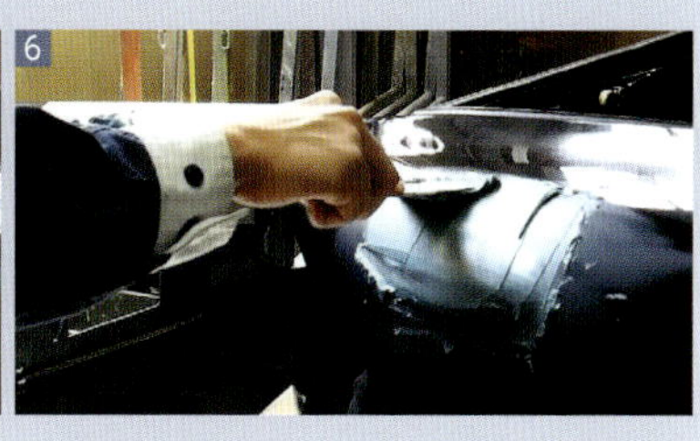

向に盛付けを変更したのだ。❹もうちょっと取り分けた鈑金パテに粘度があったほうが、“しごき付け”はやりやすかったように思うが、クオーター面のアールに関しての認識はあり、それに対応して縦方向の塗り方へと変更しているのは評価すべきポイント。❺/❻問題はパテヘラ先端部の両面にパテが付いていること。パテ粘度が緩いので、これでも作業上問題ないようだが、使わない面のパテヘラ面は、用意したもう１本のパテヘラで削ぎ落したほうが、よりきれいに仕上がるはずだ。＊クオーターパネルの空間認識ができている点。そのアールに対応してパテ盛り方向を変更している点など高評価です。パテヘラの基本的な使い方を復習して欲しいですね。（高山講師談）

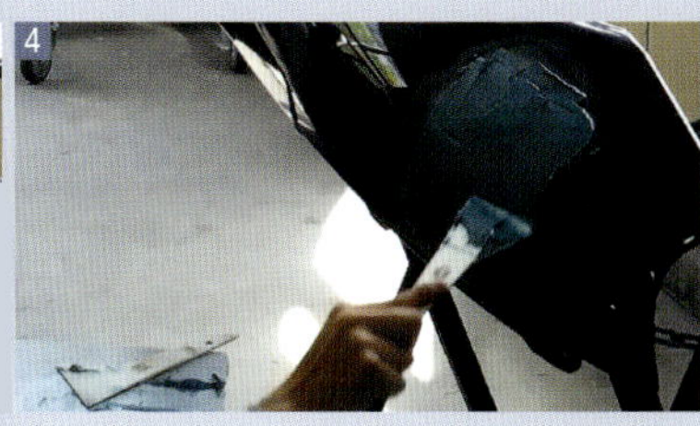
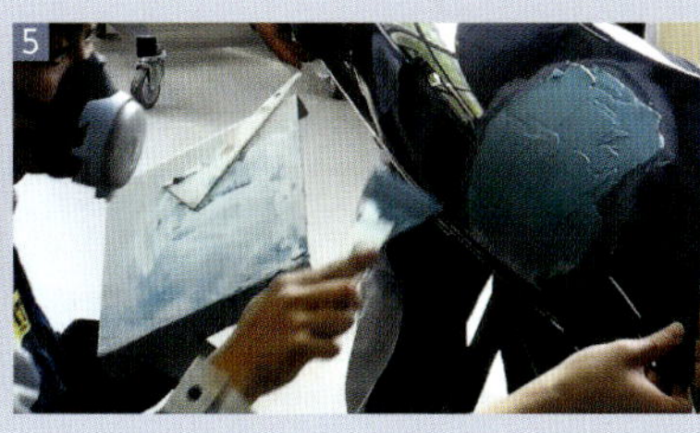
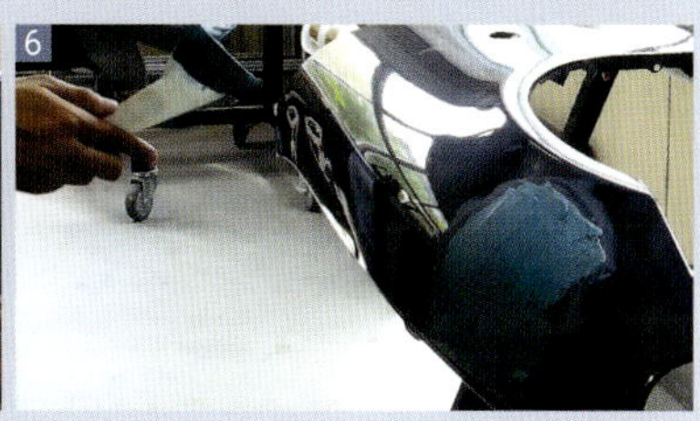

を盛り始めている。これでは足付けの傷にパテを入れ込んでいく作業ができていないから、足付き性能が低いパテ盛りとなってしまう。❹パネル上面にパテ盛りを始めたので、“しごき付け”が損傷面全体に盛り込む作業になっていない。よって、パテ盛り開始面に“鱗（うろこ）”のようなパテ層ができてしまった。❺均し作業を始めるが、パテヘラの角度が寝過ぎているために、その効果が現れていない。❻均等に塗れないまま作業終了。形を整えるのに苦労することが予想される仕上がりだ。＊一番気になるのはパテヘラの使い方。基本を思い出してほしいですね。もう１本のヘラ面を使ってヘラ面をきれいにして作業すると、もう少しきれいな仕上がりになりますが、まぁ、最初はみんなこんなものです。（高山講師談）

第２章：粗研ぎはサフォームで行なうのがベター

鈑金パテの粗研ぎは、面出しを兼ねて行なわれるのが現実だが、その作業をプロはダブルアクションサンダーで行なう。が、ビギナーはサフォームという“おろし金”のような鈑金ツールを使ったほうが、難しい“面出し”が可視化できるため容易だ。サフォームツールには2タイプあるが、使い方を含めてその作業を紹介しよう。

ここで紹介するのは“面出し研磨”といわれるものだが、塗装作業の全工程のなかで、この面出し作業がもっとも難しいといっても過言でなない。もちろん、スプレーガンで塗料を吹くのは違った面で難しいのだが、この面出し作業をうまく処理したパネル面でないと、上塗り塗装は最終的に上手くいかないことになる。

一般的に、面出し作業はダブルアクションサンダーで行なわれるというイメージがある。だが、これは長年に渡って修行を積んだプロの場合でのこと。プロは作業効率が一義になる故、ダブルアクションサンダーで研磨するのだが、そのベテランのスキルをもってしてもダブルアクションサンダーで研磨しているパテ面の状況把握は難しいといわれている。どこがどれだけ削れているかを見極めるのが、まず難しい。それでも、エアーツールは作業性がいいから、プロはダブルアクションサンダーを使うわけだが、ときにはリカバリーが難しいレベルまで研磨してしまうこともある……という。よって、粗研ぎ用にダブルアクションサンダーや

00'00"~01'23"

NATS
NIHON AUTOMOBILE COLLEGE

1実はサフォームを使っての切削はダブルアクションサンダーより効率よく研げる。が、固まっていないタイミングで行なうことがポイント。20℃の外気温なら約７分後から切削が可能。2最初は丸い形状のサフォームを使う。研ぐ方向は斜め。3/4削っていくと、サフォームの歯が当たらない部位が出てくる。白くなっていない部位だが、ここは周囲に比べて低い。5削り過ぎないように注意しながら作業を進めるが、やはりポイントはサフォームの“動かし方”。丸い面のどこを使うかで成形面の形状が変わる。6真っすぐにパネル面に当てたなら角だけが削れてしまう。基本は均一に白くなるまで削ればいいのだが、それもパテの盛り方次第で変わることもある。7なので、パテを盛る時点で削り分を考慮しておくことがポイント。面を成形するのは削って調整するわけだから、パネル面と面一になるように“ぴっちり”盛っては駄目なのだ。8ほかに比べて低い部位には、そこに新たにパテを盛って対応する。9指差ししている部位は最初からずっと削れていない。ここにはパテを盛る必要がある。

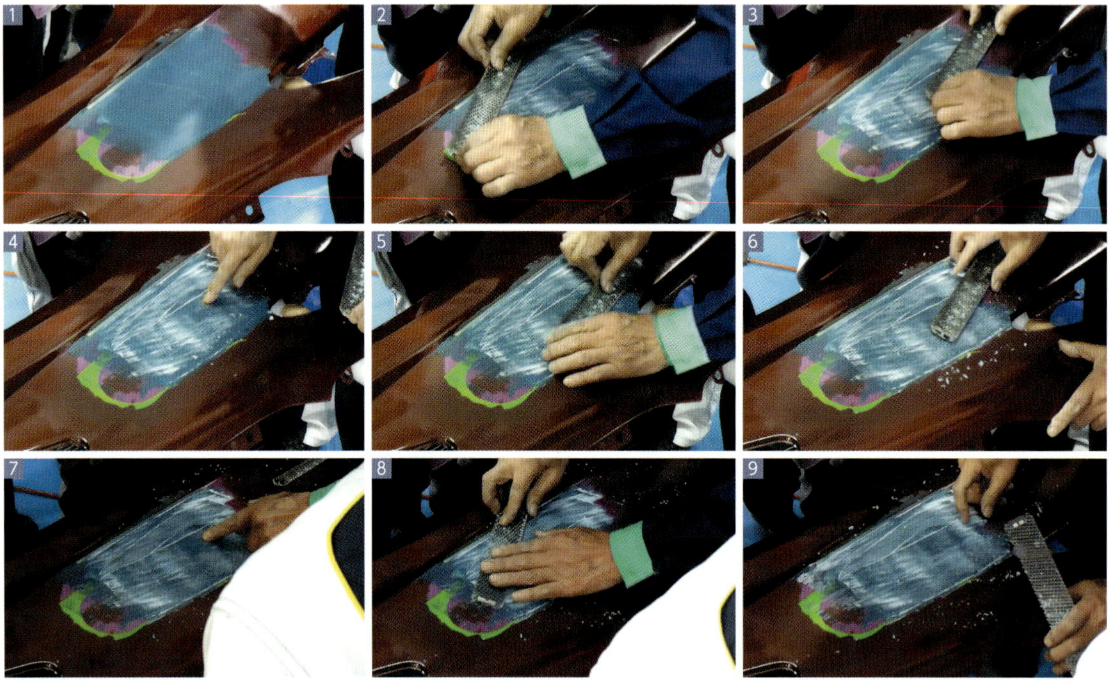

研磨作業時期を指触で測る方法がある。爪で表面に傷を付ける。と、完全に乾燥していれば白くなるが、一瞬白くなってまた元のパテ色に戻る状態なら、乾燥が不十分なのでサフォームでの切削研磨作業ができる最適な状態。元のパテ色がなくなり表面が白くなっても、切削研磨はできるが、作業効率は悪くなる。未乾燥状態での作業メリットは切削状態を可視化できる点。その意味でも、曲面状のサフォームでの切削研磨と平面のサフォームでのそれの、意味合いは異なる。

オービタルサンダーを用いるのは、作業効率という側面では正解だが、イメージする面を成形するという側面では、けっしてベターな方法ではない。

そういう現実を加味して、高山講師は趣味で鈑金塗装をやってみたいマニアにはファイルを使った面出し研磨がお勧めという。ファイルにはS/M/Lの各サイズがある。これに180番のペーパーをセットして研磨するのが一般的だが、その前の粗研ぎの時点でサフォームを使うのがベターだというのだ。「面出しがもっともイメージ通りにできるのは、サフォームによる研磨です。サフォームは、いってしまえば“おろし金”のようなものです。鈑金パテならば硬化する前の“ねちゃつき”が若干ある時点で、研磨というより“切削”作業を始めることができます」という。まずは“ヘラ枕”を削取り、次にパテ塗布面の高い部位を削取り、最後にエッジを削取って粗研ぎ作業は終了する。このヘラ枕の切削、パテ面高部位分の切削、エッジ段差の切削、という三段階の作業を具体的に紹介しよう。

一般的にはファイルに80番のペーパーをセットして粗削りをするわけだが、その前にサフォームで、事前粗削りを行なってしまうという工法。これが、分解写真と動画で説明をしているものだが、粗研ぎの3段階の作業をこなす鈑金ツールとして、サフォームはお勧めだ。実際、NATSの学生たちも、この工法で面出し研磨の実習を行なっていた。その切削面を見て、この工法は一般的な“粗研ぎ”に代わるものとして有効だという印象を強くもった。

一般的には80/120/180という番手のペーパーで粗研ぎをこなしていくが、それをサフォームで行なうことに関しては、す穴埋めやピンホール補修という残

01'24"~02'34"
NATS
NIHON AUTOMOBILE COLLEGE

1

2

3

4

5
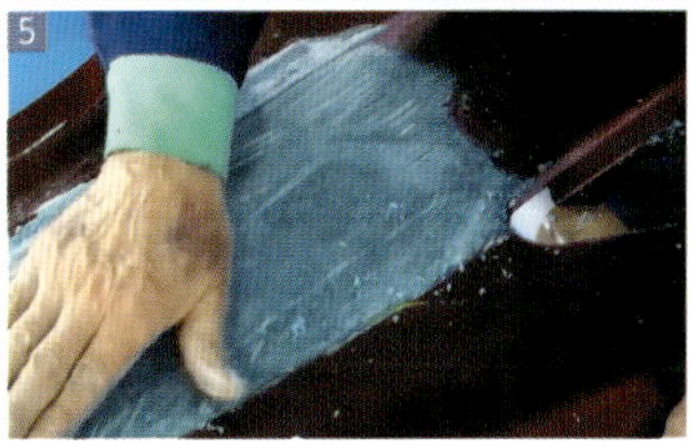
6

1半円形状のサフォームで作業した後にフラットなサフォームで作業する理由は、歯面の形状が異なることによって生じるパテ表面の“削られかた”にある。2アールがついたサフォームでイメージする表面を出しながら削っていって、最後はフラットなサフォームで修正する。3平面状のサフォームは基本的に端部をメインに切削研磨する。4ヤスリ面の歯の形状は丸い面があったほうがイメージした面形状を出しやすいが、フラット歯面形状をもつサフォームは当たりが柔らかい。撓(しな)るので、修正したい面の切削研磨に向いている。5プロはサフォームを使った切削研磨などしない。パテが乾いたらダブルアクションサンダーでいっきに削り出す。確かに、同じ鈑金パテでも種類によってはサフォームを使えないものもあるが、時間に余裕があり、経験がそれほどないビギナーにはサフォームでの切削研磨をお勧めする。6粗出しは2回の形状が異なるサフォームがけで終わっているが、簡単にやっているように見えて、ここまでの面を出すのに初心者は相当時間がかかる。

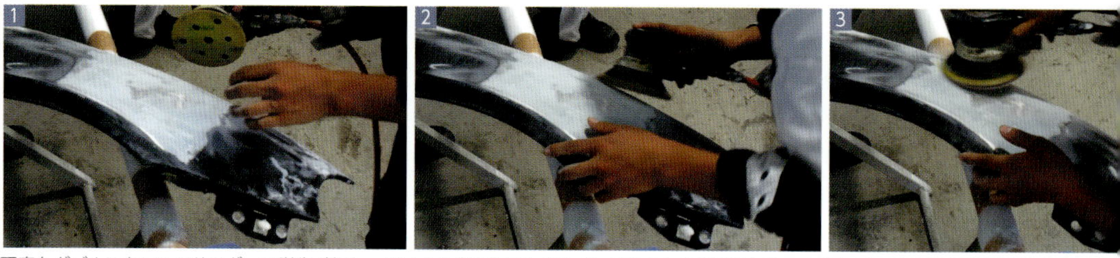

1 鈑金パテの切削研磨をダブルアクションサンダーで学生が行なっている作業を撮影したもの。パネルとの接触面にセットされているのは180番のペーパーだから、粗研ぎの最終段階。2 エッジ部分を研いでいる、そのダブルアクションサンダーの使い方は基本に忠実なのだが、3 鈑金パテを盛った中心部および左右端部には鋼板面が出てきているので、その処理をすることが先決。4 / 5 鋼板面が出ているということは、周囲のパテ面に対して、その鋼板露出面が高い、ということになるので、全体を見渡しての検討となるが対応方法はふたつある。ひとつは周囲の塗膜に対して金属パテを盛った時

された問題はあるものの、ビギナーにとってイメージした面を研ぎ出すという点において最良の技法のように思えた。粗研ぎでパテの高い部位を削るにはダブルアクションサンダーの盤面に120番のペーパーをセットして研いでいくが、この工法では同時に低い部分も削ってしまう危険性が高い。注意してもビギナーにそれができるとは思えない。

最後のエッジの段差を取る作業だが、ここまでくるとサンダーを使った粗研ぎ作業と“手研ぎ作業”が同じツール、ペーパーを使って作業することになる。ダブルアクションサンダーでイメージ通りに研ぐのは難しいが、サフォームとペーパーを使って行なう“粗研ぎ”はビギナーでも失敗する危険性は低い。サフォームは鈑金パテの乾燥具合を見極めるのがポイントだが、目立たない部位に爪を立て、その爪痕をパテが盛り返してくるくらいが切削の開始時だ。

1 / 2 / 3 葛飾講師が指摘している鋼板が露出している部位は、周囲に比べて高い。よって、パテ面全体は塗膜面よりも若干低い状況にあるので、“絞って”鋼板の収縮による自助努力を引き出すことに。その方法はスポット溶接で加熱するのがベターだが、機械が空いていなかったようで、ポンチでの修正を行なっている。が、局部的にへこんだだけで最終的にはスポット溶接で絞ることとなった。（00′ 00″～02′21″）4～9 完全硬化する前に始めたサフォームによる切削研磨作業だが、パテを盛り過ぎていたようで、その作業はパテ全面となった。アール形状のサフォームをフラットなサフォームと同じように扱っている点が問題。（02′ 22″～02′ 55″）10 / 11 / 12 鈑金パテ盛りに苦労していた学生だが、サフォームを使うステージまできた。アール形状のサフォームの扱い方は正しいが、パテ盛りが厚すぎたようで研磨量が多い。クオーターパネルの形状認識も肌で理解できてきたようだが、厚く盛り過ぎたアールトップ面の研磨作用が必要ということを痛感している。（02′ 56″～03′ 41″）13 / 14 / 15 粗研ぎから面出しへと作業は進んでいる学生。サ

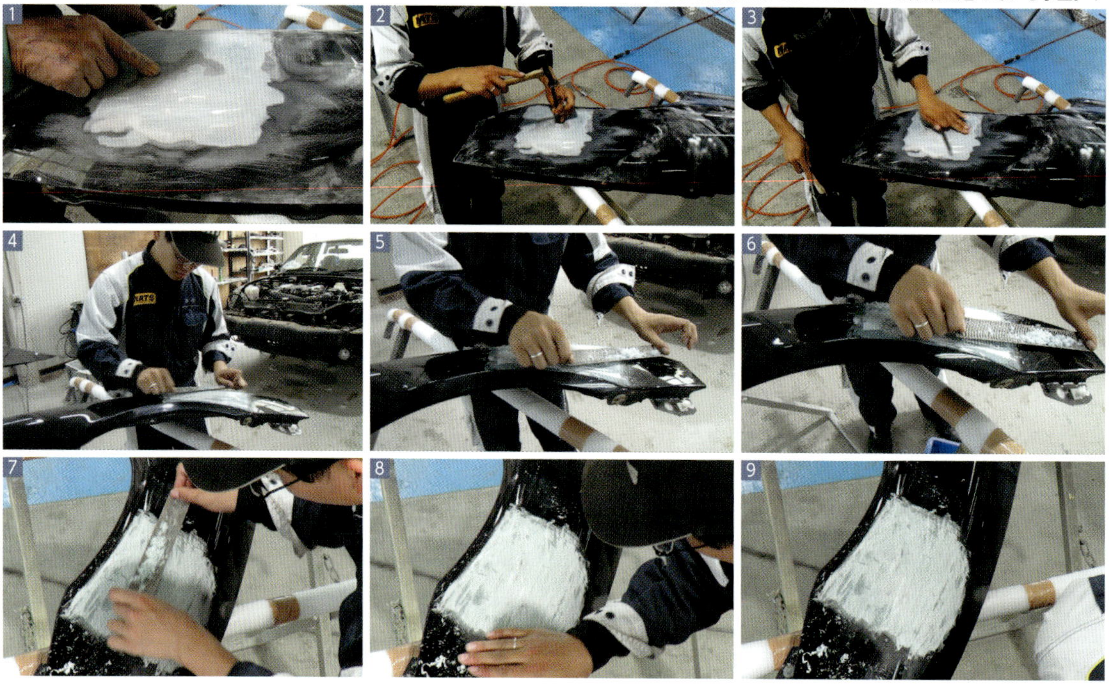

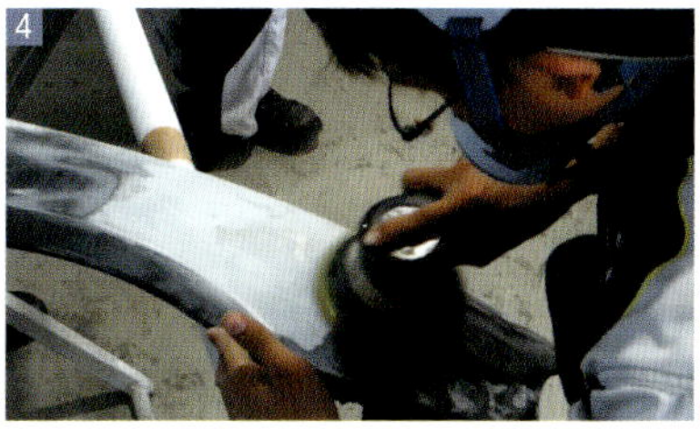

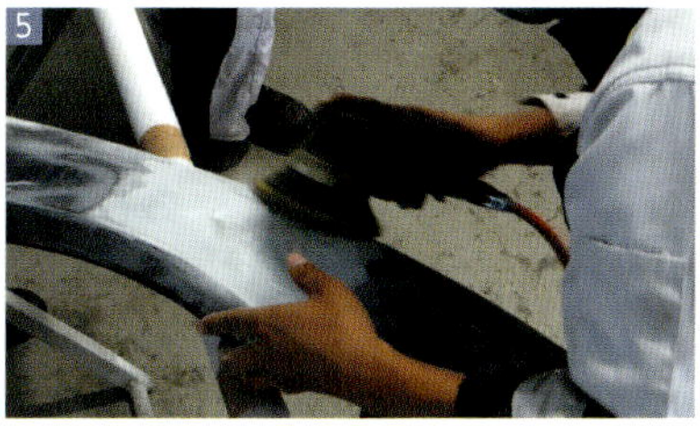

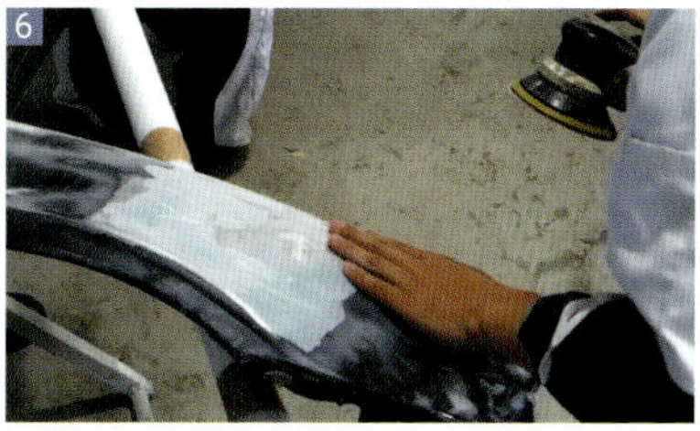

点で面全体が盛り上がっていれば、そのなかでの対応が可能。この場合は“出っ張っている”部位を“絞る”ことが要求される。もうひとつは周囲の塗膜面より若干低い状態で鈑金パテが盛られているのに鋼板面が露出している場合。この場合は再度鈑金パテ盛り作業が必要になる。このシーンだけではどちらに該当するか分からないが、この切削研磨作業は意味がない。6学生の名誉のために書くと、それに気づきパテを盛っている姿を見かけた。

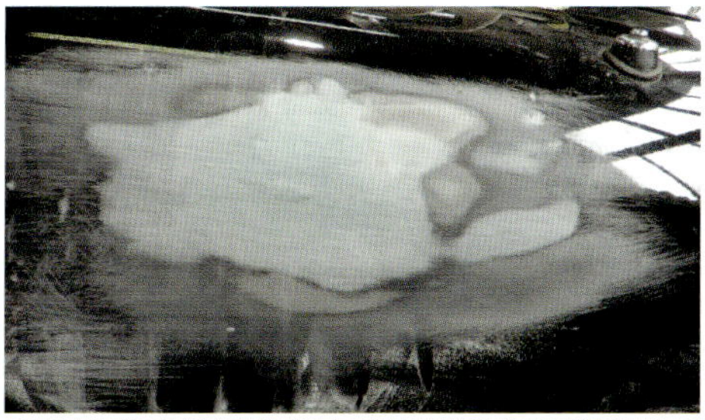

サフォームの切削研磨痕をここまで広くつけてしまっては塗装面が広くなることは必至。フェザーエッジの内側にパテが盛り足りない部位があるほか、そのフェザーエッジの外側に広がる損傷部はパテ補修したのだろうが、塗膜に広がる切削研磨の傷跡は狭いほうがベターだ（左）。ドアパネルのアールトップ上面部に“す穴”ができている。これを埋めるのが中間パテになる。鈑金パテは足付け処理をきちんとやれば鋼板との付着性は高いが、パテ内に空気が混入されやすく、その空気層が表面にでたのが、このす穴だ。（下）。

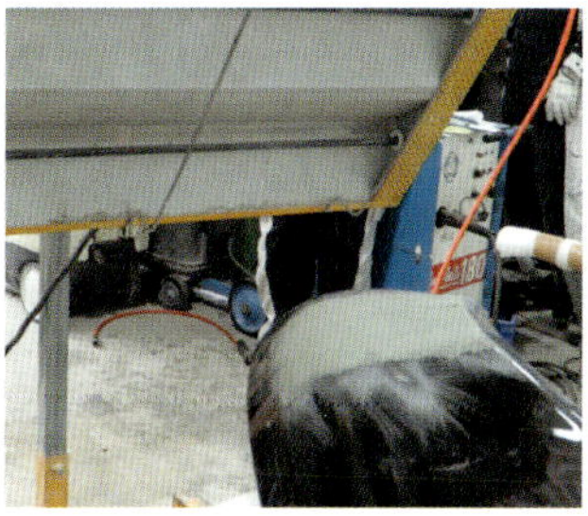

乾燥促進のためにヒーターを使った場合は温度管理に要注意。熱を入れ過ぎると、鋼板とパテの足付け部が“膿んで”、剥離につながる。

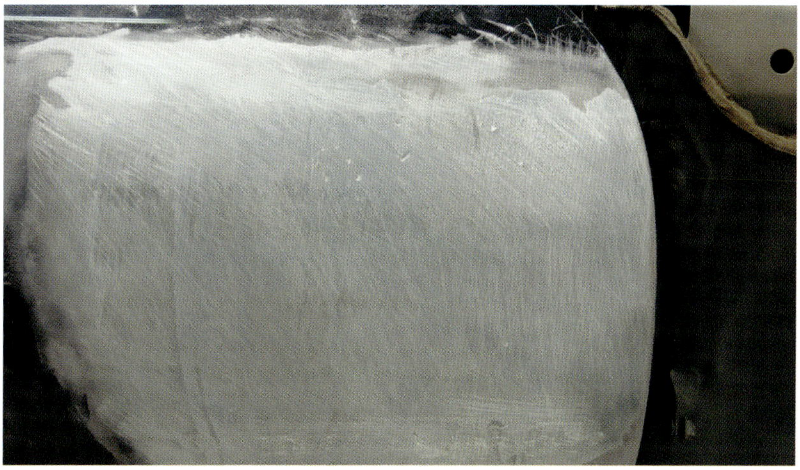

フォームから120番のペーパーをセットしたダブルアクションサンダーで作業しているが、リアクオーターのアールトップ部に違和感をもっているようで何度もペーパー面をフラットに当てているが、これできれいに面を出すのは難しい作業。ビギナーは手研ぎがいいが、ダブルアクションサンダーを使うのも授業、故。（03′42″～03′59″）＊「鉄板が出てきたら基本的に作業はストップ。それ以上削っても意味がありません。絞れば高い部位が下にいきます。鋼板はスポット溶接の熱でいったん膨張して、その後に収縮して面としてへこみます。その0.1㎜を追いかけないときれいな面には仕上がりません。ほかには後で脱脂することを前提でみなさん素手で触っていますが、掌には油脂分があるので、本来はグローブ装着が望ましい……ですね。油脂分とパテはくっ付きません。脱脂をしないで、この上にパテを塗っても剥離の原因になります」。（高山講師談）

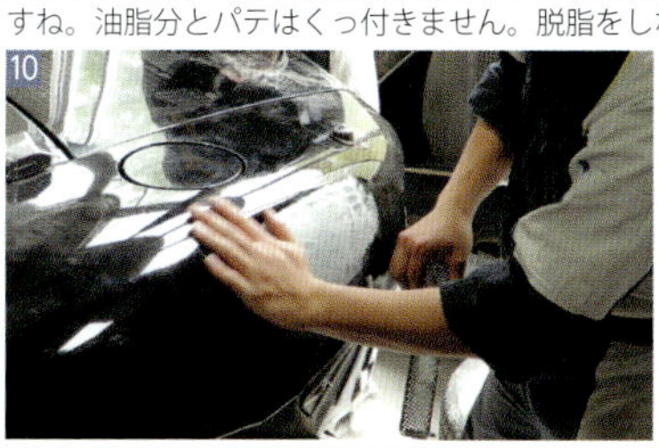

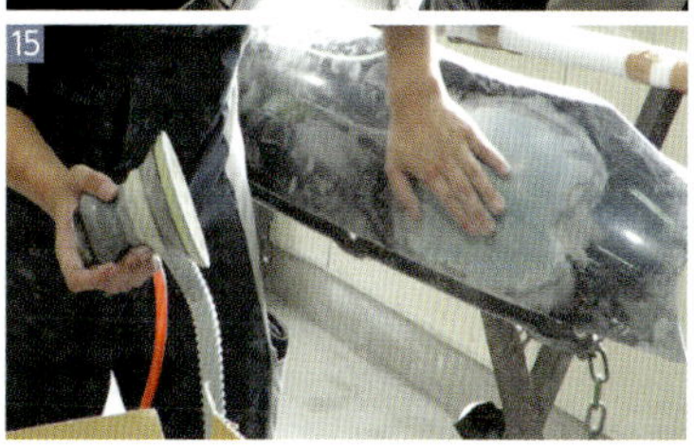

第 3 章：実作業から学ぶ中間パテの意義と研ぎ方のコツ

鈑金パテが足付き性と成形性に優れるとしたら、中間パテは、その表面研磨性と成形性に優れている。が、もっと正確にいうと、中間パテは鈑金パテの“粗削り”な部分をフォローするパートナーのようなものといってもいい。盛り方も大事だが、形を整える研磨が、その作業性を左右する。中間パテの“研ぎ”の実際をみてみよう。

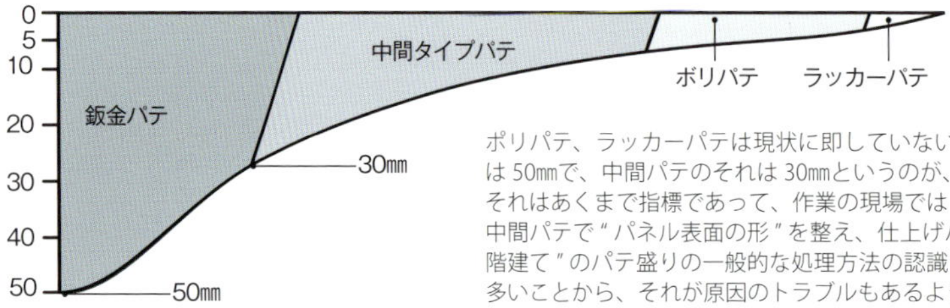

ポリパテ、ラッカーパテは現状に即していないかもしれないが、鈑金パテのマキシマムの盛り量は 50㎜で、中間パテのそれは 30㎜というのが、現状パテメーカーから示されている指標。しかし、それはあくまで指標であって、作業の現場では「鈑金パテは 5㎜」とは葛飾講師の弁。鈑金パテと中間パテで“パネル表面の形”を整え、仕上げパテは“お化粧”のようなものというのが現在の“3階建て”のパテ盛りの一般的な処理方法の認識だという。ただ、ポリパテに関しては“収縮率”が多いことから、それが原因のトラブルもあるようで敬遠される傾向が強いようだ。

従来のパテにはスチレンが混入されていたが、特別化学物質障害予防規則（特化則）という法律が2017年に改正されている。これを受けてNATSも来年度から教材をスチレンフリーのものに入れ替えるという。スチレンは硬化するのに必要な物質。低公害のパテ、スチレンフリーにはそれが混入されていない。よって、焼付けが絶対必要になり手離れが悪い。パネルヒーターで30分の焼付けが必要になると、設備、場所など遣り繰りで仕事にならない、という現状がある。イサムあるいは日本ペイントから出ているスチレンフリーのものは、いまNATSで使っているアメリカのエバーコートという塗料メーカーが出しているスチレンフリーの“Eグリップ”という製品より作業性は劣る。Eグリップは硬化性に優れているのが大きな魅力という。近年、ディー

中間パテ作業 A　1シリコンオフをきちんとこなし中間パテを盛る。中間パテの目的は細かいデコボコを取るため。だからマックス 30㎜まで盛れるわけだが、環境問題に対応したスチレンフリーのパテはマックス 6.0㎜くらいまでしか塗れない。2中間パテを盛る範囲としては鈑金パテの外側まで塗らないと意味がない。この前提を守ってはいるがもう少し広く中間パテを盛ったほうが良かったかも。3左右上下ともにまんべんなく中間パテを盛っている。アールがあるフェンダーの上下はパテヘラの塗布方向を前後から左右に切り替えている。4鈑金パテの守備範囲をフォローして、さらにそれをフォローする範囲で中間パテを盛っている。パテヘラの使い方も評価するに値する。5左右前後ともに鈑金パテの塗布面をフォローしている。若干、パテの盛りが厚いかもしれないが、はじめてのパテ盛りワークとしては充分に的を射ているといっていい。6中間パテ盛り作業を終了。盛り方、範囲ともに問題ないレベル。

中間パテ作業 A

NATS
NIHON AUTOMOBILE COLLEGE

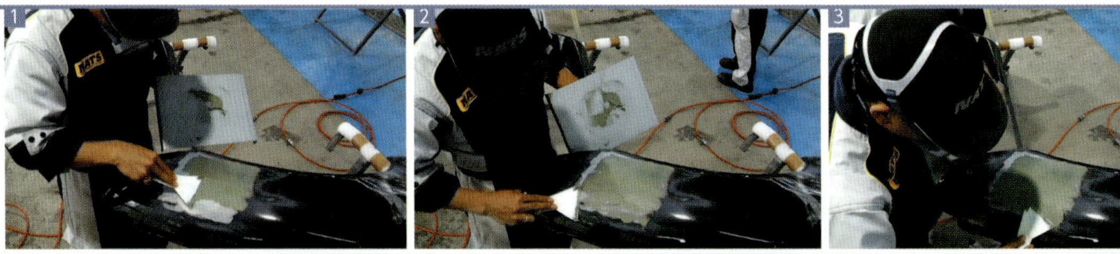

中間パテ作業 B

NATS
NIHON AUTOMOBILE COLLEGE

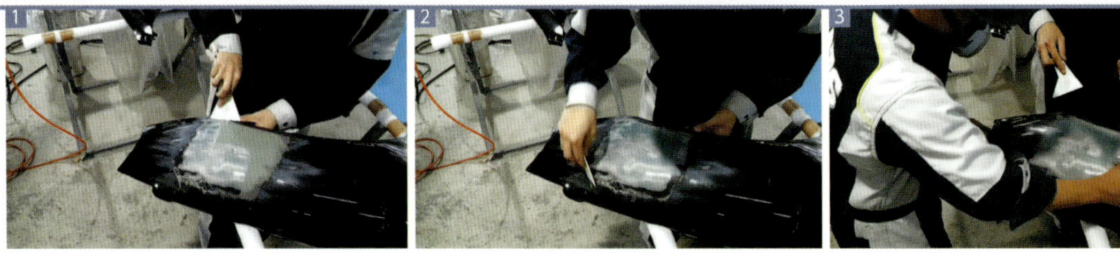

一部のレストアー専門店では“中間パテ”しか使わないというが、2010年以降のクルマは、それ以前のクルマに使われている鋼板とは似て非なるもの。2010年以降盛んに使われるようになった引っ張り性能に優れる高張力鋼板は“パンと張って”いる鋼板なので、鈑金パテしか足付けできないという事情がある。が、鈑金パテは空気を内包しやすく、す穴ができやすい。その弱点を補ってくれるのが中間パテなのだ。いま取り分けているのは鈑金パテ(右)。硬化剤の混入量には要注意。パテ盛り作業中に“固まって”しまうという失敗例もある。反面、多すぎると硬化時間が長くなり過ぎ仕事にならないという現実もある(下)。

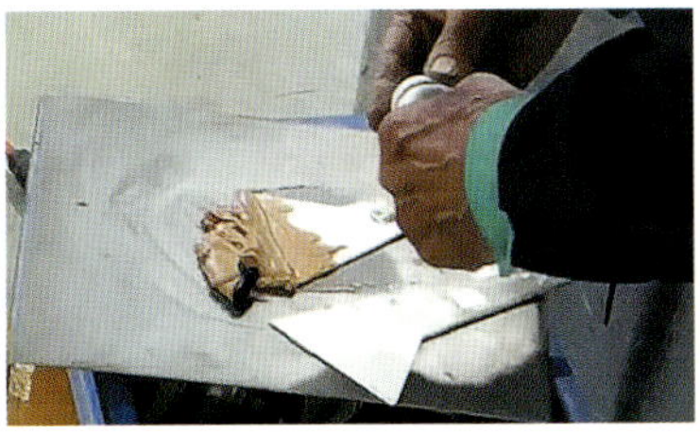

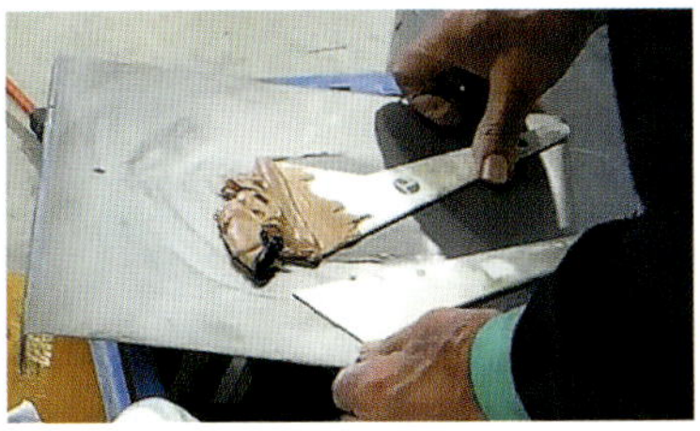

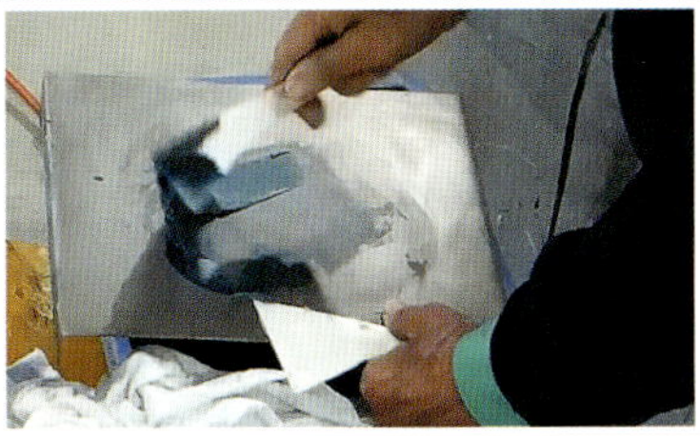

ラーの塗装部門はスチレンフリーに切り替えているが、塗料の価格は1.5～2.0倍と高価。“分かってはいるけどねぇ……”というのが市井の鈑金工場の現状。だが、排気ガス規制がそうだったように、乾燥時間が現状のスチレンタイプを上回る日は確実にやってくる。それまで現状のスチレンタイプの鈑金/中間パテを使うというわけにもいかない……。

中間パテ作業B 1そのきれいに盛られた鈑金パテを剥がしている。これは何事？と思うが……硬化剤の配合を間違えてのことという。2鈑金パテに入れる硬化剤の配合量は「少なすぎるより多過ぎるほうがいい」とこのチームの学生は主張していたが、それは当たっていなくもない。硬化剤が少なすぎると、パテが鋼板面に付けた足付けの隙間に入り込めず、剥離の原因になる。それを知っていた学生が剥離を提案。チームで検討後に剥離を実行に移した。3剥離後にはシリコンオフ。再パテ盛りといえども基本的なポイントは押さえている。4パテ盤に取り分けた鈑金パテは適量といえるもので、パテを真中に集める捏ね方にも問題はない。5パネルの塗布面積に対しての適量を心得ているばかりではなく、パテヘラの使い方も基本を実行できている。6同じ作業の繰り返しのようだが、いま盛っている鈑金パテは硬化剤の混入量も問題ないものだったようだ。“習うより慣れろ”を実行している光景を目撃した次第。

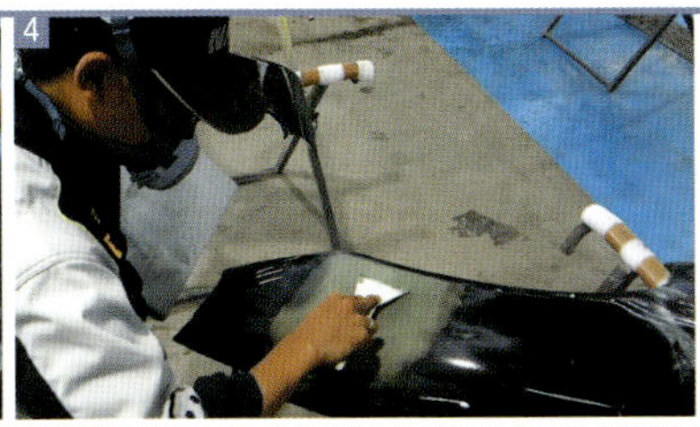

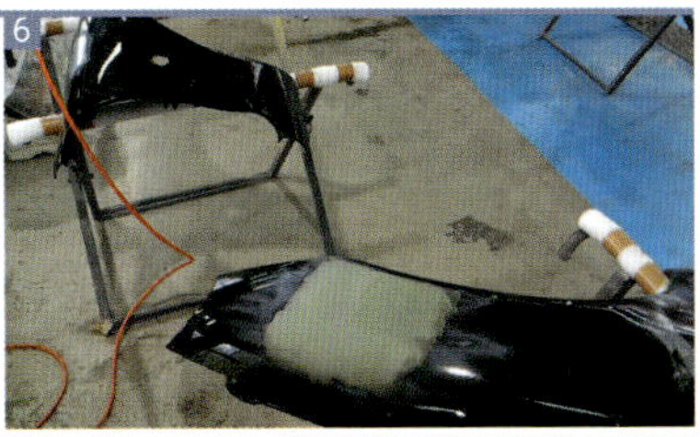

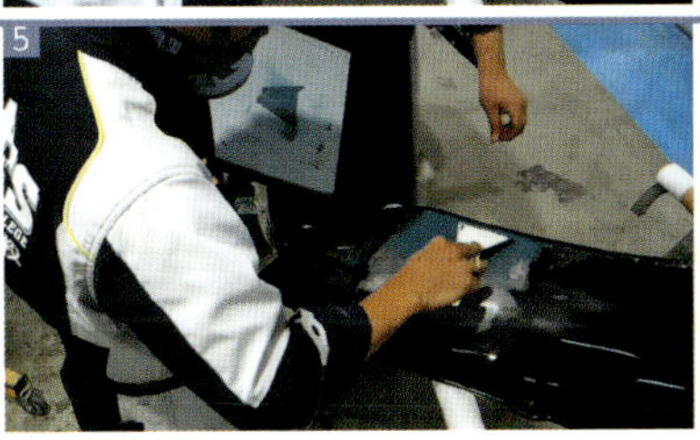

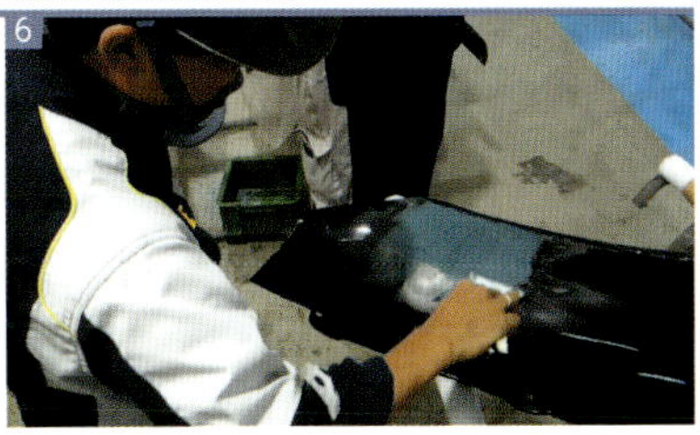

第４章：粗研ぎと面出しに使うのはエアーツールよりハンドツール

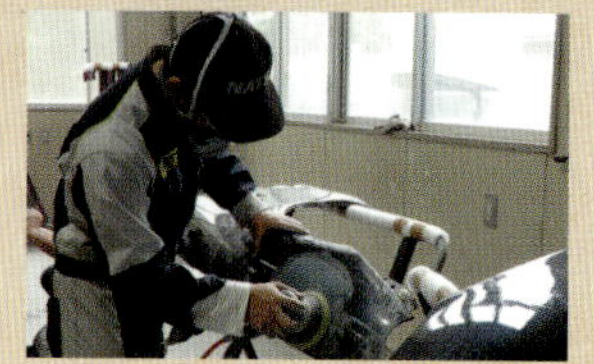

板金塗装の下地作業のためにエアー工具を最初から揃える必要はない。時間工賃で稼ぐプロは、リカバリーできる失敗をしながらキャリアを積んで効率よくエアーツールを使うが、時間に余裕のあるサンデーDIY派はハンドツールで充分。確かに、削り過ぎたらまた最初からパテ盛りすればいいわけだが、それは趣味とはいえ愉しいことではない。

エアーツールを使うにしろ手研ぎで頑張るにしろ、サンドペーパーは研磨作業には欠かせない。そのサンドペーパーには研磨粒子が細かいメッシュで基材（バッキング）に、２層構成の接着剤で貼付けられている。サンドペーパーには、研磨粒子が細かく付いているクローズドタイプと比較的研磨粒子の貼付け間隔が疎かなオープンコートタイプがある。研磨粒子の貼付け密度は“ペーパー番手”で表記されている。数字が小さいほど粗く大きくなるほど細かくなる。番手の前に付いている“P”は粒子サイズの規格に則ったもの。メーカーが異なっても番手が同じであれば、切削力は同じレベルになっている。鈑金塗装の下地処理に用いるサンドペーパーは16～800番。粗研ぎ用に使うのはダブルアクション/オービタル/ギヤアクションの各サンダーで、面出し用には足付け用にもなるダブルアクション/ストレートサンダー。もしサンデーDIY派が揃えるなら使用頻度が高いダブルアクションサンダーとなるが、基本は手研ぎだ。

粗削りには①ヘラ枕を削る②パテ面の高い部分を削る③エッジの断を取る、という工程がある。手研ぎの場合についてもっと詳しく解説すると、①ではファイルにP80のペーパーをセットするのが一般的。ファイルの切削方向は、横→右斜→左斜→横という順序に行なうのが基本。②ではファイルに120番のペーパーをセットして、高い部位を中心に削っていくと、次第に大まかな面出しができてくる。③ではファイルに180番をセットしてエッジ部位を研ぐ。この時、旧塗膜を削らず、またペーパー傷を広げないように心掛けること。パテで補修した部位と旧塗膜との段差（エッジ）がなくなると、ここではじめてパネル面のデコボコや歪が掌で触ると分かるようになる。ここからの微妙な修正が仕上がりに与える影響は大きい。③の作業は粗研ぎというより面出しといったほうが正しい。ファイルにセットするのも180番だし、粗研ぎ同様にファイルを動かしてパネル面を平潤にする作業を繰り返すことに終始するからだ。①～③をこなした後は上塗り塗装のための“足付け”作業となるが、これはペーパーの目消しも兼ねたもの。研磨するというより“パテ塗布面全体に均一な研磨跡”が残るように研ぐイメージ。これがきれいで艶のある仕上がりにつながる。

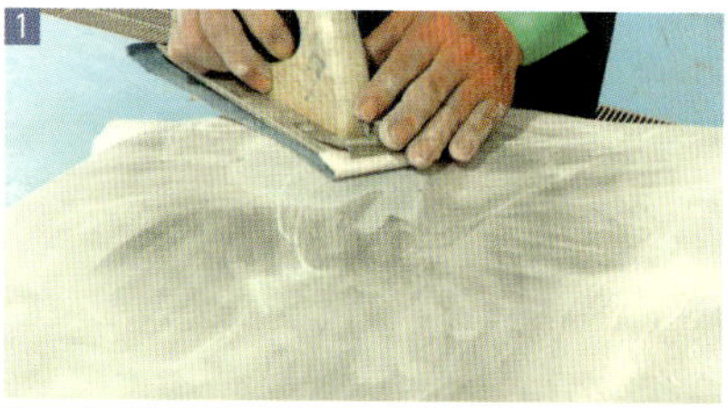

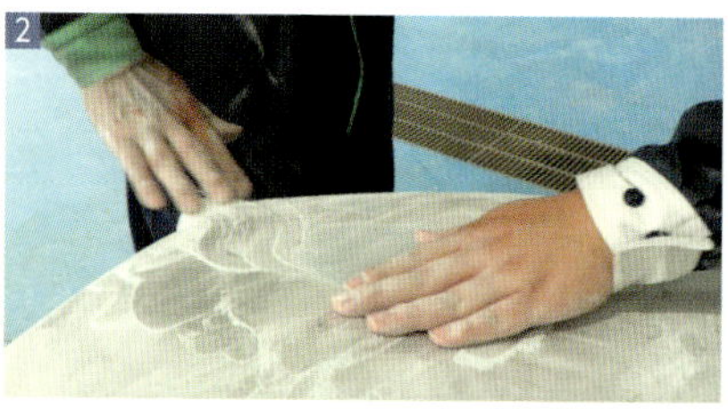

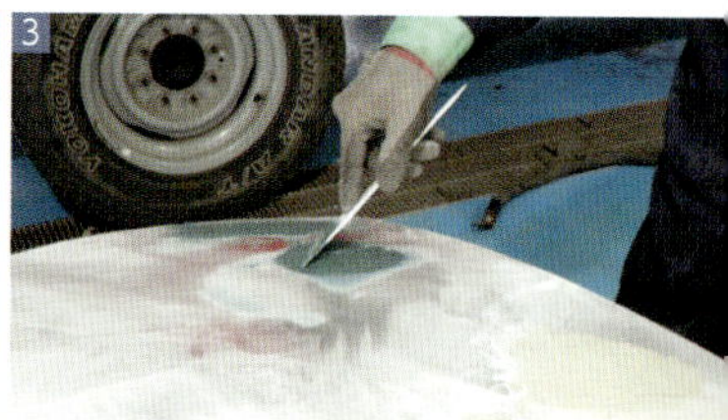

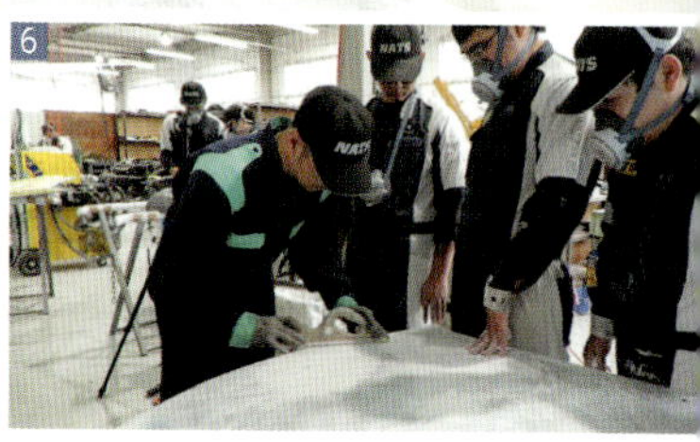

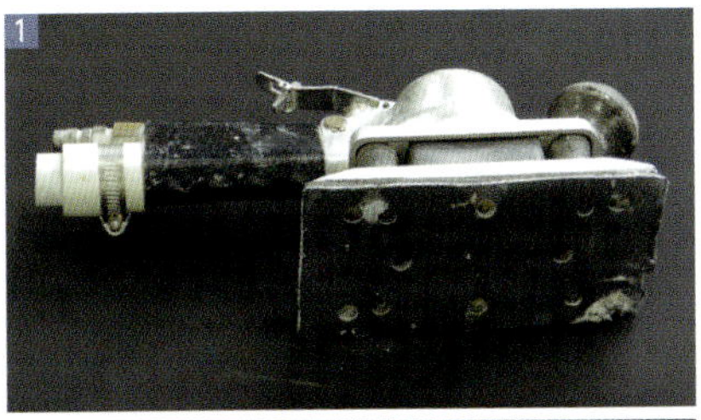

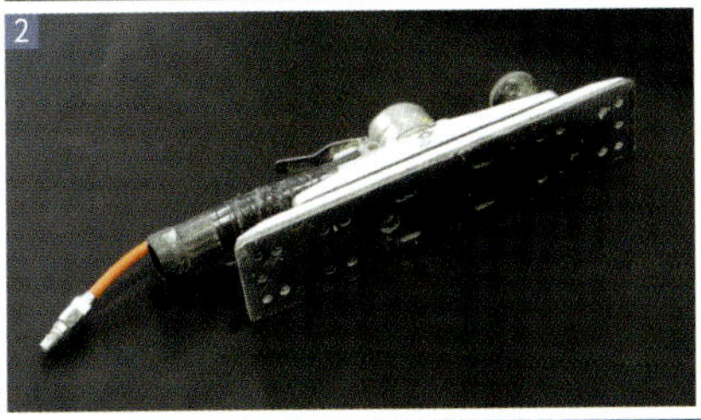

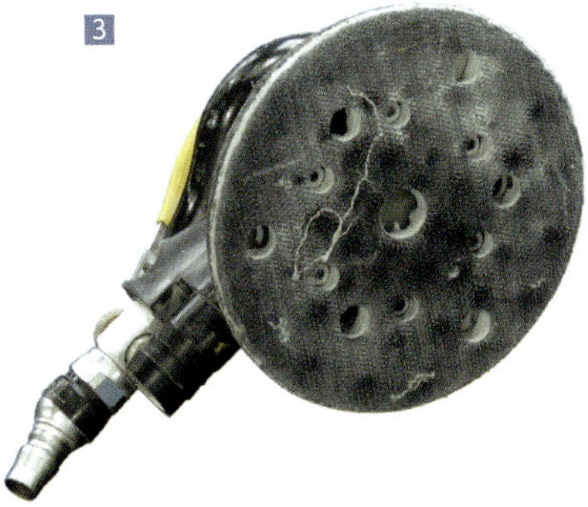

1オービタルサンダー2ストレートラインサンダー3ギヤアクションサンダー4ダブルアクションサンダー5ファイル6ブロック7スポンジパッド8 6面当てゴム

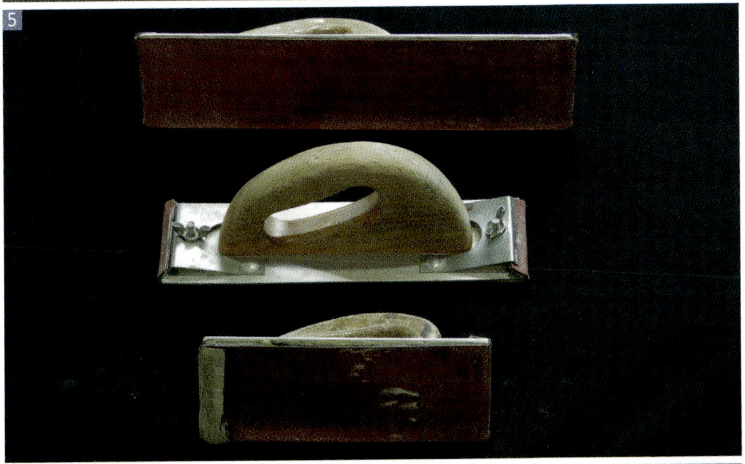

作業効率で選ぶならエアーツールだが、使いこなすにはキャリアが必要。ビギナーが使うと、過研磨になってしまうことが多いうえに、イメージする曲面に成形できているか把握するのも難しい。その点、手研ぎは地味だが間違いない作業ができる。もちろん、プロも手研ぎで修正する箇所は少なくない。また、最後はペーパーで仕上げるわけだから手研ぎ作業のコツを学ぶのは重要だ。スポンジパッドはハード＆ソフトの2層構造になっている。指触で分かるがソフトな面は平面研磨用面で、ハードな面はアール形状の面を研磨する際にペーパーを巻き付ける面となる。6面当てゴムは、文字通りアールの異なる面が6種類あり、削りたいアールに合わせてその面を選び、ペーパーを巻いて研磨するためのもの。

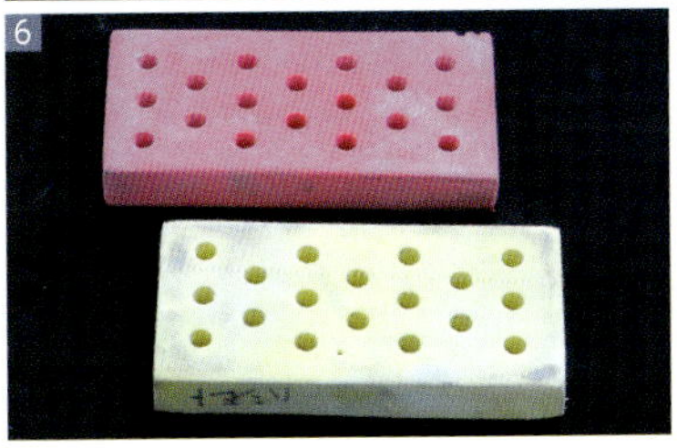

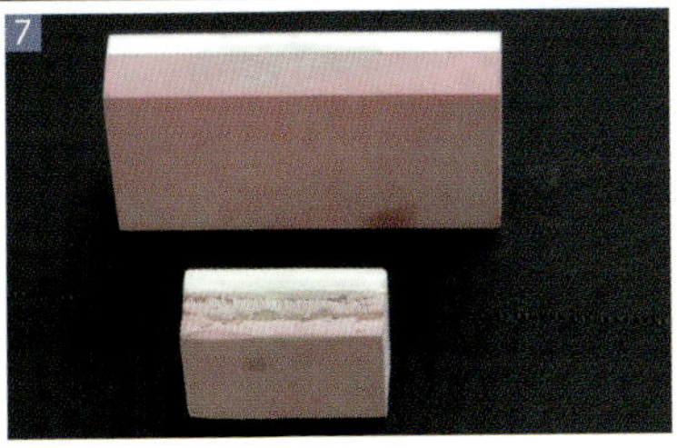

1/2ボンネットの曲率を鈑金パテで再現するのは難しい。鈑金パテが完全硬化する前にサフォームでほぼイメージに近い曲面に整え、60番のペーパーをファイルにセットして研ぎ上げる。葛飾講師の修正指導が若干入ったが、ほぼ中間パテへと進める曲面が出せたようだ。3右側のボンネットラインはほぼ満足できるものになっていたのに、研ぎ過ぎてしまったようだ。そういう場合は再度パテを盛っている修正成形する。鈑金パテの足付けはペーパーで小傷が付いているから問題ないが、作業部位のパテ粉などはエアーで飛ばして除去しておかないと剥離の原因になる。平面からアールへの移行を磨き出すのは難しい作業なのだ。こういう場面はプロでもペーパーで面を整えるくらいだから、はじめて行なう研磨作業ではできなくて当然。4〜8阪口元樹講師が、曲率が複雑に変わっているボンネット部位の再現研磨の見本を見せる。「引っ張っていく」という表現が動画のなかで使われているが、それは「盛っているところが削れていく」という意味合いの鈑金用語。9結局、ペーパーで曲面を整えていくのは"習うより慣れる"しかないようだ。ただ、ひとついえることはペーパーを斜め方向に動かしている点。直線運動の研磨をしてしまうと局部的に削れていくから、思う曲面は出ないのだ。損傷修正部位に鈑金パテが見えるのはごく僅かで、ほとんどの部位は中間パテでへこみがフォローされている。やはり中間パテは作業性がいいのだ。

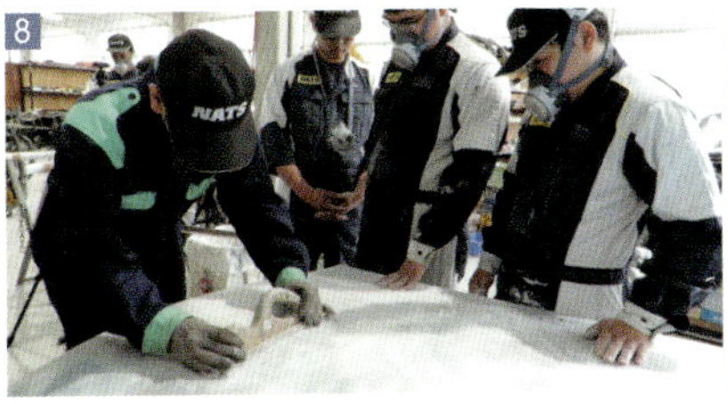

6 面当てゴムはパネルのアールを研ぎ出すためのツール。まだ粗研ぎの段階だから 80 番のペーパーで曲面を出していく。このような微妙なアールはこのツールでしか研ぎ出せないのだ。2粗研ぎの第二段階はパテ面の高い部分を削ること。このフェンダーの場合は鉛筆で囲まれた部位が他の面に比べて高い。3その部位を削って高さ調整するにはファイルを使う。ファイルを当てた内側はすでに鈑金パテが見えているからデコボコももう少しで修正できる。4リアクオーターの出っ張りは鈑金パテの段階からあったもの。粗研ぎの第一段階の"ヘラ枕削ぎ"では、その出っ張りを削ぎ落さずに中間パテへと作業を進めてしまった。5その出っ張りは学生としては修正済みだったようだが、ベテラン職人の講師、葛飾氏はそれを見逃さなかった。6指導を兼ねて講師自らファイルで出っ張りを削り落とす。動きはあくまでも、ここのアールに合う面を使っている。7学生の気持ちはいまスポンジで研いでいる部位をもっと削ってリアトランクリッドにつなげたいというもの。微妙なアールと出っ張り故にスポンジに 120 番のペーパーをセットして切削作業に励む。8微妙なアールを削り出すのは難しい。9ここのアールを研ぎ出せれば自信が持てるはずだ。

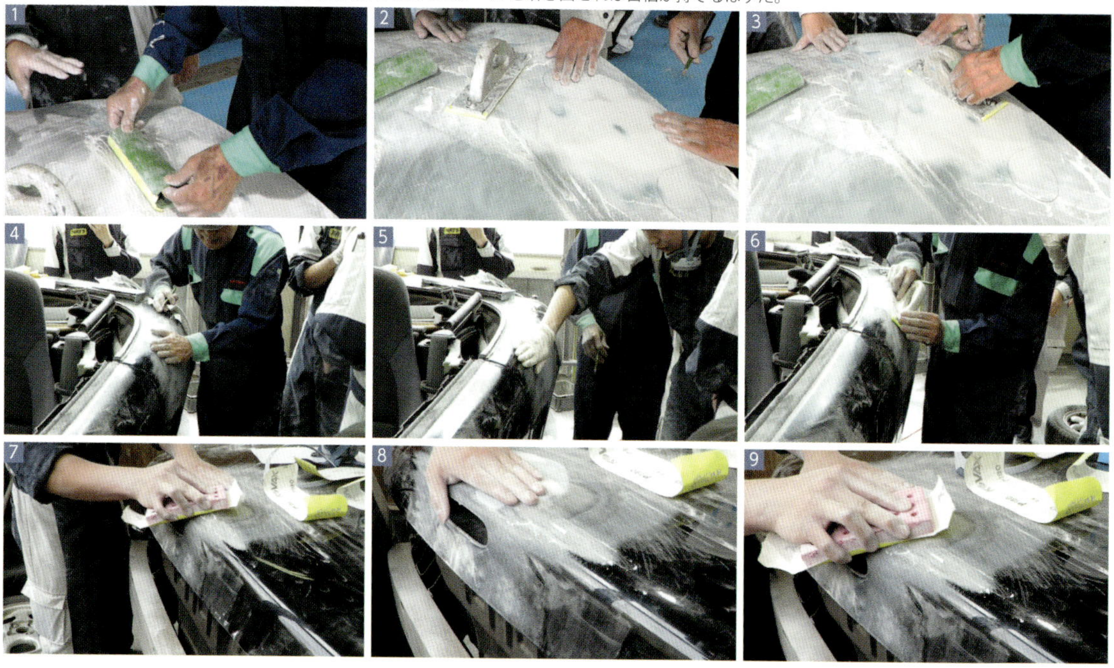

1仕上げパテってどこまで削ればいいんですか？と学生が質問する。それは、この作業が仕上げパテだとの誤解から発せられた疑問だった。2それに対する阪口講師の回答は「ここは最終的なところなので、パテを"打ってあるか"どうか分からなくなるところまで。鈑金パテでほぼ形は出しているけれど、追い切れていない。鈑金パテも中間パテも周りの面とつなげていくことを切削作業の目標にすること」というものだった。3阪口講師の答えに納得していない学生に対して、阪口講師はパテ面の高い部位をファイルで削り出した。4それは反対側の出っ張り部位にも移動。パテ面の段差をな

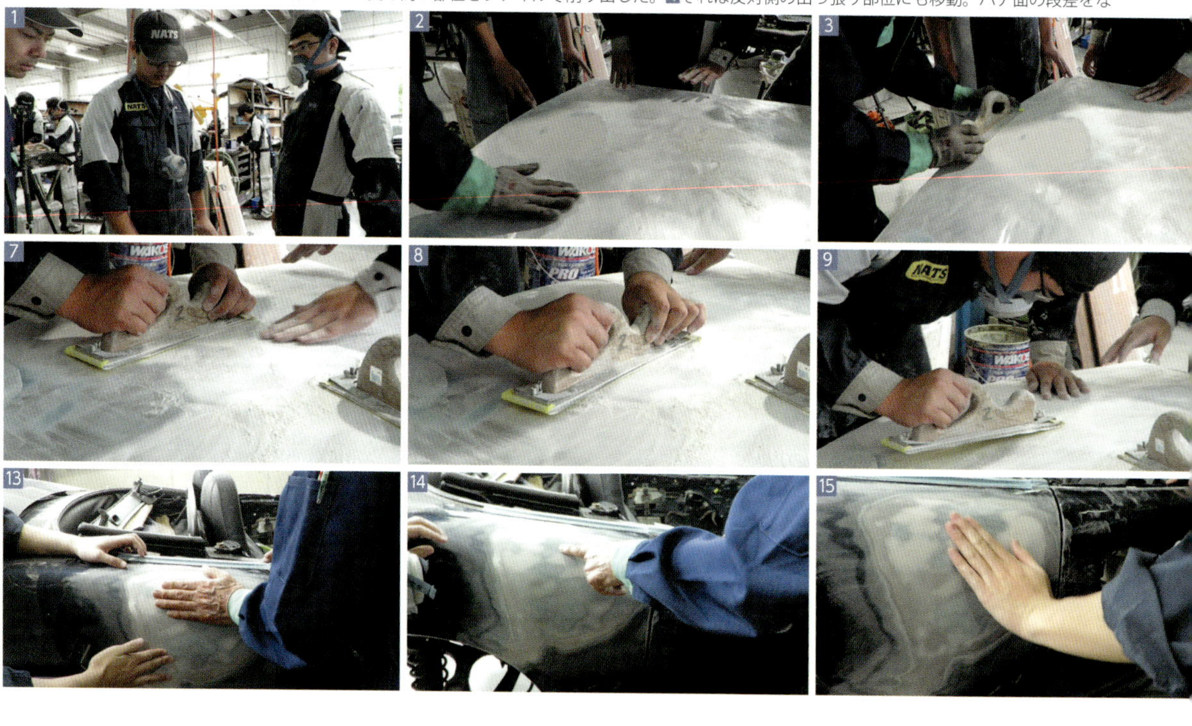

1フロントフェンダーパネルに葛飾講師自身がパテ面を再現。これは 2 回の鈑金パテ盛りをしている。最初はサフォーム処理のあと 120 番で研ぎ出し、2 回目は同じくサフォーム処理したあと 180 番で研ぎ出している。粗研ぎの段階としては素晴らしい仕上がりといえる。その表面の平潤さを学生は掌センサーで感じていた。2中間パテは基本的に鈑金パテで処理できなかったデコボコや歪をカバーして表面を平潤化するためのもの。鈑金パテに比べて粘性が柔らかいので“ゴムヘラ”を使ってパテを盛っていく。3スチレンフリーの中間パテは強制乾燥を要求する。これまでも必要に応じて強制乾燥してはいたが、この工程がスチレンフリーのパテではマストな作業工程となる。自然乾燥させていたのでは時間がかかり過ぎるからスポットヒーターが必要になる。

1

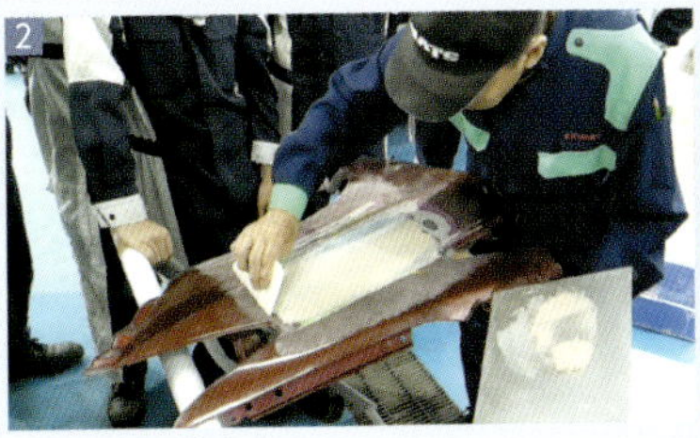
2

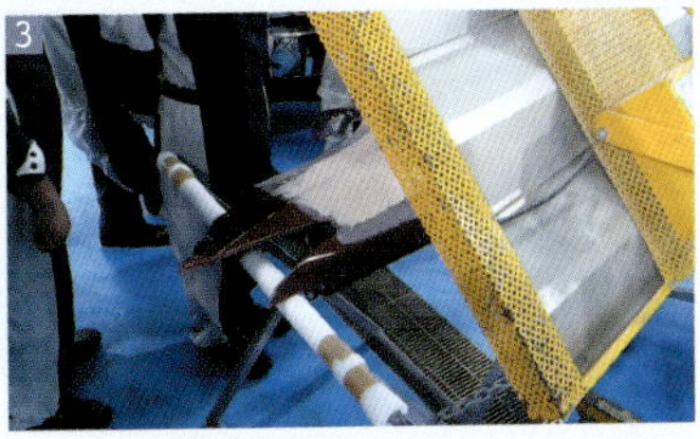
3

パテの乾燥 / 硬化は、主剤と硬化剤の化学反応によって発熱し、その熱によって乾燥 / 硬化がさらに加速するという仕組み。一般的に従来のスチレン混入タイプのパテでは、20℃で 20 ～ 30 分程度の自然乾燥でサフォームによる研磨が可能な状態になる。が、スチレンフリーのパテでは気温によって乾燥時間が違ってくるというスタイルではなく、強制乾燥がシビアに指定されている。この中間パテは 50℃を 5 ～ 7 分という指示が缶に表記されていた。パテが乾燥したかどうかはアナログ的にチェック。それはパテの盛りが薄い部位を爪で傷を付けて確認するというもの。パテは化学反応によって発生した熱で硬化が促進されるため塗膜が厚い部位から乾燥していく。よって、薄い部位の乾燥具合でサフォームができるがどうかを見極めることができる。

くすことが粗研ぎの段階では大事。それは、鈑金パテ / 中間パテは成形、仕上げパテは“お化粧”みたいなものということの指導だった。5結局、学生の誤解から発した質問だった。学生はいま行なっている作業を仕上げパテと思い込んでいたのだった。6阪口講師の作業を納得したのは同じチームのほかの学生だった。(00'00" ～ 02'00") 7 / 8ファイルのグリップは左右の手でホールドする。この場合は右手が主役で左手は軽く添えて研磨していくのが基本。9その左手をパネル上に置いて、右手のみで研磨作業を始めた。鋭角にヤスリ面を当てたいという思いがあったのかもしれないが……。10それに対して仲間の学生がアドバイスをした。左手をパネルに触れるようにすれば、掌の脇腹面がセンサーになる、と。11 / 12アドバイスを受けた学生は、自分の工夫を加えてそのアドバイスを受け入れたが、高山講師はこのホールド態勢を維持することによる左手センサー (?!) を、「ペーパー面に均一に研磨力が伝達されないという理由で逆効果じゃないですか」と指摘したのだった (00'00" ～ 04'00")。13 / 14中間パテを盛ったリアクオーター部のデコボコ＆歪をチェックする葛飾講師に出っ張りの指摘を受けるものの、それはピンポイント。15学生自身もその出っ張り部位を掌センサーでチェックしてみる。16鋼板のように見える部位が鈑金パテの層。中間パテの層はピンク色に染まって見える部位。その中間パテの部位がピンポイントで出っ張っているのだ。17修正方法はフェザーエッジとパテ盛り部とのエッジを削るため 120 番のペーパーをファイルにセットして研磨する、というもの。18ファイルでの研磨で面出しの領域までカバーできる状態になっているが、さらに 180 番のペーパーをブロックにセット。ペーパーの目消しを行なっている。この作業が終了すればプラサフを吹ける状態にまで下地処理作業を進められたことになる (04'01" ～ 07'43")。

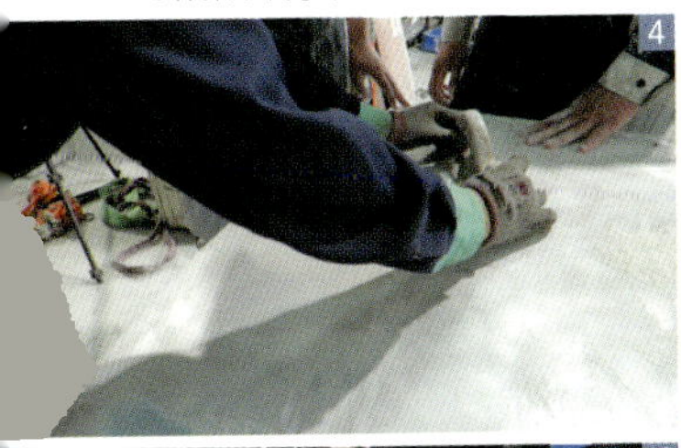
4

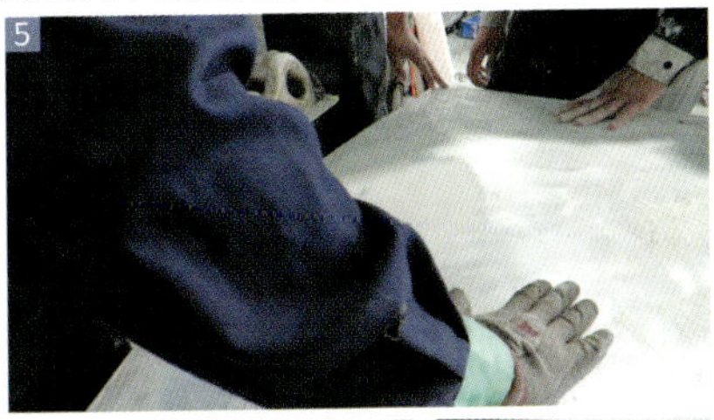
5

6

10

11

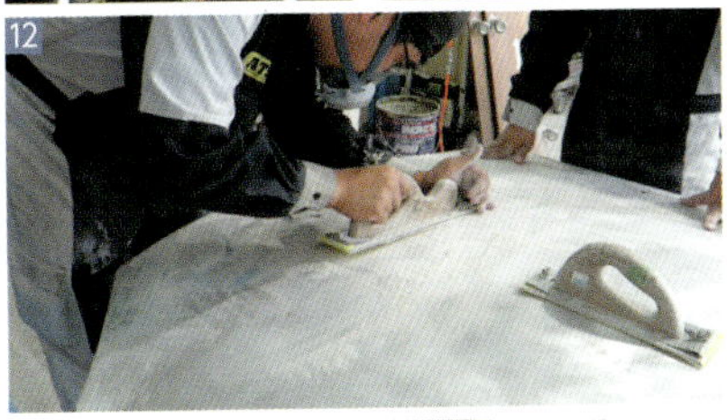
12

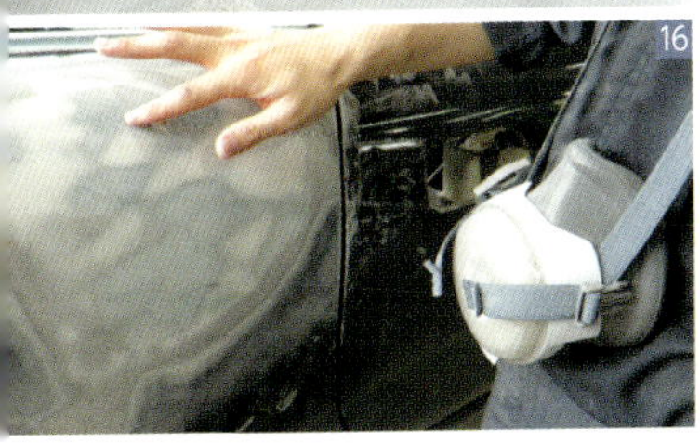
16

17

18

第５章：リバースマスキングでぼかし塗装をサポート

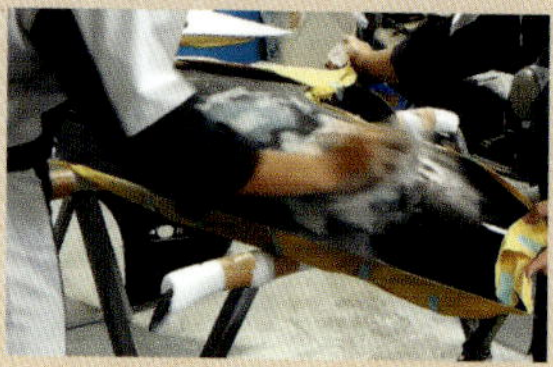

マスキングは塗りたくない部位を隠すことだが、その処理の仕方で以降の作業性が変わる。とともに、仕上げの美しさにも影響を与える。シリコンオフをきちんとしてどういったマスキングワークを展開するか……リバースマスキングという実践テクニックとともに紹介しよう。マスキングはサフェーサー処理にまず影響を及ぼす。

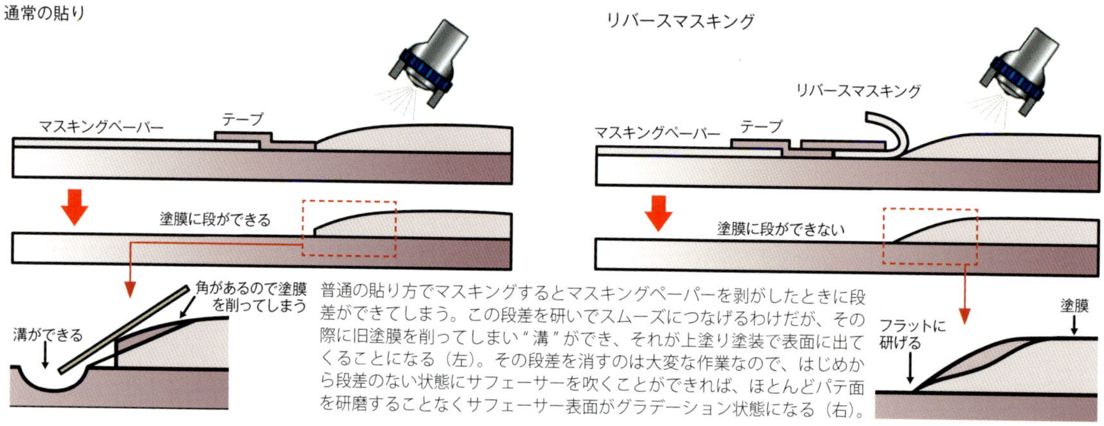

普通の貼り方でマスキングするとマスキングペーパーを剥がしたときに段差ができてしまう。この段差を研いでスムーズにつなげるわけだが、その際に旧塗膜を削ってしまい“溝”ができ、それが上塗り塗装で表面に出てくることになる（左）。その段差を消すのは大変な作業なので、はじめから段差のない状態にサフェーサーを吹くことができれば、ほとんどパテ面を研磨することなくサフェーサー表面がグラデーション状態になる（右）。

ここで紹介しているマスキングはフェンダーでのものだが、マスキングの基本は“塗装したくない部分”を覆うこと。市井の鈑金工場では新聞紙をマスキングペーパーの代わりに使っている光景を見かけるが、塗料によっては完全に浸み込んでしまう可能性があるので、対浸透性能に優れたマスキングペーパーを使うことが望ましい。池田講師が使っているマスキングペーパーは裏面にテープが貼付けてある便利な製品だ。

マスキングの基本テクニックはまず、サフェーサー/上塗り塗装している最中に剥がれないように、接着テープ部分を確実に貼り込むこと。テンションをかけず“置くように”貼付けるイメージで作業する。このとき剥がす際の作業手順も考えて“剥がしやすい”ように貼っていくことがポイント。マスキングが完成したときの状態をイメージしてマスキング作業部位を選んでいくことだ。手順を間違えれば、せっかく貼った所を剥がさ

NATS NIHON AUTOMOBILE COLLEGE

1テープ付のマスキングペーパーをフェンダーエッジ部に貼っていく。シリコンオフをしっかり行なっているので接着性に関しては問題ないが、エアーガンの圧力に負けないためには、貼り方にも神経を遣う。基本的には“載せる”イメージで貼付けていくが、エッジの折り返し部の上に貼り込んでいく。そのエッジ部を生かす貼り込み方をすると、その部位も研がなければならなくなるから、どこまでサフェーサーを吹くかイメージしながらマスキングペーパー貼り込み作業は進めることになる。2同じ手法でフェンダーエッジ部の折り返しの上に覆いかぶせるようにマスキングテープを貼り込んでいく。ペーパー目がフェンダーエッジ間際まで付いているが、これは240番のペーパーだからサフェーサーで消すことができる。エッジ部だからぼかし塗装をしなくても違和感のない仕上がりになるはずだ。3フェンダー

1
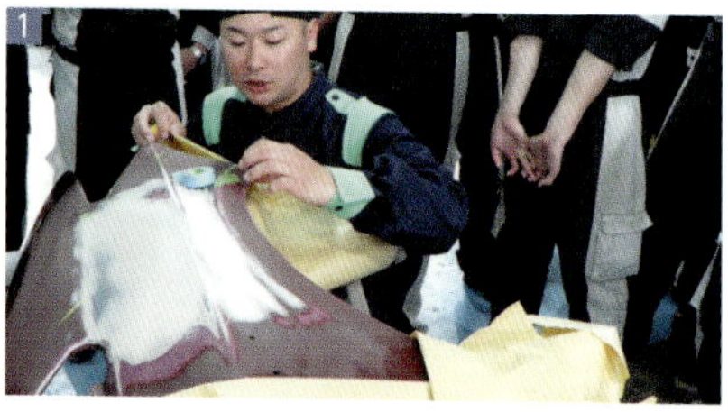
2

3
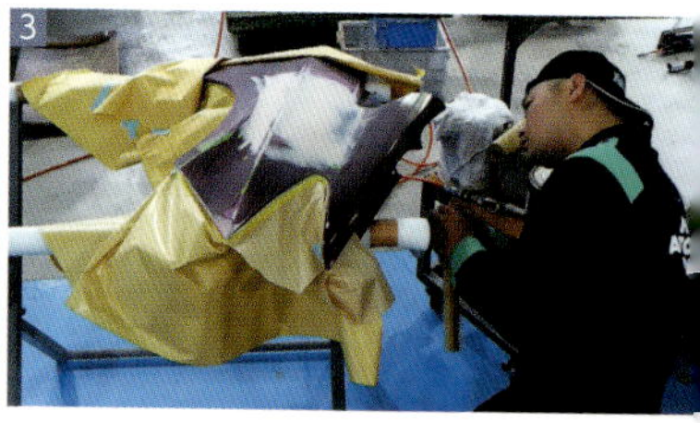

マスキングペーパーを折り返すことでできた隙間を利用して、サフェーサー吹付けや上塗り塗装の際にガンワークだけでなく、その"隙間"がグラデーション作りのサポートをするわけだが、要は境目が分からなくなる仕掛けを仕込むということ。これが次の作業工程に生きてくる。段差を極力なくすことが、サフェーサーを吹いた後の研磨作業を容易にすることは前ページで説明した通り。この完成写真でリバースマスキングを施しているのはドア側(写真左側)に3ヵ所ある。240番で磨いた仕上げパテ面の左側にできたペーパー傷はサフェーサーで消えるが、ここから左側はドアにつながるので平滑な表面を作って、上塗り塗装につなげ、グラデーションが効いたぼかし塗装にもっていきたい。そういう先まで有効に効いてくるのが、このリバースマスキングという実践テクニックだ。

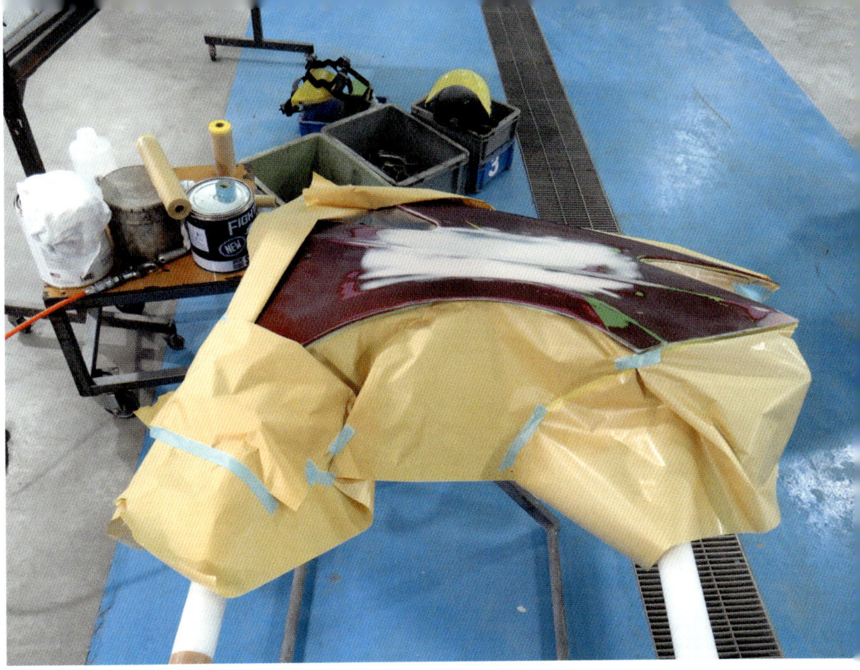

なければならないことになりかねない。

マスキングテープとマスキングペーパーの使用適正量を考えて作業し、無駄な重ね貼りや継ぎ接ぎ接着は避けるように作業順序を計算する。継ぎ接ぎが無用に多いと、弛みや皺の原因になり、そこに埃やゴミが溜まりやすくなる。と、エアーでそれらが舞い上がり、塗装面に付着する危険性が高くなる。また、塗料やシンナーがかかりやすい部位は、浸透を防ぐためにペーパーの二重貼りまたはテープの捨て貼りをすると効果的な場合が多い。ミラーは折りたたんでも出っ張ってしまうので、ここは創意工夫でできるだけスマートなマスキングを心掛ける。

以上がおもなマスキングの基礎知識だが、ぼかし塗装をサポート、成功させる実践テクニックがある。それが、ここで紹介している"リバースマスキング"。簡単にいえば、パネル面に貼ってマスキングペーパーを折り返してセットすることで、ペーパーとパネル面に"隙間"を作り、塗装時にガンワークだけでなく、ペーパー側でもグラデーション吹付けを補助する、というもの。プラサフ塗装の前に処置すれば、塗膜の段差が少なくなるので、プラサフ塗布後の研磨作業がスムーズに進む。また、上塗り塗装前のマスキングで使えばぼかし塗装にも有効に作用する。

テープによるリバースマスキングもある。これはおもにプレスラインで使われる。リバーステープを折り曲げたり、丸めたりすることで明確な境界線を作らない方法。マスキングテープの粘着面を1/3にして、その面をリバースマスキングにする方法はBOLD氏がp.102で紹介している。リバースマスキング用の専用テープも市販されている。

上部は裏側からマスキングペーパーを貼り込んでいく。4この部位はボディとの境界線がはっきりと見えるから、内側からマスキングペーパーを貼ってきれいな塗装面に仕上げたい。フェンダーエッジの折り返しをカバーしてしまう貼り方と異なり、その境界線を意識しながらの慎重な貼り込み作業となる。5フェンダー内側からのマスキングペーパーの貼り込みを終えたものの、貼付け強度が若干気になるので、"袴(はかま)"部位を結合させることでエアーガンの噴霧圧に耐えるような結合強度をもたせようとする発想だ。これはスマートな貼り込み面を構成するためにも有効な方法だと思われる。6長いスパンの貼り込みを1枚のマスキングテープで構成するのは無理だと判断。二分割してフェンダー内側からのマスキングペーパー貼りに切り替えた。フェンダーにはアール処理がされているから、二分割での貼り込みは正解。フェンダー下部と異なり、上部方向にはペーパー傷の対応にも余裕がある。ガンワークでぼかし塗装も可能だ。

4
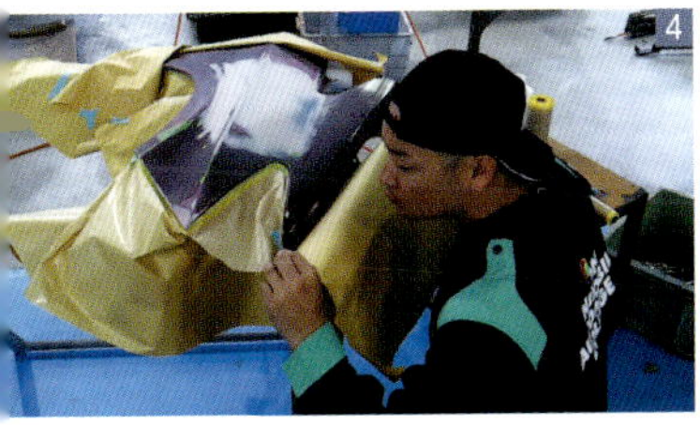

5

6
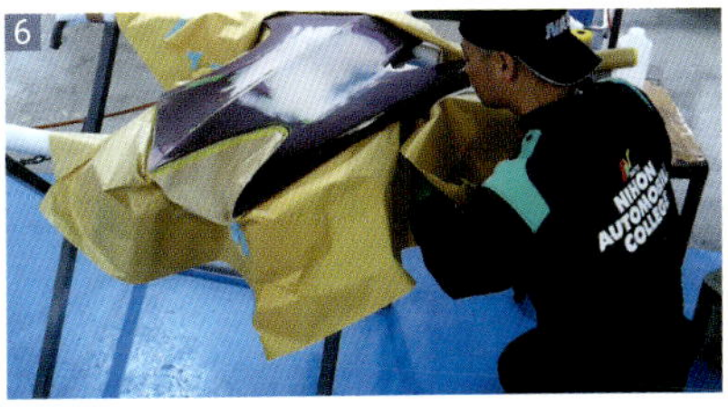

第6章：プラサフ塗装は上塗り塗装の下準備だが役目はいろいろ

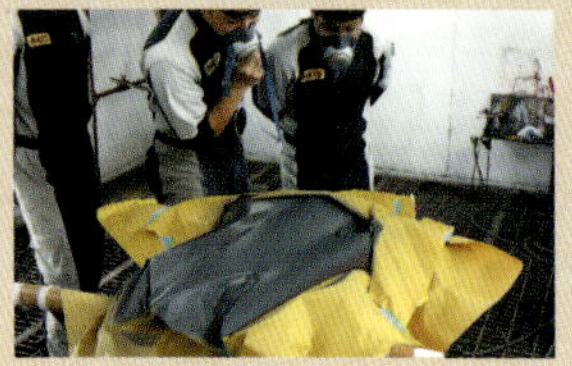

プラサフを吹くのは、パテ仕上げ面の微細な"でこぼこ"修正のほか、仕上げパテでも消えなかった"す穴"および研磨作業でパネル面に付いたペーパー傷の補正、さらにはパテへのシンナーの吸い込み防止が目的。プライマーは防錆と付着性の向上を、サフェーサーは塗膜の平潤化を目的としたもの。プラサフはその混合塗料だ。

右のパネルを見ていただきたい。平潤で艶のあるサフェーサー塗装面を見せているが、このように仕上げるにはフラッシュオフタイムを確実にとることが大事。ドライコートと1回目のウエットコートの間には、基本的にフラッシュオフタイムをとる必要はないが、このパネルはここでフラッシュオフタイムをとっている。もちろん、2回目と3回目のウエットコートの間には7分弱のそれをとっている。もし、2/3回目の間にフラッシュオフタイムをとらず連続して吹付けた場合は、塗膜がいっきに厚くなって、最悪の場合は"垂れ"を起こすばかりでなく、塗膜のなかに含浸しているシンナーが抜けないまま表面のみが乾燥することになるから、ピンホールが発生する可能性が高くなる。また、プラサフ内に残ったシンナーが旧塗膜のペーパー傷から浸透して"膿んだ"状態になる。これにより発生する危険性があるのがブリスターだ。

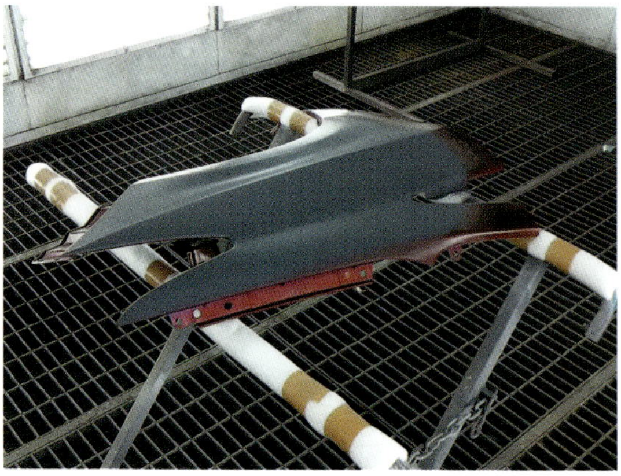

さて、パネルに垂れたサフェーサーの処理方法だが、その場ですぐにシンナーで吹き取ってしまうのがもっとも手っ取り早い方法。あとは乾燥してから"削り取る"方法があるが、これは再度サフェーサーを吹くことになるから大掛かりな修正作業となる。

NATS NIHON AUTOMOBILE COLLEGE

1プラサフの吹付け回数はパテ面の仕上がり具合や旧塗膜の劣化状況、さらには"段落とし"後のペーパー傷の深さなどによって異なるが、3回塗りが基本。技術書ではパテ部を中心にプラサフ吹付け範囲まで広く塗っていく、とあるが、池田講師はまずはパテを盛ってある部位のみが、"粗吹き"といわれる1回目のドライコート（ミストコートともいう）の塗布範囲、と説明する。2ドライコートはパテ面が透けて見えるくらいの薄塗りするものだが、ここでも短いもののフラッシュオフタイムをとっている。シンナーをプラサフ内から気化させるためだ。3これは2回目のウエットコート吹付けシーン。ブロック塗装の要領で2/3～3/4を重ねる厚塗り吹付けをする。今度はパテ部から外側部へもプラサフを吹いていく。プラサフ吹付けに使うスプレーガンはノズル口径の大きいタイプ（1.5㎜程度）が好適。理由はプラサフの希釈粘度が高いことのほかに厚塗りする必要があること、さらにはガンの運行スピードが速いことによる。4エッジ部の塗膜が薄くならないようにガンワークには気を遣う。また、ガンは塗装面に対して正対する位置で吹くことも合わせて説明。注目はリバースマスキング際のガンワーク。グラデーションを付けるために塗料の噴射量を絞っている。こうして自然にリバースマスキングの内側に若干少ないプラサフが入り込み、自然なグラデーションが形成され、それがぼかし塗装のようになる。5ガンのパネルに対する正対を維持するために、回り込んでエッジ部内側の側面にもプラサフを均一に吹付ける。6 2回目を吹いたあとにはフラッシュオフタイムをとり、プラサフの指触による乾燥を確認してから3回目のウエットコートをオーバーミストに気を付けて吹く。動画ではそのフラッシュオフタイムはカットされているが、コメントで池田講師は3～5分は必要としている。その後、3回目のウエットコートを2回目と同じ要領で吹き終えている。動画ではその後すぐにマスキングペーパーを剥がしていくが、これは授業の進行上のことで、池田講師自ら言っているように「本来ならガンを洗ってから」マスキング剥がしとなる。

1
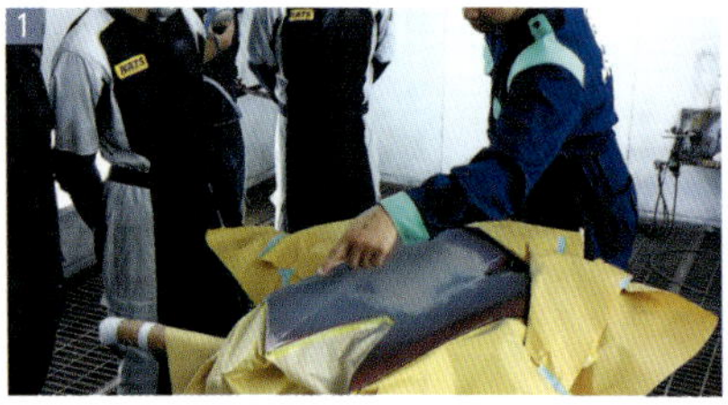

2
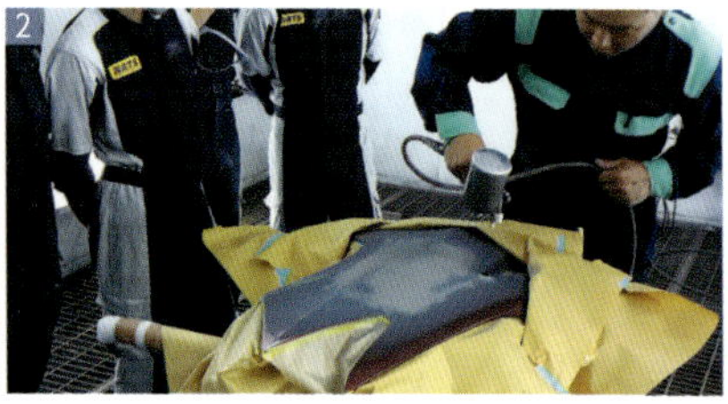

3
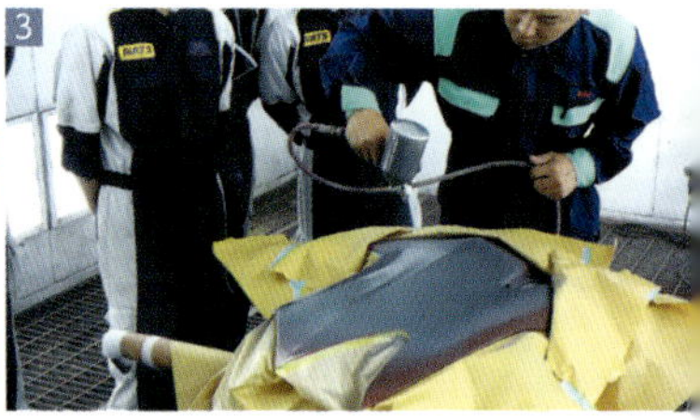

1シリコンオフ（製品名だが鈑金／塗装業界では一般的に使われている）の本来あるべき作業風景は、シンナーが浸み込んだウエスでパネル面の油脂分を除去し、それを追いかけるように後ろから乾いたウエスで拭いていく、というもの。油脂分の平行移動を吹き取ることでシリコンオフは完結する。不完全なシリコンオフ処理では、パネル面に残った油脂分の“筋”が塗装すると表出することになる。2ホースのサポートができていないからパネル面に接触している。リバースマスキングの隙間に向かってサフェーサーを吹いているが、ガンの向きが違う。これだとサフェーサーと旧塗膜間に“段差”ができ、それが“線”になって上塗り塗装面に表出する危険性が高い。3塗料の連続噴霧をせず、ここでエアーだけにしてしまうと、次にトリガーを絞った時に“溜まった”塗料がいっきに吹き出され、それが塗り斑（むら）につながる。4一連の作業中、ずっとホースはパネルに接触したまま。噴霧される塗料の量も若干多すぎるかも……。5パネルと正対した位置関係にガンはあるが、カップの傾斜が気になる……、6と思っていたらキャップのエアーブリーダーからサフェーサーがパネル面に滴下してしまった。リカバリー方法は本文で。

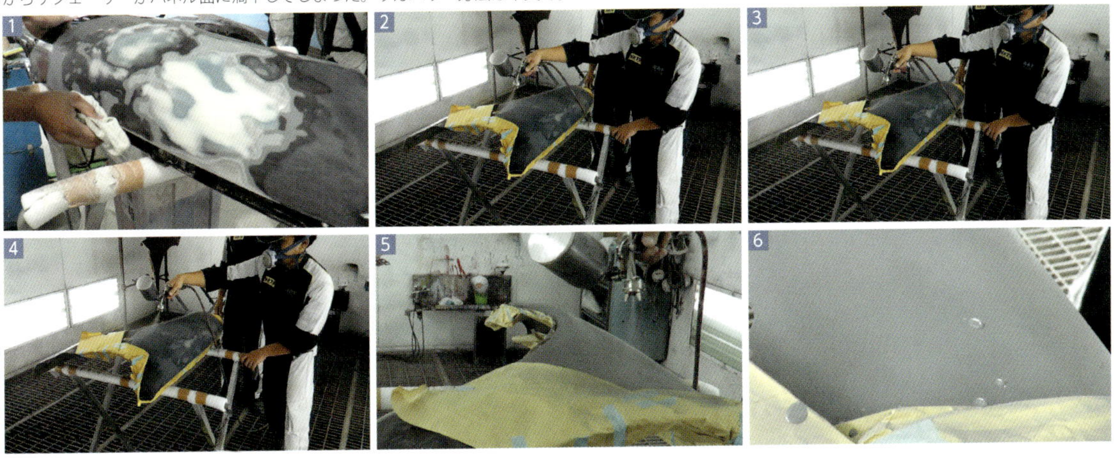

1学生が行なっているのは“捨て吹き”＝ドライコートだが、パネル面が縞模様。これはガンとパネル面の距離が遠すぎることの証。このまま作業を続けていったのでは、レベリング調整がまったくできていないプラサフ塗装面になってしまう。ブロック塗装の要領で1/2ずつの重ね吹きをしていけば、ドライコートの体をなしていくのだが……。2折り返し部は同じ噴射量では塗膜が厚くなってしまうので、若干トリガーを絞るガンワークが要求されるのだが……。3吹いた跡が“ライン状”になってしまっているのはガンが近すぎるから。立ち位置を変えても、この縞模様は埋まっていかない。“ぼやけて”見えるパネル面ならば捨て吹きになっているのだが。4ガンがパネル面に正対することばかりを意識してカップをホールドしているが、その後方のホースがパネル面に接触している。ホースは背負うのがもっとも安全だ。これは2人1組での授業で、パートナーがいない間の作業をスナップしたものだが、ホース接着は後処理が大変だから要注意。5パネル面にだいぶサフェーサーが載ってきた。が、相変わらず縞模様は消えていない。ホースをホールドしている、と思ったら、6案の定、パネル面とホースがニアミス状態となって……そのあと接触した。

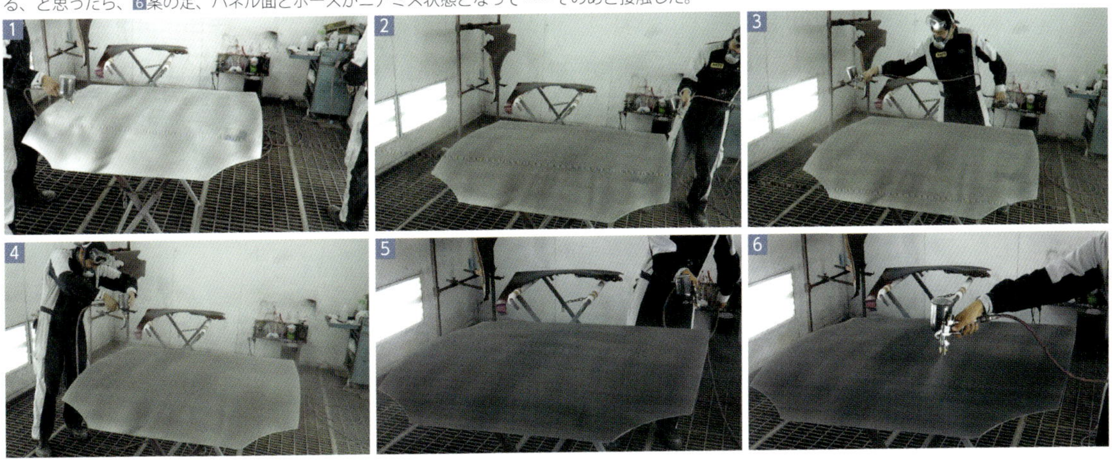

第7章：プラサフを強制乾燥したあと800番でレベリング調整する

プラサフには、1液タイプのラッカー系のほかに、2液タイプのウレタン系とエポキシ系がある。2液タイプは硬化剤の配合比率により性能差が分かりやすいが、仕上がりがきれいという理由で、現在は2液タイプのウレタン系プラサフが主流。ここでは、プラサフの乾燥に関してまずは説明し、NATSの授業から研磨の実際を辿っていく。

ここでのテーマはプラサフの研磨だが、研磨できる状態にもっていくためには乾燥工程が必要。塗装ブースがない場合は自然乾燥となるが、乾燥時間はラッカー系プラサフとウレタン系プラサフで異なる。ラッカー系プラサフは気温20℃で約1時間乾燥すると研磨可能な状態になるが、冬季は半日以上かかる場合もある。夏季は外気温が25～30℃には軽くなるので30～40分の乾燥時間で研磨作業が可能な状態になる。

いっぽうウレタン系プラサフは、20℃で1時間以上の乾燥が必要。冬季ではもっと多くの乾燥時間を必要とするためスポットヒーターが必需品となる。ラッカー系プラサフの強制乾燥は60℃の温度で約10～20分加熱すれば研磨が可能な状態になる。ウレタン系プラサフは速乾タイプでも60℃の加熱温度で、研磨可能な状態になるまでには最低でも約20分が必要だ。

強制乾燥はセッティングタイム、予備加熱（40～45℃で10分）、本加熱（60℃で20分以上）の手順を踏む。セッティングタイムは、ピンホールなど乾燥中のトラブルを未然に防ぐためにプラサフ吹付け後に常温で10～15分程度乾かし、指触して"べたつき"がなければ次のステージへと進む。第二ステージの予備乾燥では低めの温度で加熱し、塗膜内に残留しているシンナーをしっかり気化させることが大事。すぐに高温での強制乾燥に移行するとピンホールができるなどのトラブルが発生することがある。特にプラサフを必要以上に厚塗りしてしまった場合は、40℃で20分以上の時間をかけて強制乾燥し、しっかりとシンナーを気化させることが必要。本加熱は15分くらいで研磨可能な状態になるが、これは速乾タイプの場合で、基本は60℃で20分以上の乾燥が必要だ。

なぜプラサフ研磨が必要かというと、それは乾燥したプラサフ表面は、ミストが載り過ぎている場合はもちろんだが、意外に"ざらついて"いたり、パテ表面に微小なデコボコやペーパー傷が残っていたりするからだ。研磨していないプラサフ表面は上塗り塗装の付着性が悪いから、当然のこと、艶があるきれいな仕上がりにはならない。強制乾燥したプラサフの表面に、す穴やペーパー傷があれば、仕上げパテで傷を埋めていくことになる。これが"拾いパテ"といわれる修正法の所以。次はラッカーパテの塗布だが、深い傷の場合は、あとで肉痩せが起きないようにきめの細かいポリパテを薄く塗って対処する。

最後は"研ぎ"だが、これには空研ぎと水研ぎがある。ダブルアクションサンダーの使用を前提に考えるなら空研ぎだが、これには研磨粉塵が大量に発生するという欠点もある。水研ぎは"手研ぎ"が前提だが、研磨後の水切りを兼ねた乾燥時間が必要になることから、敬遠される傾向にある。ただ、1000番以上の耐水ペーパーで研いだプラサフ面は、空研ぎの鏡面肌よりもレベルの高い仕上がりとなる。水研ぎは作業性が悪く乾燥に時間がかかるという点がマイナス評価で、NATSの授業で採用されていたのも、空研ぎだった。

1

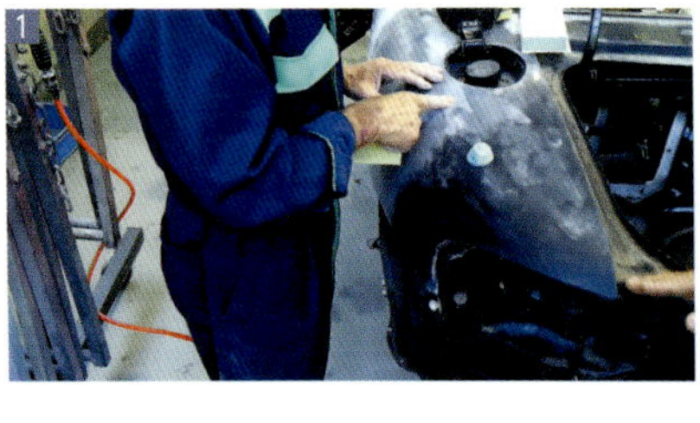

2

3

>> レベリングを可視化できるガイドコート

プラサフの研磨作業をサポートするものに“ガイドコート”がある。これはプラサフ面の研ぎ具合を“可視化”できるもの。研磨途中です穴やピンホールを発見できるというメリットもある。使い方は簡単。プラサフ研磨作業の前（パテでも使える）に、ドライガイドコートの粉末を研磨パッド面に含ませ､研磨面を擦ると、研ぎの並びや歪み、さらには研磨目のチェックが簡単にできるから作業効率が向上する。要はガイドコートで平潤度をチェックすることができるわけだが、いってしまえば、ガイドコート塗布は塗装前の“歪み修正”工程における“光明丹チェック”のようなもの。上右の研磨作業の写真では黒い表面部分とベージュ色の表面部分が混在している部位が見えるが、黒い部位がガイドコートで、その黒い部分が出っ張っていることを示している。パテやプラサフを研磨する時には、手触りで表面の“完成度”をチェックするわけだが、それを可視化したものがガイドコートといっていい。どの部分に“歪（ひずみ）”etc が残っているのかが、それで分かるからだ。一般的にはコストアップになるので使わないが、高価な塗装前の下地処理作業には、ガイドコートを使っているケースが多い。ガイドコートはいうに及ばず、旧車のレストアーではパテ処理には“手抜き”というイメージがつき纏うが、現在のパテは“熱を加えて叩く”より“素材保護”の側面からみても評価できるほど補修性能が向上している。その進化はハイテンションスチールの普及に対応するためのものだったが、パテ / プラサフさらにはガイドコート、これらは修理の現場でいい方向で“手抜き”をするためのツールといっていいだろう。

NATS
NIHON AUTOMOBILE COLLEGE

1 / 2 プラサフを吹き強制乾燥させた表面を 800 番のペーパーで空研ぎする。これは上塗り塗装のための足付けとして必要な作業。技術書には、塗色 / 塗料によって足付け用のための空研ぎペーパーの最適な番手を、ソリッド塗装の場合は P240 ～ 320、メタリックは P400 ～ 500etc といった具合に記載しているが、高山講師は「これではペーパー目が出ると思っています」という理由で NATS の「カスタマイズ科では 800 番で統一しています」というコメント。だから、葛飾講師がレベリング調整しながら 800 番のペーパーで研ぎ上げているのだった。3 葛飾講師の指示に従って 800 番のペーパーで焼き上げたプラサフ面を研ぎ上げていく学生。仕上げパテ塗布も上手にできていてレベリングに関しても問題ない出来栄えといえる。4 800 番のペーパーによる研磨作業はリアフェンダー折り返し部まで拘る丁寧なものだ。5 / 6 このシーンでの学生の「きりがないので 240 番で……」という発言に対して、高山講師は「プラサフ表面がけっこう荒れていたから 240 番で研いだんでしょうかねぇ」と憶測したうえで、「面の状況によって 320、400、600 と上げていって、最後は 800 番まで上げていけばいいんですが、傷が付いてしまう危険性があるので、そういうことはまずしないですね。基本的には 800 番で研ぎ上げていくのが正しいプラサフ面の研磨作業です」と結んだ。ただ、240 番で仕上げパテ表面を研磨してプラサフを吹く。と、表面がきれいになるのだが、シンナーが揮発していくと、思いのほか表面が荒れる。その表面のレベリングを調整するために研ぐのが 800 番のペーパーの役目。この研ぎ如何で上塗り塗装の肌が決まる、という説明も加えた。7 学生がいうように“剥がれた”ならば足付け不良で、おそらく「この部位がほかに比べて高かったんでしょうね。絞り切れていないまま鈑金 / 中間 / 仕上げ、そしてプラサフと作業してきて、いま研磨したら、鋼板面が出てしまった……という感じ。これはまずいですね。最初からやり直しという可能性が高いです」というコメント。この作業の後、プラサフのプライマー成分がもっている防錆を含めたシーリング効果が、この傷によってなくなることへの危惧について、学生たちは話し合ったという。8 それにしてもインタビューアーの 2400 番という勘違いは困ったもの。作業状況が把握できていない……。

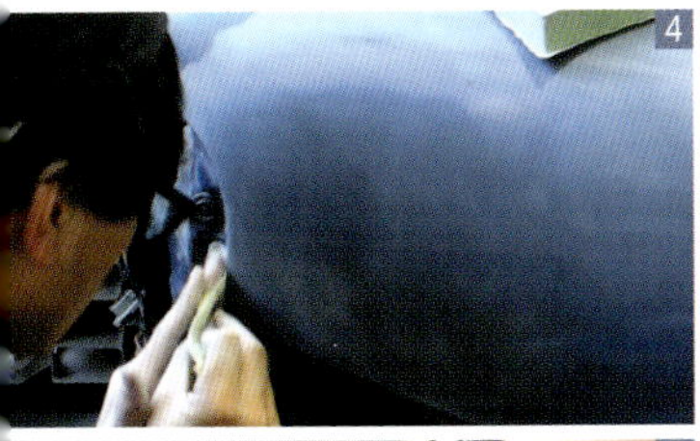

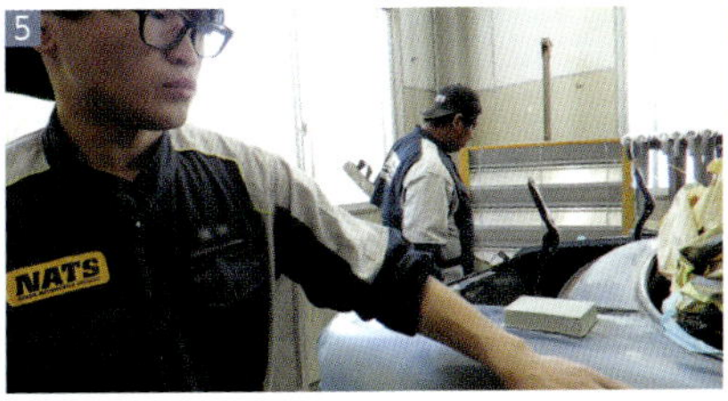

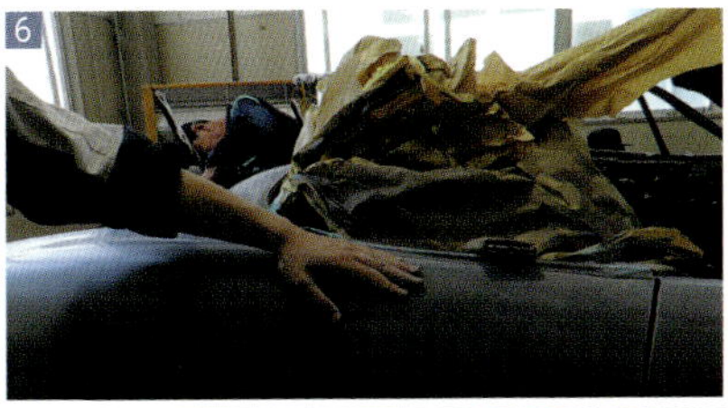

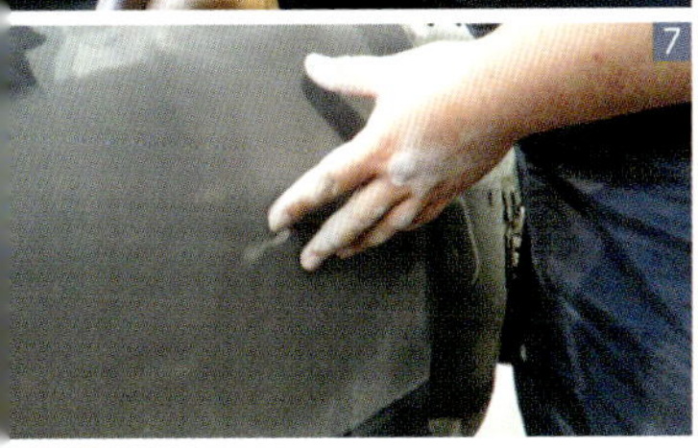

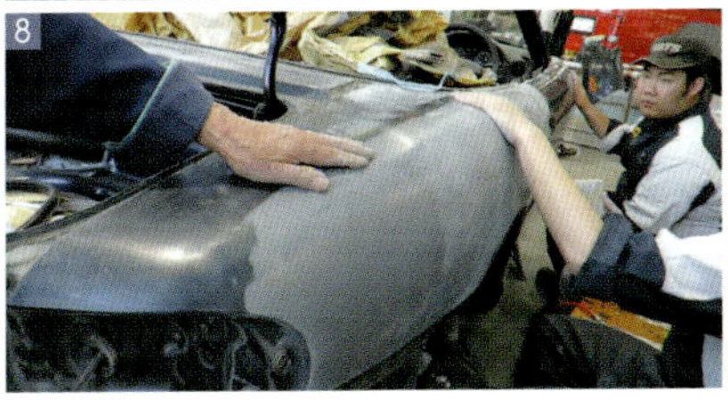

第 8 章：ウレタン塗料調色とトップクリアー作りの実際

乗用車のボディカラーは大きく3 種類に分けることができる。ソリッドカラー/ メタリックカラー/ パールカラーだ。以前はソリッドカラーにはクリアーを吹くことはなかったが、最近はソリッドカラーにも3K塗装が登場するくらいで、もちろんトップクリアーが吹かれている。そのトップクリアーを含めウレタン塗料について説明しよう。

調色という作業は塗装業者の腕の見せどころといえる。全塗装の場合はそうでもないが、損傷による部位修理の場合は、ブロック塗装はまぁいいとしても、そのブロック塗装が他部位にまたがる場合は、ぼかし塗装あるいはにごし塗装をこなすスキルが求められる。だが、その前提として修理に塗る塗料が調達できないことには話は始まらない。ボディに貼られたプラークや車検証でおおまかな塗装色は分かるが、その色は何種類もの"原色"によって出来上がっている。ここに掲載した"ラティアントレッド"という塗装色は 9 種類もの原色の配合によって出来上がっている。調色にはこういったデータが必須だが、これは塗料メーカーと業務提携していなければ手に入れることはできない。また、仮にこの色がゲットできたとしても他部位との経年劣化により色合わせが求められる。これが、職人技的な裁量を求められる世界だ。調色に何日も費やしたという話はよく耳にする。最近は、その色合を読み取り分析してくれるツールもあるというが、高価すぎて一般には普及していない。

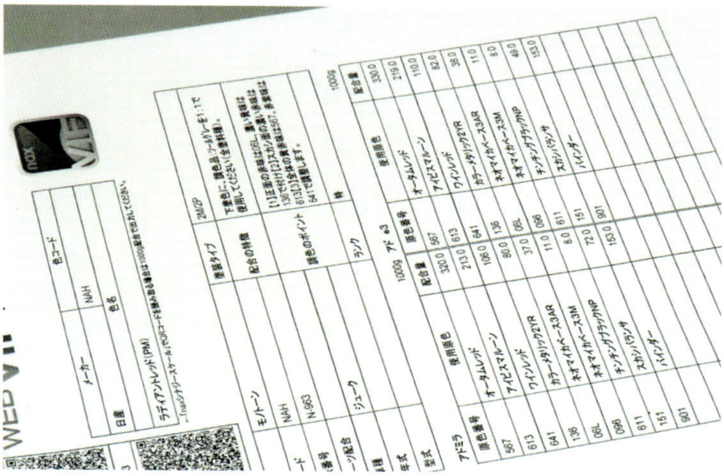

原色番号	使用原色	配合量	原色番号	使用原色	配合量
567	オータムレッド	320.0	567	オータムレッド	330.0
613	アイビスマルーン	213.0	613	アイビスマルーン	219.0
641	ワインレッド	106.0	641	ワインレッド	110.0
136	カラーメタリック2YR	80.0	136	カラーメタリック2YR	82.0
06L	ネオマイカベース3AR	37.0	06L	ネオマイカベース3AR	38.0
096	ネオマイカベース3M	11.0	096	ネオマイカベース3M	11.0
611	ネオチンチングブラックNP	8.0	611	ネオチンチングブラックNP	8.0
151	チンチングバランサ	72.0	151	チンチングバランサ	49.0
901	バインダー	153.0	901	バインダー	153.0

1 動画の開始早々"チンチンブラック NPSC"と池田講師が言っている言葉が収録されているが、それはソリッド用の 2 K 専用の塗料のこと。調色の際に微妙な黒味を演出することを主な目的としたブラック系原色だ。他のブラック系原色よりもやや白っぽく、ブラックとして単独で塗装されることはない。ソリッド用原色と 2 K 専用原色の両方の設定がある。調色しようとしているウレタン塗料は原色液とシンナーの割合が 1：1 という。今回の NB ロードスターのオールペンで使う塗料の量は 4L。デジタル式計量器にまずは 2L と入力。学生が回しているのは"アジテーターカバー"。調色用原色の缶にキャップと撹拌機、塗料吐出口のスライドレバー装置が一体になったもの。缶の底に沈んでいる金属片を撹拌することで混ぜ合わせているのだ。2 NATS は日本ペイントと提携して

NATS
NIHON AUTOMOBILE COLLEGE

1

2
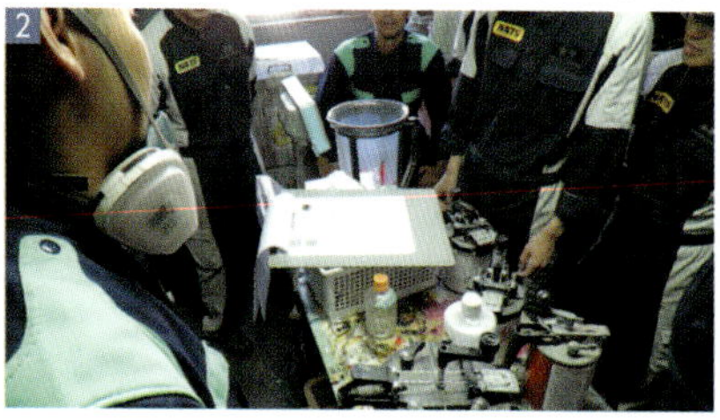
3
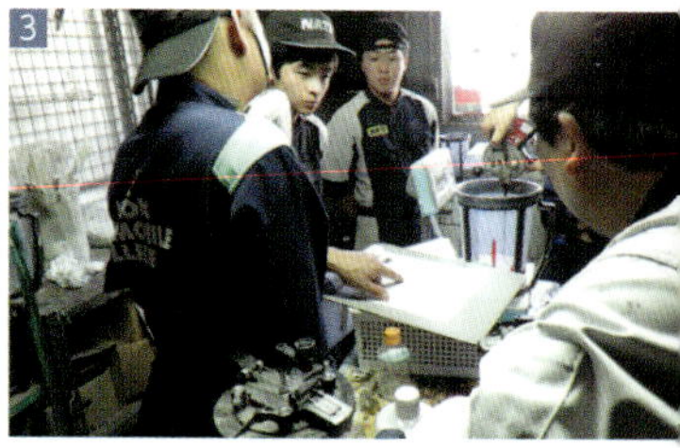

1 2.5L 入れます、と池田講師が言っているのは主剤の分量。2.5L のことだ。2 液型ウレタン塗料のクリアーには、大きく分けて上塗り専用と塗料希釈用の 2 種類がある。この 2 種類のクリアーは、原色との混ざりやすさ / 仕上がり感・耐久性 / 粘度の 3 点で大きな違いがある。いまカップに注入しているのはもちろん上塗り専用クリアー。2 いま注入しているのは希釈剤＝シンナー。ウレタン塗料を希釈するためのもの。塗料の種類や色調によって希釈率が異なるほか、気温によって乾燥速度を調節するためにいくつかのタイプが用意されている。学生がラックから出してきたのは"夏用"。缶にウレタンシンナー / サマーと明記されているのを見落としていたのだった（取材時は 4 月上旬）。希釈分量は 25%というもの。保管は冷蔵庫で行なっている。3 次に投入したのはウレタン塗

NATS
NIHON AUTOMOBILE COLLEGE

1

2

3

2液型ウレタン塗料は主剤と硬化剤が反応してできたものだが、この主剤というのは何？ かというと、ポリウレタン樹脂のことを指す。ポリオールというかなり水（H_2O）に近い物質とイソシアネートという物質（トルエンの百万倍もの毒性があり、ホルムアルデヒドなどと同様に取り扱いには充分注意する必要がある）が化学反応してできたものがポリウレタン樹脂なのだ。名称から“ポリ”がとれてしまったのは、“水酸基+イソシアノ基が化学反応することをウレタン結合”ということからの命名だと思われるが、ともあれ注目していただきたいのは、主剤と硬化剤が反応することで、はじめて“ウレタン樹脂”という物質が出来上がるということ。だから、“主剤がウレタンで、硬化剤はその乾燥を助けるもの”という解釈は間違い。乾燥はあくまでシンナーの役割となる。

ウレタン塗料の主剤はポリオールというアルコールの一種ということは既述したが、このポリオールという物質はそれ単独では性能を保有することはない。また、硬化剤の主成分であるイソシアネートの分量がたりないと、全主剤がウレタン樹脂化されないことになり、一部のポリオールは化学反応に組みされないままの状態で残ってしまう。これは耐久性などで問題が発生する潜在的な危険性を秘めている。ウレタン塗料としての本来の性能が発揮されるためには、必ず規定比率で専用の硬化剤を配合する必要があるのだ。

久しぶりに塗装しようとしたら、硬化剤だけが固まっていた、という愚痴を聞いたことがあるが、それは硬化剤の密封状態が不十分だったことに起因するもの。既述したように、2液型ウレタン塗料の硬化剤の主成分であるイソシアネートは、ポリオールという物質と反応する性質があり、このポリオールの、もっとも小さい単位は“水”なのだ。よって、密閉性の悪い容器内では、イソシアネートが空気中の水分と反応して、粗悪なウレタン樹脂として固まってしまうことになる。ウレタン塗料では主剤の容器の蓋（ふた）よりも、硬化剤の容器のそれの方がパッキンなども付いていて密閉性が高くなっているのは、そういった理由による。

その点、クリアーコートの調合は単純で、望む硬化速度に見合うだけのシンナーを主剤に混ぜるだけ。ただ、塗装対象物に見合った硬化剤の投入が要求される。これだけに留意すればクリアーコート調合は終了する、といっていい。

いるから出ている調合データは日本ペイントのもの。アドミラアルファ e3 というシステム。次学期は同じく日本ペイントのレアルに変わるとか。3 調色指示シートには 9 種類もの混ぜ合わせる原色がプリントアウトされている。4 / 5アジテーターカバーの缶への取付け方向に関して細かい注意があった。ラックに収納した際に、学生のアジテーターカバーの取付け位置では製品名が読めなくなる、という注意。さらに、ロックレバーに関しても締め切っていないとの注意だった。6次に投入する原色は“アイビスマルーン”、原色番号：613。配合分量は 1000g に対して 219g という指示。なかには 11g や 8g というものまで微小な分量が指定されている。これら微量な原色は壁面に付けないように。バインダー 153g は“ブレンド”されたもので、これが深い味わいを醸し出す。

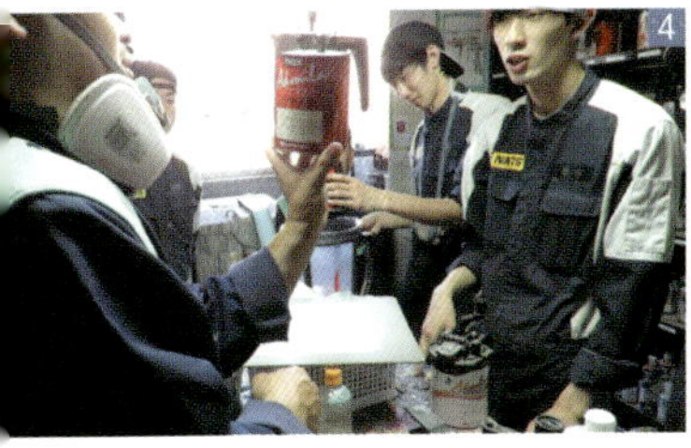

料硬化促進剤。これは塗料メーカーからの指示がある。10%、25g という。硬化剤は樹脂分ではないから軽い。“とろみ”がないのが特徴。4「シンナーを 15 でいきます」というのはパーセントのこと。希釈剤としてのシンナーはその都度投入率が異なる。目安は塗るものの大きさによって変わる。小さいものは 5 ～ 10%でも OK。今回はオールペイントだから 15%という指示が出た。5 4L のクリアーコートに必要なものがすべて投入された。といっても、トップクリアーコートにしても、混ぜ合わせるのは主剤 / 硬化剤 / シンナーのみだが。6クリアーコートはウレタン塗料と同じく混ぜにくい。すぐに混ざっているように見えて、実は充分に混ざっていない。撹拌棒でしつこいほど混ぜるようにして完成となる。

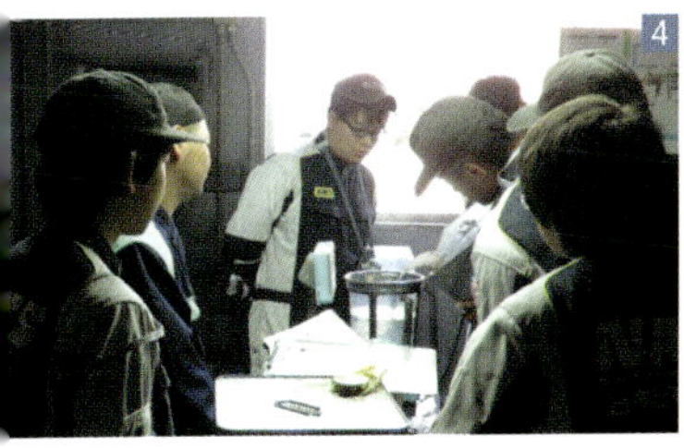

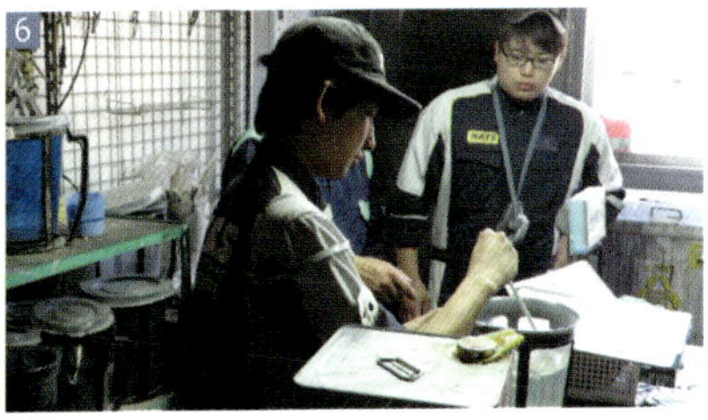

第9章：ガンワークに気を遣う前にホースのパネルタッチにご用心

愛車をDIYで塗装修理する作戦としては、3～4万円でエアーコンプレッサーとスプレーガンをヤフオクで調達。しかる後に塗料屋さんに調色を懇願というスタイルが、作業スペースは？という問題は残るものの理想。缶スプレーで、というのはラッカーとウレタンの塗料成分の違いによる下地処理も含めて、安かろう悪かろう……につながる。

ライトコーティング

1スプレーガンは圧搾空気を利用して塗料を“微粒化”。それをパネル面に吹付ける。噴射パターンは一番上の“銃砲部”後方のスクリューで行なう。今回の授業では原色に対して同じ量（1：1）のシンナーが入っている。シンナーの含有量が多いので色が馴染んでくれる。この塗料はメーカーが80～100%のシンナー含有率を指定しているという。2エアーガンの噴射パターンの標準は15～20㎝スケール。パネルからのガン距離が近いと小さく、遠いと大きくなる。パターンはスクリューを締め込んだ状態では円形に近く、締め込んでいくと楕円形になる。池田講師の指示はパターン全開。ということは、楕円形状を選んで学生に指示を出したということだ。パターン全開に対して塗料吐出量は3.0回転分開いたポジションを選んでいた。3全塗装は当然ながらボディ内側／外側の両方

1
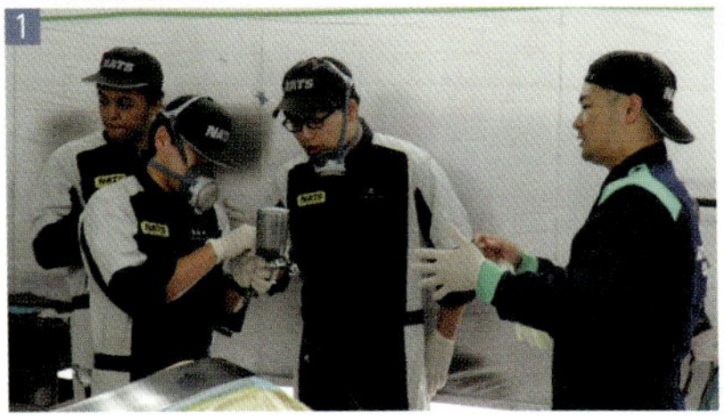

2
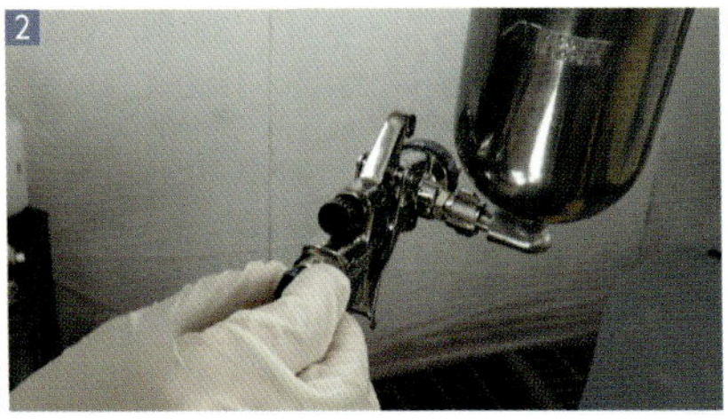

3

ミディアムコーティング

1/2ミディアムコーティグへと進むまでに通常は2回の“吹付け”ですむが、塗装端面にガンがあるときは“トリガーを絞る”あるいは“ガンは塗装面に対しては90度”という基本ができていないことに、若干池田講師の語気が強まる。そういう吹き方をしているとミストが顕著になり“塗装肌がザラザラ”になってしまうからだ。慣れていないから手先だけで動かすのは分かる……が。一定のリズムで吹けるようになるまでは身体ごと動かすという方法もある。極端にいえば、ガンをホールドしている手は固定して、身体を動かすのだ。そうすれが、ガンとパネルの間隔が一定になる。そして、それに慣れてくれば、その感覚が手と身体で分かっていると、ミスト発生量の少ないミディアムコーティングができるようになる。3/4ドアパネルに限らすブロック塗装の基本は“重ね塗り”

1
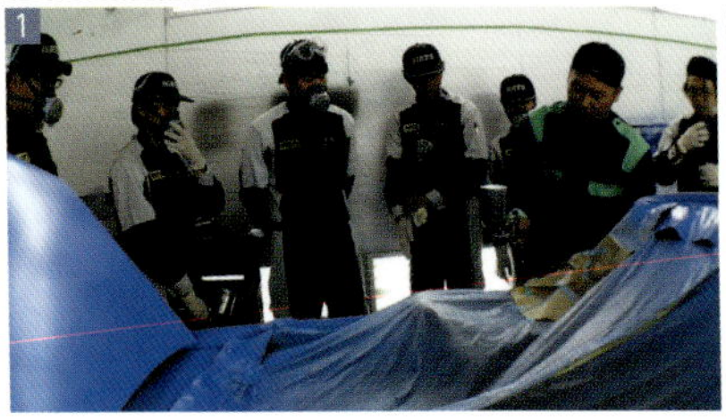

2
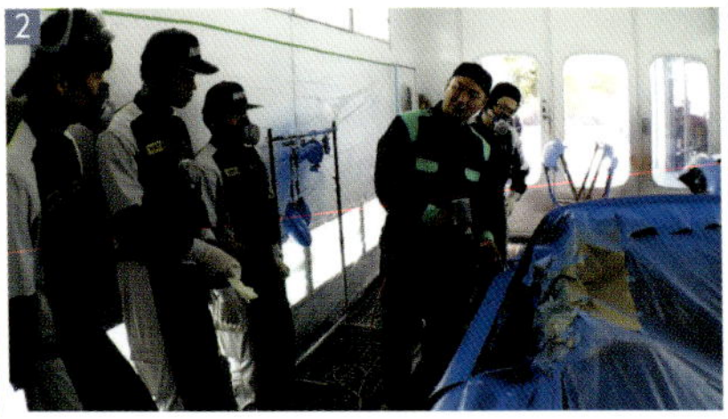

3

ウェットコーティング

1池田講師の塗装アクションと学生のそれで一番差を感じるのは、動きのスムーズさだが、その動きのなかには“折り返し”の際のガン先を“振る”所作も含まれる。2学生はプロがガンを“返す”のを見て、それを真似して手だけは活発に動いている。が、それは“実益”をともなったガンワークではなく、むしろ“百害あって一利なし”の行為。塗装パネル面の端部にガンがいったときにトリガーを緩めれば自然なかたちでグラデーションを作り出すことができる。ぼかしを意識的に入れたい、という目的があってプロはやっているのだ。この方法に加えて上級者はさらに、パネル面とガンとの距離を故意に離し“ぼかす”技を使うという。これは一見すると、パネル面とガンとの距離が中央部と端部で異なるから、ビギナーにはタブーのアクションだが、それが“技”として意味の

1
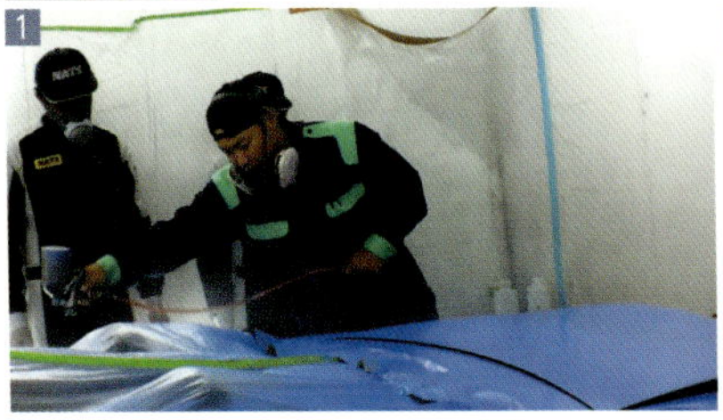

2
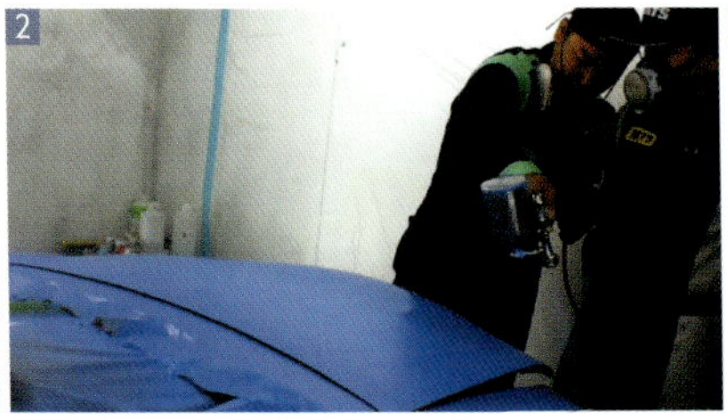

3

ここで行なっている上塗り塗装は“オールペン”。濃紺をライトブルーに塗り替える作業だ。ただ、狙った色になるまで何回重ねていかなければいけないのか。この色に到達する前の“色の留まり”具合が重要というが、それは使う塗料の種類によって変わるそうだ。通常、捨て塗り（ライトコーティング）、膜付け（ミディアムコーティング）、仕上げ（ウエットコーティング）といった手順で上塗り塗装は行なわれるが、3回目の仕上げで塗り肌に斑（むら）があったり、艶不足を感じるような場合は4回目の塗装をする。池田講師が今回OKを出したのは7/8回目を塗ってからだった。さぞかし塗料も使ったと邪推したら4Lとか。要は薄い塗装面を重ねた作業だったのだ。NBロードスターをオールペンするのに4Lという塗料使用量は一般的なものだから、塗料の吐出量が少なく、ガンの運行スピードが遅く、付着性が悪かったということなのだった。

を塗装するわけだが、最初にライトコーティグするのはドア周りの内側。池田講師のデモンストレーションで分かるように、塗料の吐出量が多めにセットされている。それでも、ライトコーティングは“薄く透けるように吹付ける”のがポイント。旧塗膜やプラサフ上の塗料の馴染みを良くするためだ。4リアクオーター部の塗料の“弾き”を指さして、その原因を説明。シリコンオフをきちんと処理していないと、まずプラサフが載らない。結局、この不具合は最後まで尾を引くこととなった。塗料が載り切らなかったのだ。5/6ドアパネル前後、サイドシルから前後のドアの立ち上がり部まで塗料を吹いていく。が、色が載らない部位が散見された。原因は下地処理の甘さだ。フェンダーやバンパーも然り。下地処理の重要性が再認識される上塗り塗装となった。

しつつ作業を進めていくこと。池田講師は1/2重ね塗りしても大丈夫と教えている。5/6今回は全塗装が授業のテーマだが、補修の場合は塗り方が若干異なる。フェンダーが損傷した場合の補修塗装は“サフェーサーが斑”になって作業が進まない場合がある。同じ色を吹く場合に多いのだが、サフェーサーの部分はグレーで、そこがいつまでたっても周囲の色に染まっていかないということがある。そういう場合は、はじめにサフェーサー処理した部位を塗り、ほぼ周辺と同じ色になってきたら、全体に塗料範囲を広げていく、という吹き方がいい。最初に補修したパテ盛り部位を塗って、それからその周辺を粗吹きするという作業方法だ。違う色を吹くオールペンはサフェーサー修正部を無視していきなり全塗装となる。今回の場合は塗装色をまったく変えてしまうので、そういうことには気を遣わないで作業できている。

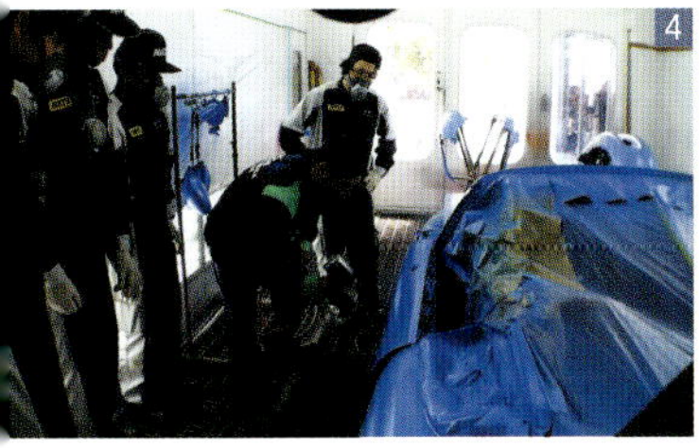

あるものとなるのだ。3/4鈑金塗装の授業が始まってわずかな期間だが、学生の所作で気になるのは「エアーホースがパネル面に接触するシーンが多いこと。左手でホースを確保できていないですね」とは高山講師の話。エアーホースと自分の間の弛みが把握できていないから、“当たって”しまうのだが、エアーホースの弛みは移動とともに計算することが大事。となると、ホースを“背負う”のが一番。「腕と一緒に動かせるような弛みにしておけば、腕のリーチ分がホースの弛みになっていきますからね」。一回パネル面に当たるとリカバリーは大変なのだ。5それでも実習が終わるころになると、華麗なガンワークができるようになった学生もいた。6 7/8回塗って仕上げ塗りのウエットコーティングが終了した。ミスト残痕が若干目立つが、しばらくするとこれの多くはシンナーに馴染んでいく。

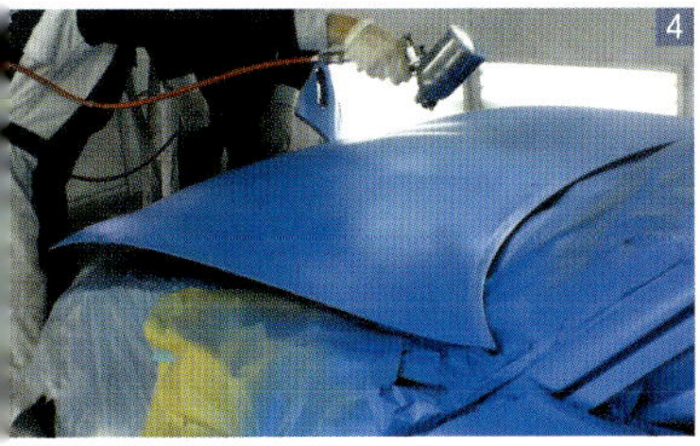

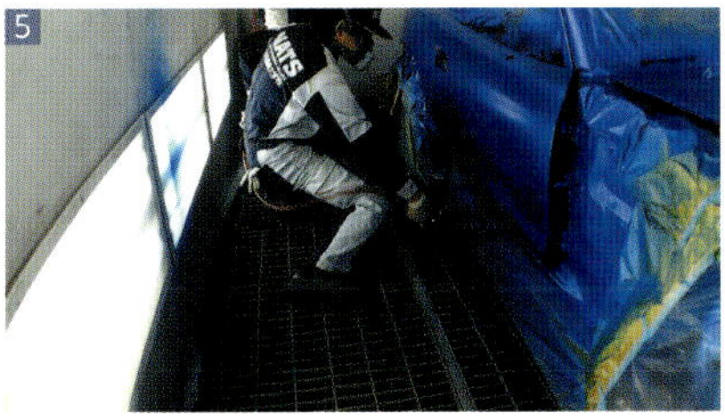

第10章：下地処理作業の結果が上塗り塗装に現れる

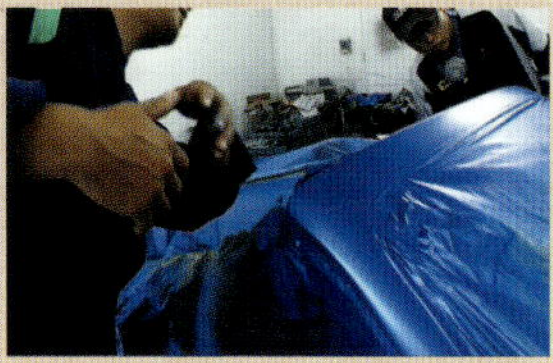

ドアパネル中央部にある縦方向の損傷ラインは、リバースマスキング処理不備によって表出したもの。ファイルを使って研磨したのだが、そこには溝ができてしまったのだ。パテ盛りから積み上げてきた下地処理作業の最終仕上げが、サフェーサーを吹いたあとの研ぎで台無しになってしまった実例だ。最終チェックについて説明しよう。

右ページの写真は左側のドア。上塗り塗装を終えた時点のもの。一見して右側ドアパネルがもっていた"艶"がないのが分かる。これはミストの発生が多すぎ、シンナーに吸収されないことによって、ミストが"粉化"して塗装面に載っていることによる表情だ。"ざらっぽく"仕上がっていることが見て取れる。

ドアパネル中央部には蛍光灯の光の帯が入っているが、それがほぼ真中で途切れていることがお分かりだろうか。遮断しているのは"白いブツブツ"状のものだが、これは、サフェーサーの研ぎが悪いと表出するものという。こういう上塗り塗装の失敗を出さないためには、とにかくサフェーサー表面を、研ぎ波やヘコミあるいは歪がないように、800番のペーパーできれいに研ぎ上げることが大事。微細なプラサフのエッジの研ぎ残しや段差でも残してしまえば、それは上塗り塗装面に表出することになる。

NBロードスターにはソリッドではなくメタリック塗装もあったが、メタリック塗装にはアルミの粒が混入されているので、サフェーサーの研ぎが悪いと、パネル表面に"ぼそぼそ"感が強調されることになる。800番のペーパーによる研ぎが未完成だと、その荒れたパネル表面の隙間にアルミの粒が侵入して、本来のメタリックがもっている光の反射がまったく変わってしまい、きれいな反射光にならないという。

このパネル面には多くの上塗り塗装の失敗例があるが、どれもリカバリーができないわけではない。シンナーが揮発した頃合いを見計らって指触チェック、乾燥していると感じたら800番のペーパーで上塗り塗装面の上から再度研ぎ上げればいい。研ぎ上がったら、サフェーサーを吹いたときと同じようにライトコーティングからはじめればいい。このときパテ部に240番のペーパー傷が残っていたら（サフェーサーは240番の傷は隠してくれるという）、400→600と上げていき最終的に800番のペーパーで対象となる全体を研いでから"色を入れる"という作業をすることになる。この方法はパテ部の上塗り塗装ミスの話だが、旧塗膜に傷付けして新しい色を塗るときに、ザラザラ肌になってしまった場合には、その塗膜を800番で研いで色を載せるようにするが、これにはぼかし塗装あるいはにごし塗装の技も要求される場合もあるから、それなりのキャリアが必要になる。ここで紹介したのはブロック塗装を前提としている。

ともあれ、リバースマスキングとそこへのサフェーサーの噴霧は基本に忠実に行なうことが大事。それを

NATS NIHON AUTOMOBILE COLLEGE

1ガンから噴霧される塗料が載りにくいのが、こういった折り返しのある部位。NBロードスターも幌は、前方横方向に長く走ったフロントヘッダートリムを、左右端の固定用ヒンジで止める機構だが、オープン時は目立つ部位ではある。ここへの塗料の吹きが足りていない指摘を受ける学生。2同じような折り返し構造のトランクも吹きが足りない。ここはフロントウインドートップと異なり、位置が低いから吹きミスが少ないように思われるが、池田講師の指摘を受けた。3右サイド面はリアクオーターおよびドアともに塗り斑もなくほぼ合格点の仕上がり。とくに、ドア下部とサイドシルアウターカバー面へのガン吹きで、カップを反転させて吹いているあたりは池田講師のデモンストレーション塗装をよく観察していた。その甲斐があった仕上がりに池田講師のOKが出たのだった。

1

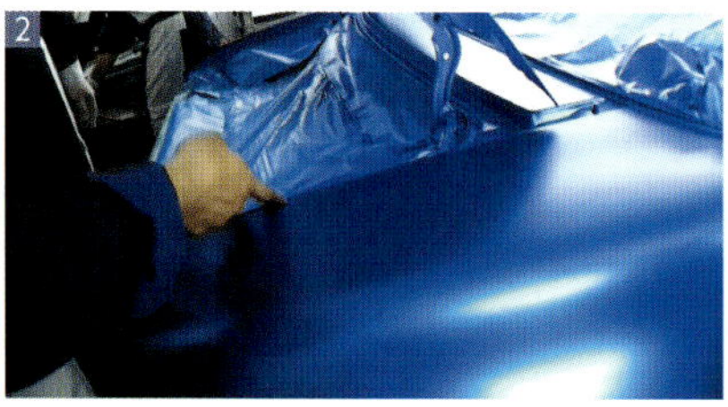

2

3

>> 急対処法の実例

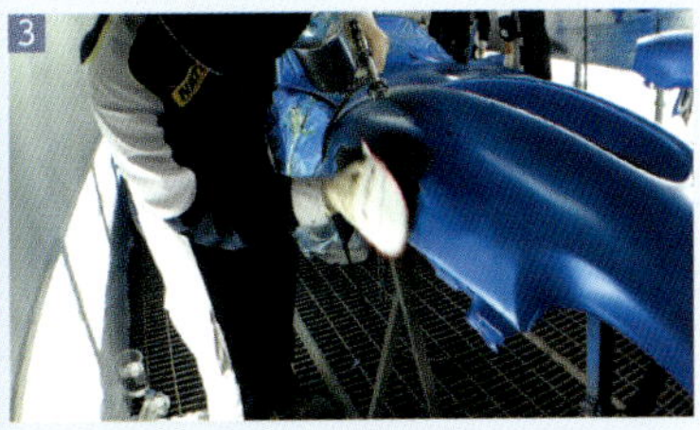

1 開口面積が狭い故にエアーガンが入りにくい。これはビギナーがよくやる失敗例のひとつ。未乾燥のこの状態で、シンナーを使って拭き取ってしまうのがもっとも簡単な修正方法だが、塗膜が完全な“粉”ではなく半固体状態なので、その塗料がペーパーに絡むと、研いでも完璧な状態には戻らない。最良の修復方法はいったん乾燥させて、800番のペーパーで修復可能な状態にまで研ぎ出し、必要ならばサフェーサーからやり直しという方法。これがお客さんに納品する塗装だったら、そういう処理をするのはまっとうな塗装屋さんの仕事だ。同じような症状がクリアー塗布で起きたとしたら、クリアーのほうが処理は容易という。2 バンパー底面に作ってしまった“垂れ斑（むら）”。1液塗料はシンナーが入っていないので、800番のペーパーで研ぎ、樹脂面まで研ぎ出す。塗布トラブル部位は意外に広く、当然シンナーで塗膜を吹き取る範囲も広がっていく。3 エアーブローして乾燥具合をチェック。満足いく面をペーパーで研ぎ出す。ペーパー目が詰まるのでヤスリ面に詰まった削り滓（かす）をエアーで吹き飛ばしつつ研ぎ上げる作業は続く。結局、ペーパーで研ぎ出した面はほぼ底面全域となった。静電気防止のタッククロスで最後の研ぎ出しの仕上げをして、再塗装となった。4 ボディ左側面、とくにドアパネルには下地処理のまずさに起因する現象がいろいろ表出してしまった。ビギナーが犯しやすいミスの"見本市"とでもいっていいものだ。詳細は左ページの本文を参照されたし。

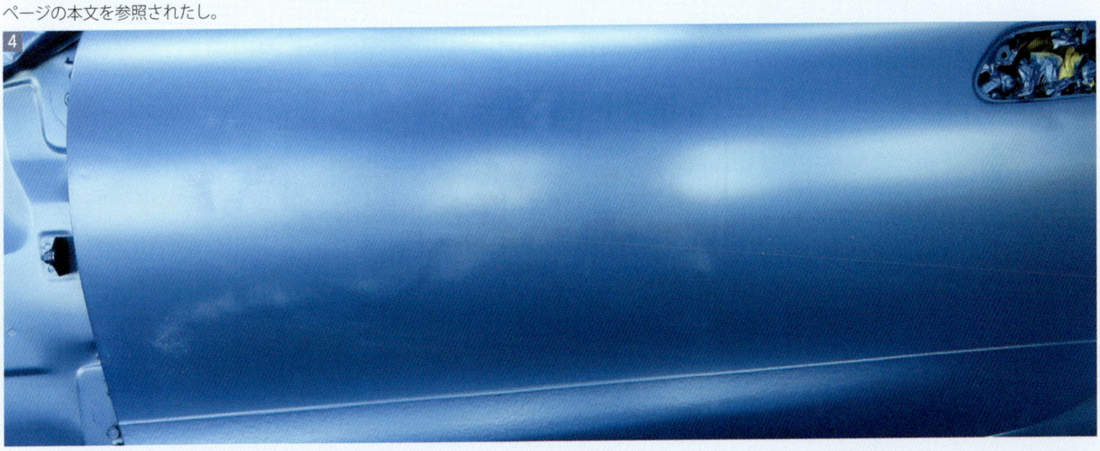

こなさないと、最後にこのような下地トラブルが表出してしまう。そのほか左側面はシリコンオフの不徹底に起因する塗り斑、ミスト堆積によるざらつき肌、さらにはゴミの付着などがあり、「これはまったく不合格です」という高山講師の言葉を待たずして、不具合部位を800番で研ぎ直してぼかし塗装の技なども使ってやり直しが必要であることは明らか。ビギナーが犯しやすいミスの見本がほとんどこのパネル面にはある。

4 ボンネットは左右から2人態勢で吹いたにも拘わらず、ガン吹き合流付近の塗膜が厚くならず、ガンワークの端面部での処理が基本的にできていることを仕上がったボンネット面が物語っている。5 トランクフードは塗り斑もなかったが、リッド周りは吹き斑が若干だが見られた。こういうエッジ部などの塗り残しがないように入念なチェックを行なうのは大事なこと。6 左側面はNG箇所が多かった。指差ししている縦方向に走っているラインは、リバースマスキングが機能していなかったために、サフェーサー研磨作業中に起きた事例。パテ盛りした部位と旧塗膜のギャップ差を中途半端に処理した結果だ。修正に関しては本文を読んでいただきたいが、動画のなかでも池田講師が言っているように800番のペーパーでサフェーサー表面を研いでも、なかなかこのラインは除去できない。

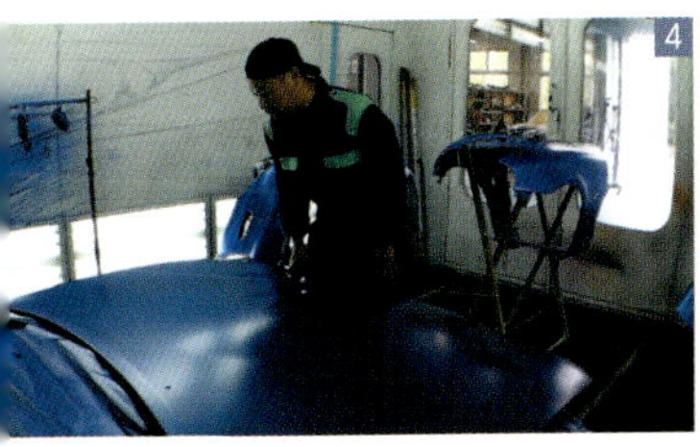

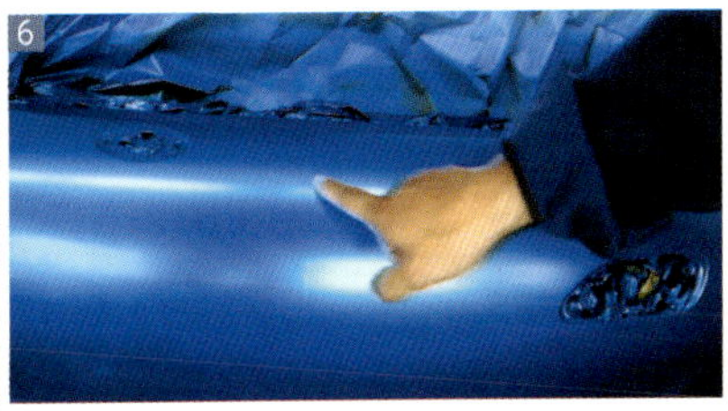

第 11 章：クリアーコート吹付けの基本はライト / ウエットの 2 回

クイック塗装と全塗装用では選ぶべきクリアーが違う。速乾型は作業効率がいいからクイック塗装には向いているが、全塗装となると、飛散したミストが大気中で凝固してしまったら、“ぼそぼそ”になってしまう。吹き終わって30 分後には研ぎ始められるクリアーもあるが、それはクイック塗装の場合。塗料購入時のスペックチェックはマストだ。

プレコーティング

❶まずは作業手順説明から。左右で 2 グループに分かれての作業。このスタイルは修理の現場でも作業効率の良さから採用されている。クリアーコートの吹付は、作業順番がシビア。それはシンナーの含有率が 25%ということもあるが、塗膜上に定着したクリアーのミストがウエット状態のうちに処理を終えたいからだ。クリアーコートは一筆書きの要領で吹いていく。どういった順序で吹いていくか、自分のなかでイメージを作ってから作業をはじめる。基本的にはルーフ(ロードスターにはないが)、ボディサイドパネル、ピラー部の左右、トランクからリアガーニッシュ、ボンネットからフロントグリルといった順序だが、❷池田講師の指示はボンネットの裏面からはじめ、表面へと移っていくものだった。左右から 2 グループに分かれて吹いていくが、センターは双方のガンから噴

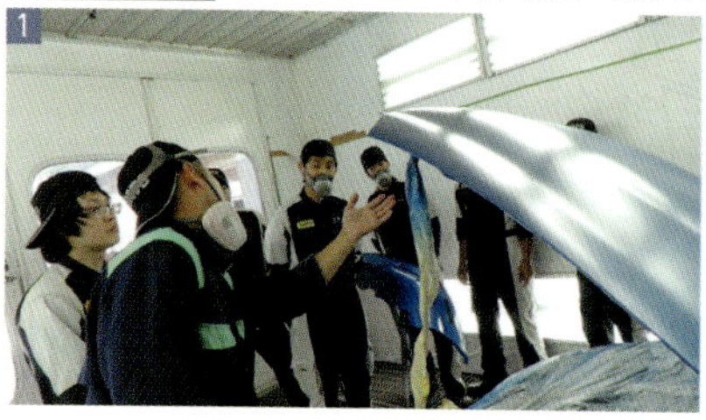
1

2

3

ボディコーティング

❶クリアー吹付けの 1 回目の作業が始まった。池田講師と学生が左右からクリアーを吹いていく。クリアーの噴霧量の違いに注目。池田講師のガンから吹かれる噴霧量は、学生のそれに比べると圧倒的に多い。池田講師がボンネット裏面を終えても学生はまだ裏面を吹いている。❷ボンネット表面はNBロードスターにとってはもっとも塗装が映える部位。学生の緊張が伝わってくる。「足りてない」「もう一回」「戻れ」という指示が池田講師から飛ぶ。それはクリアーの吹付け量が足りていないことへの注意。この場合は、すぐに戻ってもう一度塗り重ねることがベターな選択。ただ、それをやり過ぎると“垂れる”。限度を見極める視覚センスが大事だ。艶が出ない原因は、運行スピードが速かったり、重ね方が甘かったりすることによる。左右のガンワークが重なるボンネットセンターは

1

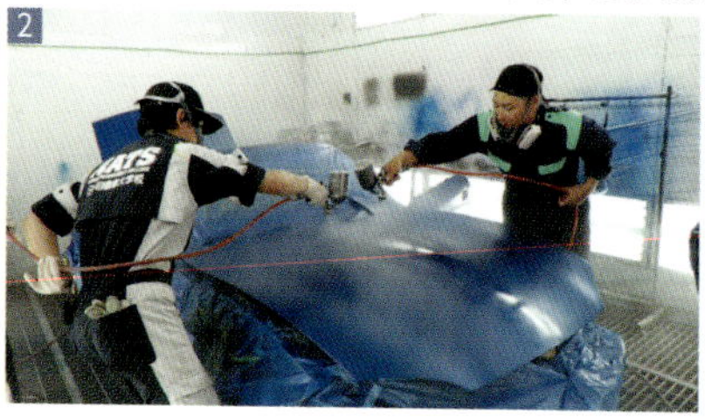
2

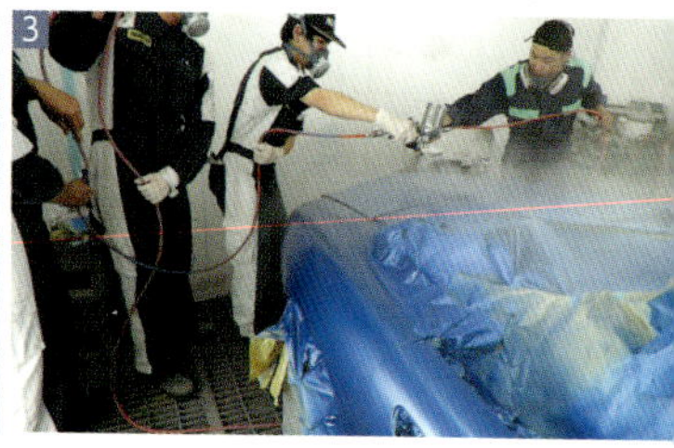
3

バンパー / フェンダーコーティング

❶フロント / リアバンパー、左右フェンダーはボディから取り外して単体で塗装し、クリアー吹付けも同様に単体で行なった。ミストはガンの前方 / 後方の両方に飛び、舞い上がって下に降りる。そういう光景を見てきた学生に池田講師から質問。「両方並んでいる平面があった場合、先に吹いた方と後で吹いた方、どっちがきれいになると思う？」。正解は後者。理由は「ミストが載らないから」。パネルへのクリアー吹付けの順序を部位ごとに説明し「吹いていくと蛍光灯が“ぼやーん”と見えるようになってくる。そしたらそこで作業ストップ。あとは塗料に馴染むので OK。きれいに蛍光灯が見えるまで吹くと垂れるから、1 回目はそこまで吹かない」。❷クリアー吹付け作業はライトコーティングとウエットコーティングの 2 回で基本的に終える。が、塗り肌が不均一だったり、光沢

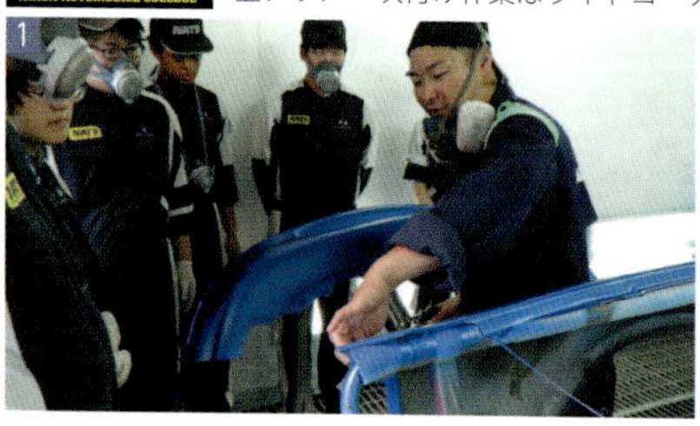
1

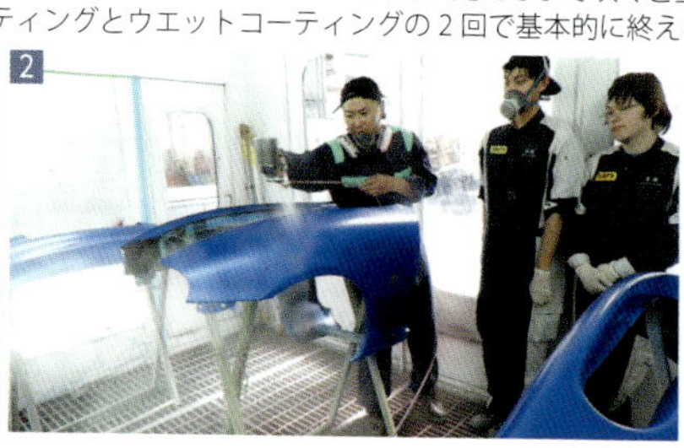
2

3

クリアー吹付けの基本は、1回目は“ざらつき”がないように均一に薄く吹く。艶は少し出ればいいくらいに吹く。2回目はウエットコートで光沢と艶、塗り肌を均一に仕上げること。クリアー樹脂はパネル面に付着してから馴染むのに時間がかかる。最近はエアー圧を下げて、シンナーの混合率を2：1にして定着を早めるのが主流。クリアー樹脂に対してシンナーの割合が多いので、その分粘度が低くなるから、吹付ける際には“垂れ”には要注意。塗料メーカーによっては低粘度のクリアーもあるが、シンナーの含有率が少ないから、やはりなかなか固まらない。現在、NATSが使っているクリアーは樹脂とシンナーの割合が4：1のタイプ。塗膜表面のウエットコンディションを保つことが、肌が“さらさら”になる予防策になるから、このくらいの混合率がベターという考え方だ。硬化剤は高価で、それはクリアー塗料の値段に反映されている。

き出されたクリアーが重なるのでトリガーを少し絞って、塗膜が厚くならないように、という注意も添えられた。3フェンダーパネルを吹き終えたら、ドアを開けてフロントウインドーのサイドモールを吹き、ドアヒンジ部からドア内側へと吹き進み、サイドシルへと移っていく。ドアパネルとサイドシルの底部への噴霧はガンの扱いに注意が必要。4/5次はリアークオーターパネルを吹いてトランクフードへ。トランクフードも左右から吹きあう格好になるから、クリアー噴霧量が厚くならないように、トリガーを絞るかガンを振って逃げるように。ボンネットと同じ要領での吹き方だ。6バックパネルを吹き終えたら、ドア表面とフロントウインドーフレーム上部を吹いて、1回目のクリアー吹付け作業は終了。約3分のフラッシュオフタイムをとって、2回目の作業を開始する、という作業段取り説明だった。

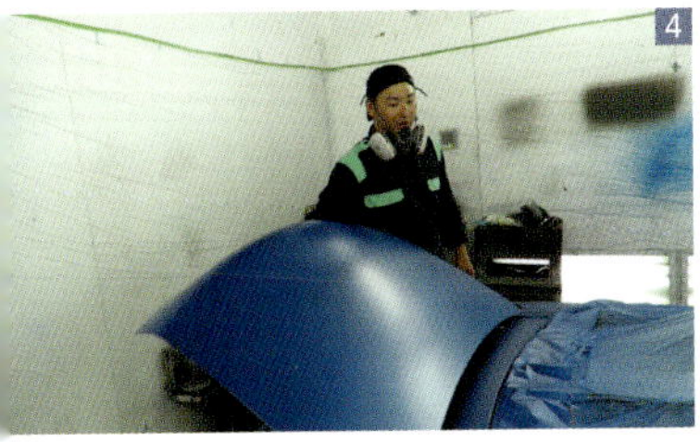
4

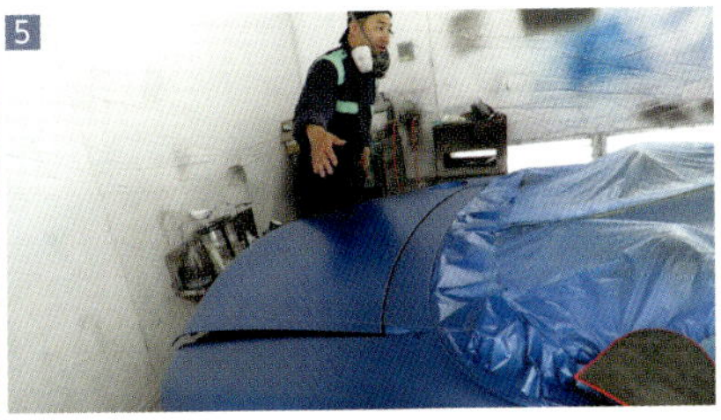
5

6

見事な艶が出ているが、これは垂れる寸前……。クリアー吹付け作業のポイントは、塗り肌を見ていく、というもの。作業の手は塗膜に正対してガンのトリガーを絞っているが、目線はガンの後方、いま吹いてきた塗装面を見ている、といったイメージ。作業が進むにつれ、池田講師が担当する面は艶が出てくるが、学生が担当する面にはあまり艶が出てこない。3吹付け部位はトランクへと移動。「どれくらい吹付ければ、どれくらい艶が出るか見て欲しい」という言葉が飛ぶ。トランクフード表面の吹付けを終えた時点で池田講師はクリアーを補充している。クリアーの残量と吹付け面積が計算できているからだ。4/5学生の名誉のためにいえば、ガンはパネル面に対して正対しているし、運行スピードも適正のように思われる。6フラッシュオフタイムを使って自分の吹付け斑をチェック。2回目はそれを意識してウエットコーティングで仕上げる。

4

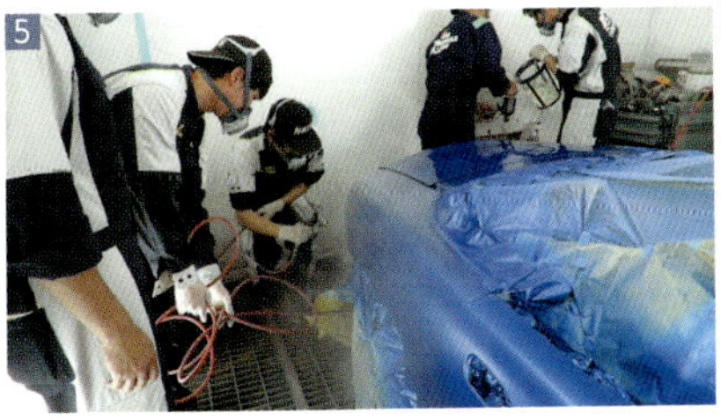
5

6

や艶の深みが不足している場合は3回吹いて仕上げる。3〜6池田講師による実演が始まった。その作業は動画で確認していただきたいが、肌荒れの原因となるミストをどう処理するか、ということがポイント。ガンから吹き出されたクリアーはミストとなってパネルに付着するが、空中にも多くが飛散しているように見える。問題は、そのミストが落ちる先だ。降下先がウエット状態ならば、シンナーで馴染むので問題ないが、シンナーが揮発してしまった状態のパネル面にミストが降下すると、そこが“ざらつき”となる。クリアーが要求するフラシュオフタイムは平均で約10分だが、NATSでは硬化促進剤を添加しているから5分でいい。大気中にミストが舞い上がっているように見えるが、エアースプレーガンは低吐出量中圧力スプレーガン。塗着効率が80%近いものもある。高風量低圧力スプレーガンのそれは65%以上が可能という。

4

5

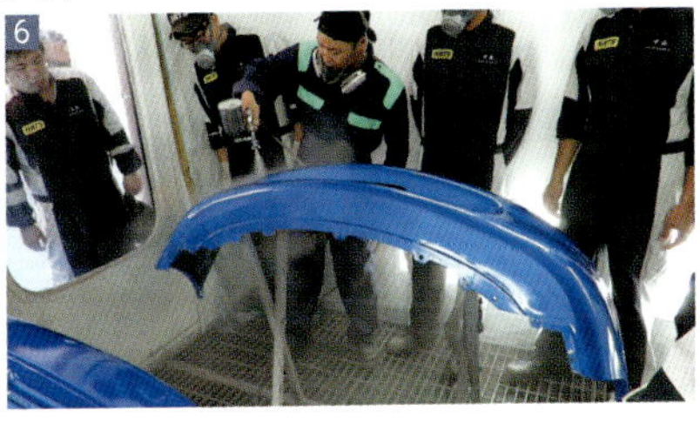
6

第12章：塗着効率65%とは35%がミストとして飛散してしまうということ

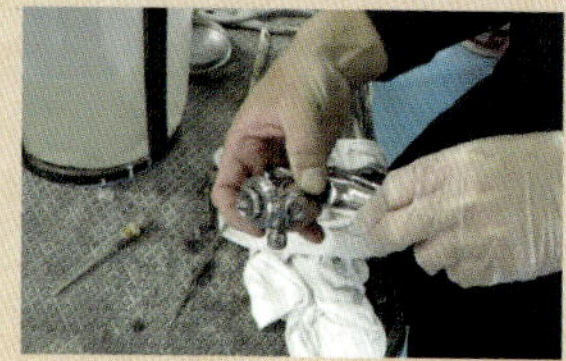

塗装ブース内に舞い踊っている塗料のミスト。この塗料噴霧のうちパネル面に付着するのは高風量低圧力スプレーガン型（HVLP）で65%ほど。これが低吐出量中圧力スプレーガン型（LVMP）になると、約20%塗着効率が高まって85%強になるという。塗着効率という言葉の定義から外れたものを表現する単語としてミスト（mist）とはいい得て妙……。

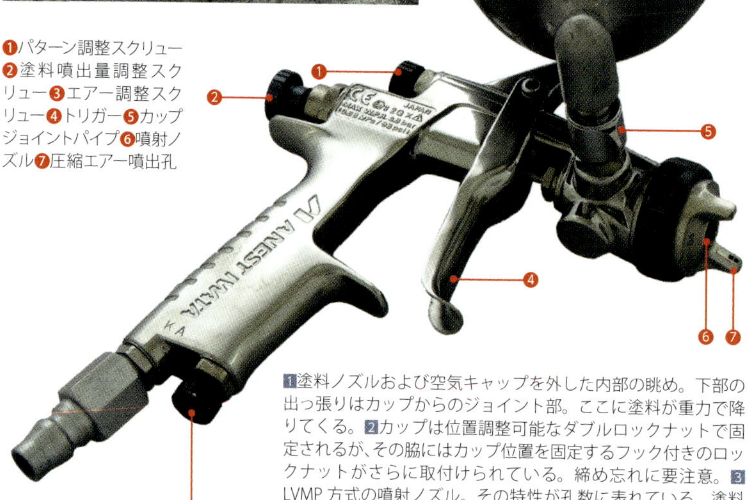

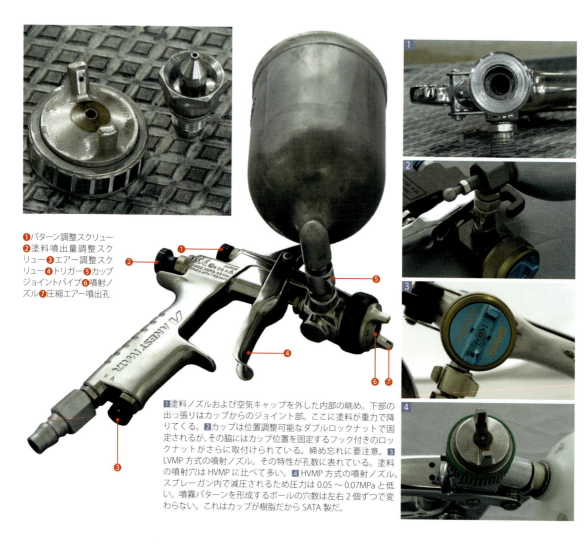

❶パターン調整スクリュー❷塗料噴出量調整スクリュー❸エアー調整スクリュー❹トリガー❺カップジョイントパイプ❻噴射ノズル❼圧縮エアー噴出孔

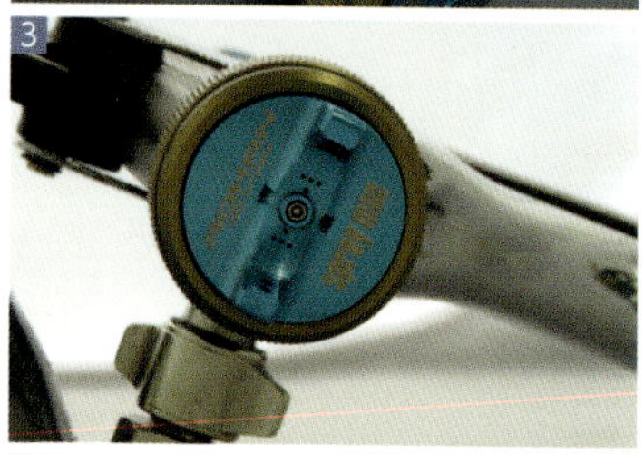

1塗料ノズルおよび空気キャップを外した内部の眺め。下部の出っ張りはカップからのジョイント部。ここに塗料が重力で降りてくる。2カップは位置調整可能なダブルロックナットで固定されるが、その脇にはカップ位置を固定するフック付きのロックナットがさらに取付けられている。締め忘れに要注意。3LVMP方式の噴射ノズル。その特性が孔数に表れている。塗料の噴射穴はHVMPに比べて多い。4HVMP方式の噴射ノズル。スプレーガン内で減圧されるため圧力は0.05～0.07MPaと低い。噴霧パターンを形成するポールの穴数は左右2個ずつで変わらない。これはカップが樹脂だからSATA製だ。

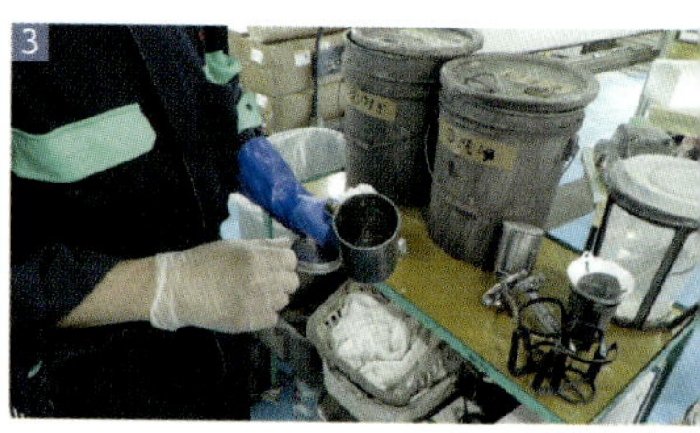

エアースプレーガンには高風量低圧力方式と低吐出量中圧力方式がある。不思議なもので日本語表記よりもカタカナ表記のほうが理解しやすい。ハイボリュームロープレッシャー（High Volume Low Pressure）ともうひとつはローボリュームミディアムプレッシャー（Low Volume Medium Pressure）だ。

最近はLVMP方式が好まれる傾向にある。それはHVLPに比べてエアーの消費量が少ないこともあるが、HVLPの装着効率が約65％であるのに対して、LVMPのそれが、いっきに15％も向上して約80％という性能の良さにある。

と書くと、HVLPの塗着性能がひどく悪そうだが、このHVLP方式が開発されるまで、スプレーガンの一般的な塗着効率は15～35％といわれていたから、HVLP方式のエアーガンの登場は画期的だった。さらに、HVLP方式は多量のエアーを低圧で吹付けるため、吐出圧力は0.05～0.07MPa程度と低い。LVMP方式のそれは0.20～0.25MPaだから、HVLP方式は圧倒的に低い吐出圧力で塗料をパネル面に吹付けている。よって、“塗膜面での跳ね返り”が少ないというメリットがあるが、全体的な塗着効率ではLVMP方式のほうが優れているというわけだ。要は、低い圧力ながら多量のエアーを送り出すことでスプレーガンとして機能させるか、塗料の吐出量を抑えつつエアー圧を“そこそこ”かけるか、という設計思想の問題だが、きれいに塗れて作業効率がいいのはHVLP方式なのだが、結局は塗着効率がいいLVMP方式が主流になっている。

塗着効率という言葉について説明しておこう。塗着効率とは、塗装に使用した塗料の量と、実際にパネル面に塗着した塗料の比率を指すもの。よって、塗着効率80％ということは、100gの塗料を吹付けた場合、実際にパネル面に付着するのは80gで、残りの20gの塗料は飛散しているとうわけだ。この数字をみると、塗装ブース内がオーバースプレー状態になっているのも頷ける。そのオーバースプレーのなかで“ミスト”をどう処理するかで、塗装の仕上がりが異なるのだ。塗着効率65％のHVLP方式のエアースプレーガンで吹けば、100gの塗料を吹付けて65gがパネル面に付着し、塗着効率80％のLVMP式のエアースプレーガンで吹けば80gがパネル面に付着する。カリフォルニアの検査機関SCAQによる実測値によると、LVMP方式の塗着効率は最大で86.9％というデータもある。

1ノズルが詰まって噴出状態が悪かったので分解掃除をしているところに遭遇。映像に納めた。通常、塗装前にシンナーでガンのノズルを“うがい”掃除して作業を開始し、終了後は同じ清掃をして保管する。特にサフェーサーや硬化剤が入っているクリアー塗料は、吹付けが終わったら速やかに掃除をしないと、ノズルだけでなくロッドと“銃砲部”とのクリアランスに硬化物が堆積したり、トリガーの動きが渋くなったりするので定期的な分解洗浄は必要だ。2ノズルの先端部をブラシで洗浄。さらにテーパー捻じりブラシでノズル内部も洗浄。カップからサフェーサーやクリアー塗料が“銃砲部”前端部に流れ込み、そこに後方から圧縮されたエアーが流れ込み、オリフィス効果で噴霧される仕組み故、一番ストレスがかかるのがノズル部ということになる。3アネスト岩田製のスプレーガンのノズル部分は、カップに入れて保管するスタイルをNATSでも採用している。やはりノズル部分の詰まりはスプレーガンの性能に大きく影響するからだ。4一般的なスプレーガンの持ち方は親指と人差し指で上部を支え、掌と小指でエアーガンのクリップ部をホールドし、薬指と中指でトリガーを操作する、というスタイル。なかには人差し指と中指でトリガーを操作するという使い方をするスタイルもあり、中指だけでトリガーを操作するワンフィンガースタイルもある。5リング形式の空気キャップを取り外すと、インナーとアウターのノズルが現れる。左ページの写真を見ていただきたい。“銃砲部”の中心から突き出ているテーパー状パイプ先端部の穴から圧縮されたエアーが吹き出し、リングキャップ内の流路を通って両端の“角”から空気を噴出する。と、サフェーサーや塗料は、その風圧で霧状になって拡散する。6写真上のスクリューが“パターン調整用”、スクリューが取り外されているのが“塗料吐出量調整用”スクリュー。7一般的なスパナではなめてしまいそうな形状だ。特殊工具が分解洗浄には必要になる。8これ以上は分解できないが、トリガーが空気弁をピストンのように押す様子はチェックできる。ここの気密性が悪くなると、ピストンやOリング交換を含めたO/Hが必要になる。9エアーと塗料が混ぜ合わされる部位を洗浄して再組付けする。

4

5
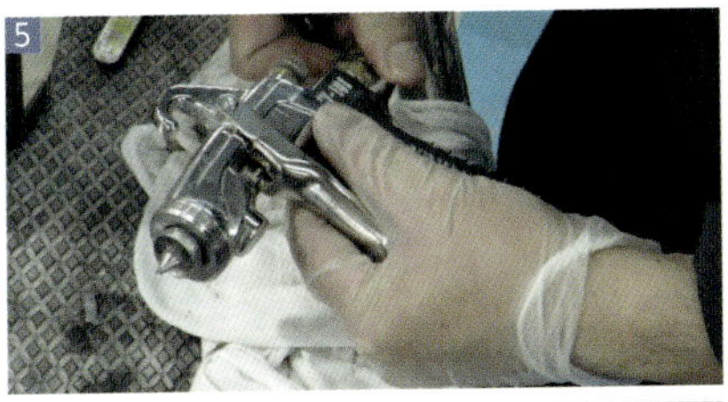
6
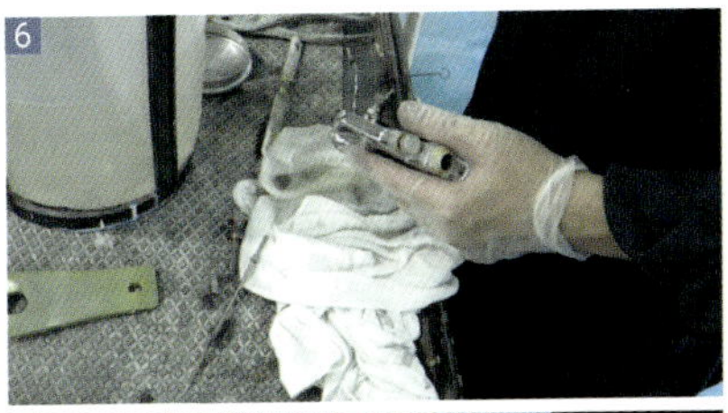
7
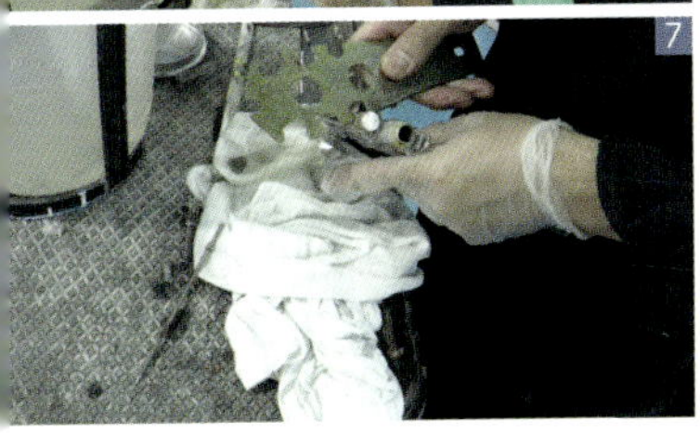
8
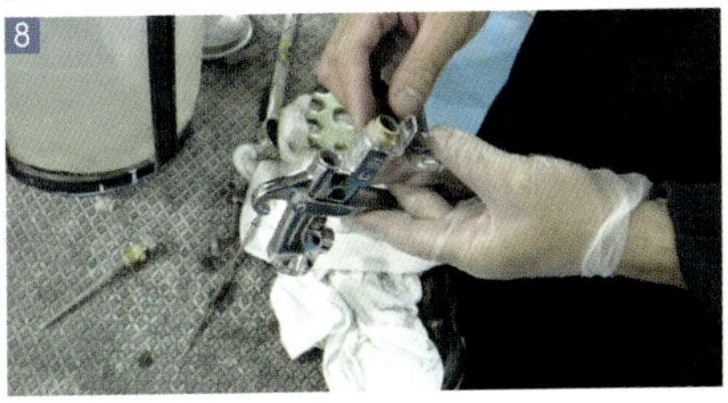
9
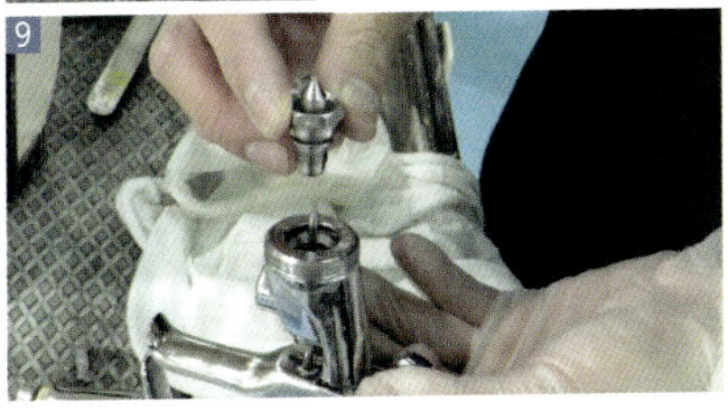

作業内容 / 手順一覧

パネル鈑金の作業内容

①打ち出し

鈑金ツール、おもにドリーと鈑金ハンマーを用いてパネル損傷面の"でこぼこ"を修正する。おもにオフドリーでの修正を加えることでへこんだ損傷面を"押し返す"。鈑金パテの盛付け量を薄くすることが目的。鈑金の基礎だが、従来のようにハンマリングによる平面の平潤化を目指すのではなく、損傷部位以外のパネル面よりわずかに"へこんでいる"状態まで打ち出すことが今日の鈑金作業では求められている。パネル面を平潤化するのは鈑金パテ / 中間パテの役割となる。

②引き出し

A：塗膜剥離　スタッドをパネルに付ける簡素なものからワッシャーを鈑金に簡易溶接する本格的なものまでを含めて、最近では"スタッド溶接機"といえば引き出し鈑金の"足がかり"を溶接によって作るツールの総称になっているが、この機械を稼働させるには、パネル面が通電することが必要。そのために損傷箇所およびその周囲の塗膜を剥離する必要がある。

B：ワッシャー etc. の仮溶接　損傷部位を引っ張り出すためにワッシャーなどをパネル面に仮溶接で固定する。ワッシャーは6角形の各頂点に"ピン"のような突起があり、1周使い回しが可能。

C：引き出し　損傷部位にワッシャーを固定して引っ張り出し、鈑金パテを盛れる状態にまで原状復帰させる。ワッシャーにスライディングハンマーの先端フックを引っかけて引っ張り出す。もっと大きな力が欲しい場合には"タワー式フレーム修正機"なども使う。最近は、熱でパネル面に密着する素材で引っ張り出すデントリペアーの進化系製品もある。

③揉み出し

"えくぼ"と呼ばれるような小傷を修正する。デントリペアーがその代表だが、その基本は裏面から特殊なツールで"揉む"ようにして押し出すイメージ。

④絞り仕上げ

打ち出しにしろ、引き出しにしろ、修正部位のパネル面を"出っ張らせて"しまった場合の修正方法のひとつ。ドリーと鈑金ハンマーで打って平潤化したのでは鋼板が延びて強度が落ち、パテも盛れなくなってしまう危険性があるので、鋼板が延びて盛り上がっている部位に"スポット溶接"で加熱することにより"張り"を戻す。いわば延びの修正作業だ。これは①～③とは作業目的が異なるが、パネル鈑金にとって欠かせない作業項目といえるもの。

パテの種類とその特性

①鈑金パテ

最大50㎜程度の深さまでパテ修理が可能だが、現実的にそれを行なっている作業の現場は少ない。理由は足付け強度に不安が残ること。鋼板に足付けできるといっても所詮は"傷"なわけで、薄いほうがトラブルも少ない。また、パテはけっこう重い。2液型で、表面がやや粗目になるものの硬化すると非常に硬くなり、研磨性が悪くなるので、"半乾き"の内にサフォームで削るという方法もある。この方法は成形という視点ではビギナーにはベターだと思われる。

②中間パテ

10～30㎜程度の深さまでフォローできる。鈑金パテの上に載せて"歪"修正に使われる。粘性が低いので盛りやすい。2液型。

③仕上げパテ（ポリパテ）

用途によって厚付け用 / 中間タイプ / 仕上げ用の3種類がある。ともに2液型。厚付け用と中間タイプは10～30㎜程度の深さまでカバーでき、鈑金パテより表面の肌理（きめ）が細かく研磨性もいい。ポリパテは収縮率が高いので、修理の現場ではトラブルを嫌って中間パテが選ばれることが多い。中間タイプはパテの歪をとるのが目的で塗膜も5㎜程度。仕上げパテは塗膜が0.5～1.0㎜程度で、す穴や小傷を修正するのに使われる。仕上げパテがもっとも使われるパターンだ。2液型。

④ラッカーパテ

別称スポットパテ。ポリパテの仕上げ用に近いキャラ。塗膜は0.5～1.0㎜程度。す穴や小傷の修正に使われる。1液型。

⑤光硬化型パテ

パテ特有のシンナーの"吸い込み"がないのでプラサフ塗装が不要。専用のランプ光や可視光線の照射に反応して硬化する。硬化時間が非常に短いので作業性がいい。1液型。

⑥特殊パテ

耐久性と防錆力に優れているため"貫通穴"の補修などにも使われる。穴が開いたガソリンタンクの補修も可能。補修箇所によってメタルパテあるいはファイバーパテが使われる。メタルファイバーパテもあり、高価だが耐久性と防錆力は高い。

⑦樹脂パーツ用パテ

PPやウレタンのような柔軟性をもつ素材用。含浸されている油脂分の"吸い込み"防止のためにプライマーを塗布して使う。

下地処理作業一覧とその順序

①塗膜剥離

損傷箇所の確定と再塗装の範囲の目途をつけるために塗膜を剥離する。それなりに広い範囲ならダブルアクションサンダーで作業するが、損傷箇所の面積が狭く、へこみ具合が狭ければベルトサンダーで塗膜剥離を行なうこともある。

②フェザーエッジ研ぎ出し

目的は塗膜のトラブル防止だが、たとえば新車の塗膜をフェザーエッジで研ぎ出すのはキャリアがいる。各階層をなるべく“なだらか”に研ぎ出すことができれば、作業完成後の一番の目的である“塗膜のトラブル防止”に役立つ可能性が高い。フェザーエッジの研ぎ出しで、その後のサフェーサー / 上塗り塗装の出来栄えが変わる、といっていいくらい重要なものだ。

③鋼板表面処理

鋼板の表面が露出している部位は“表面処理剤”あるいは“プライマー”を吹くのが基本。プライマーには防錆効果と鈑金パテの厚付け性能＝付着性を高める効果がある。新車の塗膜剥離をすると“電着塗装”されたプライマーが現れる。鈑金修理でも本当はプライマーを塗布したほうがいい、と主張するBOLD氏の発言は、その意味ではまったく的を射たものといっていいだろう。プライマーを塗ることで塗装トラブルの危険率は大きく下がる。

④鈑金パテ

A：パテ捏ね　鈑金パテはパテ処理のベースとなるもの。塗料メーカーが指定する“混合比”に従って主剤 / 硬化剤を混ぜ合わせて練る。このとき空気の巻き込み防止には充分に留意すること。

B：パテ付け　付着性 / 研磨性を確保するためにパテを必要量取り分けたら、すぐにパテを損傷部位に盛付ける。この作業は、しごき / 盛り / 均しの各段階があるが、すべては付着性 / 研磨性を確保するためのもの。

C：強制乾燥　シンナーの投入量にもよるが自然乾燥を待っていたのでは作業性がすこぶる落ちる。そこで、強制乾燥させることが多い。パテは化学反応で固まるので、塗布が薄い部位のほうが固まるのは遅い。厚い部位から先に硬化していく。

⑤パテ研磨

パテを切削研磨して原状のパネル面を再現するのが目的。一般的には作業効率を重視してダブルアクションサンダーを使うが、これは切削研磨面の様子が分かりにくい。プロでも気を付けないと研磨し過ぎてしまうという。完全硬化する前にサフォームを使っておおまかな曲面を成形すれば、ペーパーによる仕上げもやりやすい。

⑥中間パテ

鈑金パテほど成形性はないが、パテ表面を平潤化しやすいので使われることが多い。鈑金パテ同様の“捏ね / 盛り / 強制乾燥 / 研磨”といった工程が行なわれる。鈑金パテの“粗暴さ”がなく、盛付け性 / 研磨性で扱いやすいのが魅力。

⑦仕上げパテ（ポリパテ）

中間パテで埋めることができなかったピンホールやす穴を埋めるために、中間パテよりさらにきめの細かいパテを表面に盛り、ペーパーで研磨する。この段階では240番までを使う。

⑧ガイドコート

面出しをスムーズに行なうためにパネル表面のレベリングが可視化できるのが特徴。出っ張っている部位は“黒く”残っているので、そこが他に比べて高いということになる。研磨して平潤化する。ガイドコートは一般的には使わないことが多いが、艶とパネル面のきれいさが求められる“高級”な塗装には用いられるケースが多い。エアーパテも似たような目的に使われる。

⑨パテ周囲足付け

プラサフの付着性確保のために、パテ面周辺のプラサフを吹く範囲の旧塗膜に傷をつける。

⑩マスキング

プラサフ塗装するためにパテ修理した部位と、その足付けした旧塗膜の外側をマスキングペーパーで覆い隠す。ぼかし塗装と同じ考え方で、塗膜による“段差”を発生させないために境目はグラデーション処理したいからリバースマスキングする。

⑪プラサフ調合

主剤と硬化剤を混ぜて強度を確保するが、その状態では粘性が強すぎて、エアースプレーガンでは吹けない液体となってしまうのでシンナーで希釈する。希釈割合は塗料メーカーの指定があるものもあるが、充分に撹拌すること。

⑫プラサフ塗装

プラサフは240番で作った旧塗膜の傷は消せるが、スプレーガンで吹く範囲はパテ処理した部位を中心に狭いほうがいい。

⑬プラサフ研磨

強制乾燥後、プラサフ塗装の表面を800番のペーパーで研ぐ。ダブルアクションサンダーを使う場合は空研ぎが一般的。より平潤な表面を求めるならば水研ぎすることになるが、手研ぎが前提となるので、乾燥時間が長いこともあって敬遠されがち。

⑭足付け

付着性確保のために、プラサフ周辺およびぼかし面に“ざらつき”をもたせる。800番の研ぎがこれに当たることになる。

上塗り塗装の作業手順

①マスキング

オールペンとクイック塗装ではマスキングの方法が異なるが、どちらも塗料ミストの付着防止のために行なうことでは一緒。サフェーサー塗布のマスキングと要領は同じで、リバースマスキングを含めたポイントも同じだ。

②塗色コード / カラーコード確認

塗装対象車のペイント色のおおまかなものはボディに貼られたプラークと車検証から分かるが、その塗料の構成や配分率は塗料メーカーとライセンス契約を結んでいないと入手できない。サンデー DIY 派は相談に乗ってくれる板金塗装屋さんを探すのが、調色に失敗しないポイント。クイック鈑金の場合は経年による色褪せもあるから、調色は難しい作業といえる。

③上塗り調合 / 調色

塗料メーカーから送られてきたデータに従って、デジタル計量器を使って上塗り原色を計量する。新車時の塗色再現が目的。

④テストピース塗装 / 乾燥

自作で問題ないから比色用のテストピースを作る。そのテストピースに塗装して乾燥させて、色味をチェックする。

⑤比色

オールペンの場合は必要ないが、修理板金塗装の場合は、この比色が出来栄えに大きく影響する。要は色合わせだが、現車でその色合わせをする。塗装箇所の隣接パネルでテストピースを比色する。

⑥微調色

修理塗装するクルマの色味が合わなければ、納得いくまで原色を加えて微調色を繰り返す。この作業が難しく時間がかかる。

⑦塗装準備 / 塗面点検

温度や作った塗料の粘度を確認、エアースプレーガンで吹付けやすいようにシンナーで希釈する。2 液型の場合は硬化剤も入っているから、それも考慮してシンナーの投入率を決める。オールペンとブロック塗装のような修理鈑金塗装では、作業時間が異なるからシンナーの気化を考慮して希釈率を変えることが重要。塗装面はエアーで粉塵を飛ばすことはもちろんだが、タックロールで磁気を帯びた細かい粉塵を吹き取ることも大事。

⑧上塗り塗装

ベース塗装が終了したら、フラシュオフを利用してクリアーを調合する。主剤に硬化剤を投入後、塗布対象面積と部位を考えてシンナーの希釈具合を決める。塗料メーカーによっては混合割合を指定している場合もある。クリアーは上塗り塗装よりも口径の大きいノズルで吹いた方が、気化が早いのできれいに仕上がる。ただ、ミストの処理には気を配って吹いていくこと。

⑨強制乾燥

ブース内でセッティングタイムのあと、高温（60℃が一般的）で強制乾燥。クイック塗装の場合はスポットヒーターを当てる。

⑩ポリッシュ

塗膜に付いたゴミや粒あるいは“垂れ”などを研磨して修正する。目的は平潤な塗装面の確保。これを“ブツ取り”という。そのほかに“肌調整”といって、磨き作業で旧塗膜の肌と修正塗装した塗り肌との色合わせをするわけだが、これは旧塗膜の肌を磨くことで艶を蘇生させるしか現実的な方法はない。コンパウンドの粗目+ウールバフで肌調整する。

⑪最終仕上げ

マスキングを剥がして清掃。最終仕上げ剤を塗布。最終仕上げ剤は塗りたての塗膜に使うためのもの。極細コンパウンドのあとに使うのが一般的だが、本当に硬化剤が固まって硬度が確保されるのは約 6 ヵ月後ともいわれている。よって、塗装修理後すぐにワックスがけなどはしない方が、塗膜保護のためにはいいようだ。洗車機は避けたほうが塗装のためにはもちろんいい。

エアースプレーガンのノズルの選択

スプレーガンのタイプ（機種）を選択したあとは、塗装目的に適したノズル口径を選ぶことになる。ノズル口径とは、スプレーガンの先端にある、塗料を噴出す穴の直径のこと。ノズル口径が小さいほど“細かく微細な塗装”が可能。反対にノズル口径が大きくなるほど“広い面積を効率的にむらなく塗装”することが可能になる。ノズル口径は直径：0.8 ～ 1.8㎜の範囲で設定されている。ノズルの選び方は 2 種類。塗料の種類で選べば、ベースコートおよびクリアーは 1.3㎜前後、プラサフは 1.6㎜前後となる。いっぽう塗装面積の広さで選べば、その面積が広ければ広いほど大口径のものとなり、逆に塗布面積が狭いスポット補修やタッチアップ塗装では 1.2㎜以下のものを選ぶことが多い。

一般的にウレタン塗料で上塗り塗装する場合は、直径 1.3 ～ 1.5㎜のノズル口径があれば、パネル塗装から全塗装に近い範囲までをフォローできる。逆に小型スプレーガンでは直径 1.2 ～ 1.0㎜以下の小さなノズル口径のみの設定となる。大型スプレーガンでは直径 1.5㎜以上の大口径タイプが多く設定されている。とくにメタリックパール塗装用やクリアーソリッド塗装用など使用目的を限定したスプレーガンでは、ノズル口径の設定はただ1種類となっているケースがほとんど。スプレーガンのタイプ選択時には、塗装目的に適したノズル口径の設定があるかどうかを確認することもポイントとなる。

新車用塗料と補修用塗料の違い

新車用塗料と補修用塗料では、塗装環境が異なることに起因する工程だけでなく塗料自体も異なる。特にプライマーは“どぶ漬け”といわれる電着塗装で処理される。また、電装品などがまったく未装着状態故に約 150 ～ 160℃という高温で強制乾燥されることを前提にした硬化剤が投入された塗料となっている。よって、厳密にいえば新車状態の表面硬度をもつ修理鈑金塗装は不可能ということになる。現在、1988 年に登場した“水性メタリックベース”が新車の生産ラインではおもに使われているが、一部では 1980 年中頃に登場した“熱硬化ポリエステル”という塗料や 1970 年前期からある“熱硬化アクリル”という塗料も継続して使われている。クリアーに関しては“耐スリフッ素クリアー”が使われている。また、2000 年に登場した親水性クリアーなど従来の撥水性とは反対に表面張力が低いことを利用した耐汚染性に優れるクリアーも登場している。
このように生産現場では環境にやさしい塗料 / クリアーが使われているが、修理の現場では、この流れに追従できていないのが現状だ。ただ、かつて一世を風靡した“ニトロセルロースラッカー”や“変性アクリルカラー”、“ストレートアクリル”、“エナメル”といった塗料は 2000 年を最後に修理の現場でも使われなくなっている。現在も継続使用されているのは“速乾ウレタン”ともっと古い“アクリルウレタン”となっている。耐環境性に優れた“水性ベースコート”が使われ始めたのは 1994 年。これはディーラーを中心に、湿気を管理できる塗装ブース設備を整えたことでいっきに普及している。いっぽう、市井の工場では“2 液ベース /2 液クリアー”、“1 液ベース /2 液クリアー”の両方がいまだに主流だ。

①速乾ウレタン塗料（速乾アクリルウレタン樹脂塗料）

補修用上塗り塗料の一種。アクリル樹脂と繊維素を主成分とする反応型（2 液型）の塗料で、乾燥時間は 20℃で 6 時間、60℃で 30 分ほど。新車の焼付け塗装に匹敵する光沢が簡易設備で得られるため多くの修理の現場で使用されている。

②ポリウレタン樹脂塗料

主剤として複数の水酸基をもつ樹脂（ポリオール）と硬化剤としてのポリイソシアネートを組み合わせた塗料の総称で、ポリオールとポリイソシアネートの組み合わせ次第でさまざまな特性をもたせることでき、それが製品の差別化を容易にしている。

③アクリルウレタン樹脂塗料

ウレタン樹脂塗料のなかでも、アクリルポリオールを主剤とするものが現在の主流となっている。硬化剤としては、無黄変性である脂肪族系のポリイソシアネートが使用されているため耐候性 / 塗膜性能に優れている。

④フッ素樹脂クリアー / 耐擦り傷性クリアー

近年の乗用車の塗装は、鋼板から順に下塗り / 中塗り / 上塗り（ベースコート）/ クリアーという 4 層構造。下塗りは防錆効果、中塗りは耐衝撃性を上げることとボディカラーの発色をよりきれいにするために施されるもの。上塗り塗装にはソリッド / メタリック / マイカ / パールなどがある。この上塗り塗装の上に塗られるクリアーは、光沢を出すためのほかに塗装の保護という役割を担っている。塗装は厚いほうが丈夫と思うかもしれないが、実は薄いほうが硬度を高めることが可能で耐久性も向上する。実際、中塗りと上塗りを合わせて 80 μくらいの塗膜層で製品として機能している。80 μとはほぼ髪の毛の太さと同じ（0.08㎜）だ。このように超薄化した塗膜は 4 層合わせても 0.1㎜前後の薄さを実現しているという。
クリアー塗装で驚くのは“傷がついても自己修復する”塗装。以前から塗装の研究開発ではリーディンクカンパニーだったニッサンが開発したもので、1988 年にフッ素系樹脂のクリアーを使ったスーパーファインコーティング（SFC）をローレルに世界初採用している。その後 SFC はより耐久性に優れたスーパーファインハードコート（SFHC）へと進化している。ちなみに、アクリルウレタン樹脂系クリアーは 5 年、アクリルシリコン樹脂系クリアーは 10 年で 20%光沢が減少するのに対して、フッ素系樹脂クリアーは 20 年経過しても 10%ほどしか光沢が減少しないというデータもあるという。
2000 年頃になると日本車に大きな異変が起こる。従来のボディカラーは白あるいはシルバーが圧倒的に多かったが、それがブラックをはじめとする濃色の人気が高まってきたのだ。しかし濃色系のボディカラーは、淡色系に比べて洗車機などで小キズやヘアスクラッチがつきやすい。そこで開発されたのが、現在の高機能塗装として浸透し採用車が拡大している“耐擦り傷性クリアー”だ。ちなみに、これを世界初の技術として製品化したのもニッサンだった。
塗装の表面に生じる擦り傷を防ぐ方法としては、従来からクリアーの塗膜に柔軟性を持たせる手法があった。が、耐候性や耐熱性の問題を抱えていた。これをニッサンはクリアー塗装部に特殊な“高弾性樹脂”を配合することにより、柔軟性と強靭性を備えたクリアーコートを開発したのだった。これにより擦り傷がつきにくいだけでなく、その傷が時間の経過とともにほぼ原状に復元するという魔法のような塗装、“スクラッチガードコート”を完成させた。このスクラッチガードコートは、一般的な塗装のクルマに比べて、洗車時などの擦り傷を 80%まで減らせることができた。現在では“スクラッチシールド”と呼称を変え、多くのニッサン車に採用されている。
この魔法のような小キズ自己修復塗装は、ニッサンのほかにはトヨタ / レクサスも採用している。トヨタ / レクサスの自己修復塗装は“セルフレストアリングコート”という名称。コンセプトや効能などはニッサンのスクラッチシールドとほぼ同じ。セルフレストアリングコートは、2009 年 10 月以降の年次改良時にレクサスのフラッグシップモデル、LS に標準設定されている。いっぽうトヨタ車に初搭載されたのは、2014 年にデビューした燃料電池車の“MIRAI”だった。

PRACTICAL MANUAL FOR SHEET METAL AND PAINTING

鈑金・塗装

高張力鋼板対応最新マニュアル

2019年11月10日 発行

STAFF

PUBLISHER
高橋矩彦　Norihiko Takahashi

PLANNING & EDITORIAL
リブビット・クリエイティブ　Ikkoh Nozawa

WRITER
野澤一幸　Ikkoh Nozawa

DESIGN
マキプランニング　MAKI planning

SUPERVISOR
車屋BOLD
NATS日本自動車大学校

PHOTOGRAPHER
新井 輝　Teru Arai
滝口孝一　Koichi Takiguchi

EDITOR
後藤秀之　Hideyuki Goto

DESIGNER
小島進也　Shinya Kojima

ADVERTISING STAFF
久嶋優人　Yuto Kushima

PRINTING
シナノ書籍印刷株式会社

PLANNING,EDITORIAL & PUBLISHING
(株)スタジオ タック クリエイティブ
〒151-0051 東京都渋谷区千駄ヶ谷3-23-10 若松ビル2F
STUDIO TAC CREATIVE CO.,LTD.
2F,3-23-10,SENDAGAYA SHIBUYA-KU,TOKYO 151-0051 JAPAN
[企画・編集・広告進行]
Telephone 03-5474-6200　Facsimile 03-5474-6202
[販売・営業]
Telephone & Facsimile 03-5474-6213
URL http://www.studio-tac.jp
E-mail stc@fd5.so-net.ne.jp

1911A

警告　WARNING

- ここの本は、習熟者の知識や作業、技術をもとに、編集時に読者に役立つと判断した内容を記事として再構成し掲載しています。そのため、あらゆる人が作業を成功させることを保証するものではありません。よって、出版する当社、株式会社スタジオ タック クリエイティブ、および取材先各社では作業の結果や安全性を一切保証できません。また、本書の趣旨上、使用している工具や材料は、作業者が通常使用しているものでは無い場合もあります。作業により、物的損害や傷害の可能性があります。その作業上において発生した物的損害や傷害について、当社では一切の責任を負いかねます。すべての作業におけるリスクは、作業を行なうご本人に負っていただくことになりますので、充分にご注意ください。
- 使用する物に改変を加えたり、使用説明書等と異なる使い方をした場合には不具合が生じ、事故等の原因になることも考えられます。メーカーが推奨していない使用方法を行なった場合、保証やPL法の対象外になります。
- 本書は、2019年9月13日までの情報で編集されています。そのため、本書で掲載している商品やサービスの名称、仕様、価格などは、製造メーカーや小売店などにより、予告無く変更される可能性がありますので、充分にご注意ください。
- 写真や内容が一部実物と異なる場合があります。

STUDIO TAC CREATIVE
㈱スタジオ タック クリエイティブ
© STUDIO TAC CREATIVE 2019 Printed in JAPAN
● 本誌の無断転載を禁じます。
● 乱丁、落丁はお取り替えいたします。
● 定価は表紙に表示してあります。
ISBN978-4-88393-866-7
※ QRコードは（株）デンソーウェーブの登録商標です